RÉSISTANCE DES MATÉRIAUX

ET ÉLÉMENTS DE LA

THÉORIE MATHÉMATIQUE DE L'ÉLASTICITÉ

PAR

Aug. FÖPPL

Professeur à l'Université Technique de Munich

TRADUIT DE L'ALLEMAND

PAR

E. HAHN

Ingénieur diplômé
de l'École polytechnique de Zurich

PARIS

GAUTHIER-VILLARS, IMPRIMEUR-LIBRAIRE
DE L'ÉCOLE POLYTECHNIQUE, DU BUREAU DES LONGITUDES, ETC.
55, quai des Grands-Augustins

ENCYCLOPÉDIE DES TRAVAUX PUBLICS

Directeur : G. LECHALAS, Inspecteur général honoraire des Ponts et Chaussées, quai de la Bourse, 18, Rouen.

Volumes grand in-8°, avec de nombreuses figures

Médaille d'or à l'Exposition universelle de 1889

OUVRAGES DE PROFESSEURS A L'ÉCOLE DES PONTS ET CHAUSSÉES

M. BECHMANN. *Distributions d'eau et Assainissement*, 2° édit., 2 vol. à 20 fr., 40 fr. — *Cours d'hydraulique agricole et urbaine*, 1 vol. 20 fr.

M. BRICKA. *Cours de chemins de fer de l'École des ponts et chaussées*, 2 vol., 1843 pages et 464 figures 40 fr.

M. COLSON. *Cours d'économie politique* (V. au dos de la couverture). Six livres, chacun 5 fr.

M. L. DURAND-CLAYE. *Chimie appliquée à l'art de l'ingénieur*, en collaboration avec MM. Dorôme et Feret, 2° édit. considérablement augmentée, 15 fr. — *Cours de routes de l'École des ponts et chaussées*, 608 pages et 234 figures, 2° édit., 20 fr. — *Lever des plans et nivellement*, en collaboration avec MM. Pelletan et Lallemand, 2° édit. augmentée, 4 vol., 781 pages et 293 figures (cours des Écoles des ponts et chaussées et des mines, etc.) 25 fr.

M. FLAMANT. *Mécanique générale* (Cours de l'École centrale), 2° édition, augmentée XII-620 pages, avec 205 figures, 20 fr. — *Stabilité des constructions et résistance des matériaux*, 3° édit., 674 pages, avec 252 figures, 25 fr. — *Hydraulique* (Cours de l'École des ponts et chaussées), 1 volume, 3° édition augmentée (Prix Montyon de mécanique). XVI-699 pages avec 141 figures 20 fr.

M. GARIEL. *Traité de physique*. 2 vol., 448 figures.

M. HEUDE. *Cours de routes et voies ferrées sur chaussées*. Leçons nouvelles et supplémentaires. 1 volume de 296 pages avec figures 10 fr.

M. HIRSCH. *Cours de machines à vapeur et locomotives*. 1 vol. 840 pages, 314 fig. 15 fr.

M. F. LAROCHE. *Travaux maritimes*. 1 vol. de 490 pages, avec 440 figures et un atlas de 45 grandes planches, 40 fr. — *Ports maritimes*. 2 vol. de 1063 pages, avec 534 figures et 2 atlas de 37 planches, double in-4° (Cours de l'École des ponts et chaussées) 50 fr.

M. F. B. DE MAS, Inspecteur général des ponts et chaussées. *Rivières à courant libre*, 1 vol. avec 97 figures ou planches, 17 fr. 50. — *Rivières canalisées*, 1 vol. avec 176 figures ou planches, 17 fr. 50. — *Canaux*, 1 vol. avec 190 figures ou planches. 17 fr. 50

M. NIVOIT, Inspecteur général des mines : *Cours de géologie*, 2° édition, 1 vol. avec carte géologique de la France ; 615 pages, 429 fig. et un tableau des formations géologiques de 7 pages 20 fr.

M. M. D'OCAGNE. *Géométrie descriptive et Géométrie infinitésimale* (cours de l'École des ponts et chaussées), 1 vol., 340 fig. 12 fr.

M. DE PRÉAUDEAU, Inspect. général des P.-et-Ch., prof. à l'École nat. *Procédés généraux de construction. Travaux d'art*. Tome I, avec 508 fig. 30 fr. Tome II, avec 389 fig. 26 fr.

M. J. RÉSAL. *Traité des Ponts en maçonnerie*, en collaboration avec M. Degrand, 2 vol., avec 600 figures, 40 fr. — *Traité des Ponts métalliques* 2 vol., avec 560 figures, 40 fr. — Le 1er volume des *Ponts métalliques* est à sa seconde édition (revue, corrigée et très augmentée) — *Constructions métalliques, élasticité et résistance des matériaux ; fonte, fer et acier*. 1 vol. de 652 pages, avec 203 figures, 20 fr. — *Cours de ponts*, professé à l'École des ponts et chaussées : *Études générales et ponts en maçonnerie*, 1 vol. de 440 pages avec 284 figures, 14 fr. — *Cours de ponts métalliques*, tome I, 1 volume de 660 pages avec 375 figures, 20 fr. ; tome II, 1er fasc. XVI-195 pages, 27 figures, 6 fr. — *Cours de Résistance des matériaux*, 120 figures, 16 fr. — *Cours de stabilité des constructions*, 240 figures, 20 fr. — *Poussée des terres et stabilité des murs de soutènement*, 1re et 2e partie 10 et 15 fr.

OUVRAGES DE PROFESSEURS A L'ÉCOLE CENTRALE DES ARTS ET MANUFACTURES

M. DEBAUVE. *Chemins de fer. Superstructure* ; première partie du cours de chemins de fer de l'École centrale. 1 vol. de 696 pages, avec 840 figures et 1 atlas de 75 grandes planches in-4° doubles (voir *Encyclopédie industrielle* pour la suite du cours). 50 fr. On vend séparément : *Texte*, 15 fr. ; *Atlas*, 35 fr.

M. DENFER. *Architecture et constructions civiles*. Cours d'architecture de l'École centrale : *Maçonnerie*. 2 vol., avec 794 figures, 40 fr. — *Charpente en bois et menuiserie*, 2° édit. 1 vol., avec 721 figures, 25 fr. — *Couverture des édifices* 1 vol., avec 473 figures, 20 fr. — *Charpenterie métallique, menuiserie en fer et serrurerie*, 2 vol., avec 1.050 figures, 40 fr. — *Fumisterie (Chauffage et ventilation)*. 1 vol. de 726 pages, avec 384 figures (numérotées de 1 à 375, l'auteur affectant chaque groupe de figures d'un numéro seulement). 25 fr. *Plomberie : Eau ; Assainissement ; Gaz*, 1 vol. de 568 p. avec 394 fig. 30 fr.

M. DONION. *Cours d'Exploitation des mines*. 1 vol. de 692 pages, avec 1.190 figures. 25 fr.

M. MONNIER. *Électricité industrielle*, cours professé à l'École centrale, 2° édition considérablement augmentée, 1 vol. de 826 pages ; 404 très belles figures de l'auteur. 25 fr.

M. Me PELLETIER. *Droit industriel*, cours professé à l'École centrale 1 vol. 15 fr.

MM. E. ROUCHÉ et BRISSE, anciens professeurs de géométrie descriptive à l'École centrale. *Coupe des pierres*. 1 vol. et un grand atlas (avec de nombreux exemples). 30 fr.

OUVRAGES D'UN PROFESSEUR AU CONSERVATOIRE DES ARTS ET MÉTIERS

M. E. ROUCHÉ, membre de l'Institut. *Éléments de statique graphique*, 2° éd. 1 vol. 15 fr. 50

MM. ROUCHÉ et Lucien LÉVY, *Calcul infinitésimal* 2 vol. de 527 et 529 p. (Enc. Induct.) 18 fr.

(Voir la suite ci-après)

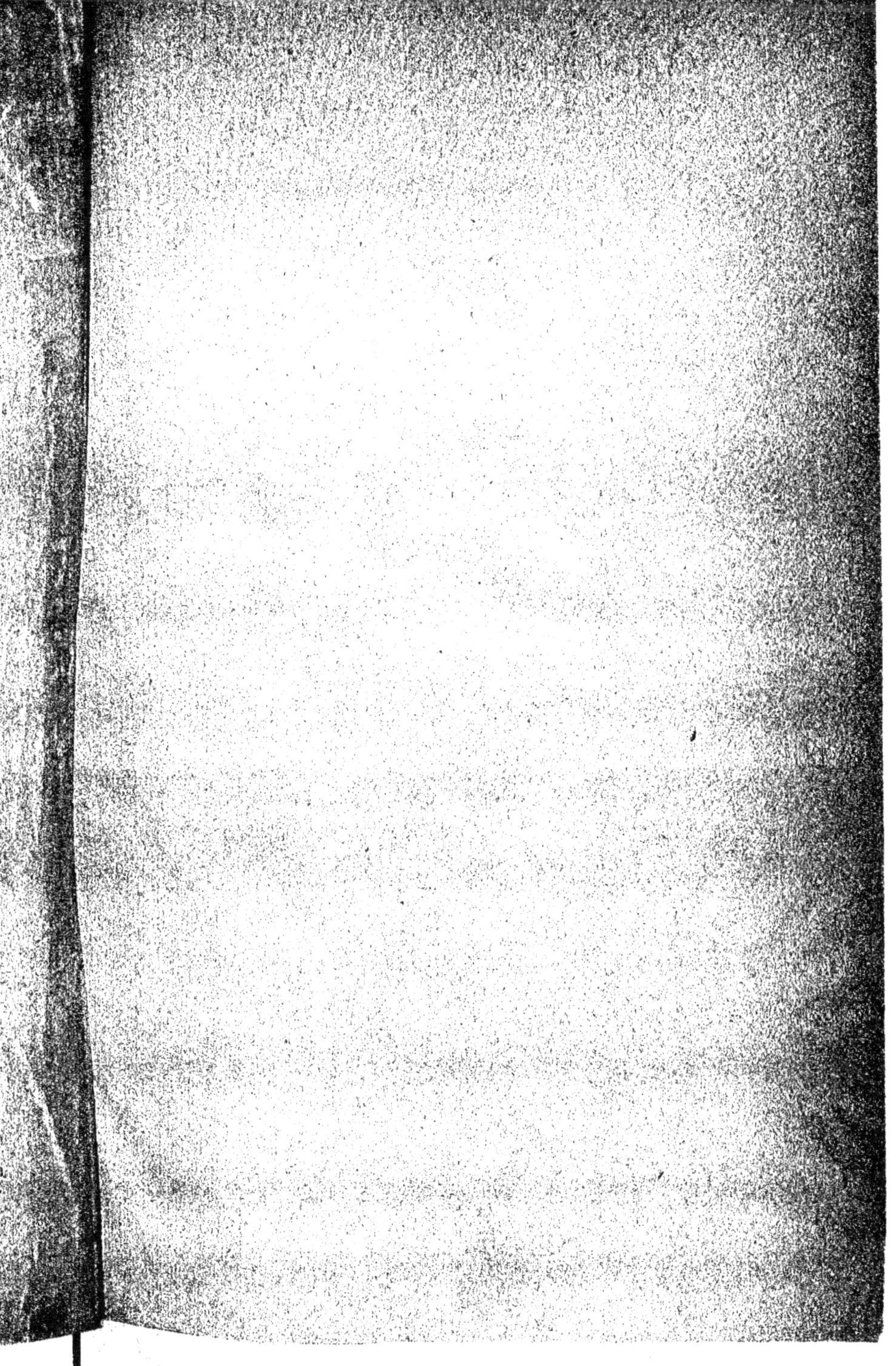

RÉSISTANCE DES MATÉRIAUX

ET ÉLÉMENTS DE LA

THÉORIE MATHÉMATIQUE DE L'ÉLASTICITÉ

Compte rendu de l'édition allemande dans la *Revue générale des Sciences* par M. Fehr, privat-docent à l'Université de Genève.

Ce volume contient tout ce que, de nos jours, un ingénieur d'une culture supérieure doit connaître dans le domaine de la résistance des matériaux. Ce n'est pas un simple aide-mémoire, mais un ouvrage didactique qui sera lu avec fruit tant par les étudiants que par les ingénieurs. L'auteur présente l'état actuel de cette branche de l'art du constructeur en tenant compte des progrès les plus récents. Le laboratoire d'essais attaché à l'établissement lui a d'ailleurs, permis de contrôler et de compléter un grand nombre d'expériences. Tout en employant le langage de l'analyse, M. Föppl a évité, le plus possible, d'entrer dans des développements exclusivement analytiques.

Les sujets traités sont ceux que l'on rencontre dans la plupart des ouvrages classiques sur la résistance des matériaux. Nous nous bornerons à indiquer la marché suivie en donnant les titres des onze chapitres que renferme ce livre :

1. Recherches générales sur l'état de tension. — II. Déformation élastique ; charges des matériaux. — III. Flexion d'une pièce droite. — IV. Le travail de la déformation. — V. Flexion des pièces courbes. — VI. Pièces reposant sur une base flexible. — VII. Résistance d'une pièce encastrée sur son pourtour. — VIII. Résistance des enveloppes. — IX. Résistance à la torsion. — X. Résistance à la rupture. — XI. Théorie mathématique de l'élasticité.

Signalons seulement comme particulièrement intéressant le dernier chapitre dans lequel l'auteur a su condenser les principes fondamentaux de la théorie mathématique de l'élasticité ; on y trouve, notamment, un aperçu des théories de Boussinesq et de Hertz.

Tous ces chapitres sont traités avec une méthode et une clarté remarquables ils contiennent de nombreux problèmes, fort bien choisis, et résolus avec beaucoup de soin.

Le traducteur a ajouté d'intéressantes notes à la suite de l'ouvrage.

M.-C. L.

ENCYCLOPÉDIE INDUSTRIELLE

Fondée par M.-C. Lechalas, Insp' général des Ponts et Chaussées en retraite

RÉSISTANCE DES MATÉRIAUX

ET ÉLÉMENTS DE LA

THÉORIE MATHÉMATIQUE DE L'ÉLASTICITÉ

PAR

Aug. FÖPPL

Professeur à l'Université Technique de Munich

TRADUIT DE L'ALLEMAND

PAR

E. HAHN

Ingénieur diplômé
de l'École polytechnique de Zurich

PARIS

GAUTHIER-VILLARS, IMPRIMEUR-LIBRAIRE

DE L'ÉCOLE POLYTECHNIQUE, DU BUREAU DES LONGITUDES, ETC.

55, quai des Grands-Augustins

1901

DEUXIÈME TIRAGE : 1916

ERRATA

Page 33, ligne 11, *au lieu de* : multipliant, *lire* : utilisant.

Page 40, ligne 6, en remontant, *au lieu de* : 2.200.000, *lire* : 2.000.000.

Page 64, ligne 3, *au lieu de* :
$$\frac{1}{E}\left(\frac{S^2+S^2}{2}-\frac{1}{m}\,S.S\right)=\frac{S^2}{2G}$$

lire :
$$\frac{1}{E}\left(\frac{S^2+S^2}{2}+\frac{1}{m}\,SS\right)=\frac{S^2}{2G}.$$

Page 89, formule 62, *lire* au dénominateur des fractions τ_y et τ_z.

Page 128, ligne 7, *au lieu de* : $M=\dfrac{P}{2}$, *lire* : $M=\dfrac{Px}{2}$.

Page 148, ligne 3 en remontant, *au lieu de* : $\dfrac{1,48}{12}$, *lire* : $\dfrac{1,48^2}{12}$.

Page 195, ligne 8 en remontant, *au lieu de* : A, *lire* : H.

Page 250, ligne 2, *au lieu de* : $\varepsilon_r=z\,\dfrac{d\varphi}{d\omega}$, *lire* : $\varepsilon_r=z\,\dfrac{d\varphi}{dx}$.

Page 253, formule 154 et page 253, ligne 1, *au lieu de* :
$$\frac{mEh^3}{(12\,m^2-1)},\quad lire:\frac{mEh^3}{12(m^2-1)}.$$

Page 300, ligne 6, *intervertir* u_1 et u_2, dans les deux parenthèses de la formule.

Page 303, lignes 6 et 7 en remontant, *au lieu de* : $R\varphi$ et $R\sin\varphi$, *lire* : $r'\varphi$ et $r'\sin\varphi$.

Page 323, ligne 2, *au lieu de* : $k_i=-c_i\,\dfrac{b^2}{a}$, *lire* : $k_i=-c_i\,\dfrac{b^2}{a^2}$.

Page 324, ligne 4, *supprimer* le signe — devant le membre de droite de l'équation et l'*ajouter* entre 1 et $\dfrac{y^2}{a^2}$ dans la parenthèse du même membre.

Même page, ligne 5, *ajouter* le signe — entre 1 et $\dfrac{x^2}{b^2}$ dans la parenthèse du membre de droite de l'équation.

Page 324, ligne 1 en remontant, *lire* le membre de droite de l'équation comme suit : $b^2-\dfrac{(a^2-y^2)^2}{2y^2}$.

Page 328, formule 249, *au lieu de* : $S=\dfrac{2Pr}{2a_1b_1}$, *lire* : $S=\dfrac{9Pr}{2a_1^2b_1}$.

Page 380, ligne 1, *au lieu de* : $\dfrac{d}{d^2\eta}$, *lire* : $\dfrac{d^2\eta}{dt^2}$.

Page 428, formule 384, *au lieu de* :
$$\alpha=1,23\sqrt[3]{\frac{P}{E}\cdot\frac{r_1+r_2}{r_1r_2}},\quad lire:\alpha=1,23\sqrt[3]{\frac{P^2}{E^2}\cdot\frac{r_1+r_2}{r_1r_2}}.$$

Page 464, ligne 1 en remontant, *au lieu de* : rgne, *lire* : ligne.

AVANT-PROPOS

La question des connaissances mathématiques nécessaires à l'ingénieur a été très vivement discutée dernièrement en Allemagne. Le temps toujours plus considérable qu'il faut accorder aux cours pratiques et surtout à l'électrotechnique, et la difficulté d'augmenter la durée des études déjà fort longues, ont fait surgir la proposition de diminuer le nombre des heures d'étude consacrées aux mathématiques. Les promoteurs de cette idée s'appuient sur le peu d'occasions qu'a l'ingénieur d'employer ensuite ces connaissances mathématiques qui lui ont coûté tant de temps et de peine à acquérir.

Cette opinion qui a trouvé des partisans parmi des représentants les plus éminents de l'industrie allemande et parmi les professeurs des écoles supérieures techniques semble cependant avoir de la peine à s'imposer. M. Föppl, s'exprime à cet égard comme suit, et nous ne pouvons que partager sa manière de voir : « Il est clair que l'étude de spé-
« culations mathématiques sans utilité pratique me paraît
« inutile, pour l'ensemble des ingénieurs du moins. Mais,
« par contre, je ne puis que m'opposer absolument aux cou-
« rants qui, sous le couvert de cette opinion, tendent à abais-
« ser le niveau général des connaissances mathématiques de
« nos futurs ingénieurs. Je sais par expérience combien une
« culture mathématique sérieuse est utile et nécessaire pour
« saisir la vérité et pour porter un jugement exact sur les
« nombreuses questions qui se présentent chaque jour dans
« la carrière du technicien, questions dans lesquelles il s'agit
« bien plus souvent d'estimer juste que de calculer... ».

1

C'est dans cet esprit qu'est écrit le livre que nous publions, et c'est ce qui, nous l'espérons, lui conquerra une place honorable à côté des nombreux traités parus déjà sur la matière.

Pour la première fois, à notre connaissance du moins, on trouvera traité en détail, dans un ouvrage de portée générale, le sujet si fécond du travail de déformation et les beaux théorèmes de Castigliano qui s'y rattachent. Ces théorèmes sont en somme peu connus, en dehors de leurs applications au calcul des ponts ; ils sont cependant d'une utilité considérable pour les calculs de résistance des organes de machines, qui constituent si souvent des systèmes hyperstatiques.

Quelques articles sont également consacrés aux théories de M. Boussinesq et de Hertz sur la dureté des corps.

Dans deux notes placées à la fin du volume, nous avons indiqué brièvement les méthodes de détermination graphique des moments d'inertie et de la ligne élastique des prismes travaillant à la flexion. Ces méthodes, d'une application fréquente, n'étaient pas exposées dans l'ouvrage, l'auteur les réservant pour un traité de statique graphique.

LE TRADUCTEUR.

CHAPITRE PREMIER

GÉNÉRALITÉS SUR LES FORCES INTÉRIEURES OU ACTIONS MOLÉCULAIRES

§ 1. *Actions moléculaires, travail élastique.* — 1. Introduction. — 2. Postulatum fondamental. — 3. Actions moléculaires. — 4. Relations entre les forces extérieures et les actions moléculaires. — 5. Intensité des actions moléculaires. — 6. Essai d'un ciment à l'extension. — 7. Composantes de l'action moléculaire agissant en un point donné dans une direction donnée. — 8. Tétraèdre des actions moléculaires. — 9. Décomposition des actions moléculaires, équilibre d'un parallélipipède infiniment petit. — 10. Equations d'équilibre d'un tétraèdre infiniment petit.
§ 2. *Cas particuliers d'états élastiques.* — 11. Etat élastique double ou plan. — 12. Etat élastique simple ou linéaire. — 13. Ellipse des actions moléculaires. — 14. Glissement simple.
Exercices, nᵒˢ 1 à 3.

§ 1.

ACTIONS MOLÉCULAIRES, TRAVAIL ÉLASTIQUE

1. Introduction. — Il suffit en général en Mécanique de considérer les corps solides comme absolument rigides et parfaitement indéformables. Souvent, cependant, les corps dans la nature se comportent d'une façon telle que cette hypothèse n'est plus admissible. Dans certains cas, en effet, il est impossible de prévoir si un corps donné, placé dans des conditions données, se comportera réellement comme s'il était indéformable ou s'il n'éprouvera pas au contraire des déformations notables qui le défigurent, ou même entraînent sa rupture. Dans d'autres cas, au contraire, il n'existe aucun doute sur la façon dont se comporte le corps donné ; par contre, les équations universelles d'équilibre fournies par la Mécanique ne suffisent pas pour résoudre les questions proposées, bien que celles-ci paraissent être de son domaine. Par exemple : un prisme, chargé de poids quelconques et reposant sur deux appuis, exerce sur ces derniers certaines pressions que l'on peut calculer à l'aide des théorèmes généraux de l'équilibre des corps solides ; ces théorèmes, par contre, ne permettent plus de résoudre le problème si le prisme repose sur trois appuis. Semblablement, il est impossible de déterminer avec leur seule aide quelle est la pression exercée sur le sol par chacune des quatre jambes d'une table chargée d'une façon quelconque. L'étude du choc des corps solides est également impossible aussi longtemps qu'on les suppose absolument indéformables.

La Résistance des matériaux étudie le premier genre des cas cités, tandis que l'étude du second genre est du domaine de la *Théorie de l'Elasticité*.

Anciennement, lorsqu'on admettait encore pour certains corps tels que les matériaux pierreux, le postulatum des solides invariables, on s'est souvent efforcé de combler la lacune apparente que présentait la mécanique des corps solides en établissant à côté des conditions générales d'équilibre des lois spéciales (par exemple, la loi de moindre résistance dans la théorie des voûtes). Nous savons aujourd'hui que cette manière de se tirer d'affaire était incorrecte. Il n'existe aucun corps dans la nature qui soit absolument invariable. Tous les corps sont susceptibles de subir certaines déformations sans se briser, et toutes les questions insolubles selon les idées anciennes peuvent être immédiatement résolues dès que l'on tient compte de cette propriété des matériaux.

La résolution des problèmes de la résistance des matériaux, aussi bien que celle des questions dépendant de la théorie de l'élasticité, nécessite l'étude des déformations des corps considérés, si petites soient-elles. Il n'est donc pas nécessaire, en somme, de séparer ces deux sciences, et, dans ce qui suit, nous entendrons par *résistance des matériaux*, au sens large du terme, la partie de la mécanique des corps solides dans laquelle on tient compte des déformations subies par ces corps sous l'action des forces agissant sur eux.

Le terme « corps solide » est employé ici par opposition à « corps invariable » il ne signifie toutefois pas encore « corps élastique ». L'étude de la façon dont se comporte un corps plastique, par exemple un morceau de terre glaise mouillée, est aussi du domaine de la résistance des matériaux. Il est vrai que l'on s'est peu occupé des cas de ce genre jusqu'à présent, et cela tout simplement parce que la nécessité ne s'en est pas fait sentir.

La résistance des matériaux est donc le complément indispensable de la Mécanique des corps solides invariables pour l'étude des propriétés réelles des corps solides existant dans la nature.

9. Postulatum fondamental. — Les équations universelles d'équilibre sont applicables non seulement aux solides invariables mais encore à tout corps qui, dans le cas considéré, se comporte comme s'il était indéformable. En particulier, si le corps est en repos, toutes les parties dont il se compose sont également en repos ; donc le corps durant le moment où nous le considérons, au moins, ne subit pas de variation de forme, il se comporte comme s'il était invariable.

Ce cas du repos est très important pour la résistance des matériaux, car il correspond à l'*état de l'équilibre élastique* c'est-à-dire à l'état réel d'un corps solide soumis à l'action de certaines forces extérieures constituant un système en équililibre statique. Il sera donc permis d'appliquer à l'étude de ce cas les résultats de la Mécanique, en les complétant chaque fois que cela sera nécessaire pour la résolution du problème.

Ce qui précède est susceptible d'une généralisation. Nous pouvons en effet énoncer le postulatum suivant : *Toute partie d'un corps, quelle que soit la façon dont elle est limitée, peut être envisagée à son tour comme un corps auquel les théorèmes généraux de la mécanique sont applicables.*

Ce principe paraît évident au premier abord; il l'est certainement si l'on suppose la portion considérée du corps comme *effectivement* séparée du reste. Mais il a une portée plus générale : on peut l'appliquer encore à des parties du corps qui demeurent attachées au reste, et que l'on considère pour elles-mêmes afin de tirer de cette étude des renseignements sur la manière dont se comporte le corps tout entier. Ainsi, ce postulatum ne peut être posé que comme une loi expérimentale qui tire sa démonstration du fait qu'elle s'est trouvée vérifiée dans tous les cas.

En Mécanique on ne considère que les forces extérieures, c'est-à-dire celles transmises par d'autres corps sur le solide donné. Les forces intérieures, corrélatives de la cohésion de ce solide, n'interviennent pas dans les calculs. Par contre si nous ne considérons plus le corps entier, mais une portion seulement, arbitrairement délimitée, les forces qui s'exercent entre cette partie et le reste du corps sont soit par rapport à la partie envisagée, soit par rapport au reste, des forces extérieures. Nous aurons donc à les introduire dans les équations d'équilibre.

Nous avons par conséquent à examiner tout d'abord de quelle nature sont ces forces qui agissent à l'intérieur d'un corps solide.

3. Actions moléculaires. — Remarquons qu'en général les corps que nous étudions n'exercent d'actions mesurables les uns sur les autres que lorsqu'ils se touchent. Exceptionnellement toutefois, il pourrait y avoir lieu de tenir compte de forces se transmettant à distance. Par exemple, si nous considérions une partie d'un aimant, il faudrait tenir compte des

actions exercées par les molécules du reste sur celles de la
partie envisagée, et nous devrions traiter ces forces comme des
forces extérieures. Nous ne nous occuperons pas davantage de
ces cas exceptionnels. Les forces agissant entre une partie d'un
corps et le reste sont donc de même nature que celles qui se
produisent au contact de différents solides, en particulier leurs
points d'applications seront situés sur la surface de séparation
des deux portions considérées. Ces forces auront en général
une direction quelconque, un corps solide opposant une résistance à toute déformation, quelle qu'elle soit. On nomme *forces intérieures*, ou *actions moléculaires*, les forces qui naissent
dans la matière sous l'influence des forces extérieures agissant
sur le corps. Comme il est possible de délimiter arbitrairement une portion du corps, on pourra toujours faire en sorte
que l'action moléculaire agissant dans une direction donnée
devienne une force extérieure et soit par suite accessible au
calcul. En particulier, en appliquant les équations générales
d'équilibre à un élément du corps limité d'une façon quelconque, il sera possible d'obtenir des relations entre les actions
moléculaires agissant en divers points du corps et selon des
directions différentes, relations qui serviront de base à tous les
développements subséquents.

**4. Relation entre les forces extérieures et les ac-
tions moléculaires.** — Délimitons une portion du corps de
telle sorte qu'une partie de la surface de séparation coïncide avec la surface extérieure du corps. Il faudra qu'il y ait
équilibre entre les forces extérieures agissant sur la partie considérée de la surface extérieure et les actions moléculaires
réparties sur le reste de la surface de séparation. Comme en
général les forces extérieures sont données, les équations d'é-
quilibre permettrons de calculer dans certains cas les actions
moléculaires.

Exemple : Tige travaillant à l'extension sous l'influence de
deux forces P appliquées aux extrémités et agissant selon l'axe

de la pièce. Faisons une section *mm* à travers la tige, les conditions d'équilibre appliquées par exemple à la partie située à gauche de la section *mm* exigent que la résultante

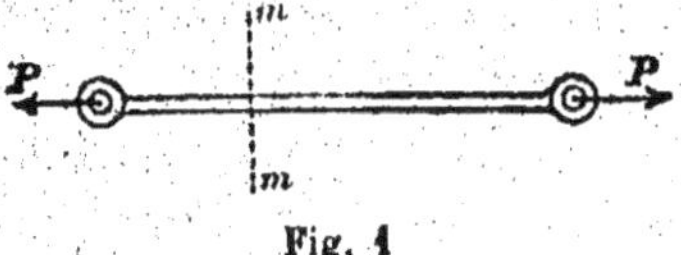

Fig. 1

des forces intérieures agissant dans cette section soit égale et de signe contraire à la force P, et coïncide en direction avec l'axe de la tige. Nous ne déterminons toutefois ainsi que la résultante des actions moléculaires développées dans la section *mm*, nous n'avons rien appris sur la répartition de ces actions sur la section. Ainsi donc, même dans ce cas très simple, il n'est pas possible de déterminer cette répartition tant que nous considérons la tige comme indéformable, le problème est indéterminé comme ceux cités à l'article 1.

Du reste si la tige était réellement indéformable, il n'y aurait guère d'utilité à connaître la répartition des actions moléculaires : celle-ci ne serait d'aucune influence sur la façon dont se comporterait la tige. Mais la résistance qu'oppose une tige à la rupture est toujours limitée. Si une rupture se produit, on peut de prime abord s'attendre à ce que celle-ci ne se produise pas simultanément sur toute la section. Elle commencera évidemment à se produire là où les circonstances sont le plus favorables pour cela, puis s'étendra de proche en proche à toute la section. Il est donc de toute nécessité, pour pouvoir juger si une charge donnée peut produire une rupture, d'avoir des idées précises, sur la répartition des actions moléculaires sur la section.

5. Intensité des actions moléculaires. — Seule l'étude des déformations qui précèdent la rupture peut nous renseigner sur la répartition des actions moléculaires; car les déformations subies par le corps dépendent de cette répartition.

La nature de cette dépendance varie suivant les propriétés particulières des corps considérés et ne peut se déterminer que par l'expérience. Dans l'exemple précédent, si la section *mm* est suffisamment éloignée des extrémités de la tige et si la matière est élastique, il est plausible d'admettre, en se basant sur des considérations géométriques, que les allongements élastiques des divers points de la section *mm* sont égaux entre eux, ainsi que les actions moléculaires agissant en ces points. On peut donc calculer la force intérieure agissant sur l'unité de surface en divisant la force P par la section F.

Ce quotient :

$$R = \frac{P}{F} \qquad (1)$$

porte le nom d'*intensité de l'action moléculaire* dans la section considérée, de *travail élastique*[1] ou encore d'*action moléculaire spécifique*. Cette dernière appellation est d'un usage général dans les ouvrages allemands.

La grandeur que l'intensité de l'action moléculaire peut atteindre sans qu'il y ait danger de rupture dépend de la matière dont est formée la tige. La détermination de l'intensité des actions moléculaires est par suite, dans tous les cas semblables, l'un des plus importants problèmes de la Résistance des matériaux.

6. Essai d'un ciment à l'extension. — Il ne faut pas toutefois s'attendre à ce que la répartition des actions moléculaires soit toujours aussi simple que dans le cas précédent. L'essai d'un ciment à l'extension nous en donne un exemple excellent.

Pour essayer un ciment, on en prépare un mortier formé

---

1. Il ne faut pas vouloir comparer *le travail élastique*, quotient d'une force par une surface, avec la notion de *travail mécanique*, produit d'une force par une longueur. Nous éviterons du reste autant que possible d'employer ce terme, afin d'éviter les confusions qui pourraient se produire lorsque nous traiterons du travail des actions moléculaires pendant la déformation.

N. du T.

d'une partie en poids de ciment, de trois parties d'une sorte de sable spécial, appelé sable normal, et d'une quantité d'eau déterminée. Ce mortier, soigneusement trituré, est mis dans un moule de métal et soumis à une pression convenable. Une fois l'éprouvette ainsi obtenue (fig. 2), durcie, on la soumet au moyen d'une machine d'essai à un effort de traction mesurable, que l'on augmente jusqu'à ce que la rupture s'en suive. Celle-ci se produit naturellement entre les lignes aa et bb. Ici encore on calcule généralement l'intensité des actions moléculaires au moyen de la formule (1), mais il est évident que l'on n'obtient ainsi qu'une valeur moyenne du travail élastique par unité de surface ; on reste dans l'ignorance au sujet de l'intensité réelle de l'action moléculaire au point où la rupture a commencé. Il est facile de se rendre compte que cette intensité est beaucoup plus grande que la valeur moyenne fournie par l'équation (1). Si l'on prend, en effet, un morceau de caoutchouc de forme et de dimensions semblables à celles de l'éprouvette et qu'on le soumette à un essai analogue, on verra que l'allongement élastique est beaucoup plus considérable dans le voisinage des arêtes qu'au milieu. Les droites parallèles aa et bb tracées sur les faces de l'éprouvette se transforment en deux courbes opposant l'une à l'autre leur convexité. Dans une expérience de ce genre, dans laquelle les allongements entre aa et bb, étaient mesurés au microscope, à des distances différentes de l'axe, l'auteur a trouvé les résultats suivants : l'allongement à une distance de 11,5 mm. de l'axe, soit à 0,5 mm. de l'arête de l'éprouvette, étant posé égal à 100 :

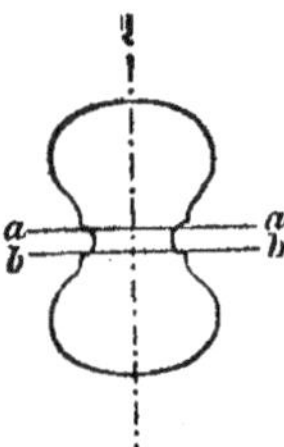

Fig. 2.

Distance à l'axe :   0   4   8   11,5 mm.
Allongement correspondant : 24   34   53   100

L'allongement observé dans le voisinage de l'arête est donc quatre fois plus grand que celui qui est constaté au milieu, il en résulte nécessairement que les actions moléculaires dans le voisinage des arêtes sont beaucoup plus grandes qu'au milieu.

Il n'est pas possible de soumettre les éprouvettes employées ordinairement pour l'essai des ciments à une expérience semblable, les allongements subis étant trop petits en valeur absolue pour qu'il soit possible de les mesurer avec une exactitude suffisante; on peut toutefois conclure d'autres essais que, toutes proportions gardées, elles se comportent exactement comme le morceau de caoutchouc.

Nous ne chercherons pas ici, pour le moment du moins, ce qu'on pourrait conclure de ces expériences sur la répartition des actions moléculaires. Notre but était de montrer, premièrement, qu'il faut être prudent dans les déductions faites sur la répartition des actions moléculaires et, secondement, qu'il n'est possible de se faire une idée exacte de cette dernière qu'en étudiant les déformations subies par le corps considéré.

7. Composantes de l'action moléculaire agissant en un point donné, dans une direction donnée. — Nous venons de voir qu'en général les actions moléculaires ne sont pas réparties uniformément sur une surface ; il nous faut donc modifier la définition donnée plus haut de l'intensité d'une action moléculaire. Considérons au point donné un élément de surface ΔF, et soit ΔP la part de la force P transmise par l'élément ΔF ; nous appellerons intensité de l'action moléculaire au point considéré l'expression :

$$R = \lim \left(\frac{\Delta P}{\Delta F} \right) = \frac{dP}{dF} \qquad (2)$$

d'où

$$dP = R\,dF \qquad (3)$$

Nous avons toujours supposé implicitement, nous appuyant sur les exemples précédents, que l'action moléculaire est perpendiculaire à l'élément de surface sur lequel elle agit. En général il n'en n'est pas ainsi. Si donc l'action moléculaire forme un angle quelconque avec la normale à l'élément de surface dF, il nous sera loisible de la décomposer en deux composantes, à savoir en une *action moléculaire normale*, dirigée selon la normale à l'élément dF, et en une *action moléculaire tangentielle*, située dans le plan de dF. Dans la suite, nous désignerons toujours par R, l'*intensité* de l'action moléculaire normale, par S celle de l'action moléculaire tangentielle. Pour fixer les idées, il faut encore attribuer des signes aux actions normales, nous les affecterons du signe positif lorsqu'elles tendent à séparer l'élément dF de l'élément de surface infiniment voisin, c'est-à-dire lorsqu'elles font travailler la matière *à l'extension* ; au contraire nous leur donneront le signe — si elles tendent à rapprocher ces deux éléments, c'est-à-dire s'il y a *compression*. Quant aux actions tangentielles, elles seront complètement définies si l'on donne leurs composantes selon deux axes de coordonnées tracés dans le plan de l'élément dF.

Il faut donc 3 composantes pour définir complètement l'action moléculaire agissant sur l'élément de surface dF.

Il serait toutefois faux de croire que la connaissance de ces 3 composantes suffise pour définir l'*état élastique* du corps au point considéré, c'est-à-dire l'état du solide en ce point sous l'influence de forces extérieures données. En effet, cet état n'est complètement déterminé que si nous connaissons l'action moléculaire agissant en ce point sur un élément de surface orienté d'une manière quelconque.

8. Tétraèdre des actions moléculaires. — Nous allons démontrer qu'il suffit de connaître l'action moléculaire relative à 3 éléments de surface passant par le point donné A, pour que l'état élastique en ce point soit complètement déterminé. Considérons un tétraèdre infiniment petit, tel que l'un de ses sommets coïncide avec le point considéré, et écrivons pour ce corps les conditions générales d'équilibre, en supposant de plus que les 3 faces passant par le point donné coïncident précisément avec les 3 éléments de surface pour lesquels l'action moléculaire est connue, la quatrième face étant absolument quelconque. L'action moléculaire qui agit sur cette face est un peu différente de celle qui agirait dans une surface parallèle passant par A, si nous supposons le tétraèdre de plus en plus petit, cette quatrième face se rapproche de plus en plus de A et à la limite la différence entre les deux actions moléculaires disparaît. C'est là la raison qui nous oblige à supposer le tétraèdre infiniment petit, dans d'autres cas nous pourrions considérer un tétraèdre de dimensions finies. En effet, il est bon de faire remarquer déjà ici qu'il est très souvent possible dans la résistance des matériaux de remplacer l'étude de corps infiniment petits par celle de corps de dimensions finies, très petites il est vrai, sans que l'exactitude du calcul en souffre sensiblement Dans chaque cas particulier, il sera en général possible de se rendre compte de la grandeur que les solides peuvent atteindre sans qu'il résulte d'erreur sensible du fait que l'état élastique varie en passant du point considéré à un point voisin.

Le tétraèdre considéré est sollicité par cinq forces extérieures qui doivent se faire équilibre, savoir : les actions moléculaires agissant sur chacune des quatre faces et la résultante des forces agissant sur la masse du solide. Dans les applications ordinaires de la résistance des matériaux, ces forces extérieures se réduisent à une seule, le poids du tétraèdre. Si l'on étudiait un solide en mouvement, il faudrait ajouter les forces d'inertie. Toutefois ces forces qui dépendent de la masse du tétraèdre sont des infiniment petits du troisième ordre et par suite négligeables devant les actions moléculaires, qui sont proportionnelles à l'aire des faces et par suite infiniment petites du second ordre.

Pour qu'il y ait équilibre, il faut que la somme géométrique des quatre actions moléculaires soit nulle, la force inconnue se trouve donc comme ligne de fermeture d'un polygone des forces gauche ou à l'aide de la méthode analytique. Il faut que ces quatre forces se coupent en un même point. De là résulte immédiatement que les actions moléculaires agissant sur les trois éléments de surface donnés doivent satisfaire à certaines conditions afin d'être compatibles entre elles. On trouverait ces conditions en écrivant que les sommes des moments des forces par rapport à 3 axes rectangulaires sont nulles. Il est toutefois plus simple de considérer l'équilibre d'un parallèlipipède infiniment petit.

9. Décomposition des actions moléculaires. Equilibre d'un parallèlipipède infiniment petit. — Nous venons de voir que l'état élastique d'un solide en un point donné est déterminé sans ambiguïté dès que l'on connaît les actions moléculaires agissant sur trois éléments de surface passant par ce point. Pour plus de simplicité, supposons ces trois éléments perpendiculaires l'un à l'autre, de façon à pouvoir employer un système d'axes rectangulaires.

Soit O (fig. 3ᵉ) le point dont nous étudions l'état élastique. Prenons-le comme sommet d'un parallèlipipède infiniment petit dont les arêtes sont dirigées suivant Ox, Oy, Oz.

Nous sommes forcés de supposer le parallélipipède infiniment petit; sans cela l'intensité des actions moléculaires en différents points d'une même face du solide pourrait prendre des valeurs très différentes. Dans cette hypothèse, nous pouvons admettre, au contraire, sans commettre d'erreur notable, que les actions moléculaires sont réparties uniformément sur les faces du solide. La résultante des actions agissant sur une face passe dans ce cas par le centre de celle-ci, elle est égale en grandeur (éq. 3) au produit de l'intensité de l'action moléculaire multipliée par l'aire du rectangle considéré.

Les composantes normales des actions moléculaires ont naturellement la direction des axes de coordonnées; nous décomposerons également les composantes tangentielles agissant dans chaque face en deux composantes selon les mêmes axes.

Ainsi donc sur les six faces du parallélipipède agissent dix-huit composantes qui font équilibre aux forces agissant sur la masse du solide.

Examinons maintenant les relations existant entre les composantes agissant sur deux faces opposées. Considérons les deux parties A et B d'un corps séparées par une section. En vertu du principe de l'action et de la réaction, l'action moléculaire exercée par A sur B en un point déterminé de la section est égale et de signe contraire à celle exercée par B sur A. Prenons en ce point la normale à la surface de séparation, d'un côté de celle-ci seulement. Pour l'une des parties, cette normale sera extérieure, pour l'autre intérieure. Un travail à l'extension est, pour chacune des deux parties, une force dont le sens coïncide avec celui de la normale extérieure à la partie considérée. En effet, si nous envisageons l'autre portion du corps, d'après le principe d'action et de réaction, le sens de la force est changé, mais en même temps le sens de la normale extérieure a changé aussi, de sorte que nous pouvons dire, sans ambiguïté, que la composante normale d'une action moléculaire produit toujours un travail à l'extension (c'est-à-dire est positive, d'après nos conventions), lorsqu'elle coïncide en direction avec la normale extérieure à la section considérée.

Considérons (fig. 3^a), par exemple, les deux faces opposées perpendiculaires à l'axe des x. La normale extérieure à l'une d'elle sera dirigée selon les x positifs, celle de l'autre aura le sens opposé. Supposons que l'on rapproche toujours davantage ces deux faces jusqu'à ce qu'elles coïncident. L'action moléculaire agissant sur l'une sera alors la réaction de l'action moléculaire agissant sur l'autre ; nous voyons donc que les composantes des actions moléculaires agissant sur deux faces opposées sont toujours de sens contraires.

Au sujet des signes nous ferons la convention suivante : pour les faces du solide dont les normales extérieures sont dirigées dans le sens des coordonnées positives, la composante normale R est également positive, car nous avons déjà convenu précédemment d'affecter du signe + les actions faisant travailler la matière à l'extension. Le plus simple est donc de prendre avec le signe +, non seulement la composante R, mais

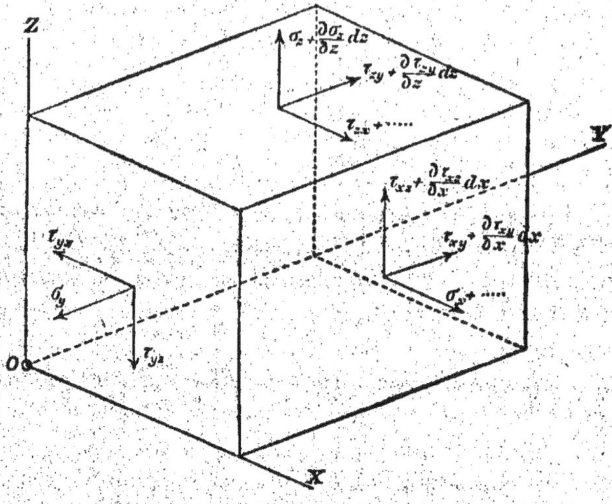

Fig. 3ᵃ

La lettre σ de la figure correspond à la notation R du texte.
   » τ »   »   S   »

aussi les deux composantes de S, lorsque les normales extérieures des faces seront dirigées dans le sens positif. Sur les faces opposées, il faut changer tous les signes si les composantes des actions moléculaires sont positives. Le sens des flèches des fig. 3 a été déterminé d'après cette convention; nous recommandons au lecteur de l'étudier attentivement. Dans la figure 3a on n'a indiqué, pour plus de clarté, que les composantes agissant sur les faces visibles. La normale à la face située dans le plan XOZ est dirigée selon les y négatifs; par suite les flèches de R et des composantes de S sont également dirigées selon les coordonnées négatives. Dans les deux autres faces, au contraire, dont les normales extérieures sont positives, les flèches sont également tracées dans le sens des axes positifs, conformément à notre hypothèse. La signification des indices dont sont affectées les lettres R et S est facile à saisir. Chaque R est affecté d'un indice, indiquant à quelle face il se rapporte, cela en donnant la direction de l'axe auquel cette face est perpendiculaire. De même le premier indice dont sont affectées les composantes tangentielles S indique la direction de la normale à la face sur laquelle elles agissent. Le second indice indique la direction de l'axe à laquelle cette composante est parallèle.

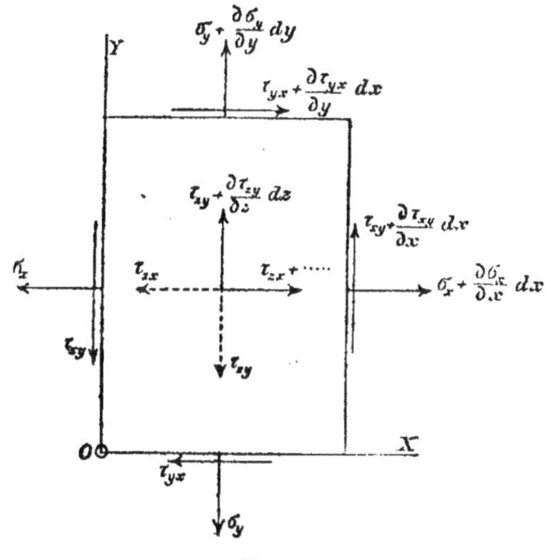

Fig. 3^b

Reste encore un troisième point à examiner. Pour les faces passant par O, on peut admettre, en faisant abstraction de quantités infiniment petites d'ordre supérieur, qu'en tous les points d'une même face les composantes R et S ont la même valeur qu'en O. Par contre, il n'est plus permis de négliger les variations qu'éprouvent ces quantités, lorsque l'on passe de la face considérée à la face opposée.

En général, les composantes des actions moléculaires sont des fonctions des coordonnées x, y, z. Nous admettrons que ces fonctions sont continues ainsi que leurs arrivées partielles du premier ordre, ce qui revient à supposer : 1° que la matière est homogène, c'est-à-dire que ses propriétés élastiques sont les mêmes en chaque point, ou, tout au moins, qu'elles varient d'une façon continue lorsqu'on se déplace à l'intérieur du corps ; 2° que la périphérie du corps est une surface continue ; 3° que la loi de répartition des forces extérieures peut être représentée par une fonction continue d'x, y, et z. En vertu de ces hypothèses, connues dans leur ensemble sous le nom de *loi de continuité*, il est facile d'exprimer la valeur des composantes agissant sur les faces opposées à celles passant par O. Considérons, par exemple, les forces agissant sur la face située dans le plan $x\,oz$, R_y, S_{yx}, S_{yz}, nous pouvons les supposer appliquées au centre de gravité de cette face. Si nous passons au centre de gravité de la face opposée, x et z ne subissent aucun changement tandis que y croît de dy, les composantes des actions moléculaires relatives à cette face s'obtiennent donc en développant R_y, S_{yx}, S_{yz} en série à l'aide du théorème de Taylor, en nous arrêtant au second terme, il vient :

$$R_y + \frac{dR_y}{dy}\,dy, \quad S_{yx} + \frac{dS_{yx}}{dy}\,dy, \quad S_{yz} + \frac{dS_{yz}}{dy}\,dy$$

On procéderait de même pour les autres faces. Les valeurs sont indiquées dans les figures 3.

Nous sommes maintenant en mesure d'écrire les équations générales d'équilibre des forces sollicitant le parallélipipède $dx\,dy\,dz$.

Nous formerons tout d'abord la somme des moments relatifs à un système d'axes parallèles aux arêtes et dont l'origine coïncide avec le centre de gravité du solide, ceci afin d'obtenir les relations que nous avons reconnu devoir exister entre les neuf composantes R_x, R_y, R_z, S_{xy}, S_{xz}, S_{yx}, S_{yz}, S_{zx}, S_{zy}, relatives aux trois éléments superficiels passant par O. Dans les équations, il faudra introduire, non *les intensités* des actions moléculaires, mais leurs *grandeurs* qui sont proportionnelles aux aires des faces d'application. La somme des moments des forces, relatifs à l'axe parallèle à l'axe des z, est (fig. 3[b]) :

$$\left[S_{yx}\frac{dy}{2} + \left(S_{yx} + \frac{d\,S_{yx}}{dy}dy\right)\frac{dy}{2}\right]dxdz -$$

$$\left[S_{xy}\frac{dy}{2} + \left(S_{xy} + \frac{d\,S_{xy}}{dy}dy\right)\frac{dy}{2}\right]dxdz$$

Cette somme doit être nulle ; en divisant par $dx\,dy\,dz$ et en négligeant les termes infiniment petits devant les termes finis, nous obtenons :

$$S_{yx} = S_{xy}$$

En annulant les sommes des moments relatifs aux deux autres axes, nous obtenons deux relations analogues, de sorte que nous trouvons finalement les trois conditions.

$$S_{yx} = S_{xy}, \quad S_{zy} = S_{yz}, \quad S_{xz} = S_{zx} \qquad (4)$$

C'est là l'un des théorèmes fondamentaux de la résistance des matériaux. Il est possible de généraliser ce résultat en considérant un parallélipipède oblique au lieu d'un parallélipipède rectangle. Mentionnons encore le fait que beaucoup d'auteurs remplacent des doubles indices par un seul, en posant par exemple $S_{yx} = S_{xy} = S_z$, l'indice z indiquant alors l'axe relativement auquel le moment de ces composantes est nul. Nous préférons toutefois conserver le système des deux indices qui nous paraît plus clair.

Nous voyons donc que six quantités sont nécessaires pour

---

1. A l'intérieur d'un aimant cette équation n'est plus satisfaite, car au moment des actions moléculaires s'ajoute un moment dû aux forces magnétiques, qui peut être du même ordre de grandeur. Nous faisons naturellement abstraction des cas de ce genre.

définir complètement l'état élastique du corps en un point donné O. Aucun raisonnement n'est capable d'en réduire le nombre.

Formons maintenant les trois autres conditions d'équilibre en égalant à zéro la somme des composantes suivant les axes. Il n'est plus permis ici de négliger les forces extérieures agissant sur la masse du corps, car ces forces sont du même ordre que les variations des actions moléculaires relatives à deux faces opposées. Soit X, Y, Z, les composantes de la résultante de ces forces extérieures rapportées à l'unité du volume. Dans chaque équation, les termes contenant R_x, R_y, R_z,.... s'annulent deux à deux ; il ne reste donc que les termes contenant les dérivées partielles des actions moléculaires. Nous obtenons donc les expressions :

Forces parallèles à Ox.

$$\frac{d\,R_x}{dx}\,dx\,dy\,dz + \frac{d\,S_{yx}}{dy}\,dx\,dy\,dz + \frac{d\,S_{zx}}{dz}\,dx\,dy\,dz$$
$$+ \mathbf{X}\,dx\,dy\,dz = 0$$

Forces parallèles à Oy

$$\frac{d\,S_{xy}}{dx}\,dx\,dy\,dz + \frac{d\,R_y}{dy}\,dx\,dy\,dz + \frac{d\,S_{zy}}{dz}\,dx\,dy\,dz$$
$$+ \mathbf{Y}\,dx\,dy\,dz = 0$$

Forces parallèles à Oz.

$$\frac{d\,S_{xz}}{dx}\,dx\,dy\,dz + \frac{d\,S_{yz}}{dy}\,dx\,dy\,dz + \frac{d\,R_z}{dz}\,dx\,dy\,dz$$
$$+ \mathbf{Z}\,dx\,dy\,dz = 0$$

d'où en supprimant le facteur $dx\,dy\,dz$, volume du solide :

$$\left.\begin{array}{l}\dfrac{d\,R_x}{dx} + \dfrac{d\,S_{yx}}{dy} + \dfrac{d\,S_{zx}}{dz} + \mathbf{X} = 0 \\[2mm] \dfrac{d\,S_{xy}}{dx} + \dfrac{d\,R_y}{dy} + \dfrac{d\,S_{zy}}{dz} + \mathbf{Y} = 0 \\[2mm] \dfrac{d\,S_{xz}}{dx} + \dfrac{d\,S_{yz}}{dy} + \dfrac{d\,R_z}{dz} + \mathbf{Z} = 0\end{array}\right\} \qquad (5)$$

10. Équations d'équilibre d'un tétraèdre infiniment petit. — Établissons maintenant les conditions d'équilibre du problème traité à l'art. 8. La fig. (4) donne le tétraèdre en projections verticale et horizontale ; nous supposons connue l'intensité des actions moléculaires agissant en O dans les trois plans zOy, xOz, yOx. Il s'agit de calculer l'intensité de l'action moléculaire relative à la face opposée à O. Soient P_n cette

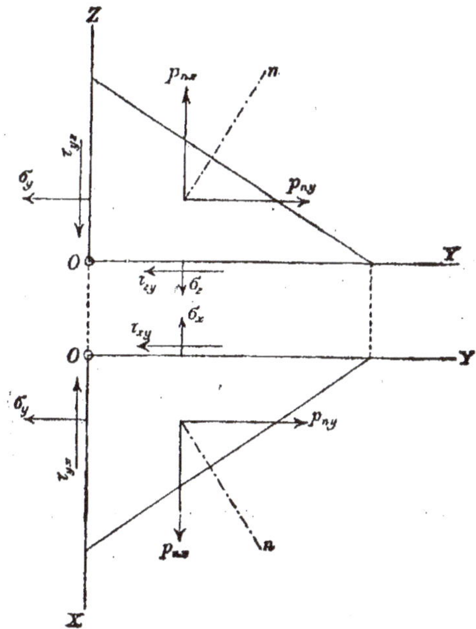

Fig. 4

σ dans la figure correspond à R du texte
τ »   »   S   »
p »   »   P   »

intensité P_{nx}, P_{ny}, P_{nz} les composantes selon les axes, n désignant la normale extérieure à la face considérée, $d\mathbf{F}$, l'aire de celle-ci. Les aires des trois autres faces du tétraèdre sont simplement les projections de $d\mathbf{F}$ sur les plans de coordonnées, on les obtient donc en multipliant $d\mathbf{F}$ par le cosinus de l'an-

gle des deux plans. Mais cet angle est, d'après un théorème
bien connu, égal à l'angle des normales aux deux plans ;
donc par exemple l'angle formé par dF et le plan yoz est
égal à l'angle formé par n avec l'axe des x, angle que nous
désignerons par (nx). Egalant à zéro la somme des composantes selon les axes, nous trouvons, en appliquant la convention précédente au sujet des signes et en laissant de côté
le facteur commun dF :

$$
\left.
\begin{aligned}
P_{nx} &= R_x \cos (nx) + S_{yx} \cos (ny) + S_{zx} \cos (nz) \\
P_{ny} &= S_{xy} \cos (nx) + R_y \cos (ny) + S_{zy} \cos (nz) \\
P_{nz} &= S_{xz} \cos (nx) + S_{yz} \cos (ny) + R_z \cos (nz)
\end{aligned}
\right\} \qquad (6)
$$

Si la face considérée se trouve à la périphérie du corps, il
faudra entendre par P la force extérieure agissant en ce point
sur le corps.

Si cette force extérieure est nulle, les équations précédentes
deviennent :

$$
\left.
\begin{aligned}
R_x \cos (nx) + S_{yx} \cos (ny) + S_{zx} \cos (nz) &= o \\
S_{xy} \cos (nx) + R_y \cos (ny) + S_{zy} \cos (nx) &= o \\
S_{xz} \cos (nx) + S_{yz} \cos (ny) + R_z \cos (nz) &= o
\end{aligned}
\right\} \qquad (7)
$$

Il serait naturellement possible d'étudier de la même manière l'équilibre d'un solide infiniment petit de forme quelconque. On n'obtiendrait toutefois aucun résultat nouveau.
Dans l'intérêt des commençants, auxquels nous recommandons
spécialement de bien se pénétrer des articles précédents, il est
préférable de se borner à l'étude du tétraèdre et du parallélipi-
pipède, un corps quelconque pouvant toujours être divisé en
solides infiniment petits de ces formes.

§ 2

CAS PARTICULIERS D'ÉTATS ÉLASTIQUES

11. État élastique double ou plan. — Nous avons étudié jusqu'ici le cas le plus général d'état élastique qui puisse se produire dans un corps. Les problèmes qu'on rencontre dans la pratique sont ordinairement beaucoup plus simples. Nous nous bornerons par suite à considérer l'état élastique double, c'est-à-dire, un état dans lequel la matière en chaque point n'est sollicitée d'aucune façon dans une direction déterminée. Nous prendrons précisément cette direction comme axe des Z. L'état élastique double est donc défini par les relations.

$$R_z = o \quad S_{xz} = o \quad S_{yz} = o \tag{8}$$

Des 6 quantités nécessaires pour définir généralement un état élastique, trois seulement sont ici différentes de zéro, savoir :

$$R_x, \ R_y \ \text{et} \ S_{xy} = S_{yx}$$

Nous écrirons dorénavant simplement S, sans indice, une confusion n'étant plus possible.

Proposons-nous de résoudre la question suivante : Etant donné un point d'un corps, soumis à un état élastique double, quelles sont les sections menées par ce point, pour lesquelles l'intensité de l'action moléculaire atteint une valeur ou maximum ou minimum. Il suffit de considérer des sections parallèles à l'axe des z. Considérons un prisme à base triangulaire (fig. 5), soit dz la longueur des arêtes parallèles à l'axe des z. Les relations (8) montrent immédiatement que les bases du prisme ne sont sollicitées par aucune force.

Les intensités des actions moléculaires agissant sur les faces latérales sont indiquées dans la figure. L'intensité de l'action relative à la section considérée qui fait un angle φ avec

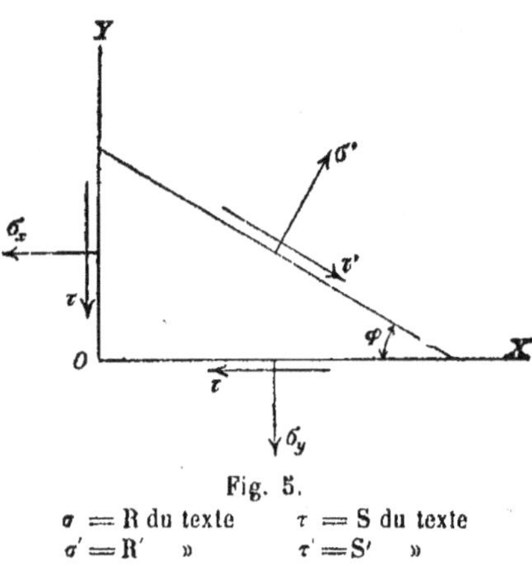

Fig. 5.

$\sigma = $ R du texte $\tau = $ S du texte
$\sigma' = $ R' » $\tau' = $ S' »

l'axe ox, est décomposée en deux composantes, l'une normale R', l'autre tangentielle S'. L'action moléculaire relative à cette section ne saurait en effet avoir de composante dans le sens de l'axe des z, puisqu'il n'existe à la surface du prisme aucune autre force dirigée dans ce sens qui puisse lui faire équilibre.

Les équations d'équilibre sont ici, dF désignant l'aire de la face inclinée :

Force parallèle à l'axe des x :

$$\text{R}' d\text{F} \sin \varphi + \text{S}' d\text{F} \cos \varphi - \text{R}_x \, d\text{F} \sin \varphi - \text{S} \, d\text{F} \cos \varphi = o$$

d'où en supprimant le facteur commun dF :

$$\text{R}' \sin \varphi + \text{S}' \cos \varphi - \text{R}_x \sin \varphi - \text{S} \cos \varphi = o$$

Force parallèle à l'axe des y :

$$\text{R}' \cos \varphi - \text{S}' \sin \varphi - \text{R}_y \cos \varphi - \text{S} \sin \varphi = o$$

Résolvons ces deux équations par rapport à R' et S' en multipliant la première par $\sin \varphi$ et la seconde par $\cos \varphi$, puis en faisant les multiplications inverses ; il vient :

$$R' = R_x \sin^2 \varphi + R_y \cos^2 \varphi + 2\,S \cos \varphi \sin \varphi$$

ou, en introduisant dans le calcul l'angle 2φ :

$$\sin^2 \varphi = \frac{1 - \cos 2\varphi}{2}, \quad \cos^2 \varphi = \frac{1 + \cos 2\varphi}{2}$$

$$\left.\begin{array}{l} R' = \dfrac{R_x + R_y}{2} - \dfrac{R_x - R_y}{2} \cos 2\varphi + S \sin 2\varphi \\[2ex] S' = \dfrac{R_x - R_y}{2} \sin 2\varphi + S \cos 2\varphi \end{array}\right\} \qquad (9)$$

Nous avons ainsi R' et S' en fonction de l'angle φ. Cherchons d'abord le maximum de R' ; en égalant à zéro la dérivée de R' par rapport à φ, il vient :

$$o = - \frac{R_y - R_x}{2} 2 \sin 2\varphi + 2\,S \cos 2\varphi \qquad (10)$$

d'où

$$\operatorname{tg} 2\varphi = \frac{2S}{R_y - R_x}$$

$$\varphi = \frac{1}{2} \operatorname{arc\,tg} \frac{2S}{R_y - R_x} + n\frac{\pi}{2} \qquad (11)$$

n désignant un nombre entier quelconque.

Le membre de droite de l'équation (10) est précisément égal au double de la valeur de S' (éq. 9). Nous voyons donc que R' est maximum ou minimum pour les sections dans lesquelles S' est nul. L'équation (11) montre de plus qu'il existe au moins deux sections perpendiculaires l'une à l'autre pour lesquelles ceci à lieu.

Une exception est toutefois possible, savoir quand $S = o$ et $R_x = R_y$; dans ce cas $S' = o$ et R' est indépendant de φ, c'est-à-dire constant pour toutes les sections menées par O.

Abstraction faite de ce cas particulier, il existe donc toujours dans un état élastique double deux sections parallèles à l'axe des z, perpendiculaires l'une à l'autre et pour lesquelles $S' = o$ et R' atteint une valeur maximum ou mininum. On nomme ces deux sections les *sections principales* et les actions moléculaires correspondantes, *actions moléculaires principales* du solide au point considéré.

Remarquons en passant qu'il est possible de résoudre le même problème dans le cas général de l'état élastique triple ; le calcul, beaucoup plus long, s'opère d'une façon analogue. On trouve 3 sections perpendiculaires entre elles dans lesquelles les actions tangentielles s'annulent. On peut considérer dans l'état élastique double le plan xoy comme troisième plan dans lequel n'agit pas d'action moléculaire tangentielle ; de plus pour ce plan, l'action moléculaire normale est nulle. Il est donc possible de définir comme suit l'état élastique double : *l'état élastique dans lequel une des actions principales est nulle.*

Nous trouvons l'intensité des actions principales en substituant dans (9) les valeurs de φ tirées de (10) et de (11).

Résolvons (10) par rapport à $\sin 2\varphi$ et $\cos 2\varphi$, nous trouvons :

$$\sin 2\varphi = \pm \frac{2S}{\sqrt{4S^2 + (R_x - R_y)^2}} \; ; \; \cos 2\varphi = \pm \frac{R_y - R_x}{\sqrt{4S^2 + (R_x - R_y)^2}}$$

l'équation (9) donne par suite :

$$R'_{\substack{max.\\min.}} = \frac{R_x + R_y}{2} \pm \frac{\frac{1}{2}(R_y - R_x)^2 + 2S^2}{\sqrt{4S^2 + (R_y - R_x)^2}}$$

ou

$$R'^{max.}_{min.} = \frac{R_x + R_y}{2} \pm \frac{1}{2}\sqrt{4S^2 + (R_y - R_x)^2} \qquad (12)$$

Il serait facile de voir en formant la dérivée seconde de R' par rapport à φ que l'une des valeurs est un maximum, l'autre un minimum, ceci résulte, du reste déjà du fait que toute fonction continue de l'angle φ qui n'est pas une constante doit avoir au moins un maximum et un minimum lorsque φ varie de 0 à 2π.

Si $S = o$, les axes de coordonnées coïncident avec les actions moléculaires principales, et de plus $R_x = R_y$, les actions principales sont égales entre elles, et toutes les sections passant par le point donné sont des directions principales.

Déterminons maintenant les sections dans lesquelles S' est un maximum ou un minimum. L'équation (9) donne :

$$\frac{dS'}{d\varphi} = \frac{R_x - R_y}{2} \, 2 \cos 2\varphi - 2S \sin 2\varphi = o$$

d'où

$$\operatorname{tg} 2\varphi = \frac{R_x - R_y}{2S} \qquad (13)$$

On voit que cette valeur est égale à la cotangente de l'angle 2φ déterminé par la formule (10). Donc *les sections dans lesquelles S' atteint sa valeur maximum ou minimum, forment un angle de 45° avec les sections principales.* Il convient de remarquer que, dans ces sections, l'action moléculaire normale n'est pas nulle ; si l'on substitue la valeur (13) dans (9), il vient :

$$R' = \frac{R_x + R_y}{2}$$

Dans le cas seulement où $R_x = - R_y$, R' est nul.

La formule (13) donne :

$$\sin 2\varphi = \pm \frac{R_x - R_y}{\sqrt{4S^2 + (R_x - R_y)^2}}, \cos 2\varphi = \pm \frac{2S}{\sqrt{4S^2 + (R_x - R_y)^2}}$$

en introduisant ces valeurs dans la seconde des équations (9), nous aurons :

$$S'^{\,\max.}_{\,\min.} = \pm \frac{1}{2} \sqrt{4S^2 + (R_x - R_y)^2} \qquad (14)$$

Les deux quantités $S'_{\max.}$ et $S'_{\min.}$ ne diffèrent l'une de l'autre que par le signe. Ce n'est là, du reste, en ce qui concerne les valeurs absolues, qu'une conséquence immédiate de la formule (4) exprimant l'égalité des actions moléculaires tangentielles dans deux sections perpendiculaires. Les signes dans la formule (14) n'ont pas d'importance car ils dépendent de la convention arbitraire faite au sujet du sens dans lequel S' serait compté positivement.

12. État élastique simple ou linéaire. — Il est possible de déduire de l'état élastique double, un état élastique plus simple encore en supposant l'une des deux actions moléculaires principales égale à zéro. Supposons que les axes de coordonnées coïncident avec les directions principales : S est donc nul ; de plus, nous admettons par hypothèse :

$$R_y = o$$

Les formules précédentes deviennent :

$$\left. \begin{aligned} R' &= R_x \frac{1 - \cos 2\varphi}{2} = R_x \sin^2 \varphi \\ S' &= \frac{R_x}{2} \sin 2\varphi \end{aligned} \right\} \qquad (15)$$

C'est là l'état élastique qui s'établit à l'intérieur d'une tige travaillant à l'extension ou à la compression.

La seconde des formules (15) montre que la plus grande action moléculaire tangentielle peut au plus être égale à la moitié de l'action moléculaire principale.

13. Ellipse des actions moléculaires. — Supposons que, dans le cas de l'état élastique plan, nous ayons déterminé, pour toutes les sections parallèles à l'axe des z passant par le point considéré, les composantes R' et S' de l'intensité des actions moléculaires.

Formons chaque fois la résultante P de R' et S' et représentons cette quantité par un vecteur (fig. 6). A chaque section correspond un vecteur semblable, et les extrémités de ces vecteurs sont situées sur une certaine courbe. Nous allons démontrer que cette courbe est une ellipse : *l'ellipse des actions moléculaires.* Décomposons P en deux composantes suivant deux axes perpendiculaires *ox* et *oy*; ces composantes P_x et P_y sont les coordonnées d'un point du lieu cherché. On peut càlculer facilement P_x et P_y au moyen des équations (9), en décomposant R′ et S′ selon les axes. Il est toutefois plus simple de procéder autrement. Supposons que les axes coïncident avec les directions principales, la figure (5) se simplifie, S étant nul, et les forces agissant sur le prisme élémentaire se réduisent à celles indiquées

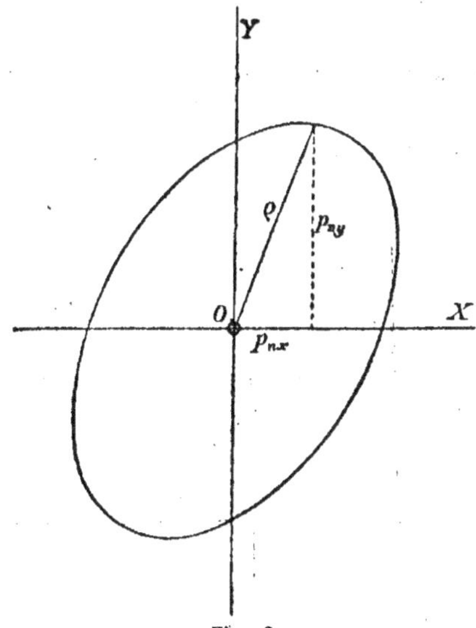

Fïg. 6.

ρ de la figure $= P$ du texte
p_{nx} $= P_{nx}$ »
p_{ny} $= P_{ny}$ »

dans la figure (7). R_x et R_y sont donc maintenant les intensités des actions moléculaires principales.

Les conditions d'équilibre du prisme (fig. 7) donnent les relations :

$$P_{nx} = R_x \sin \varphi \qquad P_{ny} = R_y \cos \varphi$$

En éliminant φ, nous obtenons pour l'équation du lieu cherché :

$$\left(\frac{P_{nx}}{R_x}\right)^2 + \left(\frac{P_{ny}}{R_y}\right)^2 = 1 \qquad\qquad (16)$$

C'est bien là l'équation d'une ellipse rapportée à ses axes. Si $R_x = R_y$ l'ellipse des actions moléculaires devient un cercle, qui correspond au cas déjà souvent mentionné dans lequel toute direction peut être envisagée comme direction principale. Cet état élastique s'établit, par exemple, à l'intérieur d'un liquide en repos, ou même à l'intérieur d'un liquide en mouvement, à condition toutefois que le liquide soit sans frottement.

L'ellipse des actions moléaires, tout en donnant une

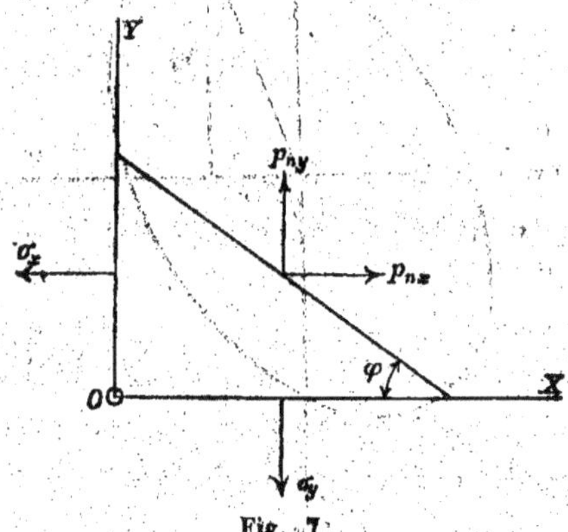

Fig. 7.
$\varrho = R$ du texte.
$n = P$ »

image parlante des intensités des différentes actions moléculaires, de leur grandeur et de leurs directions, ne permet cependant pas de déterminer la direction de la section relative à une action moléculaire donnée et inversement. Pour les actions principales seulement, on sait que les actions correspondantes leur sont perpendiculaires. On peut démontrer qu'il existe une conique par rapport à laquelle la direction d'une section quelconque et la direction de l'action moléculaire correspondante sont conjuguées. Cette conique est appelée *courbe directrice des actions moléculaires*. Nous renonçons à en établir l'équation, vu le peu d'utilité pratique de ces considérations.

Naturellement, tout ce que nous avons dit dans les articles précédents sur l'état élastique double est susceptible d'être généralisé. On peut démontrer, dans le cas général de l'état élastique triple, l'existence de *trois actions moléculaires principales; d'un ellipsoïde des actions moléculaires, d'une surface directrice des actions moléculaires*, etc.

14 Glissement simple. — L'ellipse des actions moléculaires dégénère en un cercle dans un autre cas que celui que nous venons de voir, savoir : lorsque les deux actions principales sont égales et de signe contraire. Nous avons déjà fait mention de ce cas dans les remarques qui suivent l'équation (13). Nous avions reconnu que, dans les sections inclinées à 45° sur les directions principales, les actions moléculaires normales disparaissent tandis que de l'équation (14) résulte que les actions moléculaires tangentielles relatives à ces sections sont égales aux actions principales. Ces résultats sont con-

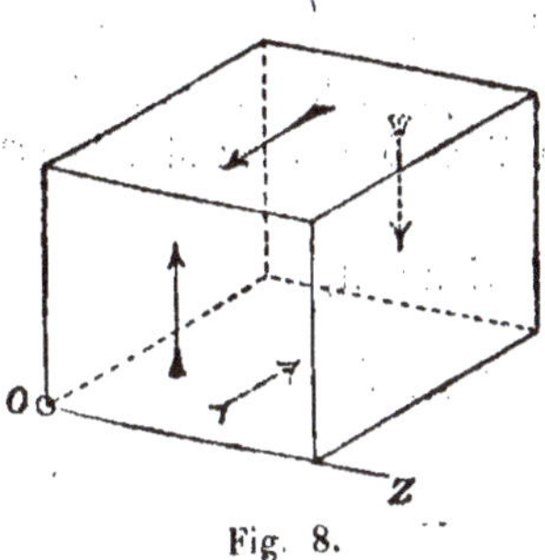

Fig. 8.

firmés par l'examen du cercle des actions moléculaires. Supposons que l'on fasse tourner le vecteur dans le sens des aiguilles d'une montre : la direction de la section correspondante tourne en sens inverse. Dans chaque position de la section, l'intensité de l'action moléculaire correspondante est la même; seul, l'angle qu'elle forme avec la section varie. Dans deux positions de la section, perpendiculaires l'une à l'autre, cet angle est droit ; dans deux autres, inclinées de 45° sur les premières, cet angle est nul, et par suite l'action moléculaire purement tangentielle.

Il est désirable d'avoir, pour ce cas qui revient fréquemment dans la pratique, une dénomination spéciale. Nous dirons qu'en tout point où s'établit un état élastique pareil, la matière travaille *au glissement simple*. On peut, en effet, déterminer complètement cet état en délimitant, au point considéré, un cube infiniment petit, tel que sur quatre faces agissent exclusivement des actions moléculaires tangentielles perpendiculaires à l'axe des z, tandis que les deux faces perpendiculaires à l'axe des z ne subissent aucun effort (fig. 8).

Cette définition revient à dire que dans le plan diagonal parallèle à l'axe des z agissent deux actions moléculaires principales, égales et de signes contraires.

EXERCICES SUR LE CHAPITRE PREMIER

Exercice 1. — Appliquer les équations (5) au cas de l'état élastique plan.

Solution. Si l'on supprime dans les équations (5) les composantes indiquées dans les équations (8), il vient entre autres $Z = o$. Cet état élastique n'est donc possible que si la force extérieure est perpendiculaire à l'axe des z (ou si elle est nulle).

Les deux autres équations (5) deviennent,

$$\frac{dR_x}{dx} + \frac{dS}{dy} + X = o$$

$$\frac{dR_y}{dy} + \frac{dS}{dx} + Y = o$$

On pourrait déduire ces équations directement, en posant les conditions d'équilibre d'un parallélipipède infiniment petit dont une arête serait parallèle à l'axe des z et en tenant compte des équations (8).

Exercice 2. — *Déterminer la valeur de la composante normale* R_n *de l'intensité* P_n *de l'action moléculaire relative à un plan donné.*

Solution. Au lieu de projeter P_n elle-même sur la normale n pour obtenir R_n il est plus simple de projeter sur cette normale les composantes de P_n selon les axes et de former la somme algébrique des projections. Nous aurons donc :

$$R_n = P_{nx} \cos(nx) + P_{ny} \cos(ny) + P_{nz} \cos(nz)$$

ou, en multipliant les valeurs tirées des équations (6) :

$$R_n = R_x \cos^2(nx) + R_y \cos^2(ny) + R_z \cos^2(nz)$$
$$+ 2 S_{xy} \cos(nx) \cos(ny) + 2 S_{yz} \cos(ny) \cos(nz)$$
$$+ 2 S_{zx} \cos(nz) \cos(nx)$$

Exercice 3. — *Un arbre, travaillant simultanément à la flexion et à la torsion, subit à l'endroit le plus dangereux une action moléculaire perpendiculaire à la section, dont l'intensité est égale à 300 kilogr. par cm², et une action moléculaire tangentielle d'intensité égale à 400 kilog. par cm². Déterminer les valeurs de* R'_{max} *et* S'_{max}.

Solution. L'état élastique est double. Prenons l'axe longitudinal de l'arbre pour axe des x et supposons l'axe des y parallèle à la direction de l'action moléculaire tangentielle. Nous avons :

$$R_x = 300 \qquad S = 400 \qquad R_y = 0$$

Les équations (12) et (14) donnent :

$$R'_{max} = + 577,2 \text{ kilogr. par cm}^2.$$
$$R'_{min} = - 277,2 \qquad \text{»}$$
$$S'_{max} = 427,2 \qquad \text{»}$$

3

CHAPITRE II

DÉFORMATIONS ÉLASTIQUES
TRAVAIL DES MATÉRIAUX

---

§ 1. *De l'élasticité.* — 15. Déformations corrélatives des actions moléculaires. — 16. Essais des matériaux à l'extension. — 17. Elasticité et Plasticité. — 18. Loi de Hooke, déformations d'un prisme travaillant à l'extension ou à la compression. — 19. Principe de superposition. —
20. Propriétés élastiques des corps ne satisfaisant pas à la loi de Hooke.
§ 2. *Déformations élémentaires.* — 21. Déformations élémentaires d'un parallélipipède infiniment petit. — 22. Relation entre G, E, B et m. —
23. Ellipsoïde des déformations. — 24. Déformation élémentaire dans une
direction quelconque.
§ 3. *Travail des matériaux de construction.* — 25. Limite pratique du
travail des matériaux. — 26. Expériences de Woehler. — 27. Causes déterminantes de la rupture dans le cas d'un état élastique triple; opinions
diverses à cet égard. — 28. Travail élastique de comparaison.
§ 4. *Travail spécifique de déformation.* — 29. Energie potentielle interne
d'un parallélipipède infiniment petit.
Exercices, Nos 4 à 10.

§ 1

DE L'ÉLASTICITÉ

**15. Déformations corrélatives des actions molécu-
laires.** — Les conditions d'équilibre des actions moléculaires et toutes leurs conséquences sont applicables à tout corps,
quelle que soit la façon dont il se comporte, à condition toutefois que la loi de continuité soit satisfaite. Elles sont donc

valables aussi bien pour un tas de sable ou une motte d'argile que pour les métaux, les liquides ou les gaz. Nous avons vu également qu'elles ne fournissent que 3 équations entre les composantes des actions moléculaires et les forces extérieures, alors que 6 quantités sont nécessaires pour définir l'état élastique d'un corps en un point donné. Nous sommes donc obligés pour résoudre complètement le problème d'introduire dans le calcul de nouveaux éléments.

Sous l'influence des actions moléculaires le corps, quel qu'il soit, subit certaines modifications de forme, certaines déformations. Il est évident qu'il doit exister des relations parfaitement déterminées entre les déformations et les actions moléculaires corrélatives. La déformation subie par le corps en un point donné est complètement définie si nous savons de combien le point s'est déplacé dans le sens des 3 axes de coordonnées. Si donc nous connaissons les relations existant entre les déformations et les actions moléculaires correspondantes, nous pouvons exprimer celles-ci en fonction de celles-là ; en substituant dans les équations 5, nous obtiendrons un système de 3 équations aux dérivées partielles à 3 variables indépendantes : le problème pourra donc être résolu complètement, en théorie du moins ; pratiquement la résolution des équations présente le plus souvent des difficultés insurmontables.

L'expérience seule peut donner la relation existant entre les actions moléculaires et les déformations corrélatives. Pour la déterminer, il faut mesurer les déformations produites par des forces connues sur un corps donné, étudier l'influence des dimensions du corps en question et conclure de là quelles seront les déformations subies par un parallélipipède infiniment petit.

16. Essais des matériaux à l'extension. — L'une des expériences les plus fréquentes consiste à déterminer les déformations subies par une tige métallique travaillant à l'ex-

tension. On emploie à cet effet une tige d'environ 20 à 25 mm.
de diamètre et de 300 mm. de longueur. L'expérience consiste à mesurer l'allongement qu'éprouve la portion médiane de la tige, comprise entre deux points de repère distants d'environ 100 à 150 mm. Cet allongement étant très petit,
il est nécessaire d'avoir un appareil assez sensible pour le
constater.

L'appareil à miroir, construit à cet effet par Bauschinger,
permet de mesurer les allongements avec une exactitude d'un
dixm-illième de mm. Il se compose essentiellement (fig. 9) de
deux ressorts **F** fixés à l'un des points de repère **A** sur l'éprouvette **S**. L'extrémité libre des ressorts s'appuie légèrement
contre deux roulettes d'ébonite

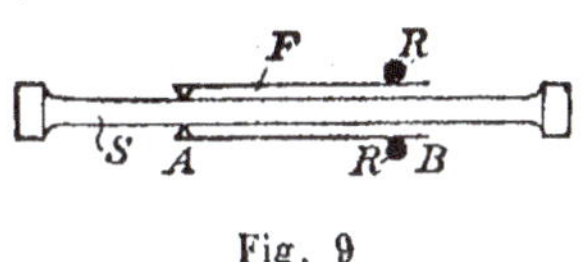

Fig. 9

R, qui peuvent tourner librement autour de leurs axes.
Ces axes sont calés entre pointes dans un cadre fixé sur l'éprouvette à l'autre point de répère B. Lorsque l'éprouvette subit.
un effort d'extension, l'espace compris entre les deux points
de repère s'allonge, et les ressorts F en, s'appuyant sur les
roulettes R les font tourner d'un certain angle proportionnel à l'allongement. L'axe des roulettes porte un miroir qui
permet de mesurer cet angle à l'aide d'une règle divisée et
d'une lunette, selon la méthode si souvent utilisée en physique.
Il est nécessaire d'employer deux roulettes : on voit en effet
que celles-ci tournent en sens inverse ; par suite les erreurs
d'observations, dues à des imperfections de calage de l'éprouvette dans la machine d'essais, à des déformations de certaines
pièces de celles-ci, etc., sont éliminées en prenant la moyenne
des lectures faites aux deux lunettes. On pourrait naturellement observer d'une façon semblable le raccourcissement
d'une tige soumise à un effort de compression.

Une expérience de ce genre faite sur une éprouvette
d'acier doux montre que les allongements sont proportionnels
aux efforts d'extension tant que ceux-ci ne dépassent pas une

certaine grandeur ; de plus ils disparaissent complètement
lorsque l'effort cesse. Si par contre l'effort d'extension dépasse
une certaine limite, les allongements corrélatifs ne disparaissent plus complètement ; enfin pour une certaine valeur de
cette force, la tige se rompt.

Une éprouvette de bois ou d'autre métal se comporterait
sensiblement de la même manière, les matériaux pierreux par
contre d'une façon tout autre.

17. Elasticité et plasticité. — Comme dans l'exemple
précédent, on constate d'une manière générale que les déformations subies par un corps sous l'influence de forces extérieures données sont de natures diverses. Si, les forces extérieures cessant de solliciter le corps, les déformations observées
précédemment ne subissent aucune modification, on dit
que la matière dont est formée le corps est *plastique* (Type
de matière plastique : l'argile mouillée).

Si au contraire les déformations disparaissent avec la cause
qui les produit, la matière du corps est dite *parfaitement
élastique* (Type de matière élastique : le caoutchouc). Si enfin
les déformations ne disparaissent que partiellement, la matière sera *semi-élastique*. Afin de définir d'une manière précise la notion d'élasticité, nous introduirons le principe du
travail de déformation. Nous entendons par là le travail
mécanique fourni par des forces extérieures pour amener un
corps dans un état de déformation donné, ce travail s'emmagasine dans le corps sous forme d'énergie potentielle interne.
Dans l'exemple précédent ce travail serait

$$A = \int_0^x P\,dx \tag{17}$$

P désignant l'effort d'extension, x l'allongement corrélatif.

Nous pouvons maintenant, formuler les définitions suivantes :

1) *L'élasticité* est la propriété des corps de pouvoir emmagasiner sous forme d'énergie potentielle interne, le travail de

déformation et de le restituer entièrement ou partiellement lorsque la cause des déformations cesse d'agir.

2) Un corps est *parfaitement élastique* lorsqu'il restitue entièrement, sous forme d'énergie mécanique, l'énergie potentielle interne accumulée durant la déformation.

3) *Le degré d'élasticité* d'un corps semi-élastique est le rapport de l'énergie restituée, lorsque la cause de la déformation est supprimée, au travail de déformation.

4) Il n'existe aucun corps qui soit parfaitement élastique, quels que soient les efforts auxquels il est soumis. On appelle *limite d'élasticité*, la limite à partir de laquelle un corps cesse pour un système de forces extérieures donné d'être parfaitement élastique.

Pour une barre de fer doux travaillant à l'extension cette limite est d'environ 1800 kg. par cm^2 (elle varie un peu suivant les sortes de fer); au-dessous de cette limite, le fer est parfaitement élastique. La fonte de fer, les pierres, les ciments se comportent autrement, ces corps sont d'abord semi-élastiques, puis une application répétée des forces finit par établir un état de régime : les déformations sont alors parfaitement élastiques. Il n'est toutefois pas nécessaire de tenir compte de ce fait dans les calculs pratiques de Résistance des matériaux.

Le temps durant lequel les forces agissent sur les corps n'est pas non plus sans influence pour les matières précitées. Les déformations augmentent avec ce temps, surtout si l'état de régime, dont nous venons de parler, n'a pas encore été atteint par une application réitérée des charges. L'influence du temps est encore plus nette pour les matériaux tels que les cordes, les courroies, les filés et les tissus.

Inversement, lorsque les forces extérieures sont supprimées, la déformation ne disparaît pas instantanément : le corps ne revient que lentement à sa forme primitive. De plus, les déformations produites par des forces données ne dépendent pas seulement de ces forces, mais de celles qui ont agi précédemment sur le corps et du temps qui s'est écoulé depuis leur application.

Ces phénomènes, étudiés avec soin dans le cas des fils de soie employés dans la construction des instruments de physisique, sont peu connus en ce qui concerne les matériaux utilisés dans les constructions. Ils sont du reste peu intenses (cordes de chanvre et courroies de transmissions excepté) de sorte qu'il n'y a pas lieu de s'en occuper davantage.

18. Loi de Hooke, déformations d'un prisme travaillant à l'extension ou à la compression. — Il résulte des essais à l'extension ou à la compression d'éprouvettes de fer doux, que les allongements observés sont jusqu'à une certaine grandeur de l'effort exercé, proportionnels à l'effort qui les produit. On trouve de plus que, pour un même effort, les allongements sont directement proportionnels à la longueur observée. Si donc nous appelons *dilatation*, ε, le quotient de l'allongement Δl, par la longueur primitive l, nous pourrons écrire :

$$\varepsilon = \frac{R}{E} = \alpha\,R \qquad\qquad (18)$$

$\frac{1}{E}$ désignant une constante dépendant des propriétés de la matière. On appelle E le *coefficient d'élasticité longitudinale* de la matière, sa valeur inverse α porte le nom de *coefficient de souplesse directe*. La dilatation ε, quotient de deux longueurs, est un nombre ; il s'en suit que E est de même dimension que R, c'est-à-dire que l'intensité d'une action moléculaire : il s'exprimera donc, par exemple, en kg. par cm². On trouve pour le fer doux E = 2.200.000 kg. par cm², pour l'acier doux E = 2.200.000. La valeur de E est la même pour ces matériaux dans le cas de l'extension et dans celui de la compression.

Nous avons trouvé précédement.

$$R = \frac{P}{F},$$

P désignant l'effort total de compression ou d'extension, F la section normale de la tige, il vient donc

$$\varepsilon = \frac{\Delta l}{l} = \frac{R}{E} = \frac{P}{EF} \qquad (19)$$

On admettait anciennement, et l'on admet *à tort* encore quelquefois actuellement, que tous les matériaux obéissent à la loi exprimée par l'équation (19), et l'on appellait cette loi *loi de l'élasticité*. Comme elle n'est pas absolument générale, il est préférable de renoncer à cette dénomination. Nous l'appellerons *loi de Hooke*, du nom du physicien qui la formula pour la première fois.

L'allongement de la tige n'est pas la seule déformation que l'on constate. Il se produit dans l'essai à l'extension une *contraction transversale* de la section. Inversement, dans un essai à la compression, on observe une augmentation de l'aire de la section. Cette déformation transversale (positive ou négative) est, tant que la limite d'élasticité n'est pas dépassée, proportionnelle à l'effort agissant sur l'éprouvette. Elle est donc toujours proportionnelle à la dilatation (positive ou négative); le facteur de proportionnalité dépend de la nature de la matière ; il porte le nom de *coefficient de contraction transversale*; nous le désignerons par $\frac{1}{m}$. Il est compris entre $\frac{1}{3}$ et $\frac{1}{4}$, pour le fer on admet très généralement la valeur $m = 3\frac{1}{3}$, $\frac{1}{m} = \frac{3}{10}$; Poisson, en se basant sur diverses hypothèses, avait trouvé, pour tous les corps, $m = 4$. Ce chiffre n'a pas été confirmé par l'expérience.

Principe de superposition. — On entend souvent par loi d'élasticité une propriété plus générale qui comprend comme cas particuliers les formules (18) et (19), résultant d'essais à l'extension ou à la compression.

Ces formules ne suffisent évidemment pas pour définir les relations existant entre les déformations et les composantes des actions moléculaires dans le cas le plus général d'état élastique, puisqu'elles sont tirées d'observations portant sur un état élastique simple. Il est donc nécessaire de les compléter en énonçant le principe : Toute déformation qui vient s'ajouter à une déformation déjà existante ne dépend, tant que la limite d'élasticité n'est pas dépassée, que des nouvelles forces extérieures appliquées sur le corps ; autrement dit : une superposition d'états élastiques différents entraîne la superposition des déformations corrélatives de chacun des états élastiques considérés. Ce principe, dit de *superposition*, n'est guère susceptible d'une démonstration directe ; il trouve sa justification dans le fait que les conséquences que l'on en déduit se trouvent vérifiées par l'expérience pour tous les corps satisfaisant à la loi de Hooke.

20. Propriétés élastiques des corps ne satisfaisant pas à la loi de Hooke. — Les fig. 10 et 11 donnent les résultats d'essais à l'extension et à la compression exécutés par l'auteur sur des prismes de granit et de molasse. Les prismes étaient de section rectangulaire de 20 sur 30 cm. de côté. Des essais préliminaires avaient démontré la nécessité de recourir à des prismes d'aussi grandes dimensions. Le travail des blocs à l'aide des outils du tailleur de pierre entraîne certaines modifications des couches extérieures qui influent trop sur les résultats lorsqu'on opère avec des sections plus faibles. Les abscisses donnent, en centimètres, les dilatations observées. Avant l'essai, les prismes étaient soumis à des charges réitérées, de sorte qu'ils se comportaient dans l'expérience comme des corps parfaitement élastiques.

La ligne pointillée de la fig. 11 a été obtenue en soumettant le prisme aux mêmes efforts, 15 heures après le premier essai, dont les résultats sont donnés par la ligne pleine. La différence des ordonnées donne une idée de l'influence du temps sur les déformations. Cette influence est ici très grande, ce qui provient probablement de la grandeur de l'effort d'extension, voisin de la charge de rupture, atteint la première fois.

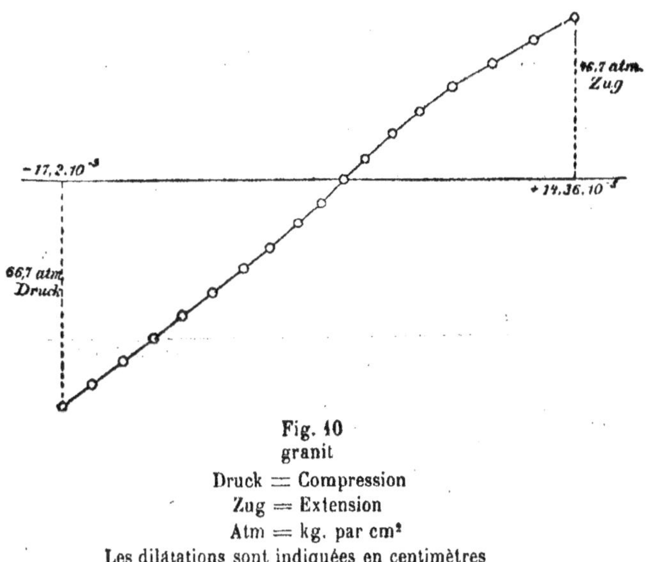

Fig. 10
granit
Druck = Compression
Zug = Extension
Atm = kg. par cm²
Les dilatations sont indiquées en centimètres

Un corps obéissant à la loi de Hooke donnerait, pour image des dilatations en fonction des efforts, une droite. Les pierres donnent, comme on voit, une courbe, en forme d'S, possédant, semble-t-il, un point d'inflexion à l'origine. Les dilatations élastiques ε croissent plus rapidement que les efforts d'extension ou de compression correspondants.

Une opinion assez répandue actuellement, bien qu'elle ne repose sur aucun essai exact, est que les pierres satisfont sensiblement à la loi de Hooke, mais avec des coefficients d'élasticité longitudinale différents pour la compression et pour l'extension. Si cela était, il devrait être possible d'assimiler les courbes précédentes à deux droites obliques se rencontrant à l'origine et coupant l'axe des abscisses sous des angles différents. On voit qu'il n'en est rien : les calculs basés sur cette hypothèse n'ont aucune valeur.

Pour représenter par une formule la loi d'élasticité qui régit ces corps, il faut poser :

$$\varepsilon = f(R) \tag{20}$$

f étant une certaine fonction qui représente avec une exactitude suffisante les courbes trouvées. La notion du coefficient d'élasticité longitudinale perd naturellement son sens primitif, il faut en poser une nouvelle définition. Malheureusement, deux

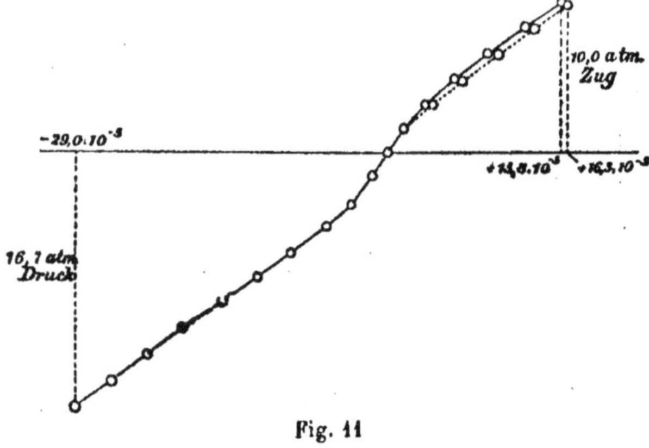

Fig. 11
molasse

quantités absolument différentes sont prises, tantôt l'une tantôt l'autre, comme coefficients d'élasticité, sans qu'il soit toujours possible dans un cas donné de distinguer de laquelle des deux il est question.

En dérivant (20) par rapport à R, on obtient, si l'on désigne par f' la dérivée de f :

$$\frac{dR}{d\varepsilon} = \frac{1}{f'(R)} \tag{21}$$

On peut prendre cette valeur $\dfrac{1}{f'(R)}$ comme coefficient d'élasticité longitudinale ; en effet, dans le cas de la loi de Hooke cette définition coïncide avec celle qui a été donnée primitivement. Cette quantité est susceptible d'une interprétation géométrique très simple : c'est la tangente trigonométrique de l'angle que la tangente aux courbes (fig. 10 et 11) au point R, ε, fait avec l'axe des ε.

L'équation (20) donne encore :

$$\frac{R}{\varepsilon} = \frac{R}{f(R)} \qquad (22)$$

Cette valeur devient aussi égale au coefficient d'élasticité dans le cas de la loi de Hooke ; on peut donc avec le même droit la regarder comme généralisation de ce coefficient. Géométriquement, elle est représentée par la direction de la corde joignant l'origine au point R, ε. Et naturellement ces deux définitions ne sont nullement identiques, la direction de la tangente étant différente de celle de la corde ; dans les deux cas du reste le coefficient d'élasticité n'est plus une constante, mais une fonction de R. Nous adopterons ici la seconde définition, formule (22) ; celle-ci permet en effet de calculer immédiatement, la déformation, connaissant la force et inversement Or c'est là l'usage principal du coefficient d'élasticité ; il faut de plus lorsqu'on donne ce dernier indiquer à quelle force R il se rapporte.

Pour de petites valeurs de R et de ε les deux définitions coïncident d'une manière assez satisfaisante pour qu'il soit possible de remplacer l'une par l'autre ; on peut donc poser :

$$E = \left[\frac{1}{f'(R)}\right]_{R=0} = \left[\frac{R}{f(R)}\right]_{R=0} \qquad (23)$$

Pour certains problèmes traités dans la théorie de l'élasticité, par exemple la propagation des ondes sonores, dans lesquels on n'a à considérer que de très petites forces, on pourra employer avantageusement la valeur de E donnée par l'équation (23). Inversement, il serait possible de déterminer cette valeur à l'aide d'observations sur la vitesse de propagation du son.

Sur l'initiative de M. von Bach, un de ses élèves, M. Schüle, a déterminé à l'aide de nombreux essais la forme de la fonction f.

Il a trouvé que l'expression :

$$\varepsilon = \alpha\, R^{m} \qquad (24)$$

« représente d'une façon satisfaisante la loi cherchée, dans l'intervalle des efforts survenant dans la pratique » (¹). Les constantes α et m ont été déterminées séparément pour la compression et pour l'extension, et cela pour toute une série de matériaux. Une sorte spéciale de fonte de fer a fourni par exemple les valeurs suivantes :

Essai à la traction : $\alpha = \dfrac{1}{1.381.700}$, $m = 1{,}0663$

Essai à la compression : $\alpha = \dfrac{1}{1.132.700}$, $m = 1{,}395$

Les unités, dans la formule (24), sont le centimètre et le kilogramme.

Pour le coefficient d'élasticité longitudinale, on tire de (24),

selon (21) $\dfrac{d\,R}{d\,\varepsilon} = \dfrac{1}{\alpha\,m\,R^{m-1}}$

suivant (22) $\dfrac{R}{\varepsilon} = \dfrac{1}{\alpha\,R^{m-1}}$

et d'après (23) $E = \infty$

M. Lang a proposé (²) une autre formule donnant E en fonction de R :

$$E = E_{o} - c\,R \qquad (25)$$

E étant pris dans le sens de la formule (22). Il est impossible actuellement de se prononcer en faveur de l'une ou de l'autre de ces formules ; il faudrait calculer les constantes de la for-

1. Voir *Zeitschrift des Vereines Deutscher Ingenieure*, Année 1887, p. 249.
2. *Deutsche Bauzeitung*, 1897, p. 58.

mule de Lang en se basant sur les expériences de Bach et comparer les résultats.

On peut faire cependant une grave objection à la formule de M. Schüle au point de vue théorique. Il est en effet impossible d'assigner une dimension à la constante α de l'équation (24).

Pour $m = 1$, α est de la dimension : $\dfrac{\text{longueur}}{\text{force}}$, comme un coefficient de souplesse. Si l'on voulait s'en tenir une fois pour toutes à cette dimension pour α, l'équation (24) cesserait d'être homogène : dès que m diffère de 1, elle n'aurait plus de sens au point de vue physique. Enfin, et c'est là le point le plus faible de la formule, la dimension de α varierait d'une matière à l'autre.

La conséquence que l'on tire de cette formule, $E = \infty$ pour $R = o$, est également contraire aux résultats de l'expérience : les courbes (fig. 10 et 11) sont loin de couper l'axe des abscisses sous un angle droit.

La formule de Schüle ne peut, pour ces raisons, servir de base à la théorie de l'élasticité des corps que ne régit pas la loi de Hooke, elle n'est qu'approximative.

La formule de Lang n'est pas sujette aux mêmes critiques; la constante c est un facteur numérique qui, pour certains matériaux, atteint la valeur 200 et qui s'annule pour les corps régis par la loi de Hooke. Dans la formule (25), R est pris en valeur absolue, de sorte que, dans la compression, E diminue lorsque la charge croît. L'équation (22) donne :

$$\varepsilon = \frac{R}{E_0 - c\,R} \qquad (26)$$

si l'on définit E selon la formule 21, on trouve :

$$\varepsilon = \frac{1}{c} \log \frac{E_0}{E_0 - c\,R} \qquad (27)$$

Pour que les formules de Lang ou de Schüle pussent devenir d'un usage courant, il faudrait les compléter par des indications sur la contraction transversale, car le facteur

$\dfrac{1}{m}$ est aussi variable pour les matériaux n'obéissant pas à la loi de Hooke. Enfin il faudrait trouver ce qui remplace le principe de superposition quand ces matériaux sont soumis simultanément à deux états élastiques linéaires dont les directions principales diffèrent.

L'expérience seule pourrait fournir ces renseignements, car il est fort improbable qu'il soit jamais possible de résoudre le problème par l'analyse. Il faut donc se borner dans les recherches théoriques au cas de la loi de Hooke, en se rappelant que leurs résultats ne sont qu'approximatifs pour des matériaux tels que les pierres, la fonte de fer, etc., quitte à déterminer après coup, par l'expérience ou en se servant des formules précédentes, l'erreur commise dans chaque cas particulier.

§ 2

DÉFORMATIONS ÉLÉMENTAIRES

21. Déformations élémentaires d'un parallélipipède infiniment petit. — Par *déformations élémentaires* nous entendrons les 6 quantités qui définissent complètement la déformation d'un parallélipipède soumis à un état élastique donné, savoir : 1° les *3 déformations longitudinales ou directes*, c'est-à-dire les variations de longueur, subies par les arêtes et rapportées à l'unité de longueur. Nous donnerons le signe $+$ à ces quantités lorsqu'elles représentent des allongements, le signe $-$ lorsqu'elles sont des raccourcissements ; 2° *les 3 déformations tangentielles ou transversales* que l'on peut définir à l'aide des variations subies par les angles primitivement droits des faces des cubes. Nous mesurerons ces variations par la tangente trigonométrique de la différence entre l'angle du parallélogramme et l'angle primitif $\frac{\pi}{2}$, ou, cette différence étant infiniment petite, par ·la longueur d'arc de rayon 1, compris entre ses côtés. On appelle *distorsion* cette déformation transversale. — Dans le cas d'un état élastique linéaire, les angles des faces ne sont pas déformés, les arêtes seules varient.

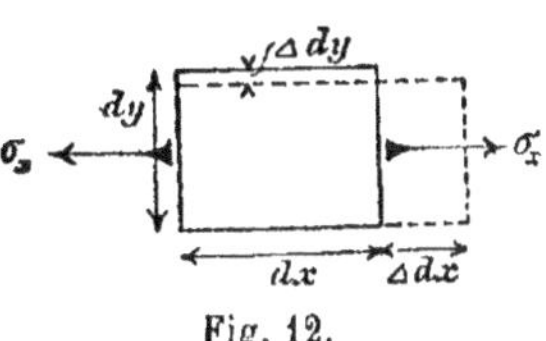

En vertu de la loi de Hooke, que nous supposons applicable dorénavant, nous avons les relations suivantes, ε_x, ε_y, ε_z désignant les déformations longitudinales.

$$\Delta\, dx = \alpha\, \mathrm{R}_x\, dx = \frac{1}{\mathrm{E}}\, \mathrm{R}_x\, dx \qquad (28)$$

$$\varepsilon_x = \frac{\Delta\, dx}{dx} = \frac{\mathrm{R}_x}{\mathrm{E}} \qquad (29)$$

en même temps, il se produit une contraction des arêtes perpendiculaires à la direction de R_x,

$$\varepsilon_y = \varepsilon_z = \frac{\Delta\, dy}{dy} = \frac{\Delta\, dz}{dz} = -\frac{1}{m}\frac{\mathrm{R}_x}{\mathrm{E}} \qquad (30)$$

Ceci suppose toutefois que la matière est *isotrope*, c'est-à-dire que sa structure est la même dans toutes les directions, de sorte que E et m conservent la même valeur en un point donné pour tous les axes que l'on peut mener par ce point. Si, de plus, le corps est parfaitement *homogène*, ces quantités sont indépendantes de la position du point choisi à l'intérieur du corps. Les deux constantes E et m suffisent alors pour déterminer complètement les relations existant entre les déformations et les actions moléculaires. Si le corps est *anisotrope*, c'est-à-dire si ses propriétés élastiques varient avec les directions passant par le point donné, mais satisfait cependant à la loi de Hooke, 21 constantes sont nécessaires pour définir complètement les relations entre les actions moléculaires et les déformations corrélatives. La discussion de ces équations générales indispensables pour le physicien, n'est pas d'un grand intérêt pour l'ingénieur, la plupart des matériaux en usage pouvant être considérés comme isotropes. Le bois fait cependant exception ; toutefois, les problèmes à résoudre dans les constructions en bois sont en général fort simples et ne nécessitent pas des recherches aussi approfondies. De plus, les propriétés élastiques du bois sont si fortement influencées par des circonstances accidentelles, nœuds dans le bois, direction des fibres, etc., qu'il est parfaitement inutile de vouloir tenir compte des variations des propriétés élastiques dans différentes directions.

Déterminons la variation de volume du parallélipipède. Le volume du parallélipipède déformé est égal à :

$$dx\,(1 + \varepsilon_x)\,dy\,(1 + \varepsilon_y)\,dz\,(1 + \varepsilon_z)$$

ou, en multipliant et en négligeant les produits des ε entre eux devant ces quantités elles-mêmes :

$$dx\,dy\,dz\,(1 + \varepsilon_x + \varepsilon_y + \varepsilon_z)$$

La somme $\varepsilon_x + \varepsilon_y + \varepsilon_z$ représente donc le rapport de l'augmentation de volume au volume primitif. Nous l'appellerons la *dilatation cubique*, e, du parallélipipède.

$$e = \varepsilon_x + \varepsilon_y + \varepsilon_z \qquad (31)$$

Cette formule est générale. Si l'état élastique est linéaire, on trouve (équation 30) :

$$e = \frac{m-2}{m}\,\varepsilon_x = \frac{m-2}{mE}\,R_x \qquad (32)$$

Cette dernière relation permet d'assigner une limite inférieure pour la quantité m. Il est, en effet, bien peu probable qu'un effort d'extension produise une diminution de volume et que, par suite, e devienne négatif ; m doit donc être au moins égal à 2, un corps pour lequel m aurait cette valeur est dit *incompressible*, puisqu'il ne subit aucune altération de volume. En réalité, m est plus grand, il est généralement compris entre 3 et 4.

En superposant trois états élastiques linéaires dont les directions principales soient perpendiculaires entre elles, on obtient les déformations d'un parallélipipède soumis à un état élastique triple, il vient :

$$\epsilon_x = \frac{1}{E}\left(R_x - \frac{1}{m}\left[R_y + R_z\right]\right)$$
$$\epsilon_y = \frac{1}{E}\left(R_y - \frac{1}{m}\left[R_z + R_x\right]\right) \qquad (33)$$
$$\epsilon_z = \frac{1}{E}\left(R_z - \frac{1}{m}\left[R_x + R_y\right]\right)$$

Il reste à examiner les distorsions produites par les composantes tangentielles des actions moléculaires. Considérons un parallélipipède soumis au glissement simple, c'est-à-dire sur les faces latérales duquel n'agissent que des actions moléculaires tangentielles S, fig. (13). En négligeant les infiniment petits d'ordre supérieur, on reconnaît que le volume du parallélipipède ne subit pas de variations.

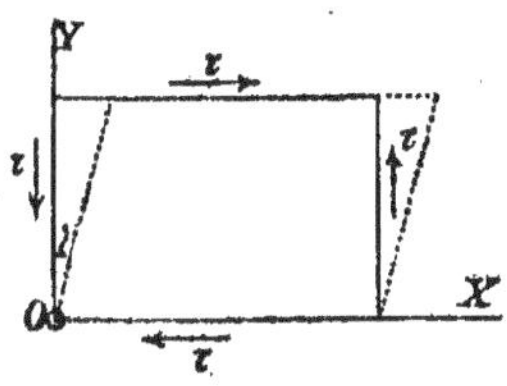

Fig. 13.

$\tau = $ S du texte.

En vertu de la loi de Hooke, la distorsion γ, sera proportionnelle à l'action moléculaire qui la produit, nous pouvons donc écrire :

$$\gamma = \beta\, S = \frac{S}{G} \qquad (34)$$

β, et son inverse G sont deux nouvelles constantes, dépendant de la nature de la matière. β est le *coefficient de souplesse transversale*, G *le coefficient d'élasticité transversale*.

On comprend maintenant le nom de glissement donné à la déformation que nous étudions, on voit que deux faces latérales opposées du parallélipipède se déplacent parallèlement l'une à l'autre, de sorte que, si l'on en suppose une fixe, l'autre paraît glisser par rapport à la première.

γ étant un nombre, on voit que G est de même dimension que S. Etant donné les unités choisies, G est, comme E, un très grand nombre.

22. Relations entre G, E, α, β, et m. — Nous avons vu que les quantités E et m définissent complètement les propriétés élastiques d'un corps isotrope ; il existe donc nécessairement une relation entre G, E et m. Pour la déterminer, nous utiliserons la remarque faite à l'art. 14. Nous avions dit qu'un parallélipipède travaillant au glissement simple peut être considéré comme se trouvant dans un état élastique double, dont les actions principales sont inclinées de 45° sur les faces latérales. Ces deux actions principales sont égales en valeur absolue aux actions tangentielles agissant sur les faces du solide ; l'une est positive, l'autre négative.

Considérons un cube dont les arêtes sont parallèles aux actions principales. La face du cube perpendiculaire à l'axe des z devient un rectangle (fig. 14). Soit Δa la déformation de l'arête a du cube. Dans les plans diagonaux agissent les actions tangentielles S ; la distorsion γ de l'angle compris entre les diagonales peut s'exprimer soit en fonction de S (équation 34), soit en fonction des déformations des arêtes du cube. En égalant ces deux valeurs de γ, nous obtiendrons la relation cherchée. Faisant dans les formules (33) $R_x = - R_y = S$, $R_z = o$, nous trouvons :

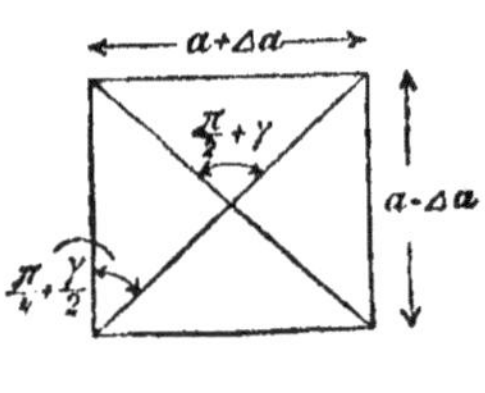

Fig. 14

$$\Delta a = \frac{m+1}{mE}\, aS$$

De la figure nous tirons :

$$\operatorname{tg}\left(\frac{\pi}{4}+\frac{\gamma}{2}\right)=\frac{a+\Delta a}{a-\Delta a}$$

d'où, en développant et en posant

$$\operatorname{tg}\frac{\gamma}{2}=\frac{\gamma}{2}$$

$$\frac{1+\frac{\gamma}{2}}{1-\frac{\gamma}{2}}=\frac{a+\Delta a}{a-\Delta a}$$

et par suite

$$\gamma=2\frac{\Delta a}{a}=\frac{2(m+1)}{mE}\,S$$

d'autre part on a (équation 34) :

$$\gamma=\frac{S}{G}$$

donc

$$G=\frac{m}{2(m+1)}\,E \tag{35}$$

pour $m=4\ldots G=0,4\,E$, pour $m=3\ldots G=\frac{3}{8}E$.

Il n'est pas possible de déterminer G directement. On peut le calculer en se basant comme nous le verrons sur des essais à la torsion. Les valeurs trouvées ainsi ne satisfont souvent pas à l'équation (35), qui cependant est strictement exacte pour tout corps obéissant à la loi de Hooke. Les différences qui se produisent proviennent donc nécessairement de fautes d'observations ou surtout de l'emploi d'une formule inexacte pour le calcul des efforts de torsion.

23. Ellipsoïde des déformations. — Délimitons à l'intérieur du corps une sphère infiniment petite et supposons qu'au centre de la sphère règne un état élastique triple ; soient x, y, z les coordonnées d'un point de la sphère, les axes étant dirigés parallèlement aux actions principales : ces quantités augmentent ou diminuent dans les rapports donnés par les formules (33). Si l'on exprime les valeurs primitives x, y, z en fonction des valeurs nouvelles et si l'on substitue dans l'équation de la sphère, on obtiendra évidemment l'équation d'un ellipsoïde, dit *des déformations élémentaires*. Les déformations dans le sens des axes de l'ellipsoïde sont les *déformations élémentaires principales*.

21. Déformation élémentaire dans une direction quelconque. — Nous bornerons cette recherche au cas de l'état élastique double. Nous prendrons les axes de coordonnnées parallèles aux directions principales. Prenons la direction donnée, φ, comme diagonale d'un rectangle infiniment petit. Calculons l'allongement $\Delta\, ds$ de la diagonale ds, on a

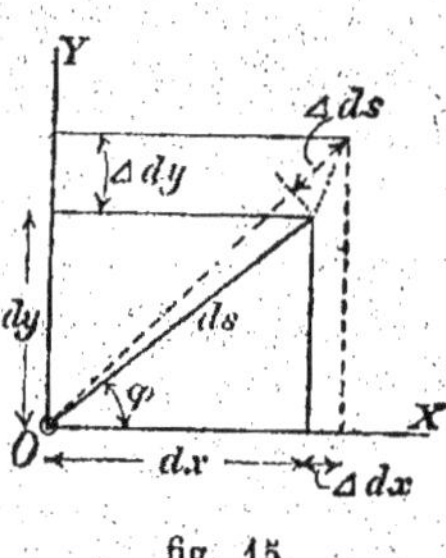

fig. 15

$$ds = \sqrt{dy^2 + dx^2}$$

le plus simple est de dériver partiellement ds par rapport à dy et dx il vient :

$$\Delta\, ds = \frac{dx\,\Delta dx + dy\,\Delta dy}{\sqrt{dy^2 + dx^2}} = \frac{dx}{ds}\,\Delta dx + \frac{dy}{ds}\,\Delta dy$$

soit ε_φ la déformation élémentaire dans la direction φ ; on a :

$$\varepsilon_\varphi = \frac{\Delta ds}{ds} = \left(\frac{dx}{ds}\right)^2 \frac{\Delta dx}{dx} + \left(\frac{dy}{ds}\right)^2 \frac{\Delta dy}{dy}$$

$$= \varepsilon_x \cos^2\varphi + \varepsilon_y \sin^2\varphi, \tag{36}$$

expression qui devient maximum ou minimum pour $\gamma = o$ et $\varphi = \dfrac{\pi}{2}$ comme on pouvait s'y attendre.

ε_φ pourrait se déduire aussi directement, en considérant la fig. (15).

§ 3

TRAVAIL DES MATÉRIAUX DE CONSTRUCTION

25. Limite pratique du travail des matériaux. — Le but des calculs de la résistance des matériaux est de déterminer le danger de rupture des constructions. Pour pouvoir interpréter dans ce sens les résultats obtenus, il faut connaître les relations qui existent entre le danger de rupture et les déformations ou les actions moléculaires. Si l'état élastique du corps est simple, il n'y a pas de doute à avoir : on sait par expérience quel effort d'extension ou de compression la matière dont est formée le corps peut supporter sans que la limite d'élasticité soit dépassée ou que la rupture se produise. On peut convenir de ne jamais dépasser dans les constructions un certain travail élastique, égal à une certaine fraction de la limite de rupture. C'était ainsi que l'on pratiquait anciennement ; le rapport entre la limite pratique et la limite de rupture portait le nom de *coefficient de sécurité*, il était égal à $\frac{1}{5}$ pour le fer, à $\frac{1}{10}$ pour le bois, etc.

Cette manière de faire est en général abandonnée actuellement car l'on a reconnu qu'il est possible d'amener la rupture d'une pièce avec des forces beaucoup plus faibles, intermittentes et répétées un nombre de fois très grand. La notion de la limite de rupture, c'est-à-dire de la charge statique qui entraîne la destruction du corps a de ce fait perdu de son importance en ce qui concerne la détermination du travail élastique pratique. Enfin le choix plus ou moins arbitraire du coefficient de sécurité rend les calculs incertains, un constructeur hardi pouvant se laisser entraîner à prendre ce coefficient trop grand Il est donc nécessaire de partir d'un autre point de vue pour définir la limite pratique à assigner au travail élastique.

26. Expériences de Wœhler. — C'est Wœhler qui le premier a entrepris des expériences sur l'influence de charges intermittentes. On a tenté d'en déduire des formules pour la limite pratique de travail élastique : nous ne les donnerons pas ici ; elles se basent sur un trop petit nombre d'essais pour qu'il soit possible de les admettre sans restriction, nous nous bornerons à donner les résultats trouvés par Bauschinger pour 8 sortes différentes de fer. Auparavant, nous introduirons quelques dénominations dues à Weyrauch. Par *résistance à la rupture* nous entendrons le travail élastisque qui entraîne à la rupture, la charge croissant lentement et progressivement ; par *résistance aux efforts intermittents*, le travail élastique maximum qui peut être supporté sans qu'une charge variant de zéro à un maximum constant et toujours le même entraîne la rupture, quelqu'élevé que soit le nombre des intermittences. Enfin *la résistance aux charges oscillantes* est le travail élastique maximum qu'une charge variant entre un maximum et un minimum d'égale intensité et de signes contraires peut développer un nombre quelconque de fois sans que rupture s'en suive. La résistance aux charges oscillantes est un peu plus faible que celle aux charges intermittentes, la différence, d'après les essais les plus sûrs de Bauschinger, est cependant beaucoup moins grande que les quelques essais de Wœhler ne l'avaient faire croire. Voici les chiffres trouvés par Bauschinger :

Nos		Résistance à la rupture en kilog. par cm².	Résistance aux charges intermittentes.	Résistance aux charges oscillantes.
1	Fer (obtenu par puddlage)	3.480	2.000	1.770
2	Acier doux	4.360	2.400	1.980
3	» » } de diverses compositions..	4.050	2.200	1.980
4	» »	4.020	2.400	2.260
5	Acier Thomas	6.120	3.000	3.000
6	Acier pour rails	5.940	2 800	2.800
7	Tôles d'acier pour chaudières........	4.050	2.400	1.900
8	Tôle d'acier (sans désignation spéciale)	3.350	2.200	1 600

On voit par ces chiffres que la résistance aux charges oscillantes coïncide sensiblement avec la limite d'élasticité. Il faut en conclure que la limite d'élasticité est la quantité déterminante pour le choix de la limite pratique du travail élastique et non pas la résistance à la rupture. On pourrait en général prendre la moitié de la limite d'élasticité comme limite pratique du travail élastique.

27. Causes déterminantes de la rupture dans le cas d'un état élastique triple, opinions diverses à cet égard. — Les renseignements précédents, absolument suffisants dans le cas d'un état élastique linéaire, ne suffisent plus pour indiquer le danger de rupture d'un corps soumis à un état élastique triple. Nous ne sommes même pas absolument fixés actuellement sur les causes déterminantes de la rupture; trois opinions ont cours à cet égard, l'une il est vrai semble prévaloir actuellement (c'est aussi celle à laquelle l'auteur se rattache, se basant sur les résultats de ses propres expériences). Son exactitude n'est cependant pas encore démontrée d'une façon absolue.

Selon l'une de ces manières de voir, le danger de rupture dépend uniquement de la grandeur de la plus grande des actions principales, tandis que, suivant les deux autres, ce danger dépend non des actions moléculaires mais des déformations. D'après l'idée émise déjà par *Coulomb* et reprise plus tard par *Tresca*, la grandeur de la distorsion maximum γ, qui se produit est déterminante pour le danger de rupture ; selon *Poncelet, de Saint-Venant* et *Grashof*, au contraire, ce danger dépend de la dilatation maximum ε. C'est cette opinion là qui rencontre aujourd'hui le plus de partisans.

Si l'état élastique est simple, les trois points de vues reviennent au même, puisque l'action moléculaire principale, la dilatation maximum et la distorsion maximum sont proportionnelles.

Il n'en est plus ainsi lorsque l'état élastique est triple. Afin

de mettre en évidence les divergences qui existent dans ce
cas entre les trois opinions, supposons que l'on plonge dans
la mer, par exemple, un cube de grès dont la résistance à la
compression est d'environ 500 kilogr. par cm² et dont les faces
ont été vernies afin d'empêcher la pénétration de l'eau : suivant l'idée de Coulomb, aucune pression, si grande soit-elle,
ne causerait la destruction du cube, puisque, la pression étant
égale sur toutes les faces, le cube reste semblable à lui-même.
D'après l'opinion qui ne tient compte que des actions moléculaires, le cube serait détruit dès que la profondeur atteindrait
5.000 m. environ ; enfin, selon la manière de voir de Poncelet,
le cube se désagrègerait, non pas à 5.000 m. de profondeur,
mais à une profondeur plus grande : le raccourcissement des
arêtes croît en effet plus lentement que l'action moléculaire,
par suite de la dilatation transversale provenant des pressions
sur les faces latérale. Enfin une destruction du prisme serait
aussi impossible dans un cas, savoir si m était égal à 2 ou si
m tendait vers cette valeur lorsque la pression augmente (on
sait que m varie en effet pour les pierres avec la grandeur de
l'effort subi). Des expériences ont été faites par M. Voigt de
Göttingue, il n'est cependant pas possible d'en tirer déjà des
conclusions. *A priori* il est impossible de dire d'avance ce qui
se passerait en réalité dans une expérience de ce genre.

Travail élastique de comparaison. — Quoique nous
envisagions la dilatation maximum comme quantité détermi-
tante de la rupture, il n'est pas pratique d'introduire ces déformations dans le calcul des matériaux. Les calculs de résistance
donnant toujours la grandeur du travail élastique, il serait fort
incommode s'il fallait y introduire la condition que la dilatation maximum correspondante ne dépasse pas une fraction
donnée de la dilatation qui provoque la rupture, cela surtout
pour les matériaux ne satisfaisant pas à la loi de Hooke.

En effet pour exprimer les déformations en fonction du
travail élastique, il faudrait connaître le coefficient d'élasticité

longitudinale ; or dans la pratique on ne connaît souvent celui-ci que très approximativement.

C'est pourquoi il est préférable d'avoir recours à l'expédient suivant : On compare le cas donné à un état élastique linéaire dont la dilatation est égale à la plus grande des déformations élémentaires principales de l'état élastique considéré ; nous appellerons l'intensité de l'action principale de l'état de comparaison : *le travail élastique de comparaison.*

Soient R_I et R_{II} les actions moléculaires principales d'un état élastique double ; les déformations élémentaires maximum sont (formule 33), en supposant la loi de Hooke applicable :

$$\varepsilon_I = \frac{1}{E}\left(R_I - \frac{1}{m}R_{II}\right),\ \varepsilon_{II} = \frac{1}{E}\left(R_{II} - \frac{1}{m}R_I\right).$$

Le travail élastique de comparaison sera ici l'effort qui produirait une dilatation égale à la plus grande des deux quantités ε_I et ε_{II} ou (dans le cas où elles sont de signes contraires) égale à celle présentant le plus de danger pour la matière. Donc, $\mathcal{R}$ désignant le travail élastique de comparaison, on aura :

$$\mathcal{R} = R_I - \frac{1}{m}R_{II}\ \text{ou}\ \mathcal{R} = R_{II} - \frac{1}{m}R_I \qquad (37)$$

la plus grande de ces deux valeurs étant valable.

Soient de même R_I, R_{II}, R_{III} les actions moléculaires principales d'un état élastique triple, on aurait :

$$\varepsilon = \frac{1}{E}\left(R_I - \frac{1}{m}\left[R_{II} + R_{III}\right]\right)$$

d'où

$$\mathcal{R} = R_I - \frac{1}{m}\left(R_{II} + R_{III}\right) \qquad (38)$$

D'après les remarques faites plus haut, il faut naturellement que ε soit la plus grande des déformations élémentaires principales.

L'une des applications les plus fréquentes de ces formules est la suivante : Déterminer la limite pratique du travail élastique d'un corps travaillant au glissement imple. Soient R′ la limite pratique du travail élastique à l'extension ou à la compression (si ces deux limites sont différentes, R′ désigne la plus petite des deux) et S′ la limite pratique de la résistance au glissement. Nous savons (art. 14) que les actions principales sont égales à S′ et de signes contraires. Nous avons donc ici :

$$R_1 = S' \qquad R_{11} = -\,S'$$

et, si le travail élastique de comparaison $\mathcal{R}$ doit être égal à R′, nous obtenons d'après l'équation (37) :

$$R' = S' + \frac{1}{m}\,S'$$

d'où :

$$S' = \frac{m}{m+1}\,R' \qquad\qquad (39)$$

Exprimons les quantités R_1 et R_{11} de l'équation 37, en fonctions des actions moléculaires R_x, R_y, S agissant selon deux axes perpendiculaires quelconques, et cela dans le cas particulier où $R_y = o$. Ce problème se rencontre fréquemment dans la pratique, par exemple lorsque une pièce prismatique travaille simultanément à la flexion et à la torsion, la flexion détermine des actions moléculaires R_x perpendiculaires aux sections transversales, la torsion des actions tangentielles S.

Supposons que R_x et S aient été calculés séparément à l'aide des méthodes indiquées plus loin, les formules (12) donnent,

$$R_1 = \frac{1}{2}\left[R_x + \sqrt{4S^2 + R_x{}^2}\,\right]$$

$$R_{11} = \frac{1}{2}\left[R_x - \sqrt{4S^2 + R_x{}^2}\,\right]$$

en substituant dans l'équation (37), nous aurons

$$\mathcal{R} = \frac{m-1}{2m}\,R_x \;\pm\; \frac{m+1}{2m}\sqrt{4S^2 + R_x{}^2} \qquad (40)$$

D'après les remarques précédentes, il faut prendre le signe qui donne la plus grande valeur pour $\mathcal{R}$.

Si $m = 4$, il vient

$$\mathcal{R} = \left(\frac{8}{3}\right) R_x \pm \frac{5}{8} \sqrt{4S^2 + R_x^2}$$

pour $m = 3\,1/3$

$$\mathcal{R} = 0,35\ R_x \pm 0,65\ \sqrt{4S^2 + R_x^2}$$

<h2 style="text-align:center">§ 4</h2>

<h1 style="text-align:center">TRAVAIL SPÉCIFIQUE DE DÉFORMATION</h1>

29. Energie potentielle interne d'un parallélipipède infiniment petit. — Considérons de nouveau un parallélipipède dont les arêtes sont parallèles aux actions principales. Les actions moléculaires qui agissent sur ses faces sont, relativement à ce solide, des forces extérieures ; lorsqu'il se déforme, les points d'application de ces forces se déplacent, les actions moléculaires fournissent donc un certain travail qui s'emmagasine, comme nous l'avons déjà dit, sous forme *d'énergie potentielle interne* à l'intérieur du parallélipipède. Nous emploierons de préférence pour désigner cette énergie le terme : *travail de déformation* ; lorsque nous le rapporterons à l'unité de volume, nous parlerons de *travail spécifique de déformation*.

Nous avons déjà calculé ce travail (équation 17) dans le cas de l'état élastique simple. Si de plus le corps obéit à la loi de Hooke la force P de l'équation (17) est proportionnelle à x, de sorte que si P' désigne la force qui produit l'allongement maximum Δl nous pouvons écrire

$$P = \frac{P'x}{\Delta l}$$

et (17) devient

$$A = \frac{P'}{\Delta l} \int_0^{\Delta l} x\,dx = \frac{P'\Delta l}{2} \qquad (41)$$

pour obtenir le travail spécifique, il suffit de remplacer P' par R et Δl par ε, il vient

$$\mathcal{A} = \frac{1}{2}\,R\varepsilon = \frac{1}{2}\,E\,\varepsilon^2 = \frac{R^2}{2E} \qquad (42)$$

Si deux des actions principales, R_x et R_y sont différentes de o, nous obtiendrons A de la façon suivante : les déplacements de leurs points d'application ne sont pas autre chose que les déformations élémentaires principales, nous avons ici

$$\varepsilon_x = \frac{1}{E}\left(R_x - \frac{1}{m}\,R_y\right), \quad \varepsilon_y = \frac{1}{E}\left(R_y - \frac{1}{m}\,R_x\right)$$

il n'est pas nécessaire de considérer ε_z, puisque R_z est nul. Sur les rectangles $dydz$ agissent deux forces opposées égales à $R_x dydz$ (il n'y a pas lieu ici de tenir compte de la variation des actions moléculaires d'une face à l'autre, le travail de ces variations étant négligeable devant celui des actions moléculaires elles-mêmes), et le point d'application de chacune d'elles se déplace, selon leur propre direction, de $\dfrac{\varepsilon_x\,dx}{2}$. Le travail fourni est donc égal au chemin multiplié par la valeur moyenne des forces, laquelle est égale comme plus haut à la moitié de la valeur finale. (Nous devons introduire la valeur moyenne puisque nous supposons implicitement que les forces extérieures, et par suite les actions moléculaires, augmentent lentement et progressivement). Nous avons donc pour le travail de ces deux forces :

$$2\left(\frac{1}{2}\,R_x\,dydz.\frac{\varepsilon_x\,dx}{2}\right)$$

$$= \frac{1}{2E}\left(R_x^2 - \frac{1}{m}\,R_x\,R_y\right)\,dxdydz$$

On trouverait un terme analogue pour le travail fourni par R_y ; nous avons donc, en divisant par $dxdydz$,

$$\mathcal{A} = \frac{1}{E}\left(\frac{R^2{}_x + R^2{}_y}{2} - \frac{1}{m}R_x R_y\right) \qquad (43)$$

Si les trois actions principales sont différentes de zéro, on obtiendra par un raisonnement analogue :

$$\mathcal{A} = \frac{1}{E}\left[\frac{R^2{}_x + R^2{}_y + R^2{}_z}{2} - \frac{1}{m}\left(R_x R_y + R_x R_z + R_y R_z\right)\right] (44)$$

Glissement simple. — Il est avantageux, ici aussi, de considérer ce cas à part. Supposons donc qu'il n'agisse à la surface du solide que des actions tangentielles S (fig. 13). Dans la déformation indiquée sur la figure, il y a lieu de ne considérer que le travail de l'action moléculaire relative à la face supérieure, puisque la face inférieure reste fixe et que les déplacements des points d'application des actions relatives aux faces latérales sont perpendiculaires aux directions de ces forces. Il n'y a pas lieu non plus de considérer les mouvements du prisme produits par d'autres causes, puisque le système des quatre forces S est en équilibre.

La valeur moyenne de la force agissant sur la face supérieure est, pour la même raison que plus haut :

$$\frac{1}{2}Sdxdz$$

le chemin parcouru mesuré sur la direction de la force :

$$\gamma dy$$

le travail de déformation est donc :

$$\frac{1}{2}S\gamma\, dxdydz$$

d'où, en tenant compte de (34) :

$$\mathcal{A} = \frac{1}{2}S\gamma = \frac{1}{2}G\gamma^2 = \frac{S^2}{2G} \qquad (45)$$

L'expression (43) doit être identique à (45), si l'on fait dans celle-ci $R_x = S$ et $R_y = - S$, donc

$$\frac{1}{E}\left(\frac{S^2 + S^2}{2} - \frac{1}{m}S \cdot S\right) = \frac{S^2}{2G}$$

d'où

$$G = \frac{m}{2\,(m+1)}\,E$$

soit la relation trouvée précédemment par une autre méthode.

Pour être strict, il resterait à démontrer que le travail de déformation d'un élément infiniment petit de forme quelconque est proportionnel au volume de cet élément, mais indépendant de sa forme. A cet effet, on décomposera ce solide en éléments d'ordre supérieur dont les arêtes soient dirigées selon les actions principales. Si l'on fait la somme de tous les travaux fournis par les actions moléculaires agissant à la surface de ces éléments, on reconnaît qu'en vertu du principe d'action et de réaction, les travaux des forces relatives aux surfaces de séparation de ces éléments sont nuls. La somme se réduit à celle des travaux des actions moléculaires relatives à la surface de l'élément considéré. D'où le théorème.

EXERCICES SUR LE CHAPITRE II

Exercice 4.— Une éprouvette d'acier doux est soumise à un effort d'extension de 1000 kg. par cm². Quelle est la distorsion maximum, exprimée en secondes? Prendre $E = 2.200.000$ kilogrammes par cm². et $m = 3\,1/3$.

Solution. Des équations 15 résulte que l'action tangentielle maximum pour un état élastique linéaire est égale à la moitié de l'action moléculaire principale ; elle est donc égale ici à 500 kg. par cm². On trouve de plus (équation 35) :

$$G = \frac{3\frac{1}{3}}{2.\ 4\frac{1}{3}}\ 2.200.000 = 846\,000 \text{ kg. par cm}^2$$

d'où résulte, d'après la formule (34) :

$$\gamma = \frac{500}{846000} = 591.10^{-6}$$

et comme

$$1'' = 4,85.10^{-6} \text{ unités (en fonction de l'arc de rayon } 1)$$

$$\gamma = 122'' = 2'\quad 2''$$

formule (34) n'a été, il est vrai, établie que dans le cas du glissement simple; elle est cependant applicable ici en vertu du principe de superposition, puisque les actions moléculaires normales qui agissent ici ne produisent pas de déformations angulaires.

La quantité γ est la variation qu'éprouve l'angle droit compris entre deux lignes inclinées de 45° sur l'axe de la pièce. L'auteur a essayé de la déterminer directement au moyen d'un appareil à miroir spécial, sans arriver à un résultat satifaisant, vu la difficulté de fixer les miroirs sur l'éprouvette d'une manière assez rigide pour que chacun d'eux reste parallèle à l'un des côtés de l'angle ; s'il était jamais possible de construire un tel appareil, un simple essai à l'extension donnerait immédiatement E et G et par suite m. Cette détermination directe de G présenterait de sérieux avantages sur celle basée sur les essais à la torsion.

Exercice 5. — *Un cube de granit de 6 cm. de côté est soumis à une compression de 24 tonnes. Quelles sont l'action moléculaire tangentielle maximum et la distorsion maximum γ ?*

$$E = 300.000 \text{ kg. par cm}^2. \qquad m = 4.$$

Solution. — On trouve de la même manière que dans l'exercice précédent

$$S = 333 \text{ kg. par cm}^2. \qquad G = 120.000 \text{ kg. par cm}^2.$$

$$\gamma = \frac{1}{360} \text{ d'unité (en fonction de l'arc de rayon } 1 = 0° 9' 30''$$

Remarque. La question se rattache à une opinion fort répandue autrefois sur la façon dont la rupture de cubes de pierre semblables se produit. En général la désagrégation du solide a lieu de telle façon qu'il se forme deux pyramides opposées par les sommets (fig. 16). Les faces de la pyramide semblent coïncider sensiblement avec les sections du solide dans lesquelles S est maximum. On en concluait que, dans les essais à la compression, c'était la résistance au glissement qui était d'abord surmontée. Il est toutefois très probable que cette manière de voir est fausse et que l'explication suivante est la vraie : La compression du cube entraîne une dilatation transversale (celle-ci peut atteindre $60 . 10^{-6}$ cm. pour le granit, $40 . 10^{-6}$ cm. pour la molasse sans qu'il se produise de désagrégation) qui, lorsqu'elle dépasse une certaine limite, entraîne à son tour la désagrégation des faces latérales. Quant à la forme pyramidale elle s'explique facilement par le fait que les faces en contact avec les plaques de la machine d'essai ne peuvent se dilater librement par suite du frottement. L'influence de ces plaques se fait sentir de moins en moins lorsqu'on s'en éloigne, il faut donc s'attendre à ce que la rupture commence au milieu, là où cette action est la plus faible. Dès lors la forme pyramidale s'explique d'elle-même.

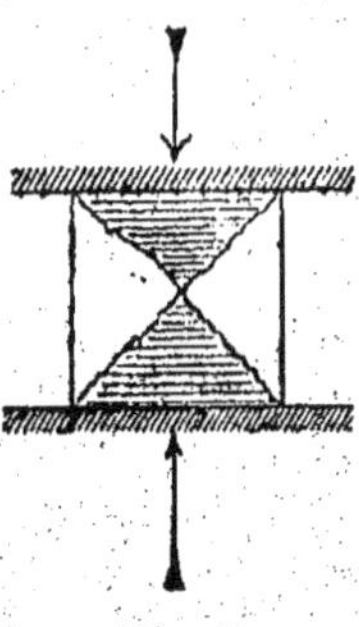

Fig. 16

L'expérience montre de plus, et c'est là une preuve en faveur de ce qui précède, que la résistance à la compression d'un prisme de pierre dépend du rapport de la hauteur aux dimensions de la base. Cette résistance est d'autant plus faible que ce rapport est plus grand, ce qui s'explique sans difficulté si l'on admet ce que nous venons de dire. Les éprouvettes employées généralement dans les essais sont de forme cubique, aussi est-il bon de tenir compte des remarques précédentes lors de la discussion des résultats obtenus.

Exercice 6. — *Une matière plastique (E très petit) est contenue dans une enveloppe cylindrique résistante et comprimée dans le sens de l'axe du cylindre avec une force de 200 kg. par cm². Quelle est la pression exercée sur les parois de l'enveloppe ? (Etudier les deux cas $m = 4$ et $m = 2$).*

Solution. On a ici

$$R_I = 200 \qquad R_{II} = R_{III} = x$$

x doit être tel que ε_{II} et ε_{III} soient nuls (nous admettons que l'enveloppe ne subit pas de déformation).

Donc

$$\varepsilon_{II} = \frac{1}{E}\left[R_{II} - \frac{1}{m}\left(R_I + R_{III}\right)\right] = o$$

$$x - \frac{1}{m}\left(x + 200\right) = o$$

pour

$$m = 4 \qquad\qquad x = 66\frac{2}{3} \text{ kg. par cm}^2.$$

$$m = 2 \qquad\qquad x = 200 \qquad\qquad »$$

Si $m = 2$, la matière est incompressible, la pression sur les parois de l'enveloppe est la même que si elle contenait un liquide.

Exercice 7. — *Déterminer le travail élastique de comparaison dans le cas de l'exercice 3, en prenant $m = 4$.*

Nous avons, pour $m = 4$

$$\mathcal{A} = \frac{3}{8}R_x + \frac{5}{8}\sqrt{4S^2 + R_x{}^2}$$

or, ici

$$R_x = 300 \text{ kg. par cm}^2. \qquad S = 400,$$

donc

$$\mathcal{A} = 646 \text{ kg. par cm}^2.$$

Exercice 8. — *Un tube cylindrique fermé est soumis à une pression intérieure telle qu'en un point de la paroi l'action moléculaire normale dirigée dans le sens de la tangente au contour est de 800 kg. par cm², tandis que celle dirigée dans le sens longitudinal est de 400 kg. Quel est le travail élastique de comparaison si* $m = 3\frac{1}{3}$?

Solution. On trouve immédiatement (formule 37) :

$$R = 800 - \frac{1}{3\frac{1}{3}} \, 400 = 680 \text{ kg. par cm}^2.$$

Exercice 9. — *Une tige de longueur l, allant s'amincissant d'une façon continue, est soumise à un effort d'extension* P. *Quel est le travail de déformation ?*

Solution. (1) Soient F_1 et F_2 les aires des deux bases ; l'aire d'une section normale quelconque, distante de x de la base F, est donnée par la formule

$$F = \left[\sqrt{F_1} + \frac{x}{l} \left(\sqrt{F_2} - \sqrt{F_1} \right) \right]^2$$

le travail de déformation du volume élémentaire $F dx$ est (formule 42) :

$$dA = F dx \frac{R^2}{2E} = \frac{P^2}{2E} \frac{dx}{F}$$

le travail total sera

$$A = \frac{P^2}{2E} \int_0^l \frac{dx}{\left[\frac{x}{l} \left(\sqrt{F_2} - \sqrt{F_1} \right) + \sqrt{F_1} \right]^2}$$

on a généralement

$$\int \frac{dx}{(ax+b)^2} = - \frac{1}{a(ax+b)}$$

donc :

____

(1) Une erreur de calcul qui s'était glissée dans l'édition allemande a été corrigée par l'auteur. (N. du T).

$$A = -\frac{P^2}{2E}\left(\frac{1}{\frac{\sqrt{F_2}-\sqrt{F_1}}{l}\left[\frac{x}{l}(\sqrt{F_2}-\sqrt{F_1})+\sqrt{F_1}\right]}\right)_0^l$$

$$= \frac{P^2 l}{2E\sqrt{F_1 F_2}}$$

Si F_1 et F_2 diffèrent peu l'une de l'autre, on peut remplacer sans commettre d'erreur appréciable, la moyenne géométrique par la moyenne arithmétique et l'on a :

$$A = \frac{P^2 l}{E(F_1 + F_2)}$$

C'est le travail de déformation d'une tige de section constante égale à $\frac{F_1 + F_2}{2}$.

Exercice 10. — Une barre de fer fixée aux deux extrémités est soumise, à l'état initial, à un effort d'extension de 600 kg. par cm². On abaisse sa température de 50°. De combien augmente le travail spécifique de déformation, $E = 2.10^6$ kg. par cm², le coefficient de dilatation du fer étant égal à $\frac{1}{80.000}$ pour 1° centigrade ?

Solution. Si la tige était libre, le refroidissement produirait un raccourcissement

$$\varepsilon = \frac{50}{80\,000} = \frac{1}{1.600}$$

Il faut qu'il se développe dans la pièce un effort produisant un allongement égal. Cet effort est (équation 18) :

$$R = E\varepsilon = 2.10^6\,\frac{1}{1.600} = 1.250 \text{ kg. par cm}^2$$

Le travail élastique passe donc, par suite du refroidissement, de 600 à 1.850 kg. par cm². Cette valeur est déjà supérieure à la limite d'élasticité de bien des qualités de fer. Supposons que ce ne soit pas le cas ici, car sans cela il ne serait pas possible de calculer exactement le travail de déformation.

Dans l'état initial le travail spécifique de déformation est (équation 41) :

$$\mathcal{L} = \frac{R^2}{2E} = \frac{600^2}{4.10^6} \frac{Kg}{cm^2} = 0.09 \frac{cm\,Kg}{cm^3}$$

(remarquons en passant que $\mathcal{L}$ est bien un travail, $cm.\ Kg.$ divisé par un volume, cm^3 comme le prouve l'indication des dimensions). Après le refroidissement ce travail est :

$$\mathcal{L} = \frac{1.830^2}{4.10^6} = 0,856 \frac{cm\,Kg}{cm^3}$$

l'énergie potentielle interne s'est donc accrue de $0,766\frac{cm\,Kg}{cm^3}$.
La source de cette énergie est ici, non pas le travail de forces extérieures, mais la chaleur. On reconnaît que la chaleur spécifique de la pièce doit varier un peu selon que le corps est au repos ou soumis à des efforts élastiques, et qu'il existe, par suite, une relation bien définie entre l'état élastique et l'état calorifique d'un corps.

Ces questions sont du reste du domaine de la théorie mécanique de la chaleur. Elles n'ont pas d'importance au point de vue de la résistance des matériaux. Ajoutons seulement que la température d'un prisme travaillant à la traction, sans qu'il reçoive de chaleur de l'extérieur, s'abaisse légèrement. Ce phénomène passe, du reste, complètement inaperçu dans les essais par suite de sa faible intensité. Ce qui précède n'est valable que tant que la limite d'élasticité n'est pas dépassée ; à partir de là, le travail des forces extérieures n'est plus emmagasiné sous forme d'énergie potentielle, mais se transforme partiellement en chaleur, de sorte qu'au moment de la rupture l'augmentation de température est très notable.

CHAPITRE III

FLEXION DES PRISMES A AXE RECTILIGNE

§ 1. *Notion de la flexion d'un prisme; hypothèse de Navier et de Bernouilli.* — 30. Définition des pièces prismatiques. — 31. Composition des forces extérieures. — Flexion, torsion, glissement, résistance composée. — 32. Moment fléchissant et moment de torsion, effort normal et effort tranchant. — 33. Flexion simple, hypothèse de Bernouilli. — 34. Nature des actions moléculaires dans le cas de la flexion simple.

§ 2. *Conséquences de la répartition linéaire des actions moléculaires normales.* — 35. Position de l'axe neutre dans une section transversale. — 36. Condition de la validité des formules (49 et 51).

§ 3. *Moments d'inertie.* — 37. Relations entre les moments d'inertie relatifs à divers axes. — 38. Axes principaux et moments principaux d'inertie. — 39. Ellipse centrale d'inertie. — 40. Moment d'inertie polaire. — 41. Evaluation des moments d'inertie à l'aide du planimètre.

§ 4. *Cas général de flexion simple.* — 42. Calcul des intensités des actions moléculaires. — 43. Application, calcul des dimensions d'une panne de toiture.

§ 5. *Flexion d'un prisme droit sollicité par une force parallèle à l'axe longitudinal.* — 44. Calcul des actions moléculaires développées dans une section transversale quelconque, région centrale d'une surface. — 45. Applications. — 46. Détermination des actions moléculaires développées dans une section transversale d'un prisme travaillant à la flexion simple à l'aide de la région centrale de la section.

§ 6. *Détermination des actions moléculaires tangentielles agissant dans un prisme travaillant à la flexion.* — 47. Répartition des actions moléculaires tangentielles dans une section transversale rectangulaire. — 48. Relation entre le moment fléchissant M et l'effort tranchant V, relatifs à une même section. — 49. Répartition des actions moléculaires tangentielles pour d'autres formes de section transversale. — 50. Courbes enveloppes des directions des actions moléculaires principales, influence des actions moléculaires tangentielles sur le danger de rupture d'un prisme travaillant à la flexion.

§ 7. *Ligne élastique d'un prisme travaillant à la flexion.* — 51. Equa-

tion différentielle de la ligne élastique. — 52. Cas particuliers — 53.
Influence des actions moléculaires tangentielles sur la forme de la ligne
élastique.

§ 8. *Poutres continues et prisme encastré aux deux extrémités.* —
54. Poutres continues. — 55. Prisme encastré aux deux extrémités.
Exercices, nᵒˢ 11 à 22.

§ 2

NOTION DE LA FLEXION D'UN PRISME
HYPOTHÈSES DE NAVIER ET DE BERNOUILLI

30. Définition des pièces prismatiques. — *On appelle
prisme* ou *pièce prismatique,* en résistance des matériaux, le
corps engendré par un profil fermé plan se déplaçant perpendiculairement à la courbe que son centre de gravité est assujetti à décrire. Le profil est appelé *section transversale* du
prisme, la courbe décrite par le centre de gravité des différentes
sections est l'*axe longitudinal* du prisme. Celui-ci ne doit présenter aucun point singulier et posséder une courbure assez
saible pour que le rayon de courbure en un point quelconque
soit toujours très grand comparativement aux dimensions de
la section transversale. Nous désignerons par *prisme élémentaire* la portion du corps comprise entre deux sections infiniment voisine, et *fibre élémentaire,* le prisme infiniment petit
engendré par un élément de surface du profil générateur
lorsqu'il passe d'une position à la position infiniment voisine.
Un prisme élémentaire est donc formé d'une infinité de
fibres élémentaires. De même, le prisme entier peut être
envisagé comme formé d'une infinité de *fibres.* Celle qui suit
l'axe longitudinal est la *fibre moyenne.*

Le profil générateur d'un prisme n'est pas nécessairement
constant : il peut varier ; toutefois, cette variation doit être
lente et continue, au sens mathématique de ce terme, de

façon que deux sections transversales infiniment voisines diffèrent infiniment peu l'une de l'autre.

Comme le titre du chapitre l'indique, nous ne nous occuperons d'abord que des prismes dont l'axe longitudinal est rectiligne.

31. Composition des forces extérieures. Flexion, torsion, glissement, résistance composée. — Considérons une pièce prismatique sollicitée par des forces extérieures constituant un système en équilibre statique. Coupons ce prisme selon une section transversale. Les actions moléculaires développées dans cette section doivent être telles qu'elles fassent équilibre aux forces extérieures agissant sur l'une ou l'autre des deux parties du prisme.

Pour déterminer ces actions, le premier pas à faire est de réduire les forces extérieures, appliquées à la position considérée du prisme, à une résultante et à un couple résultant ; la répartition des forces extérieures en elle-même ne joue aucun rôle, aussi suffirait-il, au besoin, de ne connaître qu'un système de forces équivalent. Cette réduction exige le choix d'un point arbitraire par lequel passe la résultante; nous prendrons ici pour ce point le centre de gravité de la section transversale suivant laquelle le prisme a été coupé. Les actions transversales développées dans la section devront fournir, pour qu'il y ait équilibre, une résultante et un couple résultant égaux et de signes contraires à la résultante et au couple résultant des forces extérieures.

Les conditions dans lesquelles travaille le prisme dépendent du résultat de la composition des forces extérieures. Il pourra se présenter les cas suivants :

1° Le couple résultant est nul, la résultante passant par le centre de gravité de la section est dirigée selon l'axe du prisme ; dans ce cas la pièce travaille à l'*extension* ou à la *compression simple*, suivant le sens de la résultante.

2° Le couple résultant est nul, et la résultante agit perpendiculairement à l'axe longitudinal. On dit alors que le prisme travaille au *glissement simple*. Ce cas ne saurait se produire que pour certaines sections seulement ; en effet, si l'on passe d'une de ces sections transversales à la section voisine, il se produit un couple, provenant du déplacement du point d'application de la résultante au centre de gravité de la nouvelle section.

3º Inversement, les forces extérieures se réduisent à un couple ; il faut distinguer ici plusieurs cas :

a) Nous dirons que le prisme travaille à la *flexion simple*, si le plan du couple passe par l'axe longitudinal ou lui est parallèle ;

b) Le prisme travaille à *la torsion* lorsque le plan du couple est perpendiculaire à l'axe longitudinal ;

c) Enfin, si le plan du couple est quelconque, on décomposera le couple en deux couples composants, l'un situé dans un plan passant par l'axe du prisme, l'autre situé dans un plan perpendiculaire ; le prisme subit *une flexion et une torsion simultanées*. Conformément à la loi de superposition applicable à la plupart des matériaux (matériaux pierreux et fonte de fer exceptés), il suffira, pour obtenir les actions moléculaires totales développées par l'action de ces deux couples, de déterminer séparément les actions produites par chacun d'eux et de les composer.

Nous avons vu précédemment comment s'opérait cette composition ; il suffit donc de rechercher les actions moléculaires développées dans chacun des cas simples énumérés ci-dessus. Pour les corps auxquels la loi de superposition n'est pas applicable, les problèmes analogues ne sont pas susceptibles d'une solution exacte. Il faut se contenter d'une solution approchée, en appliquant malgré tout cette loi et en tenant compte dans les calculs subséquents de l'incertitude du résultat provenant de ce fait.

4º Enfin lorsque le système des forces extérieures admet un couple résultant et une résultante, on a le cas de la *résistance composée*. En s'en tenant strictement à cette définition, le cas où le système des forces extérieures se réduit à une résultante perpendiculaire à l'axe du prisme et à un couple passant par cet axe serait un cas spécial de résistance composée. Il se présente toutefois si souvent dans les applications, qu'il convient de le traiter à part comme *cas général de la flexion*. On ne parlera donc de résistance composée que lorsque le prisme travaillera simultanément à la flexion, à la compression ou à l'extension et à la torsion, c'est-à-dire lorsque la résultante des forces extérieures n'est pas perpendiculaire à l'axe du prisme et que le plan du couple ne passe pas par cet axe.

32. Moment fléchissant et moment de torsion ; Effort normal et effort tranchant. — Afin de pouvoir écrire les conditions d'équilibre entre les forces extérieures et les actions moléculaires nous devons considérer, non seulement le plan du couple résultat, mais son moment et son sens. On appelle *moment fléchissant*, M, le moment d'un couple tendant à produire une flexion, *moment de torsion*, T, le moment d'un couple qui occasionne une torsion. Les deux composantes de la résultante des forces extérieures portent également des noms spéciaux. On désigne par *effort normal*, N, la composante dirigée suivant l'axe longitudinal du prisme, et par *effort tranchant*, V, la composante perpendiculaire à cet axe.

Dans le cas général de la flexion, tel qu'il a été défini plus haut, on aura donc à déterminer, pour chaque section transversale considérée, le moment fléchissant et l'effort tranchant. Il est évident qu'il est indifférent de calculer ces quantités pour l'une ou pour l'autre des parties du prisme séparées par la section considérée. En effet, si nous passons de l'une à l'autre de ces parties, le moment fléchissant et l'effort tranchant changent de signe, puisque, par hypothèse, les forces extérieures appliquées au prisme forment un système en équilibre, mais en même temps les actions moléculaires dans la section transversale changent aussi de signe. Rien n'est donc modifié.

Il est d'usage, dans les traités de résistance des matériaux, de considérer la partie du prisme située à gauche de la section transversale envisagée, le prisme étant supposé horizontal.

Les forces agissant sur un prisme sont, dans la généralité des problèmes de flexion, situés dans un même plan (le plus souvent dans le plan vertical); de plus l'effort tranchant est toujours situé dans le plan du couple fléchissant. Nous nous bornerons dans la suite à étudier ce cas particulier; du reste, si exceptionnellement ces suppositions n'étaient pas remplies, on pourrait encore résoudre facilement le problème en se basant sur les développements qui suivent.

Convenons enfin d'affecter le moment fléchissant, M, du signe $+$ lorsque, le prisme étant supposé horizontal, le couple des forces extérieures appliquées à la partie du prisme située à gauche de la section considérée tend à faire tourner cette partie dans le sens des aiguilles d'une montre.

Nous prendrons l'effort tranchant, V, avec le signe $+$, lorsque, pour cette même partie du prisme, il sera dirigé de bas en haut.

Ce sont là les conventions que l'on fait généralement en mécanique technique.

33. Flexion simple. Hypothèse de Bernouilli. — M et V étant supposés connus, il s'agit de déterminer les actions moléculaires développées en chaque point de la section transversale considérée. Résolvons d'abord le problème dans le cas particulier de la flexion simple, c'est-à-dire supposons $V = o$.

Il sera facile ensuite de passer au cas général de la flexion : il n'y aura qu'à combiner les actions moléculaires trouvées avec celles qui se développent sous l'action V. Le cas de la flexion simple se rencontre dans la pratique. La partie d'un essieu de wagon comprise entre les roues, la portion du prisme (fig. 17) comprise entre les deux forces intérieures travaille à la flexion simple. En effet, pour une section mm quelconque, les forces extérieures agissant sur la partie située à gauche de la section se réduisent à un couple unique de moment Pp et de sens positif, conformément à la convention faite plus haut sur les signes.

La détermination des actions moléculaires développées dans une section transversale n'est pas possible, si l'on ne dispose que des équations universelles d'équilibre. Du reste, si nous n'avions pas à tenir compte des déformations élastiques du prisme, corrélatives des forces extérieures agissant

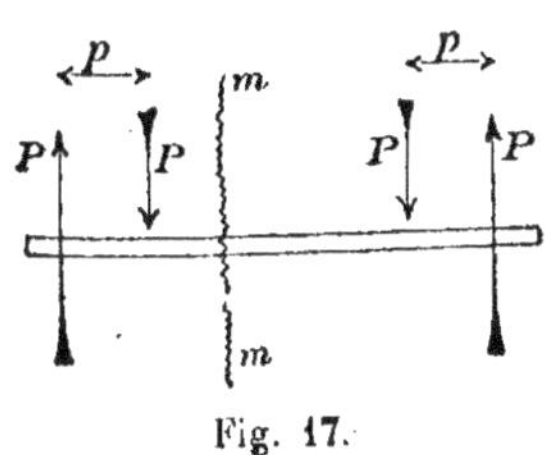

Fig. 17.

sur lui, nous pourrions admettre une répartition quelconque des actions moléculaires dans la section, pourvu que ces actions se réduisissent à un couple de moment égal à M et de signe contraire.

La seule chose que nous puissions affirmer, au sujet de la déformation élastique qu'éprouve le prisme sous l'influence des forces indiquées dans la figure 17, est que les points d'application des forces extérieures se déplaceront les uns par rapport aux autres, dans le sens de ces forces. Supposons ces points d'application situés sur l'axe longitudinal du prisme ; dans la déformation, cet axe se transforme nécessairement, par suite de la cohésion de la matière, en une courbe à faible courbure, tournant sa convexité vers le haut.

Cette courbe porte le nom de *ligne élastique* du prisme.

Cette remarque sur la nature de la déformation est cependant trop peu précise pour qu'il soit possible d'en rien conclure sur la répartition des actions moléculaires. On est obligé, pour faire cesser l'indétermination existant à cet égard, d'avoir recours à l'hypothèse. On admet que les sections transversales demeurent planes durant la déformation. Cette hypothèse, introduite d'abord absolument arbitrairement par Bernouilli, sert, depuis les travaux de Navier, de point de départ à la théorie de la flexion des prismes.

L'introduction d'une pareille hypothèse, sans autre démonstration, paraît au premier abord étonnante. Et cet étonnement est parfaitement justifié si le postulatum est présenté, ainsi que c'est souvent le cas, comme un véritable axiome ; il est plus admissible, par contre, si l'on présente cette hypothèse comme une loi naturelle, une proposition qui trouve sa seule justification dans le fait que les conséquences que l'on en tire concordent avec les résultats de l'expérience.

L'hypothèse de Bernouilli se trouve confirmée, tout au moins dans le cas de la flexion simple, pour les corps obéissant à la loi de Hooke. Pour les matériaux auxquels cette loi n'est pas applicable, l'expérience seule peut montrer si l'hypothèse de Bernouilli est encore vraie. L'auteur a soumis à des expériences de ce genre des échantillons de pierres de construction. Un prisme de pierre de section rectangulaire de 20×30 cm. de côté était placé de champ sur deux appuis distants de 1 m.50. Le long du contour de différentes sections transversales, on cimentait sur les faces du prisme de petites tiges de fer portant chacune un petit miroir. Lorsqu'on chargeait le prisme, les miroirs se mouvaient avec les parties du prisme auxquelles ils étaient fixés et l'on pouvait facilement constater les déviations, au moyen d'une échelle divisée et d'une lunette, selon la méthode si souvent employée en physique. L'auteur a constaté que les miroirs placés le long du contour d'une même section transversale exécutent sensiblement la même rotation, or ceci n'est possible que si les côtés de la section transversale sont restés rectilignes ; en effet, s'ils se courbaient d'une façon appréciable, les éléments de cette courbe formeraient des angles divers avec la direction primitive du côté ; les miroirs devraient donc tourner d'angles différents. De plus, si les côtés d'une section transversale restent rectilignes, il y a de fortes raisons de supposer que la section elle-même demeure plane. Nous pouvons donc admettre cette expérience comme preuve que, même pour des matériaux auxquels la loi de Hooke n'est pas applicable, l'hypothèse de Bernouilli est suffisamment exacte. Par « suffisamment exact » nous entendons un degré d'approximation assez satisfaisant pour qu'il ne puisse résulter d'erreurs grossières de l'application de l'hypothèse de Bernouilli.

84. Nature des actions moléculaires dans le cas de la flexion simple. — Dans le cas de la flexion simple (Effort tranchant $V = o$) il n'y aucune raison d'admettre l'existence d'actions moléculaires tangentielles dans une section transversale.

En effet, si elles existaient, elles seraient nécessairement en équilibre entre elles, mais par hypothèse la section transversale demeure plane ; il faut donc que ces actions tangentielles soient nulles, car elles entraîneraient des distorsions γ de grandeurs et de signes différents, qui altèreraient les angles droits formés par les éléments plans de la section avec la direction de l'axe longitudinal du prisme : la section transversale ne pourrait pas rester plane.

Ainsi donc, si $V = o$, les actions moléculaires tangentielles sont également nulles. Il en résulte immédiatement que la section transversale est, dans le prisme déformé, perpendiculaire à la ligne élastique.

Considérons maintenant un prisme élémentaire, c'est-à-dire, l'élément de prisme limité par deux sections transversales infiniment voisines. Dans le prisme déformé, ces deux sections se coupent suivant une droite qui passe par le centre de courbure de la ligne élastique. Les fibres élémentaires avaient, à l'origine, toutes la même longueur ; dans la déformation, celles d'entre elles qui sont situées du côté de la convexité de la ligne élastique subissent un allongement, celles situées du côté de la concavité deviennent plus courtes ; en général les longueurs nouvelles de ces fibres sont entre elles comme les distances des fibres au centre de courbure de la ligne élastique. D'après la loi de l'élasticité les déformations sont corrélatives des actions moléculaires développées. Il faudra donc qu'ici il y ait des actions moléculaires normales de signes différents, ce que nous savions déjà, puisque ces actions normales doivent se réduire à un couple. Nous venons de voir que certaines fibres subissent un allongement, d'autres un raccourcissement; nous savons de plus qu'une déformation est toujours continue ; il doit donc y avoir une couche de fibres qui n'ont subi aucune déformation. L'intersection de cette couche de fibres et d'une section transversale s'appelle *l'axe neutre* de la section. Les variations de longueur des fibres sont proportionnelles à leur distance de l'axe neutre ; par suite, si la loi de Hooke est applicable, *l'intensité* R *des actions moléculaires normales agissant en des points donnés de la section est proportionnelle à la distance de ces points à l'axe neutre.*

C'est Navier qui, le premier, a déduit ce résultat de l'hypothèse de Bernouilli.

§ 2

CONSÉQUENCES DE LA RÉPARTITION LINÉAIRE DES ACTIONS MOLÉCULAIRES NORMALES.

85. Position de l'axe neutre dans une section transversale. — Prenons, dans le plan de la section transversale considérée, un système d'axes rectangulaires oyz, tel que l'axe des z, coïncide avec l'axe neutre, R est alors indépendant de z, et, puisque $R = o$ pour $y = o$, le terme constant que contient généralement une fonction linéaire, disparaît. En désignant par R_0 l'intensité de l'action moléculaire normale en un point distant de y_0 de l'axe neutre, nous avons pour un point quelconque, en vertu de la répartition linéaire des actions moléculaires, la relation :

$$\frac{R}{R_o} = \frac{y}{y_o}$$

$$R = y\,\frac{R_o}{y_o} \tag{46}$$

Dans le cas de la flexion simple, les actions normales forment un couple, la somme des travaux d'extension doit donc être égale à la somme des travaux de compression. L'équation (46) donne du reste R avec son signe, si l'on convient d'affecter y d'un signe différent, selon qu'il est mesuré d'un côté ou de l'autre de l'axe neutre. Nous pouvons donc écrire simplement que la somme algébrique des actions moléculaires normales, étendue à toute la section transversale, est nulle.

Donc :

$$\int R\,dF = o$$

en mettant pour R sa valeur (46), nous obtenons :

$$\int \frac{R_o}{y_o}\,y\,dF = \frac{R_o}{y_o}\int y\,dF = o$$

d'où

$$\int y\,dF = o \tag{47}$$

L'intégrale du membre de droite réprésente le *moment statique* de la surface relatif à l'axe des z, l'équation (47) exprime donc la condition : *l'axe neutre de la section transversale doit passer par le centre de gravité de cette section.*

Pour qu'il y ait équilibre entre les forces extérieures et les actions moléculaires, il faut, non seulement que les moments des couples formés par ces forces soient égaux et de signes contraires, mais encore que les plans de ces deux couples coïncident.

Cette dernière condition est remplie d'elle-même dans la

plupart des cas pratiques, où, en général, la section transversale possède un axe de symétrie et où les forces extérieures sont situées dans le plan de symétrie ; car alors l'axe neutre de la section est perpendiculaire à ce plan de symétrie.

Traitons d'abord le cas où l'*axe neutre est perpendiculaire au plan du couple fléchissant*, la section transversale étant d'ailleurs quelconque. Ecrivons les conditions d'équilibre : l'équation des moments relatifs à l'axe neutre (axe des z) donne :

$$\int R.dF.y = M$$

ou en remplaçant R par sa valeur (46)

$$\frac{R_o}{y_o} \int y^2 dF = M \qquad (48)$$

L'intégrale $\int y^2 dF$, qui s'étend à toute la surface de la section transversale, ne dépend que de la forme de celle-ci. La section étant connue, on pourra toujours former cette expression soit en effectuant directement l'intégrale indiquée, soit au moyen d'une quadrature. Elle porte le nom de *moment d'inertie* de la section relatif à l'axe des z. Désignons la par I, l'équation (48) s'écrira :

$$R_o = \frac{M}{I} y_o \qquad (49)$$

Le problème : déterminer l'intensité R_o de l'action moléculaire agissant en un point distant de y_o de l'axe neutre d'une section transversale donnée, est donc résolu. En tenant compte de la formule (46), on voit que l'on peut supprimer l'indice o dans l'équation (49). En général on désire surtout connaître l'intensité maximum R des actions moléculaires développées dans la section. Il suffit, pour obtenir ce maximum, de prendre pour y_o la plus grande valeur qu'admette y. Soit y_m cette valeur, on peut réunir, en une seule les deux quantités qui ne dépendent que des dimensions de la section transversale en posant :

$$\frac{I}{y_m} = W \qquad (50)$$

La formule (48) s'écrit alors :

$$R = \frac{M}{W} \qquad (51)$$

Nous donnerons à W le nom de *moment de résistance* de la section ([1]).

R désigne donc, dans l'expression ci-dessus, le maximum de l'intensité des actions moléculaires normales, maximum qui a lieu dans les fibres les plus éloignées de l'axe neutre.

Vérifions l'équation (48) au point de vue des dimensions, si nous exprimons les longueurs en centimètres et les forces en kilogr. il vient :

$$\frac{cm.kg}{cm^4}\; cm = \frac{kg}{cm^2}$$

or $\frac{kg.}{cm_2}$ est bien la dimension de l'intensité d'une action moléculaire : un quotient d'une force par une surface.

36. Condition de valabilité des formules(49)et(51). — Les formules précédentes ne sont applicables que lorsque l'axe neutre est perpendiculaire au plan du couple de flexion, que nous appellerons simplement, pour abréger, *plan de flexion*. Ecrivons l'équation exprimant la condition que le plan du couple des actions moléculaires coïncide avec le plan de flexion, pour cela, formons la somme des moments de toutes les forces par rapport à l'axe *oy*, lequel est, par hypothèse, contenu dans le plan de flexion : cette somme doit être nulle. Le moment des forces extérieures relatif à cet axe est nul. Il reste donc :

$$\int R z dF = o$$

1. Divers auteurs, entre autres M. Résal, introduisent dans leurs calculs l'inverse de W, sous le nom de *module de résistance*. Les formules s'écrivent alors un peu plus simplement ; par contre, cette notation est désavantageuse pour les calculs pratiques. Les aides-mémoires et les catalogues des forges donnent en effet les valeurs de I et de W pour les profils courants, et non celles des modules de résistance.

N. du T.

ou, en tenant compte de la formule (46)

$$\int zy\,dF = o \tag{52}$$

L'intégrale, du membre de gauche, qui s'étend à toute la section transversale, ne dépend que des dimensions de celle-ci et de la direction du système d'axes *zoy*. Elle porte le nom de *produit d'inertie* ou de *moment d'inertie composée* ; nous la désignerons par la lettre Φ, affectée de deux indices indiquant les axes relativement auxquels cette expression est formée. L'équation (52) s'écrit :

$$\Phi_{y,z} = o \tag{53}$$

La condition cherchée peut donc se formuler ainsi :

Les formules (49) et (51) ne sont applicables que si le plan de flexion coupe la surface selon une droite perpendiculaire à l'axe neutre et telle que le moment d'inertie composée de la section, relatif à cette droite et à l'axe neutre, soit nul.

Un moment d'inertie ne peut être nul : les éléments de l'intégrale $\int y^2 dF$ étant tous essentiellement positifs. Le moment d'inertie composée, par contre, peut être positif, négatif ou nul, les éléments $xy\,dF$ de l'intégrale ayant des signes différents suivant les quadrants.

Avant d'aborder le calcul de l'intensité des actions moléculaires dans le cas ou Φ_{yz} est différent de o, examinons les propriétés des moments d'inertie.

§ 3

MOMENTS D'INERTIE

37. Relations entre les moments d'inertie relatifs à divers axes. — On appelle, comme nous l'avons vu, *moment d'inertie* d'une surface relatif à un axe, la somme des produits de chacun des éléments de surface par le carré de la distance de cet élément à l'axe donné. Soit donnée

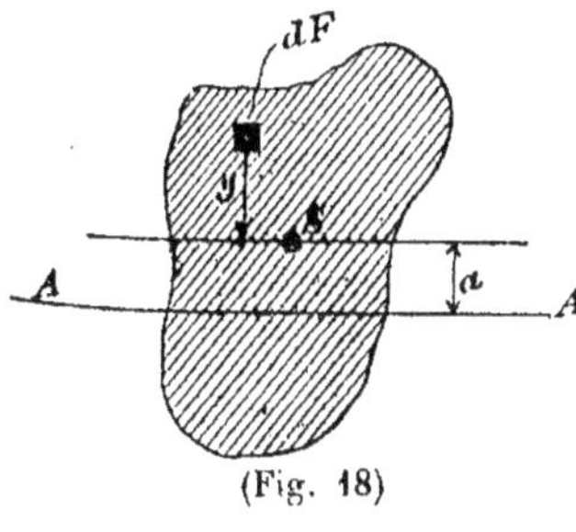

(Fig. 18)

(fig. 18) une surface F et soit AA l'axe relativement auquel on veut calculer le moment d'inertie. Menons une parallèle à AA par le centre de gravité S de la surface et soit y la distance d'un élément superficiel dF à cette parallèle. On aura, par définition :

$$I_{AA} = \int (y + a)^2 \, dF = \int y^2 \, dF + 2\,a \int y dF + a^2 \int dF$$

$\int y dF$ est le *moment statique* de la figure. Cette quantité est nulle, puisque l'axe auquel elle se rapporte passe par le centre de gravité. $\int dF$ n'est autre chose que l'aire entière. Donc, en désignant par I le moment relatif à la parallèle passant par S, on a :

$$I_{AA} = I + a^2 \, F \qquad (54)$$

Il est par suite facile de calculer le moment d'inertie d'une surface pour n'importe quel axe, si l'on connaît les moments d'inertie relatifs à tous les axes passant par le centre de gravité. La formule (54) est en outre d'une grande utilité pour calculer le moment d'inertie d'une surface pouvant se décomposer en un certain nombre de surfaces plus simples; par exemple, en rectangles, comme dans le cas d'une section en forme de double té. I

Comparons maintenant entre eux, les moments d'inertie de la surface relatifs à des axes de direction quelconque, passant par le centre de gravité S. Soit AA un de ces axes, α l'angle qu'il forme avec l'axe des y (fig. 19). Soient y et z les coordonnées de l'élément dF par rapport aux axes ySz, u et v les distances de cet élément à l'axe AA et à une droite perpendiculaire à AA, passant par S. (non tracée dans la figure).

On a :

$$u = y \cos \alpha + z \sin \alpha$$

$$v = -y \sin \alpha + z \cos \alpha$$

Soit I_a le moment d'inertie relatif à AA, il vient :

$$I_a = \int v^2 \, dF = \int (z \cos \alpha - y \sin \alpha)^2 \, dF$$

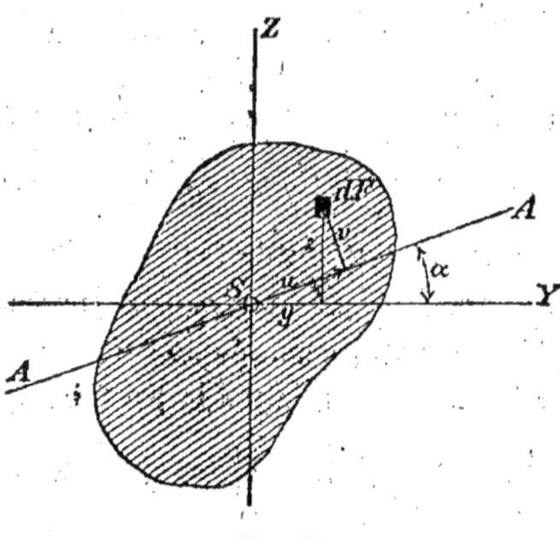

Fig. 19.

ou, en développant :

$$I_a = \cos^2 \alpha \int z^2 \, dF + \sin^2 \alpha \int y^2 \, dF - 2 \sin \alpha \cos \alpha \int yz \, dF$$

mais :

$$\int z^2 \, dF = I_y, \text{ moment d'inertie relatif à l'axe des } y$$

$$\int y^2 \, dF = I_z, \text{ moment d'inertie relatif à l'axe des } z$$

$$\int yz \, dF = \Phi_{zy}, \text{ moment d'inertie composée relatif à } y \, S \, z$$

donc :

$$I_a = I_y \cos^2 \alpha + I_z \sin^2 \alpha - \Phi_{zy} \sin 2\alpha \qquad (55)$$

Calculons encore le moment d'inertie composée Φ_a, par définition nous avons :

$$\Phi_a = \int uvdF = \int (y \cos \alpha + z \sin \alpha)(-y \sin \alpha + z \cos \alpha)\, dF$$

d'où, toutes réductions faites :

$$\Phi_a = \frac{I_y - I_z}{2} \sin 2\alpha + \Phi_{yz} \cos 2\alpha \qquad (56)$$

Les formules (55) et (56) permettent de calculer les moments d'inertie pour n'importe quel axe, sitôt que l'on connaît les moments d'inertie relatifs à deux axes perpendiculaires quelconques.

88. Axes principaux et moments principaux d'inertie. — Cherchons maintenant les valeurs de α pour lesquelles I_a devient un maximum ou un minimum. Si l'on dérive I_a par rapport à α, il vient :

$$\frac{d\,I_a}{d\,\alpha} = -2\,I_y \cos\alpha \sin\alpha + 2\,I_z \sin\alpha \cos\alpha - 2\,\Phi_{yz}\cos 2\alpha$$
$$= (I_z - I_y) \sin 2\alpha - 2\,\Phi_{yz} \cos 2\alpha$$
$$= -2\,\Phi_a{}^{1}$$

Cette expression doit s'annuler lorsque I_a est maximum ou minimum. On a par suite :

$$(I_z - I_y) \sin 2\alpha - 2 \cos 2\alpha\,\Phi_{yz} = o$$

d'où :

$$\operatorname{tg} 2\alpha = \frac{2\,\Phi_{yz}}{I_z - I_y} \qquad (57)$$

Il existe toujours deux angles compris entre o et π et différant entre eux d'un angle droit qui satisfont à cette relation. En

1. On peut donc formuler le théorème : La dérivée du moment d'inertie relatif à un axe, prise par rapport à l'angle que forme [cet axe avec l'axe des y, est égale à — 2 fois le moment d'inertie composée relatif à l'axe considéré et à la perpendiculaire passant par l'origine. Ce théorème permet d'établir facilement plusieurs propriétés des moments d'inertie.

(N. du T.)

formant la dérivée seconde de I_a, on verrait facilement qu'à l'un de ces angles correspond un maximum et à l'autre un minimum. Il suffit du reste de prendre garde que I_a étant une fonction continue de α, l'une des valeurs correspond nécessairement à un maximum, l'autre à un minimum. Les axes dont les directions sont déterminées par la formule (56) portent le nom d'*axes principaux d'inertie*, ou simplement d'*axes principaux*. Les moments d'inertie relatifs à ces axes sont les *moments principaux d'inertie*.

On voit, d'après la valeur trouvée pour $\dfrac{d\,I_a}{d\,\alpha}$, que le *moment d'inertie composée relatif aux axes principaux est nul*.

Toute figure possède au moins deux axes principaux. Si $\Phi_{zy} = o$, les axes yOz sont eux-mêmes les axes principaux. Il peut se faire que tout axe passant par S' soit un axe principal, ceci à lieu lorsque :

$$\Phi_{yz} = o \text{ et } I_y = I_z$$

En effet, là fraction de la formule (57) prend dans ce cas la forme indéterminée $\dfrac{o}{o}$. L'équation (56) montre que, $\Phi_a = o$ et (55) que I_a est constant. Ce cas se présente pour le carré, pour le cercle et, en général, pour tous les polygones réguliers d'un nombre pair de côtés.

Remarquons que les formules (55) à (57) ont été établies *sans que nous ayons utilisé les propriétés du centre de gravité*, elles sont donc applicables, non seulement aux axes passant par ce point, mais aux axes issus d'un point quelconque du plan.

39 Ellipse centrale d'inertie. — Nous allons maintenant établir une représentation graphique des résultats précédents. Prenons les axes principaux pour axes de coordonnées : l'équation (55) se simplifie, on a :

$$I_\alpha = I_y \cos^2 \alpha + I_z \sin^2 \alpha \qquad (58)$$

Il est toujours possible de considérer le quotient d'un moment d'inertie par l'aire de la surface donnée comme le carré une certaine longueur. Nous donnerons à cette longueur le nom de *rayon de gyration*, et nous la désignerons par la lettre t ; ainsi par exemple :

$$t_\alpha = \frac{I_\alpha}{F} \qquad (59)$$

Divisons (58) par F, nous pourrons écrire :

$$t_\alpha{}^2 = t_y{}^2 \cos^2 \alpha + t_z{}^2 \sin^2 \alpha \qquad (60)$$

Il semble à première vue tout indiqué, pour obtenir une représentation graphique de t_α en fonction de α, de porter à une certaine échelle une longueur égale à t_α dans la direction donnée et de considérer le lieu géométrique des extrémités des vecteurs ainsi déterminés. Ce serait toutefois peu commode, car la courbe obtenue serait du 4e degré. Il est facile d'arriver à une représentation graphique plus simple, en portant sur chaque axe une longueur inversement proportionnelle à t_α.

Formons l'expression :

$$\tau = \frac{t_y \, t_z}{t} \qquad (61)$$

et substituons aux différents t de l'équation (60), les longueurs τ correspondantes, il vient :

$$1 = \left(\frac{\tau_\alpha \cos \alpha}{\tau_y}\right)^2 + \left(\frac{\tau_\alpha \sin \alpha}{\tau_z}\right)^2 \qquad (62)$$

C'est là l'équation d'une ellipse, lieu géométrique des extrémités des vecteurs τ.

Soient a et b les demi-axes d'une ellipse (fig. 20). Traçons la tangente TT parallèle à AA ; p étant la longueur de la perpendiculaire abaissée de l'origine sur TT, on démontre en géométrie analytique que

$$p^2 = a^2 \sin^2 \alpha + b^2 \cos^2 \alpha \qquad (63)$$

En comparant avec la formule (60), on voit que p est égal au rayon de gyration relatif à l'axe AA, si on l'a $t_x = a$ et $t_y = b$. On reconnaît d'autre part, que ce sont précisément là les valeurs que fournit la formule (61) pour les demi-axes de l'ellipse (62). L'ellipse ainsi déterminée porte le nom d'*ellipse d'inertie*. On remarque que, dans cet article, nous n'avons pas fait usage des propriétés du centre de gravité, les ré-

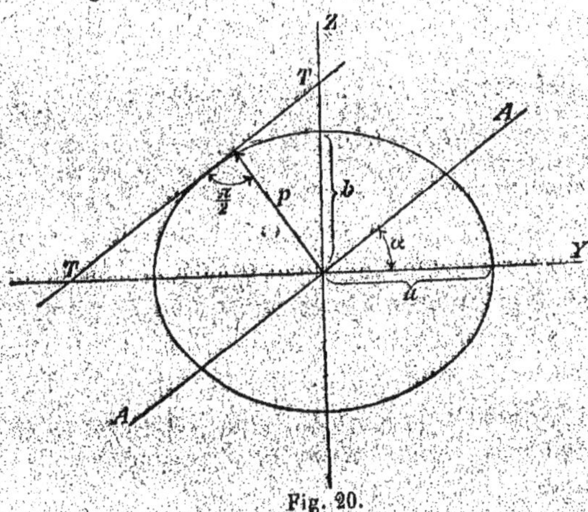

Fig. 20.

sultats sont donc applicables à un point quelconque du plan de la surface considérée. L'ellipse d'inertie relative au centre de gravité porte le nom d'*ellipse centrale d'inertie* ou simplement d'*ellipse centrale*.

Nous pouvons arriver aux résultats précédents sans faire usage de la propriété, représentée par la formule (63). Considérons à cet effet l'ellipse d'inertie comme projection d'un cercle. Traçons tous les carrés circonscrits au cercle : les parallélogrammes circonscrits à l'ellipse, qui sont les projections de ces carrés, auront tous la même aire, les carrés circonscrits au cercle étant tous égaux.

Nous pouvons donc écrire :

$$p\,\tau = \text{constante} = \tau_y\,\tau_x$$

d'où :

$$p = \frac{\tau_y \; \tau_z}{\tau} = t$$

L'ellipse centrale étant donnée, on trouve le rayon de gyration relatif à un axe donné, en mesurant la distance du centre de l'ellipse à la tangente à l'ellipse parallèle à la direction donnée. On n'a besoin d'aucun calcul, ce qui n'est pas le cas si l'on part du vecteur τ, déterminé par l'ellipse sur l'axe considéré.

Indiquons encore comment on obtient, le plus rapidement possible, l'ellipse centrale. Si la surface possède un axe de symétrie, la direction des axes principaux est connue ; il suffit de calculer les moments d'inertie et les rayons de gyrations relatifs à ces axes. Si les axes principaux ne sont pas connus, on pourra par exemple calculer les moments d'inertie et les rayons de gyrations relatifs à trois axes passant par le centre de gravité. En menant de chaque côté de ces axes des parallèles, à une distance égale au rayon de gyration correspondant, on obtiendra six tangentes à l'ellipse ; au moyen du théorème de Brianchon, on en déterminera ensuite d'autres, en nombre suffisant, pour pouvoir tracer l'ellipse avec l'exactitude désirée. Dans d'autres cas, il sera préférable d'employer la méthode générale, consistant à calculer les moments d'inertie relatif à deux perpendiculaires passant par le centre de gravité et à on déduire la direction des axes principaux et la valeur des moments principaux.

40. Moments d'inertie polaire. — Nous ne nous sommes occupés que des moments d'inertie relatifs à des axes situés dans le plan de la figure considérée. On peut aussi calculer le moment d'inertie d'une surface relatif à un axe qui coupe le plan de la surface sous un angle quelconque ou qui lui est parallèle. Un seul de ces cas jouit d'une certaine importance dans la résistance des matériaux : celui dans lequel l'axe est perpendiculaire au plan de la surface donnée.

Le moment d'inertie relatif à un axe ainsi dirigé s'appelle *moment d'inertie polaire*. Nous le désignerons par I_p. Il est défini par la formule :

$$I_p = \int r^2 \, d\mathrm{F}$$

où r désigne la distance de l'élément superficiel $d\mathrm{F}$ à l'axe considéré. Menons dans le plan de la surface et par le point d'intersection de ce plan avec l'axe deux axes de coordonnées, il vient :

$$r^2 = y^2 + z^2$$

d'où :

$$I_p = I_y + I_z \tag{64}$$

Si nous désignons par I_1 et I_2 les moments d'inertie principaux relatifs au point considéré, et en remarquant que nous n'avons rien supposé de spécial sur la direction des axes de coordonnées, nous trouvons la relation :

$$I_1 + I_2 = I_y + I_z = I_p$$

c'est-à-dire : *La somme des moments d'inertie relatifs à deux axes perpendiculaires quelconques menés par un point donné est constante et égale au moment d'inertie polaire relatif à l'axe passant par le point considéré.*

41. Evaluation des moments d'inertie à l'aide d'un d'un planimètre. — Il n'existe certainement pas d'autre sujet, en mécanique technique, sur lequel il ait été autant publié de travaux que sur la théorie des moments d'inertie et des régions centrales. Les méthodes d'évaluation des moments d'inertie, en particulier, sont innombrables. Il nous serait impossible de toutes les indiquer ici ; ce n'est du reste pas nécessaire, pas plus qu'il ne l'est de donner dans un traité de géométrie, toutes les démonstrations du théorème de Pythagore. Les méthodes graphiques sont du reste du domaine de la statique graphique, mentionons en passant celle de Culmann et celle de Mohr, la plus élégante de toutes (voir note I).

Nous ferons remarquer, qu'en principe, la détermination du moment d'inertie d'une surface ne saurait présenter de difficultés. Il est toujours possible de se tirer d'embarras en décomposant la surface donnée en une série de bandes étroites, au moyen de parallèles à l'axe relativement auquel on veut déterminer le moment et en envisageant ces bandes soit comme des rectangles, soit comme des trapèzes. En prenant des bandes assez étroites, on obtiendra toujours une exactitude suffisante pour les calculs pratiques de Résistance des matériaux.

Nous exposerons dans ce qui suit le principe sur lequel repose la construction du *planimètre d'Amsler*, appareil destiné à l'évaluation mécanique des moments d'inertie. Soit

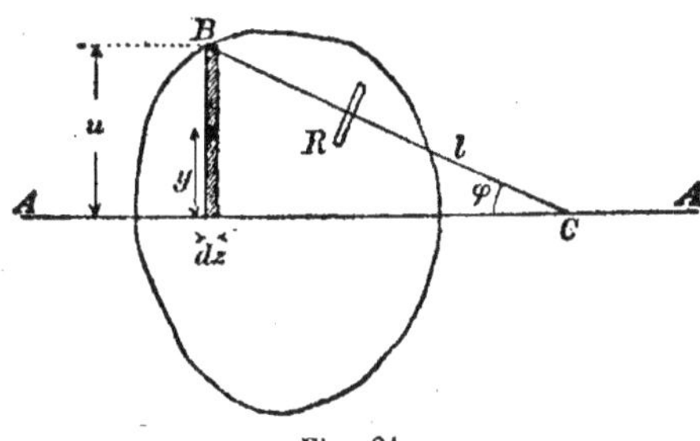

Fig. 21.

(fig. 21) AA l'axe relativement auquel il s'agit de déterminer le moment d'inertie de la surface donnée. Formons d'abord le moment d'inertie de l'élément superficiel indiqué dans la figure au moyen de hâchures, nous aurons :

$$dz \int_o^u y^2 dy = dz . \frac{u^3}{3}$$

Supposons maintenant qu'une tige de longueur l se meuve

de telle sorte que l'extrèmité B décrive le contour de la surface
tandis que l'autre C glisse le long de l'axe **AA**.

Nous avons :

$$u = l \sin \varphi$$

et par suite, pour le moment d'inertie de la surface entière :

$$I = \frac{l^3}{3} \int \sin^3 \varphi \, dz$$

en tenant compte de la formule :

$$\sin^3 \varphi = \frac{3 \sin \varphi - \sin 3 \varphi}{4}$$

nous pouvons écrire :

$$I = \frac{l^3}{4} \int \sin \varphi \, dz - \frac{l^3}{12} \int \sin 3\varphi \, dz$$

La tige BC est pourvue d'une roulette **R**, qui roule sur le
papier, lorsque le point B décrit le contour de la surface donnée. Un vernier permet de lire exactement la quantité dont
cette roulette a tourné. La rotation qu'effectue R pendant que
B parcourt un élément du contour considéré, peut se décomposer en deux parties : l'une correspondant à la projection horizontale de l'élément, l'autre à la projection verticale. Supposons que nous partions d'un des points situés sur l'axe AA,
pour parcourir le contour ; la tige BC sera donc à l'origine
horizontale, lorsque nous arrivons à l'autre des points du
contour situé sur **AA**, la tige reprend la même position ; le
chemin décrit dans le sens vertical par B est nul, donc les
rotations de la roulette qui correspondent aux projections verticales des éléments de la partie du contour située d'un même
côté de AA, se compensent.

Il suffit par suite de considérer les rotations dues aux projections horizontales des éléments au chemin de B. Pour l'élément du contour considéré dans la figure, cette projection
horizontale est dz. Il est d'autre part bien évident que la roulette R n'effectue aucune rotation lorsque la tige se déplace

dans sa propre direction ; donc, lorsque B se déplace de dz dans le sens horizontal, la roulette tourne dans une direction perpendiculaire à la tige BC d'un angle proportionnel à $dz \sin \varphi$. Ainsi, lorsque B aura parcouru la partie du contour située au-dessus de l'axe AA, par exemple, l'angle dont aura tourné la roulette R sera proportionnel à

$$\int \sin \varphi dz$$

Nous pouvons répéter les mêmes raisonnements à la partie du contour située en dessous de AA, en remarquant toutefois, que les deux facteurs du produit $dz \sin \varphi$ changent de signe, de sorte que le produit lui-même conserve le même signe que précédemment. Les rotations de la roulette déterminées par les déplacements horizontaux ne se compensent donc pas comme celles dues aux déplacements verticaux de la pointe B.

L'angle total dont a tourné la roulette R, est par suite une mesure pour l'intégrale $\int \sin \varphi dz$, étendue à tout le contour donné. On voit donc qu'il suffit de décrire une fois avec la pointe B le contour de la surface donnée, pour obtenir, abstraction faite d'un facteur constant dépendant de la construction de l'instrument, le premier terme de l'expression de I. Le second terme de cette expression est exactement de la même forme que le premier, seul l'angle φ est remplacé par l'angle 3φ. Il est facile d'obtenir la valeur de cette intégrale en ajoutant à l'instrument une seconde roulette, tournant autour d'un axe, dont les coussinets sont reliés à la tige BC par un pignon et une roue dentée tels, que le rapport des vitesses angulaires des deux tiges soit égal à 1 : 3. L'axe de rotation de cette roulette, qui se meut sur le papier comme la roulette R, forme à chaque instant l'angle 3φ avec AA ; l'angle dont elle tourne en tout, est par suite proportionnel au second terme de l'expression de I. Nous avons donc finalement pour I l'expression :

$$\mathrm{I} = \alpha r_1 - \beta r_2$$

où α et β désignent deux constantes de l'instrument, déter-

minées expérimentalement et r_1 et r_2, les lectures faites aux
roulettes.

Le planimètre d'Amsler est muni encore d'une troisième
roulette, qui permet d'évaluer le moment statique d'une surface relatif à un axe AA.

§ 4

CAS GÉNÉRAL DE LA FLEXION SIMPLE

42. Calcul des intensités des actions moléculaires. —
Le cas général de la flexion simple se présente *lorsque le plan
de la flexion ne contient pas l'axe principal des sections transversales*.

On procède de la façon suivante. Si les forces extérieures
sont situées dans un même plan, nous les décomposerons chacune en deux composantes respectivement parallèles aux axes
principaux des sections transversales, et nous réduirons ensuite
chaque système de composantes à un couple fléchissant dont
le plan contiendra un axe principal. Si, au contraire, les forces
extérieures sont situées dans des plans différents, nous les
réduirons à un couple résultant que nous décomposerons ensuite en deux couples dont les plans passent respectivement
par l'un et par l'autre des axes principaux. Soit α l'angle formé
par le plan du couple fléchissant M avec l'un des axes principaux, les moments des couples composants sont $M \cos \alpha$ et
$M \sin \alpha$. Nous pouvons calculer l'intensité des actions moléculaires développées par chacun d'eux au moyen des formules
(49) ou (51), qui sont applicables ici à chacun des couples composants, puisqu'ils passent chacun par un axe principal. Nous
obtiendrons l'intensité des actions moléculaires qui agissent
réellement dans la section, en formant la somme algébrique
des actions produites par chaque couple.

On a donc :

$$R = \frac{M \cos \alpha}{I_z} y + \frac{M \sin \alpha}{I_y} z \qquad (65)$$

Un simple raisonnement indique ensuite en quel point de la section l'intensité R des actions moléculaires est maximum.

Pour démontrer l'exactitude de la formule (65), nous pouvons soit nous baser sur le principe de superposition, soit remarquer que la répartition des actions moléculaires représentée par (65) est linéaire, et que par suite il y a certainement équilibre entre les forces extérieures et les forces intérieures. Cet équilibre n'est en effet possible que pour une répartition linéaire unique et bien déterminée des actions moléculaires : la direction de l'axe neutre détermine sans ambiguïté le plan du couple résultant des actions moléculaires, et l'intensité de ces actions à une distance donnée de l'axe neutre détermine à son tour la grandeur du moment de ce couple.

Si la loi de superposition n'est pas applicable à la matière dont est formée la pièce considérée, la première justification n'est plus utilisable ; la seconde du reste ne l'est pas davantage, car dans ce cas la répartition linéaire des actions moléculaires est très problématique. Il ne faut alors plus compter sur l'exactitude de la formule (65), elle peut au contraire fournir des résultats très différents de la réalité.

43. Application. Calcul des dimensions d'une panne de toiture. — Appliquons la formule (65) à un exemple simple, savoir au calcul d'une panne de toiture. Nous avons affaire là, à une poutre placée de telle sorte que les côtés de la section transversale sont parallèles ou perpendiculaires à la pente du toit, tandis que les forces extérieures sont situées dans un plan vertical. Supposons ces forces (y compris le poids propre) uniformément réparties sur la longueur l de la poutre. Le moment fléchissant maximum se produit au milieu de la pièce ; il est égal, comme on trouve facilement, à :

7

$$M = \frac{Ql}{8}$$

Q désignant la charge totale de la pièce de bois. Le plan de ce couple est vertical, il forme donc les angles α et $\frac{\pi}{2} - \alpha$ avec les axes principaux de la section, les moments des couples composants sont indiqués dans la figure. Pour le moment d'inertie d'un rectangle, nous trouvons :

$$I_z = \int y^2 \, dF = \int_{-\frac{h}{2}}^{+\frac{h}{2}} b \, y^2 \, dy = \frac{bh^3}{12}$$

et pour le moment de résistance :

$$W_z = \frac{bh^2}{6}$$

les moments relatifs à l'axe Y s'obtiennent en permutant b et h dans les formules. Les axes y, z partagent la section transversale en 4 rectangles. On reconnaît immédiatement que dans deux de ceux-ci les actions moléculaires développées par chacun des couples fléchissants sont de signes contraires et par suite se compensent en partie, tandis que dans les deux autres, ces actions sont de même signe et s'ajoutent. On voit ainsi que le plus grand travail de compression se produit en

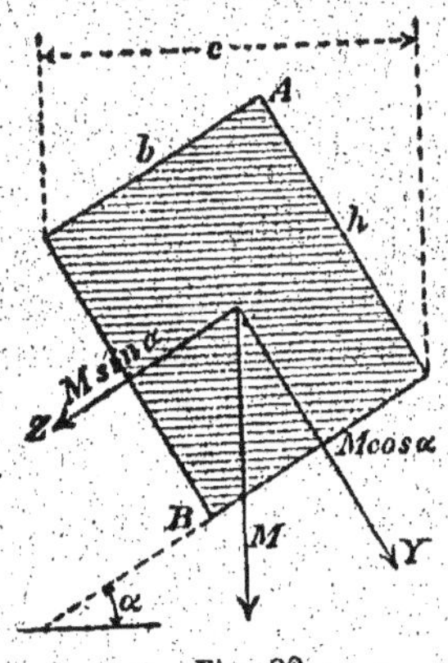

Fig. 22.

A et le plus grand travail d'extension en B, ces deux travaux étant égaux en valeur absolue. On trouve pour ce travail maximum :

$$R = \frac{M \cos \alpha}{W_z} + \frac{M \sin \alpha}{W_y}$$

$$R = \frac{6\,M \cos \alpha}{bh^2} + \frac{6\,M \sin \alpha}{b^2 h}$$

la projection horizontale c de la section est égale à :

$$c = b \cos \alpha + h \sin \alpha$$

d'où :

$$R = \frac{6\,M\,c}{b^2 h^2} \qquad\qquad (66$$

Si nous faisons $\alpha = o$, nous retombons sur la formule ordinaire de la flexion.

§ 5

FLEXION D'UN PRISME DROIT
SOUS L'INFLUENCE D'UNE FORCE PARALLÈLE
A L'AXE LONGITUDINAL

44. Calcul des actions moléculaires développées dans une section transversale quelconque. Région centrale d'une surface. — Admettons que les forces extérieures agissant sur la partie du prisme considérée se réduisent à une résultante unique, parallèle à l'axe longitudinal.

C'est là un cas de résistance composée. En effet, nous pouvons remplacer la résultante des forces extérieures par une force égale et de même signe coïncidant en direction avec l'axe longitudinal et par un couple dont le plan passe par l'axe du prisme. Nous décomposerons ce couple en deux autres agissant dans des plans passant par les axes principaux de la section transversale.

Considérons l'ellipse centrale de la section transversale (dans la fig. 23 on n'a tracé que cette ellipse, la forme de la section n'intervenant pas autrement dans le calcul).

Soient A le point d'application de la résultante P des forces

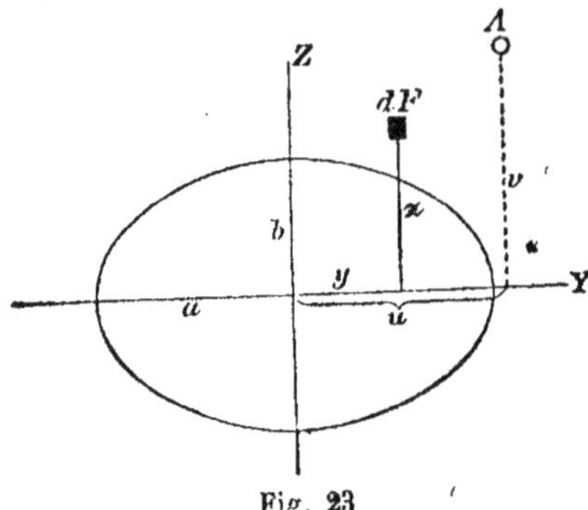

Fig. 23

extérieures, u et v les coordonnées de ce point ; soient encore dF un élément de surface de la section, x et y ses coordonnées ; l'intensité de l'action moléculaire normale développée en ce point est donnée par la formule :

$$R = \frac{P}{F} + \frac{Pv}{I_y} z + \frac{Pu}{I_z} y$$

Le premier terme de cette expression représente l'intensité des actions normales développées par l'effort normal, les deux autres termes donnent les intensités des actions développées par les deux couples fléchissants. En introduisant les demi-axes a et b de l'ellipse centrale, on pourra écrire :

$$R = \frac{P}{F}\left(1 + \frac{vz}{b^2} + \frac{uy}{a^2}\right) \tag{67}$$

Cette expression doit s'annuler pour les points de l'axe neutre de la section transversale ; nous obtenons donc pour équation de cet axe :

$$\frac{uy}{a^2} + \frac{vz}{b^2} = -1 \tag{68}$$

x et y étant les coordonnées courantes. C'est là l'équation d'une droite (il ne saurait en être autrement, du reste, l'expression posée pour R le supposant implicitement).

L'équation (68) fait correspondre à chaque point u, v du plan une droite déterminée ; étudions la nature de cette relation.

Supposons d'abord le point A situé sur l'ellipse centrale ; η et ξ désignant les coordonnées d'un point de celle-ci, nous avons la relation :

$$\frac{\eta^2}{a^2} + \frac{\xi^2}{b^2} = 1 \qquad (69)$$

Si l'on fait $u = \eta$ et $v = \xi$, l'équation (68) est satisfaite si l'on prend $y = -\eta$ et $z = -\xi$; on reconnait qu'elle est identique à l'équation (69). Donc, dans ce cas, l'axe neutre passe par le point de l'ellipse diamétralement opposé au point considéré ; de plus, cet axe est tangent à l'ellipse : en effet, en dérivant les équations (68) et (69), il vient :

$$\frac{u}{a^2} + \frac{v}{b^2}\frac{dz}{dy} = o$$

$$\frac{\eta}{a^2} + \frac{\xi}{b^2}\frac{d\xi}{d\eta} = o$$

Ces deux expressions sont identiques pour $y = -\eta$ et $z = -\xi$, donc :

$$\frac{dz}{dy} = \frac{d\xi}{d\eta}$$

L'axe neutre est, dans ce cas particulier, une tangente à l'ellipse centrale ; sa position est donc complètement déterminée. Admettons maintenant que le point A se déplace le long d'une droite passant par le centre de gravité, u et v varient dans le même rapport, $\dfrac{dz}{dy}$ reste par suite constant, et l'axe neutre se déplace parallèlement à lui-même. Plus le point d'application A de la résultante se rapproche du centre de gravité, plus l'axe neutre s'en éloigne, et cela de telle façon que le produit des distances du point et de l'axe neutre au centre de gravité demeure constant. Lorsque l'axe neutre coupe l'ellipse centrale, le point A est situé à l'extérieur de l'ellipse et vice versa. Si le point A s'éloigne à l'infini, l'axe neutre passe par le centre de gravité, ce qui est naturel car ce cas n'est autre que celui de la flexion simple : une force infiniment petite dont le point d'application est à l'infini produit un moment fléchissant fini, tandis que l'effort normal, égal en grandeur à la force, est négligeable. Si inversement le point d'application A coïncide avec le centre de gravité, l'axe neutre est situé à l'infini, les actions moléculaires sont réparties uniformément sur la section, et nous retombons sur le travail à l'extension ou à la compression d'un prisme droit.

Faisons décrire au point A une droite quelconque : à chaque position de A correspond un axe bien neutre déterminé ; recherchons comment cet axe varie lorsque A décrit la droite donnée. Soit :

$$v = \alpha u + \beta$$

l'équation de celle-ci, α et β désignant deux constantes arbitraires. Soient u_1, v_1 et u_2, v_2 les coordonnées de deux points quelconques de cette droite et proposons-nous de déterminer l'intersection des axes neutres relatifs à ces points.

Les équations de ces axes sont :

$$\frac{u_1 y}{a^2} + \frac{z}{b^2}(\alpha u_1 + \beta) = -1$$

$$\frac{u_2 y}{a^2} + \frac{z}{b^2}(\alpha u_2 + \beta) = -1$$

d'où résulte pour les coordonnées du point d'intersection cherché :

$$y = a^2 \frac{\alpha}{\beta} \qquad z = -\frac{b^2}{\beta} \tag{70}$$

Les coordonnées u_1, v_1 et u_2, v_2 des deux points arbitrairement choisis ne figurent pas dans ces expressions. Donc *lors-*

que le point A décrit une droite, l'axe neutre correspondant tourne autour d'un point déterminé correspondant à la droite décrite par A. Si le point A coïncide avec ce point dont les coordonnées sont :

$$y = a^2\,\frac{\alpha}{\beta} \qquad z = -\frac{b^2}{\beta}$$

on trouve, en substituant dans (68), pour équation de l'axe neutre correspondant :

$$z = \alpha y + \beta$$

c'est précisément là l'équation de la droite décrite par A.

Nous avons donc ici des propriétés absolument analogues à celles des pôles et polaires dans la géométrie des sections coniques. La seule différence est que dans le cas présent, le point correspondant à une tangente à la conique n'est pas le point de contact, mais le point de l'ellipse diamétralement opposé ; de même pour un point ou une droite quelconque. Nous appelons ici les points et droites correspondants, *antipôles* et *antipolaires.*

Les résultats précédents peuvent se formuler ainsi :

1°) L'axe neutre correspondant à un point de la section pris comme point d'application de la résultante des forces extérieures est l'antipolaire de ce point par rapport à l'ellipse centrale. De là résulte la propriété corrélative : Le point d'application de la charge correspondant à un axe neutre quelconque est l'antipôle de cet axe par rapport à l'ellipse centrale ;

2°) Si le point d'application de la force décrit une droite, l'axe neutre tourne autour de l'antipôle de la droite ; inversement, si l'axe neutre tourne autour d'un point fixe, le point d'application de la force se déplace le long de l'antipolaire du point considéré ;

3°) Si le point d'application décrit une courbe du second degré, les axes neutres correspondants enveloppent une autre conique.

Dans les applications des théorèmes précédents, il est indifférent que l'axe neutre coupe ou non la surface donnée. S'il ne la coupe pas, les actions moléculaires développées dans la section sont toutes de même signe. Si l'on tient compte de cette remarque, il est facile de résoudre le problème suivant : déterminer le lieu des points d'application de la résultante des forces extérieures pour lesquels les actions moléculaires développées dans la section soient toutes de même signe. Ces points d'application sont situés à l'intérieur d'une certaine région que nous nommerons *région centrale* de la section donnée. Le contour fermé qui limite cette région est *le lieu géométrique des antipôles de toutes les tangentes au contour de la section donnée*, et plus généralement de toutes les droites qui ont un point commun avec ce contour et qui ne coupent pas la surface. En effet, l'antipolaire de tout point situé à l'intérieur de la région limitée ne coupera pas la surface ; les actions moléculaires développées dans la section seront de même signe : ceci est encore vrai à la limite pour un point du contour de la région centrale, puisque aux points de ce contour ne correspondent que des droites qui ne coupent pas la surface.

La considération de la région centrale d'une surface donnée est en particulier utile dans l'étude de la stabilité des maçonneries. L'expérience démontrant que la maçonnerie ne présente qu'une faible résistance à l'extension, on pose en général la condition que le point d'application de la charge transmise par une section transversale soit situé à l'intérieur de la région centrale de la section considérée, afin que le long de celle-ci la maçonnerie ne travaille qu'à la compression. Ceci suppose, comme tout ce qui précède, une répartition linéaire des actions moléculaires. Or on peut avoir des doutes sur l'exactitude de cette hypothèse pour de la maçonnerie, laquelle ne satisfait certainement pas à la loi de Hooke. Jusqu'à présent, cependant, cette règle s'est toujours confirmée ; il n'y a donc pas lieu de se méfier de son application. Il convient toutefois de ne pas perdre de vue la base hypothétique sur laquelle elle repose, afin de ne pas trop présumer des résultats théoriques qui en découlent.

45. Applications. — *Région centrale d'un rectangle.* Soient a et b les côtés du rectangle ; le moment d'inertie principal relatif à l'axe parallèle au côté a est, comme nous l'avons vu

$$\frac{ab^3}{12}$$

le rayon de gyration correspondant est donc égal à :

$$\frac{b}{\sqrt{12}} = 0{,}2887\ b$$

Les quantités relatives à l'autre axe principal s'obtiennent en permutant a et b. Les axes de l'ellipse centrale sont ainsi

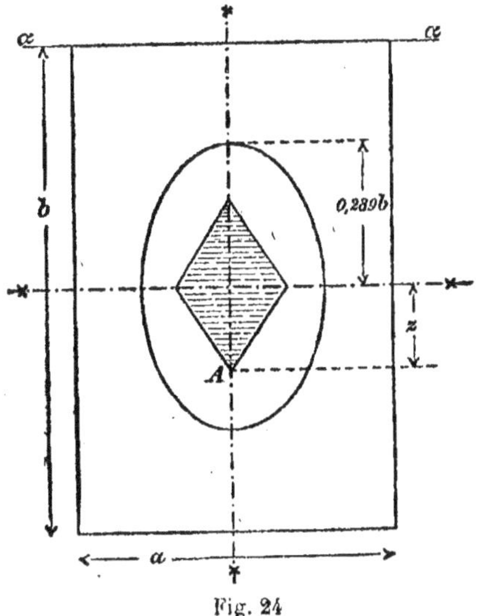

Fig. 24

déterminés, il est possible de construire celle-ci. L'ensemble des tangentes qui ne coupent pas la surface est formé ici des 4 côtés du rectangle et de toutes les droites passant par les

angles du rectangle sans le couper. On passe donc d'un côté
au suivant en faisant tourner la tangente autour du sommet
commun ; or on sait que, dans ce cas, l'antipôle décrit une
droite, savoir l'antipôle du sommet considéré ; la région centrale d'un rectangle est par suite un quadrilatère. Par raison
de symétrie, on voit immédiatement que ce quadrilatère est
un losange. Il suffit d'en déterminer les sommets, situés sur
les axes principaux. L'antipôle du côté $\alpha\alpha$ est le point A. On
sait que le produit des distances de l'axe et de son antipôle
au centre de gravité de la figure est constant et égal au carré
du demi-diamètre de l'ellipse conjugué à la direction considérée. On a donc ici :

$$z \cdot \frac{b}{2} = \frac{b^2}{12}$$

$$z = \frac{b}{6}$$

Chaque diagonale du losange est donc égale au tiers du côté
du rectangle, qui lui est parallèle. De là la règle que dans les
piles en maçonnerie, le point d'application de la charge soit
situé à l'intérieur du tiers moyen du joint, supposé, naturellement, que le point d'application soit contenu dans un des
plans de symétrie de la pile.

La région centrale d'un cercle est elle-même un cercle. Calculons d'abord le moment d'inertie polaire du cercle par rapport au centre. Soit a le rayon du cercle ; nous décomposons
l'aire en anneaux de largeur infiniment petite ; tous les points
d'un tel anneau étant équidistants du centre, nous pouvons
le prendre comme élément superficiel du cercle, et par suite
écrire :

$$I_p = 2\pi \int_0^a r^3 dr = \frac{\pi a^4}{2}$$

Les moments d'inertie relatifs aux axes issus du centre
sont évidemment égaux entre eux ; donc, en vertu de la formule (64), on trouve pour ces moments la valeur :

$$I = \frac{lp}{2} = \frac{\pi a^4}{4}$$

et pour le rayon de gyration :

$$t = \frac{a}{2}$$

de là nous tirons, comme plus haut, pour le rayon z de la région centrale :

$$z.a = \frac{a^2}{4}$$

$$z = \frac{a}{4}.$$

Région centrale d'une aire elliptique. Le plus simple est de considérer l'ellipse comme projection d'une circonférence. Soient a le demi-grand axe, b le demi-petit axe ; posons $b = a \cos \alpha$, α étant donc l'angle formé par le plan du cercle avec le plan de projection. Soit I_a le moment principal relatif au grand axe, nous aurons :

$$I_a = \int z^2 dF = \cos^3 \alpha \int z_1^2 dF_1$$

z_1 et dF_1 étant les quantités dont les projections sont z et dF ; donc :

$$I_a = \cos^3 \alpha \int z^2 dF = \cos^3 \alpha \frac{\pi a^4}{4} = \frac{\pi a b^3}{4}.$$

de même :

$$I_b = \int y^2 dF = \cos \alpha \int y_1^2 dF_1$$

nous avons ici simplement $\cos \alpha$ et non $\cos^3 \alpha$ comme plus haut, parce que y et y_1 sont parallèles

$$I_b = \cos \alpha \frac{\pi a^4}{4} = \frac{\pi a^3 b}{4}$$

les rayons de gyrations principaux sont par suite :

$$t_a = \frac{b}{2} \qquad t_b = \frac{a}{2}$$

L'ellipse centrale est donc semblable à l'ellipse limitant l'aire donnée. La région centrale est, elle aussi, limitée par une ellipse semblable et semblablement placée. On trouverait, exactement comme dans le cas du cercle, que les axes de cette ellipse sont égaux au quart des axes de l'ellipse donnée.

45. Calcul des actions moléculaires développées dans une section transversale d'un prisme travaillant à la flexion simple, à l'aide de la région centrale de la section. — Nous avons déjà remarqué précédemment que le travail d'un prisme à la flexion simple n'est, après tout, qu'un cas particulier du travail d'un prisme soumis à l'influence d'une force dirigée parallèlement à l'axe longitudinal. Nous pouvons donc utiliser les résultats des articles précédents pour résoudre le problème traité à l'article **42**.

Dans la figure 25, la section transversale est supposée rectangulaire pour fixer les idées : elle pourrait naturellement avoir une forme quelconque. Soit BB la trace du plan de flexion sur le plan de la section transversale, nous pouvons envisager le couple fléchissant comme une force infiniment petite appliquée au point à l'infini de la droite BB. L'axe neutre correspondant NN est l'antipolaire de ce point ; il coïncide donc avec le diamètre de l'ellipse centrale, conjugué à la direction BB. Ce diamètre est parallèle à la tangente à l'ellipse menée au point d'intersection de BB avec l'ellipse. L'intensité des actions moléculaires normales atteint son maximum dans l'arête la plus éloignée de l'axe neutre : soit e, le maximum de cette distance ; pour calculer l'intensité maximum R_0 des actions moléculaires, nous posons que le moment résultant des actions moléculaires est égal au moment du couple fléchissant par rapport à l'axe NN. La condition que les actions moléculaires forment un couple est remplie par le fait même que

nous avons déterminé la position exacte de l'axe neutre ; il
suffit donc de nous occuper de la grandeur des moments. Le

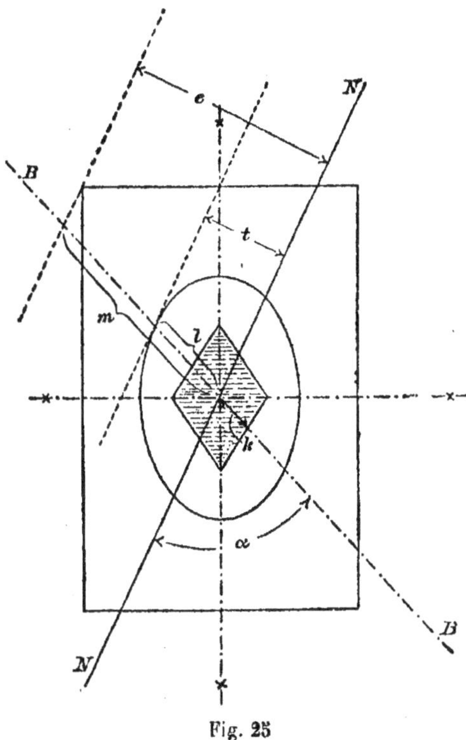

Fig. 25

couple fléchissant n'est pas perpendiculaire à l'axe neutre, il
forme avec NN l'angle α ; le moment du couple fléchissant pris
par rapport à NN ne sera donc pas M mais M sin α.

L'intensité de l'action moléculaire développée en un point
distant de y de l'axe neutre est, suivant l'hypothèse de Navier ;

$$\frac{R_0}{e} y$$

La condition d'équilibre entre les forces extérieures et les
forces intérieures est par suite :

$$M \sin \alpha = \frac{R_o}{e} \int y^2 dF = \frac{R_o}{e} I_N$$

I_N étant le moment d'inertie de la de la section relatif à l'axe NN. Nous avons d'autre part, par construction :

$$km = l^2$$

ou, en considérant au lieu de ces 3 quantités leurs projections sur la direction perpendiculaire à NN :

$$k \sin \alpha . e = t^2 = \frac{I_N}{F}$$

t étant, par définition, le rayon de gyration relatif à l'axe NN. En remplaçant dans la condition d'équilibre, I_N par sa valeur tirée de la relation précédente et en résolvant par rapport à R_o nous obtenons :

$$R_o = \frac{M}{Fk} \qquad (71)$$

Il est possible de donner à cette formule une forme un peu différente ; en généralisant la notion de moment de résistance introduite d'abord dans la formule 50, nous définirons le moment de résistance le produit de la surface F par la longueur k. Cette définition nouvelle n'est pas en contradition avec la précédente, (formule 50), laquelle n'était valable que si le plan de flexion contient l'un des axes principaux de la section : car on a dans ce dernier cas :

$$ky_o = \frac{I}{F}$$

et par suite :

$$\frac{I}{y_o} = Fk.$$

En admettant cette généralisation, la formule (71) peut s'écrire :

$$R_o = \frac{M}{W} \qquad (72)$$

Elle est exactement de même forme que la formule (51).

Le calcul de R_0, au moyen de cette relation, est en lui-même beaucoup plus simple qu'en utilisant la formule de l'article (42), à condition toutefois de connaître la région centrale de la section transversale du prisme. Si les catalogues des profils courants de fers laminés donnaient les dimensions de la région centrale, comme le vœu en a été souvent exprimé, il n'est pas douteux que les formules (71) et (72) ne devinssent d'un emploi fréquent. Par contre, si l'on ne connaît pas la région centrale de la section, il est clair que la méthode de l'article 42 est plus rapide.

Il est aisé aussi de déterminer, à l'aide de la méthode précédente, quelle est la direction du plan de flexion BB pour laquelle le danger de rupture est maximum, c'est-à-dire de déterminer pour quelle direction de BB, R_0 atteint sa plus grande valeur, le moment fléchissant étant supposé donné une fois pour toutes. Ce sera évidemment la direction de BB à laquelle correspond la plus petite valeur de k, donc, si la section est rectangulaire, la direction perpendiculaire à l'une des diagonales. Ce résultat découle aussi de la formule (66), dans laquelle la seule quantité dépendant de la direction du couple fléchissant est c (fig. 22). Cette longueur atteint précisément sa plus grande valeur dans le cas cité, elle est alors égale à la diagonale du rectangle.

§ 6

DÉTERMINATION DES ACTIONS MOLÉCULAIRES TANGENTIELLES AGISSANT DANS UN PRISME TRAVAILLANT A LA FLEXION

47. Répartition des actions moléculaires tangentielles dans une section transversale rectangulaire. — *Nous ne nous sommes occupés jusqu'ici que du cas de la flexion* *simple*. Considérons maintenant le cas général de la flexion, c'est-à-dire le cas où les forces extérieures agissant sur la partie considérée du prisme se réduisent à un couple fléchissant de moment M et à un effort tranchant V. D'après le principe de superposition de divers états élastiques, l'action de V n'influe en rien sur la répartition des actions moléculaires normales. Nous pouvons donc utiliser ici sans changement tous les résultats précédents, il nous reste simplement, à déterminer la répartition des actions moléculaires tangentielles qui se développent dans la section transversale considérée, sous l'influence de l'effort tranchant V. La question est plus facile à résoudre que celle de la répartition des actions normales, car cette dernière détermine jusqu'à un certain point celle des actions tangentielles. En effet, ces actions moléculaires sont liées entre elles par les équations (5) (Chapitre I). Prenons pour axe des x l'axe longitudinal du prisme, pour axe des y, l'intersection du plan de la section transversale et du plan de flexion et pour axe des z, l'axe neutre. La composante X des forces extérieures est nulle ; la première des équations (5) devient :

$$\frac{d\mathrm{R}x}{dx} + \frac{d\mathrm{S}yz}{dy} + \frac{d\tilde{\mathrm{S}}zx}{dz} = 0$$

de plus, nous avons (formule 4) :

$$\mathrm{S}_{xy} = \mathrm{S}_{yx},\ \mathrm{S}_{zx} = \mathrm{S}_{xz}$$

Ces relations expriment les conditions nécessaires que doivent remplir, les efforts de glissement, elles ne suffisent pas cependant pour les déterminer complètement. Il faut pour cela faire une hypothèse plus ou moins arbitraire.

Traitons d'abord le cas où *la section transversale est rectangulaire et où le plan de flexion coupe le plan de la section suivant un axe principal*. Il est alors naturel de poser :

$$\mathrm{S}_{xz} = 0$$

Il n'y a en effet aucune raison d'admettre l'existence d'actions moléculaires tangentielles perpendiculaires au plan de flexion, nous savons au contraire d'une façon certaine que, dans les arêtes parallèles au plan de flexion, S_{xz} est nul, puisqu'aucune force extérieure n'agit sur les faces latérales du prisme. En somme, nous admettons que toutes les couches du prisme parallèles au plan de flexion subissent les mêmes déformations, ou, ce qui revient au même, que la répartition des actions tangentielles et les déformations sont indépendantes de z. L'équation précédente devient alors :

$$\frac{dS_{xy}}{dy} = -\frac{dR_x}{dx}$$

R_x étant déterminé pour chaque point de la section transversale, cette relation donne la répartition des actions tangentielles dans la section.

48. Relation entre le moment fléchissant M et l'effort tranchant V, relatifs à une même section. — Il est avantageux de remplacer le raisonnement précédent par un autre. Les équations d'équilibre (5) se rapportent à un parallélipipède infiniment petit ; nous allons appliquer le raisonne-

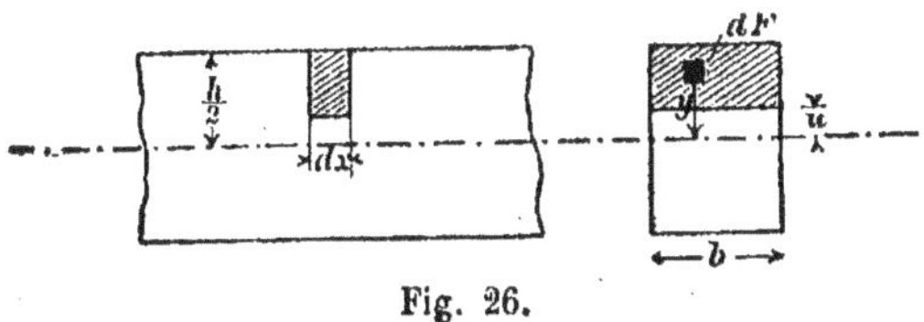

Fig. 26.

ment qui nous y a conduits à l'équilibre d'une portion finie du prisme.

Cette portion est indiquée par des hachures dans la figure (26). La fig. (27) donne l'ensemble du prisme et des forces extérieures à l'action desquelles il est soumis. Par définition, nous trouvons pour l'effort tranchant :

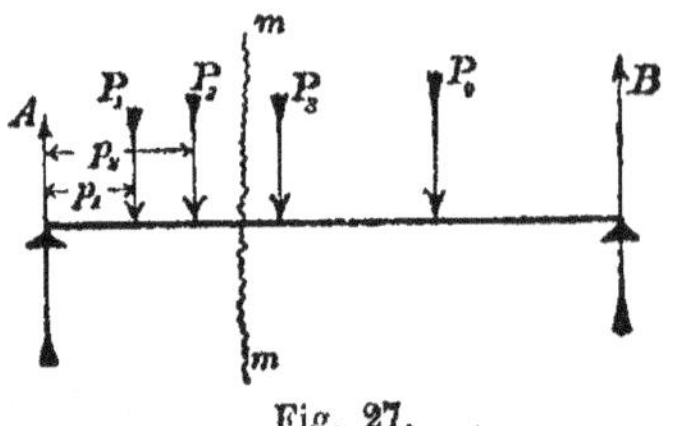

Fig. 27.

$$V = A - \sum_0^x P$$

et pour le moment fléchissant :

$$M = Ax - \sum_0^x P\,(x - p).$$

Dérivons M par rapport à x :

$$\frac{dM}{dx} = A - \sum_0^x P$$

Ce calcul suppose toutefois qu'en faisant croître x de dx nous ne dépassons pas le point d'application d'une force concentrée, car dans ce cas, M serait bien continu, mais $\frac{dM}{dx}$ par contre, éprouverait une discontinuité : cette dérivée passerait brusquement d'une certaine valeur à cette valeur diminuée de l'intensité de la force agissant au point considéré. Si la charge agissant sur la pièce est répartie d'une façon continue sur toute la longueur de celle-ci, $\frac{dM}{dx}$ est, elle aussi, une fonction continue de x.

On voit donc, en comparant les formules précédentes que :

$$\frac{dM}{dx} = V \tag{73}$$

la dérivée du moment fléchissant, prise par rapport à l'abcisse d'une section transversale quelconque, est égale à l'effort tranchant agissant dans cette section. Cette propriété est absolument générale, car V, lui aussi, présente des discontinuités lorsque la section transversale considérée passe par une charge concentrée. Il est encore possible d'établir la relation (73) de la façon suivante : M et V étant le moment fléchissant et l'effort tranchant pour une section donnée, si nous passons à la section voisine distante de dx, le déplacement de **V** au centre de gravité de la nouvelle section fait naître un couple de moment **V**dx, qui représente l'accroissement d**M** de **M**. D'où :

$$d\mathrm{M} = \mathrm{V}dx.$$

Revenons maintenant aux conditions d'équilibre de l'élément de prisme indiqué dans la figure (26). Formons la somme des composantes selon l'axe longitudinal des forces agissant sur ce corps et égalons-la à o. Nous avons d'abord les actions moléculaires normales agissant dans les deux sections transversales. Dans la section x, leur intensité **R** est (form. 49) :

$$\mathrm{R} = \frac{\mathrm{M}}{\mathrm{I}}\, y$$

dans la section d'abscisse $x + dx$, elle sera

$$\mathrm{R} + \frac{d\mathrm{R}}{dx}\, dx = \frac{y}{\mathrm{I}}\left(\mathrm{M} + \frac{d\mathrm{M}}{dx}\, dx\right) = \frac{y}{\mathrm{I}}\left(\mathrm{M} + \mathrm{V}dx\right)$$

ces actions normales agissent en sens contraire; leur résultante est donc

$$\int_{u}^{\frac{h}{2}} d\mathrm{R}.d\mathrm{F} = dx\,\frac{\mathrm{V}}{\mathrm{I}}\int_{u}^{\frac{h}{2}} dy\mathrm{F}$$

l'intégrale s'étendant naturellement à la partie hachurée de la section transversale. Dans la face parallèle à l'axe du prisme, agissent des actions tagentielles d'intensité S_{ux}, l'aire de cette face est bdx, et la résultante de ces actions est

$$S_{yx}\, bdx$$

par suite, nous avons

$$S_{ux}\, bdx - dx.\frac{\mathrm{V}}{\mathrm{I}}\int_{u}^{\frac{h}{2}} yd\mathrm{F} = o$$

d'où nous tirons la valeur de S_{ux} et par suite celle de S_{xu}, c'est-à-dire la valeur de l'intensité des actions tangentielles agissant dans la section à une distance u de l'axe neutre.

$$S_{ux} = \frac{V}{b\mathrm{I}} \int_{u}^{\frac{h}{2}} y\,d\mathrm{F} \qquad (74)$$

L'intégrale n'est autre chose que le moment statique relatif à l'axe neutre de la partie de la section transversale située au-dessus de la droite $y = u$. *Pour une section rectangulaire* :

$$\int_{u}^{\frac{h}{2}} y\,d\mathrm{F} = b \left(\frac{h^2}{8} - \frac{u^2}{2} \right)$$

et par suite

$$S = \frac{V}{\mathrm{I}} \left(\frac{h^2}{8} - \frac{u^2}{2} \right);$$

en général, désignons ce moment statique par la lettre T : (74) s'écrit alors

$$S_{xu} = \frac{VT}{b\mathrm{I}} \qquad (75)$$

En effet, cette formule n'est pas seulement valable pour une section rectangulaire, mais encore pour toute section qui, à l'endroit où nous déterminons l'intensité des actions tangentielles, est limitée par deux droites parallèles au plan de flexion, par exemple pour une section double té.

L'équation (75) montre que l'intensité S_{xu} des actions tangentielles est nulle dans la couche de fibres la plus éloignée de l'axe neutre, c'est-à-dire à l'endroit où l'intensité des actions normales est maximum. Inversement, S_{xu} atteint sa plus grande valeur le long de l'axe neutre, soit là où les actions normales sont nulles. Si la section est rectangulaire, on voit que S_{xu} est une fonction du second degré eu u, en portant en chaque

point de la section sur un vecteur perpendiculaire à celle-ci
une longueur proportionnelle à la valeur correspondante de
S_{xu}, le lieu des extrémités de ces vecteurs serait un cylindre
parabolique.

Les actions moléculaires tangentielles ne sont donc pas
réparties linéairement sur la section comme les actions normales.

**49. Répartition des actions moléculaires tangen-
tielles pour d'autres formes de section transversale.** — Nous exposerons la méthode en l'appliquant à une section circulaire. Celle-ci a, en effet, une importance toute
spéciale, à cause du calcul des rivets qui travaillent toujours
au glissement. Il n'est plus possible ici de supposer S_{xz} égal
à o comme dans le cas de la section rectangulaire ; en effet,
sur le contour de la section, l'action moléculaire tangentielle
est dirigée selon la tangente à ce contour, elle possède donc
une composante dirigée suivant l'axe des z. Cela résulte de la
considération d'un parallélipipède infiniment petit dont une
arête coïncide avec un élément du contour de la section, à
condition toutefois d'admettre que la surface du prisme n'est
soumise à l'action d'aucune force parallèle à l'axe longitudinal. Si l'action moléculaire tangentielle à la périphérie avait
une composante normale au contour, il faudrait, pour qu'il y
eût équilibre, que des forces extérieures parallèles à l'axe
longitudinal agissent à la surface du prisme, et cela pour la
même raison que celle dont nous avons tiré la relation :

$$S_{xy} = S_{yx}$$

On peut se demander si, justement dans le cas d'un rivet
entouré par les tôles qu'il relie, il ne se produira pas des forces
extérieures de ce genre provenant du frottement ; le calcul que
nous allons entreprendre est donc peu sûr, précisément pour
l'une des applications les plus fréquentes. C'est pourquoi

il est préférable, dans les calculs de rivures, de s'en tenir aux résultats expérimentaux plutôt que d'employer la formule que nous allons établir. Les résultats des essais montrent en général que la résistance des rivets au glissement est plus grande que celle indiquée par le calcul. Cette résistance est a peu près aussi grande que si les actions tangentielles étaient réparties uniformément sur la section transversale.

Admettons donc la pièce *absolument libre dans toutes ses dimensions transversales*, au moins dans le voisinage de la séction transversale considérée. Les actions moléculaires tangentielles en un point de la périphérie sont alors dirigées selon la tangente au contour ; en un point de l'axe y elles sont évidemment, par raison de symétrie, dirigées selon cet axe. Nous ne commettons par suite pas une très grande erreur en admettant que les actions de glissement en des points situés sur une même corde perpendiculaire à l'axe y passent toutes par le point P (fig. 28), intersection de l'axe y avec les

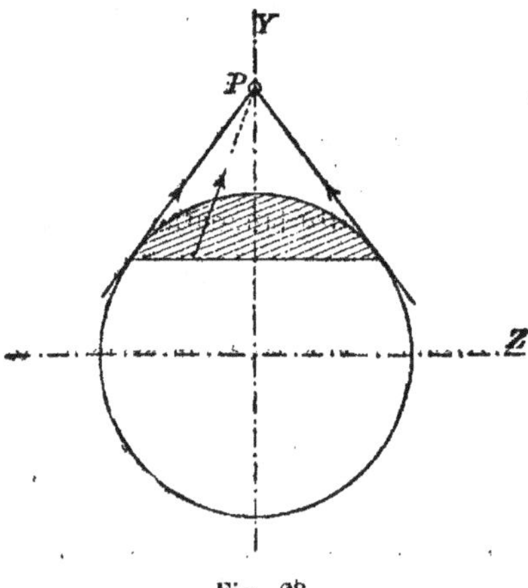

Fig. 28

tangentes au contour menées aux extrémités de la corde considérée. De plus, nous admettons que la composante S_{xy} de l'intensité des actions tangentielles est constante le long d'une même corde, c'est-à-dire indépendante de z. Cette hypothèse est sans doute plus sujette à caution que la première ; c'est toutefois la plus simple que l'on puisse faire, et elle suffit pour un calcul approximatif.

A l'aide de ces hypothèses, le problème est facile à résoudre : on calculera S_{xy} à l'aide de la formule (75), dans laquelle T signifie le moment statique par rapport à l'axe neutre de la portion de la section indiquée par des hachures dans la figure (28), puis on déterminera S_{xz} en se servant de la condition que la résultante passe par le point P.

50. Courbes enveloppes des directions des actions moléculaires principales. Influence des actions moléculaires tangentielles sur le danger de rupture d'un prisme travaillant à la flexion. — Nous venons de voir qu'une section transversale quelconque d'un prisme travaillant à la flexion subit des efforts normaux et des efforts de glissement L'action moléculaire normale n'est donc pas une action principale. *Les directions principales* de l'état élastique sont en général inclinées d'un angle quelconque sur l'axe longitudinal. Dans les fibres les plus extérieures, où R est maximum et S nul, et dans les fibres moyennes où $R = o$ et S′ est maximum, seules, les actions normales et tangentielles sont respectivement des actions principales. C'est grâce à cette circonstance qu'il suffit, dans la plupart des problèmes, de calculer la valeur maximum de R pour reconnaître à quel travail la matière est soumise.

Ce procédé n'est plus admissible, lorsque les actions tangentielles sont grandes comparativement aux actions normales, c'est-à-dire lorsque V est grand et M petit, cas qui se présente lorsque le prisme possède une grande section et une faible longueur.

Le prisme étant court, les bras de levier des forces sont petits, par suite aussi les moments fléchissants, de sorte qu'un tel solide, en ne tenant compte que des efforts normaux, est susceptible de supporter des charges relativement grandes. Mais d'autre part V grandit, les efforts de glissement ne sont plus négligeables, et il peut se faire même que la résistance de la pièce dépende d'eux exclusivement.

Il est donc désirable d'avoir une vue d'ensemble sur les directions des actions moléculaires principales dans les différentes parties du prisme. On construit à cet effet *les courbes enveloppes des directions des actions moléculaires principales* et les courbes enveloppes des directions selon lesquelles les actions moléculaires de glissement sont *maximum*. Les premières forment un système de courbes qui se coupent à angle droit, de même les secondes ; de plus, celles-ci coupent les premières sous un angle de 45°. L'équation différentielle de ces courbes est facile à établir ; l'intégration par contre, même dans des cas simples, est fort compliquée. La figure 29 donne ces courbes pour un prisme encastré à une extrémité

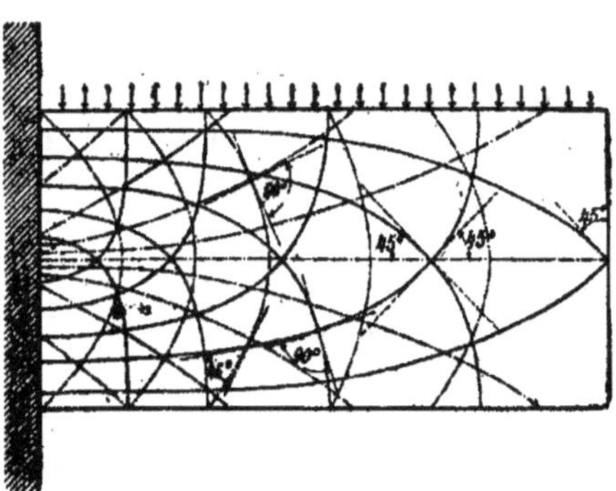

Fig. 29

et soumis à une charge uniformément répartie. Les courbes enveloppes des directions principales coupent les fibres extérieures sous un angle de 90° et l'axe longitudinal sous un angle de 45°. Les courbes enveloppes des directions des efforts tangentiels maxima coupent les fibres extérieures sous un angle de 45° et l'axe longitudinal, sous un angle de 90°.

La détermination des actions moléculaires tangentielles est spécialement importante lorsque la matière dont est formé le prisme est de nature fibreuse et ne possède qu'une faible résistance au glissement dans le sens des fibres. C'est le cas par exemple pour le bois. Il arrive assez souvent qu'une poutre de bois, même lorsque la longueur est relativement grande comparativement aux dimensions de la section transversale, se rompt lorsqu'on la charge au milieu par suite de la faible résistance au glissement. Le danger d'une rupture de ce genre est d'autant plus grand que le rapport de la longueur de la pièce à la hauteur de la section est plus petit.

Déterminons à partir de quelle valeur de ce rapport le danger de rupture dépend des efforts normaux seulement. Considérons une poutre de bois de longueur $2l$, chargée au milieu d'un poids 2P. Soit h la hauteur de la section que nous admettrons rectangulaire. Nous aurons

$$V = P \qquad M_{max} = Pl$$

par suite

$$R_{max} = \frac{6Pl}{bh^2}$$

et (éq. 74)

$$S_{max} = \frac{P \cdot \dfrac{bh^2}{8}}{bl} = \frac{3}{2}\frac{P}{bh}$$

Soit n le rapport entre la résistance du bois à la compression (cette résistance est un peu plus petite que la résistance à l'extension, toutes deux étant comptées dans le sens des fibres) et sa résistance au glissement dans le sens des fibres ; nous aurons l'équation de condition

$$\frac{6Pl}{bh^2} = n \cdot \frac{3}{2} \frac{P}{bh}$$

$$\frac{2l}{h} = \frac{n}{2}$$

n est environ égal à 10 ; donc, si la portée de la poutre dépasse 5 fois sa hauteur, le danger de rupture ne dépend plus des efforts de glissement. Exceptionnellement (surtout pour le sapin blanc), n peut prendre des valeurs beaucoup plus grandes ; ces valeurs anormales de n sont rares, elles ne se rencontrent jamais pour d'autres matériaux que le bois, pas même pour le *fer corroyé* qui, de tous les métaux, présente au point de vue de la structure le plus d'analogie avec le bois. Il est donc ainsi démontré que l'on peut sans danger négliger en général les actions moléculaires tangentielles.

Mentionnons cependant encore un cas. Pour un double té, le moment statique T de la formule (75) est presque aussi grand pour la plate-bande seule que pour la moitié de la section. L'intensité des actions tangentielles à la jonction de l'âme et de la plate-bande sera donc relativement grande, tandis que celle des actions normales ne sera pas encore beaucoup plus petite que sa valeur maximum dans les fibres les plus extérieures. Il peut donc se faire que l'action moléculaire principale soit plus grande que dans la fibre la plus extérieure ; ici encore ce fait se produira d'autant plus facilement que la poutre est plus courte et plus haute. On trouvera dans les exercices à la fin du chapitre un exemple numérique.

Poutres rivées. — Un prisme est formé souvent de plusieurs parties, de telle façon que la section transversale soit égale à la somme des sections transversales des parties composantes. Si celles-ci faisaient corps entre elles, il se développerait dans les surfaces le long desquelles elles se touchent des actions moléculaires tangentielles. Ces actions ne pouvant exister (les frottements dans ces surfaces ne les remplacent pas complètement), il faut, pour que le prisme se comporte comme s'il était d'une seule pièce, que les organes qui relient les différentes parties entre elles soient capables de résister aux forces extérieures.

On emploie surtout fréquemment des poutres formées de tôles rivées ensemble, auxquelles on donne en général une section double té afin d'obtenir, en employant le moins de métal possible, un grand moment d'inertie. Les plates-bandes sont reliées à l'âme au moyen de cornières et de rivets. Ce sont ici les rivets qui ont à résister aux efforts de glissement. Calculons la force qui agit ainsi sur un rivet N reliant les cornières à l'âme. Soit (fig. 30) e la distance de deux rivets consécutifs. Le rivet N doit pouvoir résister à une force correspondant à la différence des actions normales R développées dans les plates-bandes et dans les cornières, dans deux sections transversales distantes de e l'une de l'autre ; en effet le rivet joue ici le même rôle que les actions tangentielles agissant sur la face bdx de l'élément de prisme considéré à l'article 48 (fig. 26), la seule différence étant qu'ici les deux sections tansversales sont distantes de e et non de dx. Nous aurons donc comme précédemment :

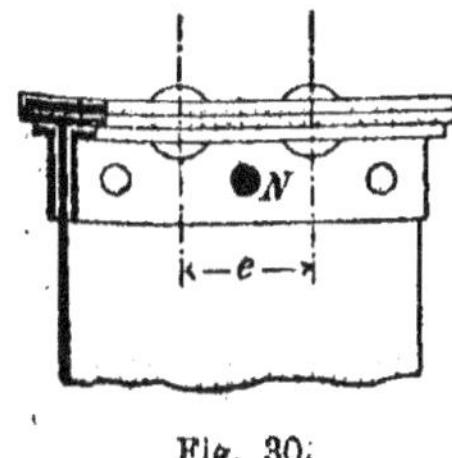

Fig. 30.

$$R = \frac{M}{I} y \quad \text{et} \quad \Delta R = \frac{\Delta M}{I} y = \frac{Ve}{I} y$$

la force P agissant sur le rivet est donc :

$$P = \int \Delta R . dF = \frac{Ve}{I} \int y dF$$

$$P = \frac{Ve}{I} . T \qquad\qquad (76)$$

T désignant le moment statique relatif à l'axe neutre des parties de la section transversale reliées à l'âme par le rivet N.

La formule (76) pourrait servir également au calcul des poutres de bois composées de plusieurs parties reliées par tenons et mortaises, telles qu'on les employait anciennement dans les constructions.

§ 7

LIGNE ÉLASTIQUE D'UN PRISME TRAVAILLANT A LA FLEXION

51. Equation différentielle de la ligne élastique. — Nous n'avons jusqu'ici tenu compte des déformations du prisme qu'autant que cela était nécessaire pour la détermination des actions moléculaires. Nous allons maintenant étudier la *ligne élastique* du prisme, c'est-à-dire la courbe en laquelle l'axe du prisme se transforme par suite de la flexion.

Nous supposons de prime abord que cette flexion est toujours très faible, le cas contraire n'étant d'aucun intérêt pour les applications. Calculons d'abord l'angle $d\varphi$ dont tournent, l'une par rapport à l'autre, deux sections transversales distantes de dx l'une de l'autre. Une fibre élémentaire distante de y de l'axe neutre éprouve une variation de longueur égale à $yd\varphi$. La relation existant entre dx, $yd\varphi$ et l'intensité de l'action moléculaire normale agissant sur la fibre considérée est donnée par la loi de l'élasticité :

$$\frac{yd\varphi}{dx} = \frac{R}{E}$$

d'où, en remplaçant R par sa valeur (49) :

$$d\varphi = dx . \frac{M}{IE} \qquad (77)$$

Introduisons le rayon de courbure ρ de la ligne élastique :

$$\rho\, d\varphi = dx$$

par suite :

$$\rho = \frac{IE}{M} \qquad\qquad (78)$$

L'expression analytique du rayon de courbure est

$$\rho = \frac{\left[1 + \left(\frac{dy}{dx}\right)^2\right]^{3/2}}{\dfrac{d^2y}{dx^2}}$$

y étant ici l'ordonnée du point de la ligne élastique dont l'abscisse est x. La courbure de la ligne élastique est très faible par hypothèse, la tangente trigonométrique, de l'angle formé par une tangente à la courbe avec l'axe des x (que nous supposons coïncidant avec l'axe longitudinal du prisme non déformé), c'est-à-dire $\frac{dy}{dx}$ est très petite ; nous pouvons donc *négliger le carré de cette quantité devant l'unité* et écrire :

$$\rho = \frac{1}{\dfrac{d^2y}{dx^2}}$$

d'où

$$IE \cdot \frac{d^2y}{dx^2} = \pm\, M \qquad\qquad (79)$$

Le signe de ρ est en effet indéterminé, l'expression analytique de ρ contenant une racine.

Etant donnée la convention faite précédemment au sujet du signe du moment fléchissant **M** et en convenant de plus que l'axe des y est dirigé *de haut en bas*, il est facile de voir qu'il faut introduire M avec le signe — dans l'expression précédente. L'équation (79) est l'*équation différentielle* de la ligne élastique.

Pour obtenir l'équation de cette courbe en termes finis, il suffira d'exprimer, dans chaque cas particulier, M en fonction des forces extérieures données et de x et d'intégrer ensuite l'équation (79) deux fois par rapport à x. La valeur de y ainsi obtenue contiendra deux constantes d'intégration que l'on déterminera à l'aide des conditions à la limite.

52. Cas particuliers. — 1° *Pièce à section constante sollicitée par un moment fléchissant constant.* — M étant indépendant de x, l'équation (79) intégrée deux fois donne

$$IEy = - \frac{Mx^2}{2} + cx + c',$$

c et c', étant les constantes d'intégration. C'est là l'équation d'une *parabole*. D'autre part, si nous considérons l'équation (78), nous voyons que le membre de droite est constant; donc ρ est constant; la ligne élastique est par suite un *arc de cercle*. Cette contradiction apparente entre les deux résultats provient de la valeur approchée de ρ, $\dfrac{1}{\dfrac{d^2y}{dx^2}}$ que nous avons utilisée dans l'équation (79). On voit que, dans le cas particulier, cela revient à substituer à l'arc de cercle un arc de parabole osculateur à l'arc de cercle au point où $\dfrac{dy}{dx} = o$. L'approximation est très suffisante tant que ρ est très grand.

2° *Prisme à section constante reposant librement aux extrémités sur deux appuis, sollicité par une charge uniformément répartie sur toute la longueur l de la pièce.* Soit q la charge par unité de longueur. Le moment fléchissant M. pour une section transversale distante de x de l'extrémité de gauche, est :

$$M = \frac{qlx}{2} - \frac{qx^2}{2}$$

Le premier terme du membre de droite est le moment de la

réaction $q\frac{l}{2}$ de l'appui de gauche; le second est le moment de la charge agissant sur la longueur x.

Remarque. Supposons que l'on porte la valeur de M en ordonnée à une échelle quelconque, la courbe ainsi obtenue sera dans le cas particulier une *parabole*. Généralement, on donne à cette courbe le nom de *courbe des moments*; la surface limitée par cette courbe et l'axe des x est la *surface des moments*.

L'équation (79) devient ici :

$$\mathrm{EI}\frac{d^2y}{dx^2} = -\left(\frac{qlx}{2} - \frac{qx^2}{2}\right)$$

d'où :

$$\mathrm{EI}y = \frac{qx^4}{24} - \frac{qlx^3}{12} + cx + c',$$

les conditions à la limite sont :

$$\text{pour } x = o \quad \text{et} \quad x = l \qquad y = o$$

en introduisant ces valeurs de l'équation il vient :

$$o = c',$$

et :

$$o = \frac{ql^4}{24} - \frac{ql^4}{12} + cl$$

d'où

$$c = \frac{ql^3}{24}$$

l'équation de la ligne élastique est donc :

$$\mathrm{EI}y = \frac{qx^4}{24} - \frac{qlx^3}{12} + \frac{ql^3x}{24} \qquad (80)$$

Déterminons encore la *flèche f*, c'est-à-dire la valeur maximum de y qui correspond ici à $x = \frac{l}{2}$.

Nous aurons

$$f = \frac{5}{384}\frac{ql^4}{\mathrm{IE}} = \frac{5}{384}\frac{Ql^3}{\mathrm{IE}} \qquad (81)$$

Q désignant la charge totale du prisme.

3° *Prisme de section constante, reposant librement aux deux extrémités et sollicité en son milieu par une force unique* P.

$$M = \frac{P}{2}\,x$$

$$EI\frac{d^2y}{dx^2} = -\frac{P}{2}\,x$$

$$EIy = -\frac{Px^3}{12} + cx + c'$$

Les constantes c et c' ne peuvent plus être déterminées ici comme précédemment. L'expression $M = \dfrac{P}{2}$ n'est valable que pour $x < \dfrac{l}{2}$; si $x > \dfrac{l}{2}$, c'est-à-dire pour la moitié de droite du prisme, nous avons

$$M = \frac{P}{2}\,x - P\left(x - \frac{l}{2}\right) = \frac{P(l-x)}{2}$$

L'équation précédente trouvée pour la ligne élastique n'est donc valable que pour la moitié de gauche. La ligne élastique se compose ici de deux arcs qui se raccordent au milieu, ces deux arcs sont évidemment identiques par raison de symétrie. La tangente à la ligne élastique en son milieu est donc horizontale. Par suite l'expression

$$EI\frac{dy}{dx} = -\frac{Px^2}{4} + c$$

doit s'annuler pour $x = \dfrac{l}{2}$. Nous tirons de là

$$c = \frac{Pl^2}{16}$$

de plus $y = o$ pour $x = o$, par suite

$$c' = o$$

Nous avons donc finalement

$$EIy = \frac{Pl^2x}{16} - \frac{Px^3}{12} \qquad (82)$$

en faisant $x = \dfrac{l}{2}$ nous trouvons la flèche f :

$$f = \frac{P l^3}{48 \mathrm{IE}} \qquad (83)$$

Si le prisme est sollicité par deux forces P_1 et P_2, distantes respectivement de p_1 et p_2 de l'appui de gauche, la ligne élastique se compose de 3 arcs se raccordant entre eux. Soient A la réaction de l'appui de gauche, x la distance à cet appui d'une section transversale quelconque, nous avons

$$M_1 = Ax \qquad\qquad\qquad\qquad \text{pour } o < x < p_1$$
$$M_2 = Ax - P_1\,(x - p_1) \qquad\qquad » \;\; p_1 < x < p_2$$
$$M_3 = Ax - P_1\,(x - p_1) - P_2\,(x - p_2) \quad » \;\; p_2 < x < l$$

En introduisant successivement ces 3 expressions dans l'équation (79) et en intégrant, nous obtiendrons dans les équations des 3 arcs de la ligne élastique. Ces 3 équations contiennent en tout 6 constantes d'intégration ; pour les déterminer nous utiliserons d'abord les deux conditions : pour $x = o$ et $x = l$, $y = o$. De plus, les arcs de la ligne élastique se raccordent au point de jonction de deux de ces arcs ; leurs équations doivent donc donner la même valeur de y et de $\frac{dy}{dx}$. Cette remarque fournit 4 équations de condition qui, avec les deux premières, suffisent pour déterminer les constantes.

Le procédé s'applique sans changement à un nombre quelconque de forces ; lorsque celui-ci est grand, le calcul des constantes devient pénible, et il est alors préférable d'employer les méthodes graphiques pour déterminer la ligne élastique (voir note II). La méthode graphique est également avantageuse lorsque la section du prisme n'est pas constante, mais varie par sauts brusques, comme par exemple dans le cas d'une poutre double té dont les plates-bandes sont renforcées vers le milieu par des semelles, car ici aussi la ligne élastique se compose d'une série d'arcs se raccordant entre eux. Par contre, si la section transversale varie d'une façon continue, il suffit d'introduire I, en fonction de x dans l'équation différentielle de la ligne élastique.

9

Ces cas du reste sont de peu d'importance ; en général, il suffit de connaître une valeur approchée de la flèche et non sa valeur exacte : on peut donc s'épargner le calcul exact et déterminer la flèche en prenant une valeur moyenne de I.

Tout ce qui précède suppose implicitement que le plan de flexion coupe les sections transversales du prisme selon un axe principal. Si tel n'est pas le cas, on décomposera comme à l'article 42 les forces extérieures selon les axes principaux, et l'on déterminera la ligne élastique produite par ces composantes dans les deux plans. La déformation totale sera égale à la somme géométrique des déformations produites par chacun des systèmes de composantes.

53. Influence des actions moléculaires tangentielles sur la forme de la ligne élastique. — Les actions moléculaires tangentielles dont nous n'avons pas tenu compte jusqu'à présent ont pour conséquence d'augmenter un peu la flexion d'un prisme et de modifier la forme de la ligne élastique.

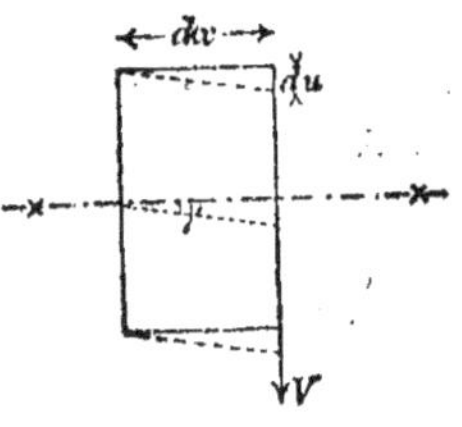

Fig. 31

Soit (fig. 31) un prisme élémentaire. Si l'effort tranchant V se répartissait uniformément sur la section transversale, il en résulterait une *distorsion* γ, qui, en désignant par S_m la valeur moyenne de l'intensité des efforts de glissement,

$$S_m = \frac{V}{F},$$

serait donnée par la formule (34) :

$$\gamma = \frac{S_m}{G} = \frac{V}{GF}$$

La distorsion γ a pour conséquence un *glissement relatif* des deux sections transversales l'une par rapport à l'autre ; désignons le par du', il vient

$$du' = \gamma\, dx = \frac{V dx}{GF}$$

En réalité, les choses ne sont pas aussi simples. Les actions tangentielles ne se répartissent pas uniformément sur la section, mais bien selon la loi étudiée dans les articles 48 et 49. Sur l'axe neutre, les efforts de glissement sont plus grands que la valeur moyenne S_m, et il vont en diminuant jusqu'à o dans les fibres extérieures. La distorsion γ de l'angle droit formé par l'axe du prisme et la section transversale est par conséquent plus grande que celle que nous venons de calculer, tandis que celle des fibres extérieures est nulle.

On voit donc que l'hypothèse de Bernouilli des sections transversales restant plane dans la déformation n'est pas absolument exacte, ainsi que nous l'avions déjà fait prévoir plus haut.

Nous allons essayer de déterminer la différence de hauteur entre des points consécutifs de l'axe longitudinal du prisme, provenant de l'action des actions moléculaires tangentielles. Désignons cette différence de hauteur par du et posons

$$du = \varkappa\, du' = \varkappa \frac{V dx}{GF} \qquad (84)$$

$\varkappa$ désignant un coefficient, plus grand que 1 d'après ce qui précède. La valeur exacte de $\varkappa$ dépend de la forme de la section transversale, puisque celle-ci exerce une influence sur la répartition des actions tangentielles, et par suite sur le rapport entre la valeur S de l'intensité des efforts de glissement le long de l'axe neutre et S_m. Il ne serait toutefois pas exact de poser simplement $\varkappa$ égal à ce rapport. Les déplacements des différents points de la section ne peuvent se produire indépendamment les uns des autres, donc en particulier le déplacement des points de l'axe neutre dépend de celui des autres points de la section transversale. Cette dépendance est assez compliquée par suite de la courbure de la section transversale qui se produit nécessairement. Nous déterminerons $\varkappa$ en nous basant sur le principe du travail de déformation, et nous en servirons pour calculer une valeur moyenne de du. C'est là un procédé absolument arbitraire ; le résultat trouvé ne sera donc qu'une évaluation approchée, suffisant ici puisqu'il s'agit du calcul d'une correction très petite en elle-même.

Nous avons trouvé (formule 45), pour le travail spécifique de déformation dans le cas du glissement simple, l'expression

$$\frac{S^2}{2G},$$

pour un prisme élémentaire nous aurons :

$$dx \int \frac{S^2}{2G}\, dF$$

l'intégration s'étendant à toute la section transversale.

Le travail de déformation ainsi trouvé est égal au travail de l'effort tranchant (lequel est une force extérieure par rapport au prisme élémentaire considéré) $\frac{1}{2} V\, du$, nous avons donc

$$dx \int \frac{S^2}{2G}\, dF = \frac{1}{2} V du = \frac{1}{2} V \varkappa du'$$

$$= \varkappa \, \frac{V^2}{2GF}\, dx$$

d'où

$$\varkappa = \frac{F \int S^2 dF}{V^2} \tag{85}$$

Appliquons ce résultat au cas d'une section transversale rectangulaire. Nous avons trouvé, art. 48,

$$S = \frac{V}{I}\left(\frac{h^2}{8} - \frac{x^2}{2}\right)$$

z désignant la distance d'une fibre quelconque à l'axe neutre

$$I = \frac{bh^3}{12}$$

$$S = \frac{V}{bh^3}\left(\frac{3}{2} h^2 - 6z^2\right)$$

et par suite

$$\int S^2\, dF = \frac{V^2}{b^2 h^6} \int_{-\frac{h}{2}}^{+\frac{h}{2}} \left(\frac{3}{2} h^2 - 6 z^2\right)^2 b\, dz$$

d'où toutes réductions faites :

$$\int S^2\, dF = \frac{6}{5} \frac{V^2}{bh}$$

en introduisant cette valeur dans (85), il vient

$$\varkappa = \frac{6}{5} = 1,2$$

Il est toujours facile de déterminer $\varkappa$ même lorsque l'intégration n'est pas possible par les méthodes ordinaires. Il suffit de décomposer la surface en bandes étroites et de remplacer l'intégrale par une somme [1].

La déformation du prisme en un point d'abscisse x sous l'action simultanée du moment fléchissant M et de l'effort tranchant V sera

$$y' = y + \int_0^x du \qquad (86)$$

y désignant la déformation produite par M seul. Comme nous l'avons dit, le terme $\int_0^x du$ sera en général négligeable devant y : on peu donc faire abstraction des efforts de glissement. Pour les prismes de faible portée et de grande section seuls, dans lesquels les efforts de glissement atteignent de grandes valeurs, il conviendra cependant de tenir compte de ces efforts.

Considérons un prisme de section rectangulaire, reposant

---

1. Pour les sections double té on peut calculer $\varkappa$ une fois pour toutes. Par exemple pour le profil normal allemand N° 8 (le numéro du profil indique la hauteur du fer en cm), on trouve $\varkappa = 2,4$, et pour le profil N° 50, $\varkappa = 2,0$. On peut admettre que, pour les profils intermédiaires, $\varkappa$ varie linéairement entre les deux valeurs).

librement par ses extrémités sur deux appuis et sollicité en son milieu par une force P. Nous avons trouvé (art. 52) :

$$f = \frac{Pl^3}{48IE} = \frac{Pl^3}{4Ebh^3}$$

il vient ici pour du, en prenant $\varkappa = 1{,}2$, $V = \dfrac{P}{2}$,

$$du = 0{,}6\,\frac{Pdx}{Gbh}$$

et

$$\int_{0}^{\frac{l}{2}} du = 0{,}3\,\frac{Pl}{Gbh}$$

la flèche f', en tenant compte des actions moléculaires tangentielles, est donc

$$f' = \frac{Pl^3}{4Ebh^3} + 0{,}3\,\frac{Pl}{Gbh}$$

en prenant $G = 0{,}4E$ c'est-à-dire $m = 4$

$$f' = \frac{Pl}{4Ebh}\left(\frac{l^2}{h^2} + 3\right) \tag{87}$$

on voit donc que, si $\dfrac{l}{h} = 10$, la flèche due aux efforts de glissement seuls n'est que les 3 0/0 de celle produite par les actions normales. Pour $\dfrac{l}{h} = 5$, le second terme dans la parenthèse est égal aux **12 0/0** du premier : il est alors nécessaire de tenir compte des efforts de glissement.

§ 8

POUTRES CONTINUES ET PRISME ENCASTRÉ AUX DEUX EXTRÉMITÉS

54. Poutres continues. On appelle ainsi un prisme reposant sur des appuis dont le nombre est plus grand que 2. Supposons que les réactions des appuis soient connues, il est alors possible de calculer, pour une section transversale quelconque, la valeur du moment fléchissant M et de l'effort tranchant V et par suite de déterminer les actions moléculaires agissant dans cette section. Le problème revient donc à déterminer les réactions des appuis.

On voit immédiatement que les équations générales de l'équilibre ne suffisent pas à le résoudre, elles sont dans ce cas en effet au nombre de deux, or nous avons précisément plus de deux inconnues. Le problème est *hyperstatique* (voir art. 61). Nous sommes obligés, pour obtenir de nouvelles équations, de tenir compte de la déformation du prisme.

Considérons le cas d'une poutre rectiligne à deux travées d'égale portée l, sollicitée par une charge uniformément répartie. Soit q la charge par unité de longueur.

Si l'appui médian était supprimé, la pièce s'infléchirait d'une quantité que nous pouvons calculer au moyen de la formule (81) dans laquelle nous remplacerions l par $2l$. Généralement, il n'est pas nécessaire de tenir compte de la déformation due aux actions moléculaires tangentielles ; si toutefois cela était désirable, il suffirait d'employer la méthode décrite à l'article précédent.

Appliquons maintenant au milieu de la poutre une charge isolée P agissant de bas en haut, elle produira en ce point une inflexion de la poutre donnée par la formule (83). Si nous choisissons P de telle sorte que la déformation première se trouve exactement compensée, cette force P sera égale à la réaction de l'appui médian, car pour cette valeur de la réaction seulement, la ligne élastique du prisme passera par le point prescrit. En égalant donc les deux valeurs de f, précédemment considérées, nous obtenons

$$P = \frac{5}{8}\, 2ql = \frac{5}{8} Q$$

Q étant la charge totale de la poutre.

On voit que l'appui médian supporte une plus grande charge que si l'on avait deux poutres séparées de longueur l reposant librement par leurs extrémités. Dans ce cas en effet [l'appui médian supporterait une charge égale à Q/2.

La réaction des appuis extérieurs est dans le cas présent

$$\frac{1}{2}\left(Q - \frac{5}{8}\,Q\right) = \frac{3}{16}\,Q$$

Nous avons supposé dans le raisonnement précédent que les trois appuis étaient situés à la même hauteur, et qu'ils ne s'affaissaient pas sous l'influence des charges. Si l'appui médian s'affaisse d'une quantité δ ou s'il était primitivement de δ au-dessous du niveau des deux autres, P serait donné par l'équation

$$\frac{5}{384}\,\frac{Q\,(2l)^3}{\mathrm{IE}} = \delta + \frac{P\,(2l)^3}{48\,\mathrm{IE}}$$

$$P = \frac{5}{8}\,Q - \delta.\,\frac{6\mathrm{IE}}{l^3}$$

Si au contraire l'appui du milieu est de δ plus haut que les autres, il faut faire entrer cette quantité avec le signe — dans la formule.

On se rend compte facilement que la méthode est générale, et qu'elle s'applique encore lorsque les travées sont inégales et en nombre plus grand que 2 et les charges quelconques. Il suffit de remplacer la quantité f, par la valeur de l'ordonnée de la ligne élastique correspondant au point considéré.

Nous renonçons à entrer dans plus de détails, les problèmes plus compliqués sur les poutres continues se résolvant plus rapidement par les méthodes de la statique graphique.

55. Prisme encastré aux deux extrémités. — La ligne élastique possède deux tangentes horizontales aux extrémités. Il est facile, par suite, de reconnaître, qu'il existe deux points d'inflexion entre lesquels la ligne élastique tourne sa concavité vers le haut tandis que celle-ci est tournée vers le bas entre les points d'inflexion et les extrémités. Il s'exerce nécessairement un couple dans la section d'encastrement, la réaction de l'appui étant impuissante à elle seule à rendre la ligne élastique horizontale en ce point. Soient M_1 et M_2 les moments de ces couples, ils sont inconnus ainsi que les réactions des appuis A et B ; le problème est donc hyperstatique, car les conditions générales d'équilibre ne fournissent que deux équations. Nous sommes obligés d'avoir recours à l'étude des déformations.

Supposons le prisme sollicité par une charge uniformément répartie sur toute sa longueur l ; par raison de symétrie nous aurons évidemment :

$$A = B = \frac{ql}{2} \qquad \text{et } M_1 = M_2 = M_0$$

q désignant la charge par unité de longueur, et M_0 la valeur commune de M_1 et M_2. Le moment fléchissant M agissant dans une section transversale d'abscisse x est

$$M = M_0 + Ax - \frac{qx^2}{2}$$

par suite, l'équation de la ligne élastique sera :

$$IE \frac{d^2y}{dx^2} = \frac{qx^2}{2} - Ax - M_0$$

une première intégration donne

$$IE \frac{dy}{dx} = \frac{qx^3}{6} - \frac{Ax^2}{2} - M_0 x + c$$

pour $x = 0$, $\dfrac{dy}{dx} = 0$

donc $c = 0$;

de même, pour $x = l$, $\dfrac{dy}{dx} = 0$

d'où l'équation

$$\frac{ql^3}{6} - \frac{ql}{2}\frac{l^2}{2} - M_0\, l = 0$$

de laquelle nous pouvons tirer M_0 :

$$M_o = -\frac{ql^2}{12}$$

Le moment fléchissant maximum au milieu du prisme est égal à

$$M_{max} = \frac{ql^2}{24}$$

La section dangereuse est donc la section d'encastrement.

Il serait naturellement possible de tenir compte ici des efforts de glissement ; ce n'est cependant pas nécessaire. Les calculs de ce genre sont en effet pratiquement affectés d'une importante cause d'erreur. Il est impossible d'être absolument certain de l'efficacité de l'encastrement. De petites variations de la direction de la tangente de la ligne élastique au point d'encastrement se produisent, qui entraînent parfois des différences notables entre les résultats prévus par le calcul et ceux donnés par l'expérience. Ce serait donc éveiller un faux sentiment de sécurité que de calculer des corrections certainement plus petites que les erreurs pratiques impossibles à prévoir.

EXERCICES SUR LE CHAPITRE III

Exercice 11. — *Déterminer l'ellipse centrale d'un profil de cornière de 70 mm. de côté et 10 mm. d'épaisseur.*

Solution. Nous considérons la section donnée comme formée de deux carrés soustractifs. L'un des axes principaux de la section est l'axe YY, le moment principal I_y relatif à cet axe est

$$I_y = \frac{7^4}{12} - \frac{6^4}{12} = 92,1 \ cm^4,$$

car l'axe YY passe par le centre de gravité des deux carrés.

Nous obtenons la distance a du centre de gravité S de la sec-

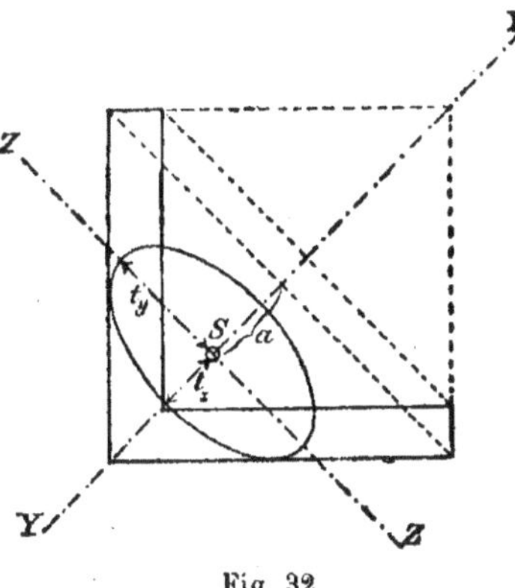

Fig. 32

tion au centre de gravité du grand carré en écrivant l'équation des moments :

$$13a = 0,707 \times 36$$
$$a = 1,96 \text{ cm.}$$

Le moment d'inertie I_z relatif à ZZ est égal à la différence des moments d'inertie des deux carrés ; il faut de plus tenir compte du fait que cet axe ne passe pas par le centre de gravité des carrés. On a donc :

$$I_z = \frac{7^4}{12} + 7^2 . \overline{1,96}^2 - \left(\frac{6^4}{12} + 6^2 . \overline{2,67}^2\right) = 23,7^{\text{cm4}}$$

Les rayons de gyration principaux sont par suite :

$$t_y = \sqrt{\frac{92,1}{13}} = 2,66^{\text{cm}}. \quad t_z = \sqrt{\frac{23,7}{13}} = 1,35^{\text{cm}}.$$

L'ellipse centrale est ainsi déterminée.

Exercice 12. — Un prisme de 1,20 m. de longueur, encastré à une extrémité, est sollicité à l'autre extrémité par une charge isolée verticale de 500 kg. Déterminer la valeur maximum de l'intensité R des actions moléculaires normales. La fig. 33 donne la forme du profil et ses dimensions (fer en Z, profil normal allemand nº 16). L'âme du fer est verticale, et l'extrémité non encastrée absolument libre.

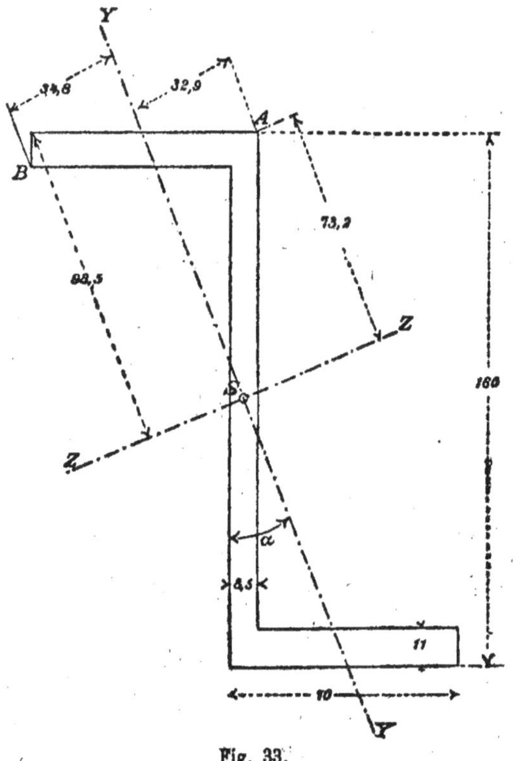

Fig. 33.

Les catalogues indiquent $tg\ \alpha = 0,39$, $I_z = 1193$ cm⁴, $I_y = 58,8$ cm⁴.

Solution. De $tg\ \alpha = 0,39$ nous tirons :

$$\alpha = 20°20',\ \sin\alpha = 0,36,\ \cos\alpha = 0,93.$$

Le moment fléchissant dans la section encastrée est :

$$500 \times 120 = 60.000\ \text{kg. cm.}$$

Le plan formé par la force de l'axe longitudinal ne passe pas par les axes principaux de la section. Il faut donc décomposer le moment fléchissant en deux composantes suivant la direction de ces axes. On trouve :

$$M_z = 60.000 \times 0,93 = 55.800, \quad M_y = 60.000 \times 0,36 = 21.600$$

$$R_1 = \frac{55.800}{1.193}\, y = 46,8y \qquad R_{11} = \frac{21.600}{58,8}\, z = 367\, z$$

Le travail résultant en un point quelconque de la section de coordonnées y, z est par suite :

$$R = R_1 + R_{11} = 46,8y + 367z$$

Nous prenons comme axe positif des y la partie de l'axe SY située au-dessus de ZZ, et pour axe positif des z, l'axe SZ à droite de YY.

Les coordonnées de A sont $y = 7,32$ cm. $z = 3.29$ cm. donc :

$$R_A = 46,8 \times 7,32 + 367 \times 3,29 = 1.550 \text{ kg. par cm}^2.$$

En B, R_1 et R_{11} sont de signes différents, on a donc :

$$R_B = 46,8 \times 8,85 - 367 \times 3,48 = -863 \text{ kg. par cm}^2.$$

Le travail maximum a lieu dans l'arête A, il y atteint à peu près une valeur égale à la limite d'élasticité.

La flexion de l'extrémité libre du prisme sous l'influence de la charge verticale a lieu obliquement. Si l'extrémité du prisme était guidée de sorte qu'elle ne pût se déplacer que dans le sens vertical, il se produirait une force horizontale, réaction de l'appui sur l'extrémité de la pièce. Dans ce cas, l'axe neutre est horizontal, et l'on obtient R d'après la formule ordinaire, le moment d'inertie étant alors pris par rapport à l'axe horizontal passant par le centre de gravité.

Exercice 13. — *Déterminer les régions centrales des deux profils précédents.*

Solution. — L'ensemble des tangentes au contour du profil comprend : les côtés de la surface (à l'exception de ceux de l'angle rentrant), la droite parallèle à l'axe ZZ qui joint les deux sommets les plus distants de ce dernier, et enfin,

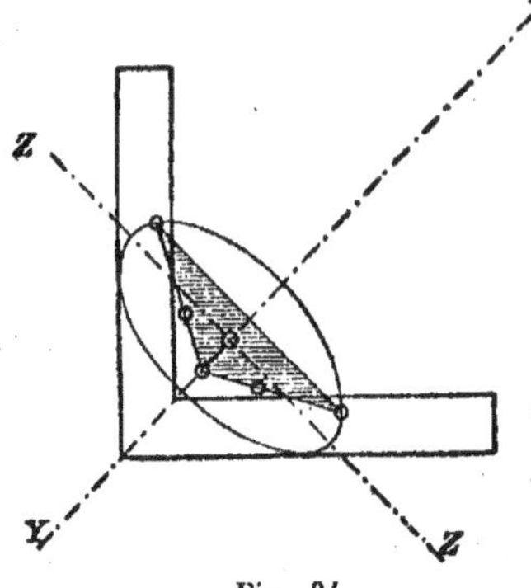

Fig. 34.

tous les axes qui passent par les sommets du profil (sommet de l'angle rentrant excepté) et qui ne coupent pas la surface. Ces axes représentent les positions que prend successivement la tangente au contour lorsqu'on passe de l'une des 5 droites mensionnées ci-dessus à la suivante.

En tenant compte des propriétés des antipôles et antipolaire, ainsi que des remarques précédentes on reconnaît facilement que la région centrale est limitée par un pentagone dont les sommets sont les antipôles de ces 5 droites et dont les côtés sont les antipolaires des sommets du profil.

On procédera d'une façon analogue pour déterminer la région centrale du profil du fer en Z (fig. 35).

Eexrcice 14. — Déterminer l'ellipse centrale et la région centrale de la section transversale d'une colonne creuse en fonte de 20 cm. de diamètre extérieur. Epaisseur des parois : 2 cm.

Solution. — Le moment d'inertie d'un anneau relatif à un axe passant par le centre est :

$$I = \frac{\pi}{4}(10^4 - 8^4) = 4.635 \text{ cm}^4.$$

la surface de l'anneau est $F = 113 \text{ cm}^2$.

d'où

$$i = \sqrt{\frac{4.635}{113}} = 6,40 \text{ cm}.$$

L'ellipse centrale se réduit à un cercle de rayon i.

La région centrale est limitée par une circonférence dont le rayon k est donné par la proportion :

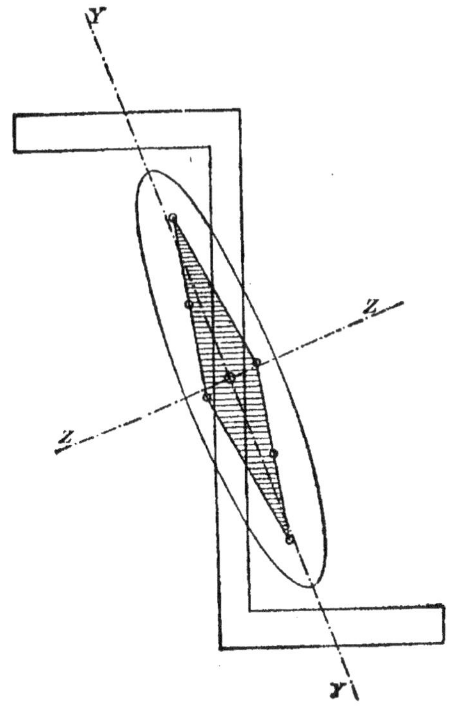

Fig. 35.

$$\frac{k}{6,4} = \frac{6,4}{10}$$

d'où

$$k = 4,1 \text{ cm.}$$

Exercice 15. — *Un solide reposant librement par ses extrémités est de révolution par rapport à l'axe longitudinal. Il est*

*sollicité en son milieu par une charge isolée. Déterminer la
forme du méridien de façon qu'en chaque section transversale la valeur de l'intensité maximum* R *des efforts normaux
soit la même.*

(Solide d'égale résistance).

Solution. — Soit A la réaction de l'appui de gauche, le
moment fléchissant pour une section d'abscisse x est $M = Ax$
et par suite :

$$R = \frac{M}{W} = 4\,\frac{Ax}{\pi r^3}$$

r désignant le rayon de la section transversale. Pour que
R soit constant, il suffit que le membre de droite le soit ; nous
trouvons donc immédiatement r en fonction de x :

$$r = \sqrt[3]{\frac{4\,Ax}{\pi R}}$$

C'est là l'équation de la courbe méridienne, celle-ci est une
parabole cubique. Il est facile de varier à l'infini le problème
en admettant d'autres formes de sections transversales et
d'autres lois de répartition des charges. Quelque intéressants
qu'ils soient en eux-mêmes, les problèmes de ce genre n'ont
toutefois pas grande importance, car dans leur application
en pratique on est généralement forcé, pour différentes
raisons, de donner au solide une forme différente de celle
trouvée par le calcul. De plus, ce dernier est inexact en ce
sens qu'il n'y est pas tenu compte des efforts de glissement.
Nous trouvons ici $r = o$ pour $x = o$; il est évident que ce
résultat est faux, car il faut qu'aux extrémités la section soit
assez grande pour que l'intensité des efforts de glissement ne
dépasse pas le travail élastique pratique du métal.

Exercice 16. — *Un prisme de section double té, encastré à
une extrémité, porte à l'autre une charge de 5.000 kg. Déterminer le travail maximum du métal dans la fibre extérieure*

et la valeur de celui-ci à la jonction de l'âme et de la plate-bande. La longueur du prisme est de 0,8 m.; les dimensions de la section sont indiquées dans la figure 36.

Solution. — Nous calculons le moment d'inertie relatif à l'axe horizontal passant par le centre de gravité du profil en considérant la surface comme formée d'un grand rectangle additif et de deux rectangles latéraux soustractifs.

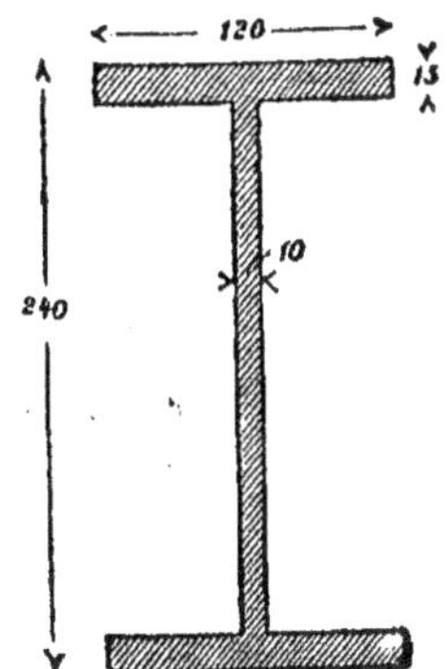

Fig. 36.

$$I = \frac{12 \times 24^3}{12} - 2\,\frac{5,5 \times 21^3}{12} = 5.335\ \text{cm}^4$$

le moment statique T de la plate-bande relatif au même axe est :

$$T = \int_{u}^{\frac{h}{2}} y\,dF = 1,5 \times 12 \times 11,25 = 202,5\ \text{cm}^3$$

l'intensité R des actions normales en un point d'ordonnée y de la section encastrée est :

$$R = \frac{M}{I}\,y = \frac{5.000 \times 80}{5.335}\,y = 75\,y$$

Dans la fibre extérieure, $y = 12$; donc

$$R_{max} = 900\ \text{kg. par cm}^2.$$

A la jonction de la plate-bande et de l'âme,

$$y = 10,5 \qquad R = 787\ \text{kg. par cm}^2.$$

Calculons l'intensité des efforts de glissement en ce point; l'équation (75) donne

$$S = \frac{VT}{bI} = \frac{5.000 \times 202,5}{1 \times 5335} = 190\ \text{kg. par cm}^2.$$

10

d'où, pour l'intensité de l'action moléculaire principale (équation 12) :

$$R_{max} = \frac{R_x}{2} + \frac{1}{2}\sqrt{4S + R^2_x} = \frac{787}{2} + \frac{1}{2}\sqrt{\overline{380}^2 + \overline{782}^2} =$$
$$= 830 \text{ kg. par cm}^2.$$

Cette intensité est donc plus petite que celle des actions normales maximum C'est ce que montre aussi le calcul du travail élastique de comparaison qui mesure en réalité le travail du métal. D'après (40) on a, pour $m = 3\ 1/3$:

$$\mathcal{R} = 0,35 R_x \pm 0,65\sqrt{4S + R_x^2} = 844 \text{ kg. par cm}^2.$$

Les résultats qui précèdent montrent bien que, même pour des sections double té, il n'est pas nécessaire en général de tenir compte des efforts de glissement. Si le prisme est encore plus court, S conserve la même valeur (la charge restant la même), tandis que R devient plus petit ; il y a donc une longueur à partir de laquelle les efforts de glissement à la jonction de la plate-bande et de l'âme sont plus grands que les efforts normaux dans la fibre extérieure.

Remarquons du reste expressément que tout le calcul n'est qu'approximatif : l'équation (75) repose, en effet, sur une hypothèse peu certaine, qui, surtout à la jonction de l'âme et de la plate-bande, n'est pas exactement remplie.

Exercice 17. — Répartition des actions moléculaires tangentielles S dans une section circulaire.

Solution. — Calculons d'abord le moment statique, relatif à l'axe Z, du segment indiqué par des hachures sur la figure 37 :

$$z = \sqrt{r^2 - y^2}$$
$$\int_u^r y\,dF = 2\int_u^r y\sqrt{r^2 - y^2}\,dy$$
$$= \frac{2}{3}\sqrt{(r^2 - u^2)^3} = \frac{b^3}{12}$$

b désignant la longueur de la corde, le long de laquelle nous voulons déterminer les efforts de glissement.

L'équation (75) donne

$$S_{xy} = \frac{Vb^2}{121} = \frac{Vb^2}{3\pi r^4}$$

la valeur de la composante S_{xz} sur le pourtour résulte de la

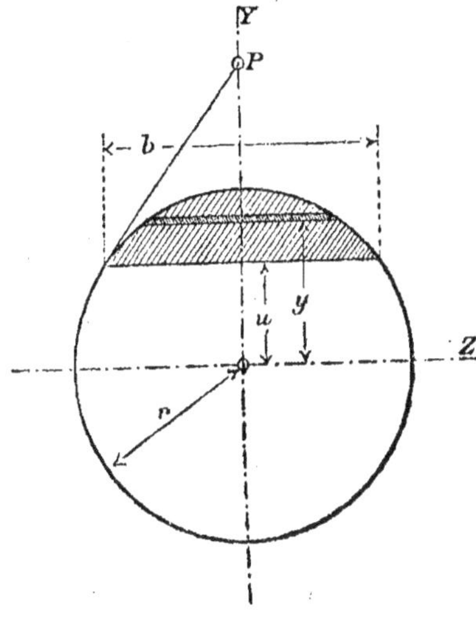

Fig. 37

condition que la résultante soit tangente à la circonférence ;
donc

$$\frac{S_{xz}}{S_{xy}} = \frac{u}{\frac{1}{2}b}$$

$$S_{xz} = S_{xy}\frac{2u}{b} = \frac{2Vub}{3\pi r^4}$$

d'où, pour l'intensité S de l'effort de glissement :

$$S = \frac{Vb}{3\pi r^4}\sqrt{b^2 + 4u^2} = \frac{2Vb}{3\pi r^3}$$

le maximum de S se produit le long de l'axe Z, pour $b = 2r$

$$S_{max.} = \frac{4V}{3\pi r^2}.$$

La valeur maximum de l'intensité des efforts de glissement est donc à la valeur moyenne de celle-ci dans l'hypothèse d'une répartition uniforme des efforts sur la section comme 4 est à 3.

Exercice 18. — *Quelle force de cisaillement le rivet* **N** *de la poutre rivetée (fig. 38) a-t-il à supporter, la réaction de l'appui étant de 6.000 kg ?*

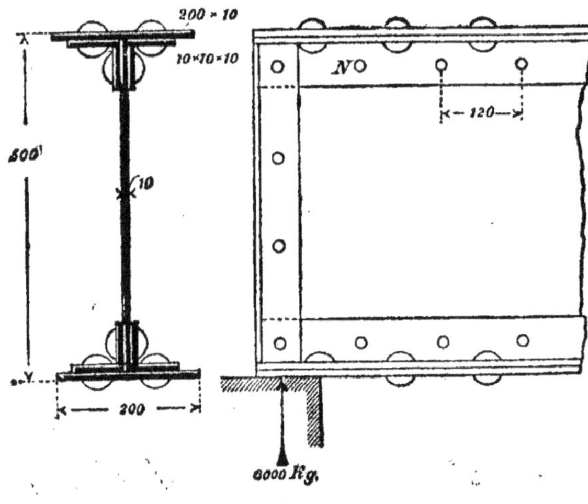

Fig. 38

Solution. — La formule (76) donne

$$P = \frac{Ve}{I} T$$

Pour I, on a avec une approximation suffisante

$$I = 2 \times 46 \times \overline{23,5}^2 + \frac{1.48}{12} = 60022 \text{ cm}^4$$

On a simplement estimé à 23,5 cm. la distance du centre de gravité de l'ensemble formé par la plate-bande et les deux cornières, au centre de gravité de la section entière ; la décimale est naturellement incertaine.

La valeur approximative de I déterminée ainsi est très suffisante pour ce genre de calcul ; si l'on ne veut pas s'en contenter il est facile de déterminer I d'après la méthode indiquée précédemment. Le moment statique T de la plate-bande et des cornières, relatif à l'axe neutre de la section, se détermine de la même façon :

$$T = 46 \times 23,5 = 1.081 \, \text{cm}^3$$

d'où, V étant 6.000 kg. et $e = 12$ cm.

$$P = \frac{6.000 \times 12}{60.022} \, 1.081 = 1.300 \, \text{kg.}$$

Cette force de cisaillement se répartit sur les deux sections des rivets situées de chaque côté de l'âme.

Exercice 19. — Déterminer la ligne élastique d'un prisme dont la section transversale varie de telle sorte que I soit en chaque point proportionnel au moment fléchissant M.

Solution. — Posons

$$\frac{M}{IE} = c$$

nous avons, c étant une constante :

$$\frac{d^2y}{dx^2} = -c$$

$$y = -\frac{cx^2}{2} + ax + b$$

où a et b désignent les constantes d'intégration. Cette équation est valable pour toute la longueur du prisme, si la condition posée dans l'énoncé est exactement remplie. La ligne élastique est une parabole ; pour $x = o$ et $x = l$, $y = o$, donc :

$$b = o \quad \text{et} \quad o = -\frac{cl^2}{2} + al$$

$$a = \frac{cl}{2}$$

$$y = \frac{c}{2}(lx - x^2)$$

la flèche au milieu du prisme est par suite :

$$f = \frac{cl^2}{8}$$

Soient M_m et I_m, le moment fléchissant et le moment d'inertie pour le milieu du prisme, on a

$$f = \frac{M_m l^2}{8 I_m E}$$

Supposons le prisme sollicité par une force unique P, agissant au milieu :

$$M_m = \frac{Pl}{4}$$

et

$$f = \frac{Pl^3}{32 I_m E}$$

Si le moment d'inertie de la section était constant et égal à I_m, nous aurions d'après la formule (83) :

$$f = \frac{Pl^3}{48 I_m E}$$

la flèche est donc de 50 0/0 plus grande dans le cas présent que dans le cas du prisme à section constante.

L'hypothèse de I proportionnel à M est sensiblement satisfaite dans les poutres rivetées dont la section est renforcée vers le milieu par l'addition de semelles de telle façon que R ait à peu près la même valeur dans toutes les sections. En effet, les semelles ne modifient pas sensiblement la hauteur de la poutre, de sorte que

$$R = \frac{M}{I} y$$

est partout à peu près proportionnel au rapport $\dfrac{M}{I}$

Exercice 20. — *Calculer la constante* $\varkappa$ *de la formule (84) pour une section circulaire.*

Solution. — La formule (85) donne

$$\varkappa = \frac{F \int S^2 dF}{V^2}$$

Nous avons trouvé, à l'exercice 17, pour une section circulaire :

$$S_{xy} = \frac{4V x^2}{3\pi r^4}$$

où $2z$ désigne la longueur de la corde distante de y de l'axe des z.

Si nous ne tenons compte dans le calcul de $\varkappa$ que de la composante S_{xy} des efforts de glissement, soit de la composante parallèle à la direction des forces extérieures, nous avons en utilisant les notations de la fig. (37) :

$$\varkappa = \pi r^2 \int \frac{16 x^4}{9\pi^2 r^8} dF$$

Nous pouvons écrire

$$16 \int z^4 dF = 32 \int_{-r}^{+r} z^5 dy = 64 \int_{0}^{+r} (r^2 - y^2)^{5/2} dy$$

$$\int (r^2 - y^2)^{5/2} dy = \frac{8(r^2 - y^2)^2 + 10r^2(r^2 - y^2) + 15r^4}{48} \, y \sqrt{r^2 - y^2} +$$

$$+ \frac{5}{16} r^6 \ \text{arc} \sin \frac{y}{r}$$

en introduisant les limites, il vient :

$$\int z^4 dF = 10\pi r^6$$

et par suite

$$\varkappa = \frac{10}{9}$$

On pourrait naturellement calculer $\varkappa$ en partant de S et non de S_{xy} : on trouverait une valeur un peu plus grande. Comme il ne s'agit toutefois que d'obtenir une valeur approximative, le calcul tel que nous venons de le faire est absolument suffisant.

Exercice 21. — Calculer les réactions des appuis d'un prisme sollicité par une charge uniformément répartie, reposant librement sur 4 appuis de même niveau et équidistants.

Solution. — Par raison de symétrie, les réactions C des appuis intermédiaires sont égales entre elles ; de même, les réactions A des appuis extérieurs. Celles-ci sont égales à

$$A = \frac{3ap}{2} - C$$

a désignant la distance de deux appuis consécutifs, p la charge par unité de longueur,

Le moment fléchissant pour une section d'abscisse x de la travée de gauche est (x étant mesuré à partir de l'appui de gauche) :

$$M = x \left(\frac{3ap}{2} - C \right) - \frac{px^2}{2}$$

l'équation différentielle de l'arc correspondant de la ligne élastique est donc

$$EI \frac{d^2y}{dx^2} = \frac{px^2}{2} + x \left(C - \frac{3ap}{2} \right)$$

d'où

$$EI \frac{dy}{dx} = \frac{px^3}{6} + \frac{x^2}{2} \left(C - \frac{3ap}{2} \right) + K$$

$$EIy = \frac{px^4}{24} + \frac{x^3}{6} \left(C - 3\frac{ap}{2} \right) + Kx + K'$$

pour $\quad x = o, \quad y = o \quad$ d'où $K' = o$

et pour $\quad x = a, \quad y = o \quad$ d'où :

$$o = \frac{pa^4}{24} + \frac{a^3}{6} \left(C - \frac{3ap}{2} \right) + Ka$$

$$K = \frac{5pa^3}{24} - C\frac{a^2}{6}$$

Pour une section de la travée suivante

$$M = (x+a)\left(\frac{3ap}{2} - C\right) + Cx - \frac{p(x+a)^2}{2}$$

$$= \frac{pax}{2} + pa^2 - Ca - \frac{px^2}{2}$$

les abscisses x étant comptées à partir du second appui de gauche, nous obtenons donc :

$$EI\frac{d^2y}{dx^2} = \frac{px^2}{2} + Ca - \frac{pax}{2} - pa^2$$

d'où

$$EI\frac{dy}{dx} = \frac{px^3}{6} + Cax - \frac{pax^2}{4} - pa^2x + K''$$

$$EIy = \frac{px^4}{24} + \frac{Cax^2}{2} - \frac{pax^3}{12} - \frac{pa^2x^2}{2} + K''x + K'''$$

pour $x = o$ $y = o$ d'où $K''' = o$

pour $x = a$ $y = o$ d'où :

$$o = \frac{pa^4}{24} + \frac{Ca^3}{2} - \frac{pa^4}{12} - \frac{pa^4}{2} + K''a$$

$$K'' = \frac{13}{24}pa^3 - C\frac{a^2}{2}$$

Enfin nous avons encore la condition que les deux arcs de la ligne élastique se raccordent tangentiellement. Donc $\frac{dy}{dx}$ pour $x = a$ dans le premier arc doit être égal à la valeur de $\frac{dy}{dx}$ pour $x = o$ dans le second arc. Ceci nous donne l'équation

$$\frac{pa^3}{6} + \frac{a^2}{2}\left(C - \frac{3ap}{2}\right) + K = K''$$

ou, en introduisant les valeurs trouvées pour K et K'' :

$$\frac{a^2}{2}C - \frac{7}{12}pa^3 + \frac{5}{24}pa^3 - C\frac{a^2}{6} = \frac{13}{24}pa^3 - C\frac{a^2}{2}$$

C est la seule inconnue dans cette équation. Il vient :

$$C = \frac{11}{10}pa$$

et par suite

$$A = \frac{3ap}{2} - \frac{11}{10}pa = 0,4pa$$

Exercice 22. — *Deux prismes de longueurs l_1 et l_2 reposant librement par leurs extrémités se croisent à angle droit en leur milieu. Les deux prismes sont assemblés d'une manière invariable au point de croisement et sollicités en ce point par une charge isolée P. Déterminer la répartition de cette charge entre les deux prismes.*

Solution. — Soient I_1 et I_2 les moments d'inertie des pièces; la flèche du milieu doit être la même pour les deux prismes, et si C est la part de l'un, l'autre supporte une charge P — C; nous avons donc l'équation de condition :

$$\frac{Cl_1^3}{48EI_1} = \frac{(P - C)l_2^3}{48EI_2}$$

d'où

$$C = P\,\frac{l_2^3 I_1}{l_1^3 I_2 + l_2^3 I_1}$$

La méthode resterait la même si les prismes ne se croisaient pas au milieu, mais en un point quelconque. On aurait alors, non plus à égaler les flèches f, mais les ordonnées y de la ligne élastique des prismes, correspondant au point de croisement.

CHAPITRE QUATRIÈME

ENERGIE POTENTIELLE INTERNE OU TRAVAIL DE DÉFORMATION

§ 1. *Energie potentielle interne d'un prisme droit travaillant à la flexion.* — 56. Travail de déformation des actions moléculaires normales. — 57. Travail de déformation des actions moléculaires tangentielles. — 58 Relation entre le travail de déformation et le travail des forces extérieures. — 59. Applications des résultats précédents.

§ 2. *Théorèmes de Castigliano.* — 60. Propriétés des dérivées partielles du travail de déformation prises par rapport aux forces extérieures. — 61. Application au calcul des forces de liaison. — 62. Exemple. — 63. Charges instantanées, chocs.

§ 3. *Théorème de Maxwell.* — 64. Réciprocité des déplacements des points d'application des forces extérieures. — 65. Applications.

Exercices Nos 23 à 25.

§ 1.

ENERGIE POTENTIELLE INTERNE
D'UN PRISME DROIT TRAVAILLANT A LA FLEXION

56. Travail de déformation des actions moléculaires normales. — Nous avons défini, à l'article 29 le travail de déformation comme étant le travail mécanique des forces intérieures corrélatives de la déformation du corps. Si les actions moléculaires tangentielles sont négligeables devant les forces intérieures normales ou si elles sont nulles (*cas de la flexion* *simple*) on trouve, pour le travail spécifique de déformation, l'expression (42) :

$$A = \frac{R^2}{2E}$$

on a d'autre part (éq. 49) :

$$R = \frac{M}{I} y$$

Introduisons cette valeur R dans la formule (42), multiplions par l'élément de volume $d\tau$, et intégrons à l'intérieur d'un prisme élémentaire de longueur dx, nous obtenons ainsi l'énergie potentielle interne dA accumulée dans cet élément du prisme :

$$dA = \int \frac{M^2}{2EI^2} y^2 d\tau$$

or on a

$$d\tau = dF . dx$$

de plus M, E, I et dx sont constants ; il vient donc

$$dA = \frac{M^2}{2EI^2} dx \int y^2 dF$$

mais

$$\int y^2 dF = I$$

donc finalement

$$dA = \frac{M^2}{2EI} dx \qquad (88)$$

Nous pouvons établir cette formule par une autre méthode. Considérons à cet effet un prisme élémentaire pendant le phénomène de la déformation. Les actions moléculaires normales agissant sur les deux sections transversales sont des forces extérieures par rapport au prisme élémentaire et l'énergie potentielle interne de celui-ci est égale au travail fourni par ces forces durant la déformation. Peu importe que le prisme entier soit en mouvement ou au repos ; en effet, les forces agissant sur le prisme élémentaire se font équilibre, et leur travail serait nul dans un mouvement de la pièce entière. Il suffit donc de considérer les mouvements relatifs des molécules à l'intérieur du prisme élémentaire. Pour nous faire une idée exacte de ces mouvements, supposons l'une des sections transversales fixe, immobile, nous savons que l'autre section tourne dans la déformation d'un angle $d\varphi$ par rapport à la section fixe. Cet angle est donné par la formule (77) :

$$d\varphi = \frac{M}{IE}dx$$

Le travail des actions moléculaires agissant sur la section transversale supposée immobile est naturellement nul. Pour l'autre section, les forces intérieures se réduisent, comme nous l'avons vu, à un couple de moment égal au moment fléchissant M, le travail de ces forces sera donc

$$dA = \frac{1}{2}Md\varphi = \frac{M^2}{2IE}dx$$

ainsi que nous l'avons trouvé plus haut. Nous avons posé

$$dA = \frac{1}{2}M\,d\varphi$$

parce que le moment M n'est pas constant pendant la déformation, il croît au contraire de o à M : il faut donc introduire la valeur moyenne dans le calcul.

L'énergie potentielle interne du prisme entier est naturellement

$$A = \frac{1}{2}\int \frac{M^2}{IE}dx \tag{89}$$

l'intégrale étant étendue à la pièce entière.

57. Travail de déformation des actions moléculaires tangentielles. — Lorsqu'il n'est pas permis de négliger les actions moléculaires tangentielles, l'expression du travail de déformation d'un prisme travaillant à la flexion contient un terme de plus qu'il est facile de déterminer en se basant sur les résultats du § 6 du chapitre III.

Remarquons que le travail des actions tangentielles, dans la déformation due aux actions normales, est nul, les points d'application des actions tangentielles se déplaçant perpendiculairement à leur direction. Inversement et pour la même raison, le travail des actions moléculaires normales est nul pendant la distorsion, c'est-à-dire pendant le glissement relatif des deux sections transversales. Le travail de déformation total d'un prisme élémentaire est donc égal à une somme de deux termes, l'un représentant le travail des actions normales pendant la rotation, l'autre étant égal au travail des actions tangentielles dans la distorsion. Nous avons trouvé, art 53, pour le travail de déformation dû aux actions moléculaires tangentielles :

$$\frac{1}{2} V\, du = \varkappa \frac{V^2}{2\, G\, F}\, dx$$

Par suite, le travail de déformation d'un prisme, en tenant compte des actions moléculaires tangentielles, est

$$A = \frac{1}{2} \int \frac{M^2}{IE}\, dx + \frac{1}{2} \int \frac{\varkappa V^2}{GF}\, dx \qquad (90)$$

si le prisme travaillait simultanément à la flexion et à l'extension (ou à la compression) il faudrait ajouter un troisième terme à l'expression précédente, représentant le travail des actions moléculaires développées par cet effort normal.

58. Relation entre le travail de déformation et le travail des forces extérieures. — En vertu du principe de la conservation de l'énergie, le travail de déformation, soit l'énergie potentielle interne du prisme, est nécessairement égal au travail des forces extérieures pendant la déformation. Il est donc possible de trouver une autre expression pour A et de l'égaler à celle que nous venons d'établir.

Les réactions des appuis ne fournissent aucun travail ; en effet leurs points d'application sont ou absolument fixes ou susceptibles d'un déplacement le long de la surface d'appui ; or dans ce cas le chemin parcouru est perpendiculaire à la direction de la force. Il y a toutefois des exceptions : par exemple, le déplacement des rouleaux de friction sur lesquels reposent généralement les extrémités des poutres métalliques, ne peut se produire sans un travail notable destiné à vaincre le frottement, et dont il faudrait tenir compte. Dans ce qui suit nous exclurons les cas de ce genre ; les résultats trouvés ne seront donc strictement exacts que si le travail des réactions des appuis est bien nul.

Soient P l'une des forces extérieures agissant sur le prisme, y le déplacement de son point d'application, mesuré dans la direction de la force. Par suite de l'accroissement graduel de P pendant la flexion, le travail de cette force sera

$$\frac{1}{2} P y$$

nous aurons donc :

$$A = \frac{1}{2} \Sigma \, P y \qquad (91)$$

la somme s'étendant à toutes les forces extérieures agissant sur le corps. Si les charges étaient réparties d'une façon continue, nous aurions une intégrale au lieu d'une somme.

59. Application des résultats précédents. — Si le prisme n'est sollicité que par une force unique, on pourra, en égalant les formules (89) ou (90) à (91), calculer le déplacement du point d'application de la charge.

Soit donné par exemple un prisme encastré à l'une des extrémités et sollicité à l'autre par un poids P. Le moment fléchissant agissant dans une section transversale distante de x de l'extrémité libre est

$$P x$$

Nous avons donc, en négligeant les actions moléculaires tangentielles :

$$A = \frac{P^2}{2IE} \int_0^l x^2 dx = \frac{P^2 l^3}{6IE}$$

l étant la longueur du prisme,

soit f *la flèche* à l'extrémité libre le travail de la torce P est $\frac{1}{2} Pf$, nous aurons :

$$\frac{1}{2} f = \frac{Pl^3}{6IE}$$

$$f = \frac{Pl^3}{3IE}$$

en comparant ce résultat avec la formule (83) qui donne la flèche d'un prisme reposant librement sur deux appuis et chargé au centre par une force P, on reconnaît que le prisme encastré que nous venons d'étudier se comporte exactement comme une moitié de prisme de longueur double reposant sur deux appuis et sollicité au milieu par une charge double.

Si l'on voulait tenir compte des actions moléculaires tangentielles, il faudrait calculer A selon la formule (90). On retrouverait les résultats trouvés plus haut par une autre méthode.

§ 2

THÉORÈMES DE CASTIGLIANO

60. Propriétés des dérivées partielles du travail de déformation par rapport aux forces extérieures [1]. —

1. Cet article et les suivants diffèrent sensiblement du texte original allemand, l'auteur ayant saisi l'occasion de la publication d'une édition française pour rectifier une erreur commise lors de la rédaction de ce §.

N. du T.

Supposons que l'une quelconque des forces extérieures, P_i, subisse un accroissement infiniment petit et calculons l'accroissement correspondant du travail de déformation. Le rapport de ces deux accroissements, c'est-à-dire la dérivée partielle

$$\frac{dA}{dP_i}$$

peut se calculer de diverses manières. Le moyen le plus simple consiste à dériver partiellement la formule (91) par rapport à P_i ; il vient, si l'on remarque que le déplacement y de chaque force dépend de P_i :

$$\frac{dA}{dP_i} = \frac{1}{2}\Sigma P \, \frac{dy}{dP_i} + \frac{1}{2} y_i \tag{92}$$

Le calcul, tel que nous venons de le faire, revient à admettre que, tandis que les autres forces extérieures croissent de o à leur valeur maximum P, P_i passe de o à $P_i + d\,P_i$. Nous aurions pu supposer les forces appliquées d'abord toutes avec leur intensité primitive puis ensuite faire croître P_i de $d\,P_i$. Du reste, l'ordre dans lequel nous supposons les forces appliquées est indifférent ; en effet, dans les deux cas, l'état final est le même et par suite aussi le travail des forces extérieures, puisque ce travail est égal à l'énergie potentielle interne, laquelle ne dépend que de l'état final. Cette déduction suppose toutefois que le travail des forces extérieures se transforme en entier en énergie potentielle ; elle cesserait donc d'être exacte, s'il se produisait des frottements *ou des déformations plastiques.* D'autre part, il n'est pas nécessaire que les déformations aient lieu suivant la loi de Hooke, il suffit qu'elles soient *parfaitement élastiques,* au sens donné précédemment à ce terme.

Restreignons maintenant notre étude aux corps satisfaisant à la loi de Hooke ; nous pouvons alors déterminer $\dfrac{dA}{dP_i}$ de la façon suivante. Les forces extérieures étant appliquées avec leur intensité normale fournissent le travail A. Si nous augmen-

tons P_i de $d\,P_i$, le déplacement y de l'une quelconque des forces s'accroît de

$$\frac{dy}{dP_i}\,dP_i$$

le travail corrélatif de la force P (laquelle reste constante pendant le déplacement) est

$$P\,\frac{dy}{dP_i}\,dP_i$$

Cette expression est valable pour toutes les forces extérieures,
y compris P_i. Il faut de plus tenir compte du travail de dP_i;
P_i passant insensiblement de la valeur P_i à $P_i + dP_i$, ce
travail est

$$\frac{1}{2}\,dP_i\,\frac{dy_i}{dP_i}\,dP_i$$

C'est là une quantité infiniment petite du second ordre que
nous pouvons négliger devant les autres termes. Il vient
donc :

$$d\,A = \Sigma P\,\frac{dy}{dP_i}\,dP_i$$

d'où

$$\frac{dA}{dP_i} = \Sigma P\,\frac{dy}{dP_i} \qquad (93)$$

en égalant les deux expressions (92) et (93) trouvées pour $\frac{dA}{dP_i}$
on trouve

$$y_i = \Sigma P\,\frac{dy}{dP_i} \qquad (94)$$

et par suite

$$y_i = \frac{dA}{dP_i} \qquad (95)$$

Il est possible d'établir directement ce résultat. Appliquons d'abord sur le prisme la seule force $d\mathrm{P}_i$; le travail de déformation correspondant est :

$$\frac{1}{2}\, d\mathrm{P}_i\, \frac{dy_i}{d\mathrm{P}_i}\, d\mathrm{P}_i$$

Appliquons ensuite les charges P, en les faisant passer insensiblement de o à leur valeur maximum : le prisme subit la même déformation que précédemment ; les forces P fournissent donc le même travail A ; en même temps le point d'application de $d\mathrm{P}_i$ se déplace de y_i, le travail corrélatif de $d\mathrm{P}_i$ est :

$$y_i\, d\mathrm{P}_i$$

Donc, en négligeant les infiniment petits du second ordre, il vient :

$$\mathrm{A} + d\mathrm{A} = \frac{1}{2}\, \Sigma\, \mathrm{P}y + y_i d\mathrm{P}_i$$

d'où

$$\frac{d\mathrm{A}}{d\mathrm{P}_i} = y_i$$

comme plus haut.

Nous pouvons formuler comme suit le contenu de la formule (95) : *Le déplacement du point d'application d'une force extérieure agissant sur un corps satisfaisant à la loi de Hooke est égal, dans le cas d'une déformation élastique du corps, à la dérivée partielle du travail de déformation, prise par rapport à la force considérée.* Ce théorème est dû à Castigliano.

Comme nous l'avons dit, les déplacements sont comptés suivant la direction des forces correspondantes, ils sont positifs ou négatifs suivant que leur sens coïncide ou non avec celui des forces.

Nous avons établi le théorème précédent en supposant les forces extérieures appliquées à un prisme, mais il est bien évident que cette restriction est inutile : le théorème s'applique à tout corps satisfaisant aux conditions indiquées.

61. Application au calcul des forces de liaison. — En général, toutes les forces extérieures agissant sur le prisme ne sont pas connues, nous avons eu précédemment l'occasion de calculer, par exemple, les réactions des appuis sur lesquels reposait la pièce. Le corps considéré est le plus souvent relié à des corps voisins de sorte que certains de ses points ne peuvent se déplacer librement. Pour déterminer les réactions exercées par les corps avoisinants sur la pièce, on se servira de la remarque que ces forces dépendent des gênes apportées aux déplacements des points soumis aux liaisons. Ces déplacements sont le plus souvent nuls ou de grandeur connue, dans le cas le plus général, ils peuvent être représentés en fonctions connues des forces de liaisons.

Il peut se présenter deux cas : 1° Les liaisons sont telles que le nombre des forces inconnues à déterminer est précisément égal à celui des équations universelles d'équilibre dont on dispose. Le problème se résout alors comme s'il s'agissait non d'un corps élastique mais d'un solide invariable. Nous dirons que les forces extérieures connues et les forces de liaisons inconnues forment un système *isostatique*. 2° Les forces inconnues sont en plus grand nombre que les équations d'équilibre. Nous savons déjà que, pour résoudre le problème indeterminé au point de vue de la Mécanique générale, il est nécessaire de faire intervenir les équations fournies par la résistance des matériaux, qui définissent les rapports existants entre les déplacements élastiques permis par les liaisons et les réactions exercées sur la pièce prismatique. Nous dirons dans ce cas que les forces extérieures et les liaisons constituent un système *hyperstatique*.

Formons, par rapport à l'une de ces forces de liaison l'équation (95) ; le membre de gauche est, comme nous venons de le voir, une quantité connue dépendant de la nature de la liaison : nous pouvons donc ainsi établir autant d'équations de conditions qu'il y a d'inconnues indéterminées et par suite résoudre le problème. En particulier, si la liaison est *fixe* ou *complète* (*articulation sphérique fixe :* un point fixe, généralement le centre de gravité d'une section ; *articulation cylindrique fixe :* une droite fixe, généralement un diamètre de la section ; *encastrement fixe :* le plan de la section de liaison est invariable dans l'espace), le déplacement du point d'application de la réaction correspondante est nul et l'équation (95) devient

$$\frac{d\mathrm{A}}{d\mathrm{P}} = o \qquad (96)$$

La marche à suivre est donc la suivante : après avoir fait choix des inconnues statiquement indéterminées du problème, on exprime les inconnues restantes en fonction de celles-ci à l'aide des équations universelles d'équilibre ; on forme de même, en fonction des inconnues statiquement indéterminées, les moments fléchissants, les efforts tranchants, etc., et le travail de déformation à l'aide des équations (89) et (90). En appliquant les formules (95) ou (96) autant de fois qu'il y a d'inconnues à déterminer, on obtient des équations en nombre suffisant pour résoudre le problème sans ambiguïté aucune, ces équations étant toujours du premier degré par rapport aux quantités cherchées.

La méthode est du reste encore plus générale. Il n'est pas nécessaire que P_i soit une force seulement, on peut entendre par P_i un groupe quelconque de forces extérieures, à condition de prendre pour y_i une quantité qui, multipliée par P_i (ou par la valeur moyenne de P_i, dans le cas d'une application graduelle des forces) donne le travail de déformation de ces forces. Cette extension ne modifie en rien les théorèmes énoncés. Par exemple, on pourra prendre comme inconnue un couple de forces : y_i sera alors l'angle dont tourne dans la déformation la section sur laquelle agit le couple ; en particulier, si la section est encastrée, l'angle dont elle tourne est nul, et l'on pourra encore appliquer l'équation (96) à la détermination du couple P_i.

Dans les calculs, il est souvent avantageux de décomposer le système hyperstatique considéré en deux ou plusieurs parties, et cela de telle sorte que les forces extérieures agissant sur chaque portion envisagée en elle-même forment un système isostatique ; les inconnues statiquement indéterminées du problème sont alors les actions moléculaires relatives aux surfaces de séparation. Il est facile de voir que ces forces satisfont à l'équation (96).

Supposons le système divisé en deux parties, 1 et 2, par une surface quelconque. A désignant le travail total de déformation, nous pouvons poser

$$A = A_1 + A_2 \tag{97}$$

A_1 étant le travail de déformation relatif à la partie 1, A_2 le travail relatif à 2. Soit P_i l'action moléculaire régnant en un point quelconque de la surface de séparation ; on a (équation 95) pour la partie 1 :

$$y_i = \frac{dA_1}{dP_i}.$$

et de même pour la portion 2 ; si, de plus, on remarque que, le point considéré appartenant à la fois à 1 et à 2, son déplacement est le même dans les deux cas, on a :

$$\frac{dA_1}{dP_i} = -\frac{dA_2}{dP_i} ;$$

le signe — du membre de droite vient de ce qu'en vertu du principe d'action et de réaction la force agissant au point considéré sur la partie 2 est — P_i. En tenant compte de ce résultat, l'équation (97) donne

$$\frac{dA}{dP_i} = \frac{dA_1}{dP_i} + \frac{dA_2}{dP_i} = 0$$

Nous pouvons formuler les résultats précédents de la façon suivante :

Les dérivées partielles du travail de déformation d'un corps obéissant à la loi de Hooke, prises par rapport à des forces extérieures choisies de telle façon qu'elles ne produisent elles-mêmes aucun travail, sont nulles. Les équations qui expriment cette condition peuvent servir, le cas échéant, à déterminer ces forces.

Ce théorème, formulé pour la première fois par Castigliano, peut s'énoncer d'une façon différente, plus facile à retenir. L'équation

$$\frac{dA}{dP_i} = 0$$

est la condition nécessaire pour que P_i rende A maximum ou minimum. Formons la dérivée seconde ; ayant égard à (93), nous trouvons :

$$\frac{d^2A}{dP_i^2} = \frac{dy_i}{dP_i}$$

le second membre est nécessairement positif, car l'accroissement dP_i d'une force extérieure quelconque P_i ne peut nécessairement produire qu'un accroissement dy_i de y_i dirigé dans le sens de P_i. Il s'agit donc ici d'un minimum. Nous pouvons par conséquent dire :

Les forces de liaison dont le travail est nul sont telles que le travail de déformation du système hyperstatique considéré est minimum. D'où le nom de théorème du travail minimum de déformation donné à cette propriété.

69. Exemple. — Soit donné (fig. 39) une poutre uniformément chargée sur toute sa longueur, reposant sur 3 appuis inégalement distants. Soit q la charge par unité de longueur.

Comme quantité statiquement indéterminée du système

nous prendrons la réaction Z de l'appui médian. Les conditions d'équilibre donnent

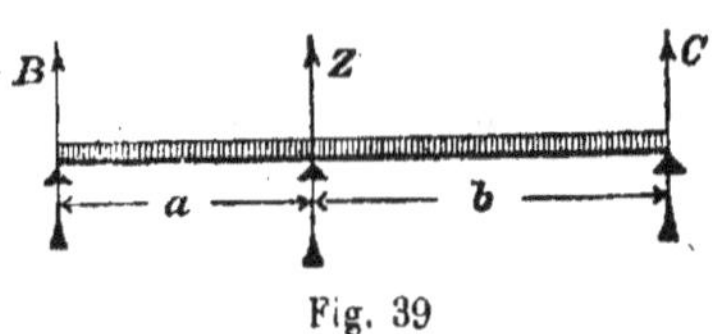

$$B = \frac{q\,(a+b)}{2} - Z\,\frac{b}{a+b}$$

$$C = \frac{q\,(a+b)}{2} - Z\,\frac{a}{a+b}$$

Le moment fléchissant pour une section quelcon-

que de la travée de gauche est

$$M = Bx - q\,\frac{x^2}{2}$$

A s'obtient à l'aide de la formule (89).

Nous devons calculer $\dfrac{dA}{dZ}$ et égaler cette quantité à zéro. Si
nous supposons E et I constants, il suffit de former :

$$\frac{d}{dZ} \int M^2\,dx$$

Les limites de l'intégrale sont des constantes, et la seule quantité sous le signe somme qui dépende de Z est M ; nous trouvons donc en différentiant sous le signe somme :

$$\int M\,\frac{dM}{dZ}\,dx.$$

pour la travée de gauche nous trouvons :

$$\int_0^a \left(Bx - \frac{qx^2}{2}\right) x\,\frac{dB}{dZ}\,dx = \left(\frac{Ba^3}{3} - \frac{qa^4}{8}\right)\frac{dB}{dZ}$$

on voit immédiatement que, pour obtenir le terme relatif à la
seconde travée, il suffit de permuter B contre C et a contre b.
Nous aurons donc finalement :

$$\frac{dA}{dZ} = \frac{1}{ME}\left\{ \left(\frac{Ba^3}{3} - \frac{qa^4}{8}\right)\frac{dB}{dZ} + \left(\frac{Cb^3}{3} - \frac{qb^4}{8}\right)\frac{dC}{dZ} \right\}$$

cette dérivée doit être nulle, le point d'application de Z ne
subissant pas de déplacement. En remplaçant $\dfrac{dB}{dZ}$ et $\dfrac{dC}{dZ}$ par leurs
valeurs :

$$\frac{dB}{dZ} = -\,\frac{b}{a+b} \qquad \frac{dC}{dZ} = -\,\frac{a}{a+b}$$

nous obtenons l'équation :

$$-\frac{b}{a+b}\left(\frac{2a^3}{3}\left[q\,\frac{a+b}{2}-Z\,\frac{b}{a+b}\right]-\frac{qa^4}{4}\right)-\frac{a}{a+b}\left(\frac{2b^3}{3}\left[q\,\frac{a+b}{2}-Z\,\frac{l\,a}{a+b}\right]-\frac{qb^4}{4}\right)=o$$

d'où

$$Z=q\,\frac{a^3+4a^2b+4ab^2+b^3}{8ab}$$

en faisant $a=b$, il vient

$$Z=\frac{5}{4}\,qa$$

comme nous l'avons trouvé précédemment.

On le voit par cet exemple, l'inconvénient de la méthode réside dans la longueur des calculs qu'elle exige, inconvénient largement compensé par la sûreté et la facilité avec laquelle elle conduit au but, lorsqu'on la possède complètement.

63. Charges instantanées, chocs. — Nous avons toujours admis jusqu'à présent que les charges appliquées sur le corps croissaient lentement et progressivement de o à leur valeur maximum, de sorte que nous pouvions en toute rigueur admettre que tout le travail fourni par les forces extérieures se transformait en énergie potentielle interne et négliger par suite les vitesses des différents points du corps. Bien qu'une augmentation lente des forces extérieures soit en général la règle, il est intéressant d'étudier ce qui se passe lorsque les forces sont appliquées d'une façon instantanée, c'est-à-dire, passent brusquement de zéro à leur valeur maximum. Désignons par f_d le déplacement du point d'application d'une force P, lorsque celle-ci est appliquée instantanément, f_d étant mesuré sur la ligne d'action de la force. La force P fournit dans ce déplacement un travail égal à :

$$P\,f_d$$

On voit immédiatement que f_d est plus grand que le déplacement f_s qui se produirait dans le cas d'une application lente et progressive de P. Car, lorsque la déformation élastique a atteint la valeur f_s, Pa déjà fourni un travail Pf_s, égal au double de l'énergie potentielle interne qui, d'après les résultats précédents, correspondrait à cette déformation : il ne peut donc y avoir équilibre dans cette position ; au contraire, l'autre moitié du travail des forces extérieures s'est transformée en énergie cinétique, et la déformation dépasse la valeur f_s. Dans ce mouvement, la force vive des masses en mouvement se transforme en énergie potentielle interne, et, lorsque la déformation a atteint sa plus grande valeur f_d, la force vive est nulle et l'énergie potentielle interne égale à

$$A = Pf_d$$

Le corps ne saurait toutefois conserver cette position, les déformations étant plus grandes que celles qui correspondent à P dans l'état de repos ; il se produit par suite des oscillations, des vibrations autour de la position d'équilibre f_s.

On sait par expérience que ces oscillations diminuent peu à peu, soit parce que les déformations ne sont pas absolument élastiques, soit par suite des résistances passives. Puisque une telle perte d'énergie se produit durant le phénomène, il est naturel d'admettre qu'elle a lieu déjà pendant la première oscillation, et par suite il convient de poser

$$A = nPf_d$$

n étant un facteur dépendant des circonstances accessoires, mais en tous cas plus petit que 1.

Il ne s'agit pas d'étudier le mouvement vibratoire du corps autour de sa position d'équilibre, mais seulement de déterminer le plus grand travail auquel est soumise la matière, durant le phénomène. Ce travail dépend de la déformation maximum, donc de f_d. Pour trancher la question, le plus simple est de déterminer la force P' qui, appliquée progressivement, produirait la même déformation f_d. Nous savons que l'énergie potentielle interne serait :

$$A = \frac{Pf_d}{2}$$

et comme A désigne dans les deux cas la même énergie potentielle, celle-ci ne dépend que de l'état de déformation atteint, nous obtenons en égalant les deux valeurs

$$P' = 2n\,P \qquad\qquad (9\,8)$$

ou, en faisant approximativement $n = 1$

$$P' = 2P \qquad\qquad (99)$$

L'application instantanée de la charge produit donc un travail de la matière double de celui qui correspondrait à une application lente et progressive des charges. Il est souvent nécessaire de tenir compte de ce fait dans les calculs de résistance de certaines constructions.

Quelque chose d'analogue se présente dans le cas des ponts de chemins de fer, sur lesquels passent des trains animés d'une grande vitesse. Toutefois la question est beaucoup plus compliquée ; pour la résoudre il y aurait lieu d'examiner la nature des vibrations de la construction. On peut cependant affirmer que les déformations subies seront plus grandes que celles que produirait une charge statique égale. De là l'idée d'introduire dans les calculs la charge mobile multipliée par un certain facteur numérique. Gerber proposait de prendre ce facteur égal à 1,5, c'est-à-dire un nombre plus petit que la valeur 2 trouvée dans l'équation (99). En effet, il n'y a pas ici une application instantanée de la charge, de sorte que l'augmentation du travail élastique n'est pas aussi forte que dans le cas étudié plus haut.

Chocs. Il nous reste encore à examiner le cas des chocs proprement dits. Soit v la vitesse acquise par la charge au moment considéré, mesurée dans le sens de la déformation qui se produit. La force vive L que possède la charge est égale à :

$$L = \frac{Pv^2}{2g} = Ph$$

h désignant la hauteur de chute nécessaire pour produire la vitesse *v*.

Nous pouvons traiter ce cas comme le précédent et poser :

$$A = nP\,(h + f_d)\qquad\qquad (100)$$

n désignant un facteur numérique qui peut, ici, être de beaucoup plus petit que 1. C'est précisément dans le calcul de cette constante *n* que réside la difficulté du problème, difficulté qui n'a pas jusqu'ici été complètement surmontée. Il se produit, durant le choc, des phénomènes accessoires qui en compliquent beaucoup l'étude. Il peut y avoir, dans le voisinage immédiat du point où a lieu le choc, des déformations plastiques, soit de la charge, soit du corps lui-même, qui sont évidemment sans importance pour la manière dont se comporte le corps, mais qui, par contre, absorbent une partie de l'énergie disponible. En outre, une partie de la force vive se transforme immédiatement en chaleur, l'élasticité n'étant jamais parfaite.

Il convient également de tenir compte du fait que la vitesse de l'ébranlement n'est pas infinie, mais égale à la vitesse du son ; enfin la durée du choc peut être si courte que la plus grande déformation n'ait pas encore eu lieu lorsque l'influence de la charge cesse, de sorte qu'une partie de l'énergie n'est pas employée.

Les meilleurs travaux sur cette question difficile sont ceux de St.-Venant. On les trouvera dans sa traduction française de la Théorie de l'Elasticité de Clebsch. Il semble toutefois que les résultats de la théorie diffèrent très sensiblement de ceux obtenus dans la pratique. Il convient donc de considérer la question comme non résolue et d'attendre que des expériences aient montré quelle importance il faut attacher aux divers phénomènes accessoires que nous venons de mentionner.

Si *n* était connu, on déterminerait la charge P′ qui, appliquée progressivement, produirait les mêmes déformations, pour de là tirer le travail élastique de la matière. On aurait

$$\frac{1}{2} \, \mathrm{P}' f_d = n\mathrm{P} \, (h'' + f_d) \qquad (101)$$

On trouvera un exemple dans les exercices, à la fin du chapitre. Nous attirons l'attention du lecteur sur la remarque qui le suit.

§ 3

THÉORÈME DE MAXWELL

64. Réciprocité des déplacements des points d'application des forces extérieures. — Nous avons trouvé (équation 94) :

$$y_i = \Sigma \, \mathrm{P} \, \frac{dy}{d\mathrm{P}_i}$$

Prenons la dérivée partielle par rapport à une force quelconque P_k. Dans le membre de droite, les quantités $\frac{dy}{d\mathrm{P}_i}$ seules dépendent de P_k, sauf dans le terme où $\mathrm{P} = \mathrm{P}_k$; donc nous avons :

$$\frac{dy_i}{d\mathrm{P}_k} = \Sigma \, \mathrm{P} \, \frac{d^2 y}{d\mathrm{P}_i \, d\mathrm{P}_k} + \frac{dy_k}{d\mathrm{P}_i} \qquad (102)$$

Le principe de superposition étant applicable, puisque nous nous sommes placés dans l'hypothèse de la loi de Hoocke, les déplacements y sont des fonctions linéaires des forces P ; y^i est donc de la forme :

$$y_i = \alpha_{i_1} \, \mathrm{P}_1 + \alpha_{i_2} \, \mathrm{P}_2 + \dots\dots\dots + \alpha_{ii} \, \mathrm{P}_i + \dots\dots \qquad (103)$$

Les quantités α, les *coefficients d'influence* [1] des diverses for-

---

1. Il est facile de se rendre compte de la signification de ces coefficients. Supposons toutes les forces extérieures égales à o sauf l'une, P_k, par exemple, que nous prendrons égale à l'unité, il vient

$$y_i = \alpha_{ik}$$

Ces coefficients ne sont donc pas autre chose que les déplacements que proces extérieures sur le déplacement du point considéré dépendent des propriétés élastiques du corps et de la répartition des forces extérieures.

Les quantités y étant des fonctions linéaires des forces P nous avons :

$$\frac{d^2 y}{dP_i dP_k} = 0$$

par suite (102) devient

$$\frac{dy_i}{dP_k} = \frac{dy_k}{dP_i} \qquad (104)$$

ou, en tenant compte de (103) :

$$\alpha_{ik} = \alpha_{ki} \qquad (105)$$

L'influence de la force k sur le déplacement du point d'application de la force i est égale à l'influence de la force i sur le déplacement du point d'application de la force k.

Tel est le théorème de Maxwell sur la réciprocité des déplacements des points d'application des forces extérieures.

Nous en donnerons une autre démonstration indépendante de la précédente, en nous bornant au cas très simple d'une poutre reposant librement sur deux appuis. Considérons (fig. 40)

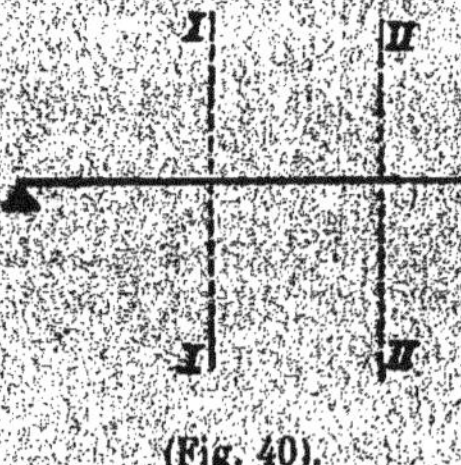

(Fig. 40).

deux sections transversales quelconques I et II, et supposons qu'en I agisse une force extérieure P_1. Soit α_{11} l'inflexion que produirait en I une force égale à l'unité agissant dans cette section, et α_{21} celle qu'elle produirait en II ; α_{11} et α_{21} sont les coefficients d'influence des forces agissant en I sur les déplacements des sections I et II. Les inflexions réelles en ces deux points sont par suite :

$$\alpha_{11} P_1 \text{ et } \alpha_{21} P_1$$

duiraient, au point considéré, des forces égales à l'unité agissant dans la direction des forces primitives. N. du T.

Soient maintenant une force P_2 agissant en II, α_{12} et α_{22} les coefficients d'influence, le premier indice désignant par conséquent le point où se produit le déplacement, et le second la force qui le cause. Si l'on applique d'abord P_1 puis ensuite P_2, ces deux forces produisent un certain travail égal à l'énergie potentielle interne emmagasinée dans la poutre. P_1 fournit tout d'abord un travail égal à

$$\frac{1}{2} P_1 \, \alpha_{11} P_1$$

Pendant l'application de P_2 les points d'applications de P_1 et P_2 se déplacent. Ces deux forces fournissent un travail ; il faut de plus remarquer que P_1 conserve sa valeur durant toute la durée du phénomène ; tandis que P_2 croît insensiblement de o à sa valeur normale. Le travail développé dans cette seconde période est donc

$$P_1 \, \alpha_{12} P_2 + \frac{1}{2} P_2 \, \alpha_{22} P_2$$

par suite l'énergie totale emmagasinée dans la pièce sera

$$A = \frac{1}{2} \alpha_{11} P_1^2 + \alpha_{12} P_1 P_2 + \frac{1}{2} \alpha_{22} P_2^2 \qquad (106)$$

On atteint naturellement le même état de déformation en appliquant d'abord P_2, puis P_1 ; en répétant exactement les mêmes raisonnements, on trouve :

$$A = \frac{1}{2} \alpha_{22} P_2^2 + \alpha_{21} P_2 P_1 + \frac{1}{2} \alpha_{11} P_1^2$$

Les deux valeurs de A doivent être identiques. Il faut donc que

$$\alpha_{12} = \alpha_{21} \qquad (107)$$

Et le théorème de Maxwell est de nouveau démontré.

Il serait facile de montrer que les hypothèses faites sur la forme du solide et la direction des forces extérieures ne sont pas nécessaires. Il suffirait de considérer (fig. 44) un corps quelconque soutenu d'une façon quelconque. On prendrait deux points I et II et, passant par ces points, deux directions arbitraires ; on verrait que si l'on fait agir une force en I dans le sens

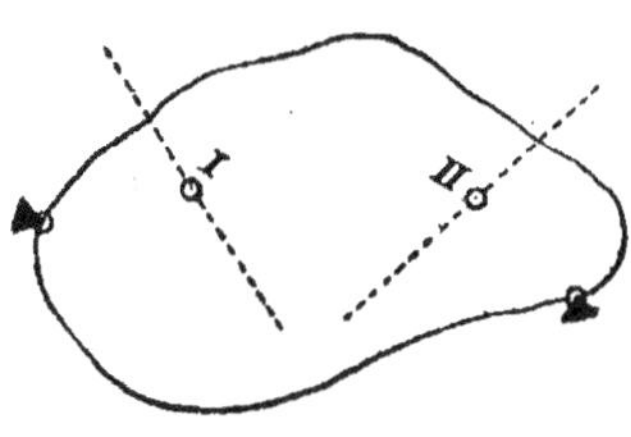

Fig. 44

choisi, II se déplace dans la direction considérée, autant que se déplace I lorsque la force agit en II.

Il nous reste à montrer comment on applique le théorème de Maxwell dans les calculs pratiques de résistance.

65. Applications. — Nous reprendrons l'exemple déjà traité d'une *poutre reposant librement sur 3 appuis.* Supposons l'appui intermédiaire enlevé, appliquons en ce point une force égale à **1** tonne (ou, en général, égale à l'unité de force) et déterminons la ligne élastique correspondant à cette répartition des forces extérieures, soit analytiquement, soit graphiquement (voir Note II). Soient a l'abscisse de l'appui médian comptée à partir de l'extrémité gauche, x l'abscisse d'une section transversale quelconque. L'ordonnée de la ligne élastique correspondant à l'abscisse x n'est autre chose que le coefficient d'influence

$$\alpha_{xa}$$

D'après le théorème de Maxwell :

$$\alpha_{ax} = \alpha_{xa}$$

Nous connaissons ainsi l'inflexion qui se produirait en a si, l'appui intermédiaire enlevé, on appliquait en x une force égale à **1**. De là résulte la grandeur de la réaction de cet appui en se basant sur un raisonnement fréquemment employé au chapitre précédent. Cette réaction doit être telle qu'elle compense cette inflexion. Or nous connaissons par la ligne élastique précédemment calculée le déplacement élastique α_{aa} de la section a sous l'influence d'une force agissant dans cette section, et nous savons de plus que la déformation élastique est proportionnelle à la grandeur de la force. Si donc nous désignons par P la force agissant en x et par Z la réaction de l'appui médian développée par la force P, nous aurons l'équation :

$$\alpha_{aa}\, Z = \alpha_{ax}\, P$$

d'où, ayant égard au théorème de Maxwell :

$$Z = \frac{\alpha_{xa}\, P}{\alpha_{aa}} \qquad (108)$$

Le rapport des deux ordonnées de la ligne élastique primitivement tracée, correspondant aux abscisses x et a, donne immédiatement la fraction de la charge P qui est supportée par l'appui médian. Cette fraction est proportionnelle à l'ordonnée α_{aa} de la ligne élastique. C'est pourquoi l'on désigne celle-ci sous le nom de *ligne d'influence relative à la réaction Z.* Ainsi donc, une fois cette courbe tracée, le calcul de la poutre continue est ramené à un problème isostatique, car on est en état de calculer, pour n'importe quelle répartition des charges, la réaction z d'après l'équation :

$$Z = \frac{1}{\alpha_{aa}} \, \Sigma \, \alpha_{xa}\, P$$

et par suite les réactions des divers appuis, les moments fléchissants, etc.

Le théorème de Maxwell est surtout précieux lorsque l'on a affaire à une charge roulante (train ou voiture) qu'il est nécessaire de considérer dans plusieurs positions. Le calcul serait très pénible, si l'on devait pour chaque nouvelle position le recommencer en partant de la théorie de l'Élasticité. Il résulte des explications qui précèdent que cela n'est nullement

12

nécessaire; la construction d'une seule ligne d'influence suffit pour donner une base à tous les calculs ultérieurs.

Afin de voir comment il y a lieu de procéder dans des cas plus compliqués, calculons encore les réactions des appuis d'une pièce prismatique reposant sur 4 appuis de niveau. Soit a l'abscisse du premier appui intermédiaire, b celle du second, comptées à partir de l'appui extérieur de gauche. Supposons les deux appuis intermédiaires supprimés et appliquons en a une force égale à l'unité. Les ordonnées de la ligne élastique correspondante fournissent, pour chaque section x, le coefficient d'influence α_{xa} et par suite α_{ax}. Nous construirons ensuite une seconde ligne élastique, relative à une force 1 agissant en b, qui fournit les coefficients α_{xb} et α_{bx}. Ces travaux préliminaires exécutés, les réactions C et D des appuis intermédiaires, correspondant à une charge P agissant dans une section quelconque d'abscisse x, s'obtiennent en résolvant les deux équations

$$\left. \begin{aligned} \alpha_{aa}\, C + \alpha_{ab}\, D &= P\alpha_{ax} \\ \alpha_{ba}\, C + \alpha_{bb}\, D &= P\alpha_{bx} \end{aligned} \right\} \qquad (109)$$

qui expriment la condition que le déplacement des points d'appui médians est nul. On trouve

$$\left. \begin{aligned} C &= P\, \frac{\alpha_{ax}\alpha_{bb} - \alpha_{bx}\alpha_{ab}}{\alpha_{aa}\alpha_{bb} - \alpha^2_{ab}} \\[2ex] D &= P\, \frac{\alpha_{ax}\alpha_{ba} - \alpha_{bx}\alpha_{aa}}{\alpha_{aa}\alpha_{bb} - \alpha^2_{ba}} \end{aligned} \right\} \qquad (110)$$

les facteurs de P dans ces expressions sont faciles à calculer, tous les coefficients α étant donnés par les deux lignes élastiques tracées; on pourra donc construire sans difficulté la *ligne d'influence* des charges sur les réactions des appuis intermédiaires.

Nous nous bornons ici à ces indications de portée générale, le développement que comporte cette méthode étant du domaine de la construction des ponts.

EXERCICES SUR LE CHAPITRE IV

Exercice 23. — Trois poutres métalliques équidistantes (fig. 42) de section double té (Profil normal allemand n° 36, $I = 19766$ cm⁴.) sont reliées invariablement entre elles par une poutre transversale de section semblable (profil normal

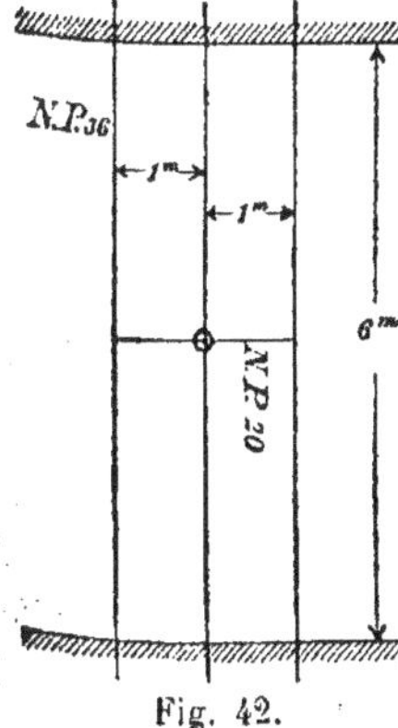

Fig. 42.

n° 20, $I = 2162$ cm⁴). Quelle force P, est-il possible d'appliquer au centre de cette construction, le travail élastique R ne devant nulle part dépasser 1000 kg. par cm². On fait abstraction du poids propre des poutres.

Solution. — Nous diviserons la construction en deux parties, l'une comprenant les deux poutres extérieures et la poutre transversale, l'autre la poutre médiane. Chacune de ces parties considérée pour elle-même constitue un système isostatique ; l'inconnue statiquement indéterminée du problème est la portion Z de la charge P, que la poutre médiane transmet au reste de la construction, par l'intermédiaire de la pièce transversale. La poutre médiane est donc sollicitée en son milieu par une force concentrée P — Z, tandis que la poutre transversale exerce sur chacune des pièces latérales une force $\frac{Z}{2}$. Au point d'application de P, les deux parties de la construction étant reliées d'une façon invariable subissent la même déformation ; nous trouverons donc Z en égalant à zéro la dérivée partielle du travail de déformation, prise par rapport à Z (art. 61).

Le moment fléchissant M qui agit sur la section d'abscisse x

de la moitié de gauche d'un prisme reposant librement aux extrémites et sollicité au milieu par une charge Q est $\frac{Qx}{2}$; le travail de déformation emmagasiné dans la moitié de gauche du prisme se calcule à l'aide de la formule (89) (nous pouvons négliger ici sans inconvénient les actions de glissement). Le travail total sera égal au double du résultat ainsi trouvé, nous aurons donc :

$$A = \int_0^{\frac{l}{2}} \frac{M^2}{IE}\,dx = \frac{Q^2}{4IE}\int_0^{\frac{l}{2}} x^2\,dx = \frac{Q^2 l^3}{96IE}$$

Pour la poutre médiane, il faut faire

$$Q = P - Z \qquad l = l_1 = 6\,\text{m.} \qquad I = I_1 = 19766\ \text{cm}^4 ;$$

pour chacune des deux poutres latérales

$$Q = \frac{Z}{2} \qquad l = l_1 = 6\ \text{m.} \qquad I = I_1 = 19766\ \text{cm}^4$$

et pour la poutre transversale

$$Q = Z \qquad l = l_2 = 2\ \text{m.} \qquad I = I_2 = 2162\ \text{cm}^4$$

D'où, pour l'énergie potentielle interne de la construction entière :

$$A = \frac{(P-Z)^2 l_1^3}{96\,I_1 E} + \frac{2\left(\frac{Z}{2}\right)^2 l_1^3}{96\,I_1 E} + \frac{Z^2 l_2^3}{96\,I_2 E}$$

en égalant $\frac{dA}{dZ}$ à zéro, on obtient

$$-\frac{2(P-Z)\,l_1^3}{96\,I_1 E} + \frac{Z l_1^3}{96\,I_1 E} + \frac{2\,Z l_2^3}{96\,I_2 E} = 0$$

$$Z = \frac{2\,P l_1^3}{3\,l_1^3 + 2 l_2^3\,\frac{I_1}{I_2}} = 0,544\,P.$$

Reste à déterminer la section dangereuse. Cette section ne peut se trouver qu'au milieu de la poutre médiane ou au milieu de la poutre transversale, car les poutres latérales sont certainement moins chargées que la poutre médiane. **Pour** cette dernière, le moment fléchissant maximum est

$$\frac{l_1\,(P - Z)}{4} = 68,4\,P\ \text{cm. kg.}$$

si $R = 1.000$ kg. par cm², l'équation (49) donne :

$$1.000 = \frac{68,4\,P}{19.766} \cdot 18$$

d'où

$$P = 16.000\ \text{kg.}$$

Le moment fléchissant maximum de la pièce transversale est

$$\frac{200 \times 0,544\,P}{4} = 27,2\,P$$

et, R ne devant pas dépasser 1.000 kg. par cm² :

$$1.000 = \frac{27,2\,P}{2.162}\,10$$

$$P = 8.000\ \text{kg.}$$

Donc, si l'on ne modifie pas les dimensions de la pièce transversale, la force P ne doit pas dépasser 8.000 kg.

Exercice 24. — *Une poutre horizontale de section double té (profil normal n° 24, I = 4.288 cm⁴.) de longueur égale à 2 m. repose librement aux extrémités. De quelle hauteur un poids de 400 kg. peut-il tomber sur le milieu de la poutre sans que le travail élastique maximum dépasse 1.600 kg. par cm², en admettant que 80 °/₀ de la force vive se transforme en travail de déformation (E = 2.000.000 kg. par cm²).*

Solution. — Calculons d'abord la force P' qui, appliquée progressivement au milieu de la pièce, produirait un travail élastique maximum de 1.600 kg. par cm². L'équation (49) donne

$$R = \frac{P'l}{4I}e \qquad P' = \frac{4IR}{el}$$

Le travail de déformation est calculé comme dans l'exemple précédent; nous trouvons ici

$$A = \left(\frac{4IR}{el}\right)^2 \frac{l^3}{96\,IE} = \frac{R^2\,lI}{6e^2E}$$

d'où, en introduisant les données numériques,

$$R = 1.600\,kg.\ par\,cm^2,\ l = 200\ cm.,\ I = 4.288\ cm^4,\ e = 12\ cm.$$
$$E = 2.000.000\ kg.\ par\,cm^2.$$
$$A = 1.270\,kg.\ cm.$$

La hauteur h dont le poids peut tomber est donnée par l'équation

$$0,8 \times 400 \times h = 1.270$$
$$h = 4,0\ cm.$$

Ce chiffre n'est pas absolument exact, car le poids fournit aussi un travail le long de f_d. Il faut donc poser strictement

$$h + f_d = 4,0\ cm.$$

la flèche f_d est égale à celle produite par la force P′; donc

$$f_d = \frac{P'l^3}{48\,IE} = \frac{Rl^2}{12\,eE} = 0,22\ cm.$$

La hauteur initiale h du poids au-dessus de la pièce ne doit donc pas dépasser 3,8 cm.

Remarque. — A l'occasion de la détermination de la résistance au choc de récipients en porcelaine, l'auteur a fait quelques expériences. Il employait à cet effet des bâtonnets d'environ 7 mm. d'épaisseur reposant sur deux appuis distants de 15 cm. Une partie des bâtonnets fut soumise à une force augmentant progressivement jusqu'à ce que rupture s'ensuive, tandis que les autres éprouvettes eurent à subir le choc d'un poids de 0,4 kg. tombant d'une hauteur de quelques centimètres. De la comparaison des déformations observées ressort que 40 $^{o}/_{o}$ seulement de la force vive du poids était transformée en énergie potentielle interne. Ajoutons que, pour amortir les actions locales du choc dans le voisinage du point de contact, on collait un petit morceau de carton mince sur les bâtonnets. Il importe de tenir compte de ce fait.

Exercice 25. — *Une pièce prismatique subit, sous l'influence d'une charge de 10 tonnes, des flexions mesurant respectivement en 3 endroits donnés, 2,0 ; 2,5 et 4 mm. La force de 10 tonnes étant supprimée, on applique aux trois points considérés des forces concentrées, égales respectivement à 8, 12 et 6 tonnes. Quelle sera, sous l'influence de ces forces, la flexion de la section dans laquelle agissait primitivement la force de 10 tonnes?*

Solution. — Nous admettons que les forces données ne produisent que des déformations élastiques. D'après le théorème de Maxwell, la flexion cherchée y est égale à

$$y = 8 \times 0,2 + 12 \times 0,25 + 6 \times 0,4 = 7,0 \text{ mm.}$$

CHAPITRE V

PRISMES A AXE CURVILIGNE

§ 1. *Hypothèses fondamentales, divergences de vue à leur sujet.* — 66. Déformations de l'axe longitudinal. — 67. Discussion.

§ 2. *Applications.* — 68. Arc à deux articulations aux naissances. — 69. Autre méthode pour déterminer la poussée horizontale. — 70. Influence des variations de température. — 71. Arc encastré aux deux extrémités. — 72. Résistance d'un anneau ou d'un tube travaillant à l'extension ou à la compression dans un plan diamétral. — 73. Ressort en spirale.

Exercices numéros 26 à 31.

§ 1

HYPOTHÈSES FONDAMENTALES, DIVERGENCES DE VUE A LEUR SUJET

66. Déformation de l'axe longitudinal.—Soit donné un prisme dont l'axe longitudinal est, à l'état initial, une courbe plane. Supposons ce solide soumis à un système de forces extérieures agissant toutes dans le plan de l'axe et admettons de plus que ce plan coupe les sections transversales suivant un de leurs axes principaux. Dans ces conditions, il n'y a aucune cause qui tende à faire dévier l'axe longitudinal du plan dans lequel il est contenu : cet axe reste plan dans la pièce déformée.

Nous nous plaçons immédiatement dans ce cas particulier, le cas général d'une pièce dont l'axe est une courbe à double courbure ne présentant aucune importance pratique. On le traiterait d'ailleurs de la même manière, en s'aidant des remarques faites précédemment au sujet des prismes à axe rectiligne (art. 42).

Supposons que le rayon de courbure de l'axe soit très grand par rapport aux dimensions des sections transversales. Soient ρ le rayon de courbure en un point donné, ρ' la valeur de ce rayon après la déformation, M le moment fléchissant, N l'effort normal et V l'effort tranchant développés dans la section transversale passant par le point donné ; cherchons la relation qui lie entre elles ces différentes quantités.

On reconnaît d'abord qu'il est permis de négliger l'influence de l'effort tranchant ; en effet, celui-ci produit un glissement de la section considérée par rapport à la section infiniment voisine, lequel glissement ne saurait influencer sensiblement le rayon de courbure. Semblablement, l'effort normal qui se répartit uniformément sur toute la section transversale n'influence que l'angle dièdre $d\varphi$ formé par les plans des deux sections infiniment voisines, mais ne modifie pas le rayon de courbure, car chaque fibre élémentaire s'allonge proportionnellement à sa longueur primitive, de sorte que les plans des deux sections se coupent toujours suivant la même droite. La variation $\Delta d\varphi$ de $d\varphi$ causée par N est, du reste, le plus souvent fort petite ; on a en effet :

$$\frac{\Delta d\varphi}{d\varphi} = \frac{\Delta ds}{ds} = \frac{R}{E} \qquad (111)$$

où Δds désigne l'allongement d'une fibre quelconque dont la longueur initiale est ds. Pratiquement, le rapport $\frac{R}{E}$ est au plus égal à $\frac{1}{2.000}$; $\Delta d\varphi$ est donc négligeable devant $d\varphi$. Nous indiquerons cependant plus loin quelques exceptions.

Les variations dues à l'action du moment fléchissant M sont

en général beaucoup plus grandes. Pour calculer ρ', nous utiliserons l'artifice suivant : nous supposerons que la courbure initiale de l'axe du prisme est due à l'action d'un moment fléchissant fictif M_f, agissant sur un prisme à axe rectiligne. Le rayon de courbure ρ' s'établira sous l'influence de $M_f + M$. Nous devons admettre que le prisme fictif peut subir cette déformation sans que la limite d'élasticité soit dépassée. Cette hypothèse est remplie si le prisme réel ne subit pas de déformations plastiques, lors de la flexion de ρ à ρ', et si les longueurs ds des fibres ne diffèrent pas à l'origine beaucoup les unes des autres. En effet, le prisme fictif doit se comporter de ρ à ρ' comme le prisme réel ; or rien ne nous empêche de choisir la limite d'élasticité de la matière dont il est formé de telle sorte qu'il puisse subir les flexions ρ et ρ' sans que cette limite soit dépassée. Grâce à cet artifice, le problème est maintenant ramené à celui qui a été traité à l'article 51. En appliquant la formule (78) aux moments M_f et $M_f + M$, il vient :

$$\frac{1}{\rho} = \frac{M_f}{JE} \qquad \frac{1}{\rho'} = \frac{M_f + M}{IE}$$

d'où, en éliminant M_f,

$$\frac{1}{\rho'} - \frac{1}{\rho} = \frac{M}{IE} \tag{112}$$

semblablement, l'équation (77) donne pour la variation angulaire $\Delta d\varphi$ de l'angle $d\varphi$, produite par M :

$$\Delta d\varphi = ds\,\frac{M}{IE} \tag{113}$$

où ds désigne la longueur d'un élément d'arc de l'axe longitudinal.

La répartition linéaire des actions moléculaires normales est aussi vraisemblable ici que dans le cas des prismes à axe rectiligne ; nous pouvons donc appliquer sans changement les formules trouvées précédemment pour le calcul de l'intensité des actions moléculaires.

Ceci n'est toutefois plus exact, ou devient douteux tout au moins, lorsque la condition : ρ très grand par rapport aux dimensions des sections transversales, n'est plus remplie, car alors les longueurs ds des fibres situées à des distances différentes du centre de courbure sont très différentes les unes des autres, et les variations Δds de ces longueurs ne sont plus simplement proportionnelles aux valeurs correspondantes de R, mais dépendent de plus de la position de la fibre dans le prisme élémentaire.

Les deux hypothèses fondamentales dont nous étions partis pour déterminer les actions moléculaires et qui étaient, comme nous l'avons vu, équivalentes, conduisent donc ici à une contradiction. L'hypothèse de Bernouilli des sections demeurant planes dans la transformation et l'hypothèse de la répartition linéaire des actions moléculaires deviennent incompatibles.

Les résultats des expériences faites jusqu'à ce jour ne permettent pas de se prononcer définitivement en faveur de l'une ou de l'autre de ces deux hypothèses.

67. Discussion. — Anciennement, on penchait plutôt à admettre la répartition linéaire des actions moléculaires sur la section ; plus tard, la plupart des auteurs se sont basés sur l'hypothèse de Bernouilli. Celle-ci entraîne, comme nous verrons, des calculs plus compliqués ; on pensait toutefois ne pas devoir craindre la peine, les résultats devant être plus exacts. Il y a quelque temps, l'auteur a montré que les résultats d'essais faits sur des prismes curvilignes ne semblent pas confirmer cette opinion. Ces résultats, peu nombreux il est vrai, concordent au contraire beaucoup mieux avec les valeurs calculées en admettant la répartition linéaire des actions moléculaires. Si donc, d'une part, il n'est pas absolument démontré que cette dernière hypothèse soit dans tous les cas conforme à la réalité, il n'y a, d'autre part, aucune raison pour le moment de s'en tenir à l'hypothèse de Bernouilli, qui conduit à des calculs compliqués dont l'exactitude est moindre que celle de formules très simples.

Nous admettons par conséquent dans cet ouvrage, ainsi que nous l'avons fait dans un travail paru il y a quelque temps, la loi de la répartition linéaire des actions moléculaires, bien que dans les ouvrages parus récemment (avant le travail mentionné) l'hypothèse de Bernouilli soit partout admise (1).

Ce dernier fait montre comment une hypothèse absolument arbitraire en elle-même (celle de Bernouilli par exemple), lorsqu'elle fait ses preuves dans un domaine déterminé (flexion des prismes à axe rectiligne), est ensuite étendue à d'autres cas sans que l'on songe à en contrôler à nouveau l'exactitude. L'hypothèse de Bernouilli a joué pendant longtemps dans la

Fig. 43

mécanique technique le même rôle qu'un axiome en géométrie, et beaucoup de techniciens la considèrent encore actuellement comme telle. Il n'est pas nécessaire d'insister encore sur la fausseté de ce point de vue. Chercher à étendre à un cas plus général une hypothèse exacte dans un cas particulier, est une tentative très naturelle, à laquelle on ne peut trouver à redire, à condition cependant de ne pas oublier que seule la vérification expérimentale des formules est en état de prouver que l'on était sur la bonne voie.

Etablissons maintenant les formules auxquelles conduisent chacune des deux hypothèses précitées. Admettons que les sections restent planes dans la déformation et considérons le prisme élémentaire, fig. 43. O vient en O' dans la déforma-

1. On a publié dans l'intervalle des résultats d'expériences faites sur des prismes à axe curviligne. Les résultats d'une longue série d'essais pratiqués par l'auteur sur des crochets d'attelage de wagons ont confirmé absolument son opinion. Des essais faits par M. le prof. von Bach de Stuttgart et répétés ensuite par l'auteur avec des prismes en fonte de fer ont donné pour les actions moléculaires des valeurs plus grandes que celles qui résulteraient de la loi

tion ; pour une fibre quelconque, distante de y de l'axe du prisme NN, on a :

$$ds = (r + y)\, d\varphi$$

si l'on désigne par r la distance de l'axe NN au point O. La variation de longueur qu'éprouve ds est :

$$\Delta ds = y\, \Delta d\varphi$$

par suite, en comparant ces deux résultats, on trouve :

$$\mathrm{R} = \mathrm{E}\frac{\Delta ds}{ds} = \frac{y}{r + y}\,\mathrm{E}\frac{\Delta d\varphi}{d\varphi} \qquad (114)$$

R n'est plus, comme on le voit, une fonction linéaire de y : si l'on représente R en fonction de y on obtient un arc d'hyperbole. Les tensions moléculaires devant former un couple, puisqu'elles font équilibre au moment de flexion, on doit avoir :

$$\int \mathrm{R}d\mathrm{F} = o$$

Cette équation de condition permet de déterminer la position de l'axe neutre ; en introduisant pour R sa valeur (114) on a :

$$\int \frac{y}{r + y}\,d\mathrm{F} = o \qquad (115)$$

Ainsi, suivant l'hypothèse de Bernouilli, l'axe neutre d'une section transversale ne passe plus par le centre de gravité de celle-ci. Lorsque la forme de la section est donnée, la formule (115) permet de calculer la distance de cet axe au centre de gravité comme on le verra dans l'exercice 26, à la fin du chapitre. r étant ainsi déterminé, nous pouvons calculer R au moyen de l'équation :

$$\int y\mathrm{R}d\mathrm{F} = \mathrm{M}$$

laquelle devient, en mettant pour R sa valeur :

de répartition linéaire. Il faut tenir compte naturellement des propriétés spéciales de la fonte de fer qui rendent incertaines les valeurs calculées, quelle que soit l'hypothèse admise au sujet de la répartition des tensions.

$$E \frac{\Delta d\varphi}{d\varphi} \int \frac{y^2}{y+r} \, dF = M.$$

Si y est petit par rapport à r, l'intégrale est sensiblement égale au moment d'inertie I de la section relatif à l'axe neutre. Si cette condition n'est pas remplie, on peut développer l'expression sous le signe $\int$ en série et prendre autant de termes qu'on le juge nécessaire. Il vient :

$$\int \frac{y^2}{r+y} \, dF = \frac{1}{r}\left(\int y^2 dF - \frac{1}{r} \int y^3 dF + \frac{1}{r^2} \int y^4 dF + \cdots \right)$$

pour abréger, nous poserons la parenthèse égale à I' (il ne s'agit le plus souvent que d'une valeur différant peu de I) ; la formule s'écrit alors :

$$\frac{Mr}{I'} = E \frac{\Delta d\varphi}{d\varphi}$$

et par suite, l'équation (114) s'écrit finalement :

$$R = \frac{ry}{r+y} \frac{M}{I'} \qquad\qquad (116)$$

Si y était négligeable devant r, la formule (116) deviendrait identique à celle qui a été trouvée pour le prisme à axe rectiligne. Dans certains cas, par exemple pour un crochet d'attelage ou de grue, la différence entre les résultats des deux formules peut être de 30 0/0. Elle est donc si considérable qu'il ne serait pas possible de remplacer la formule (116) par l'expression :

$$R = \frac{M}{I} y \qquad\qquad (117)$$

qui repose sur l'hypothèse de la répartition linéaire des actions moléculaires, s'il était démontré que la formule (116) fût plus exacte que (117). Or nous avons vu que tel n'est pas le cas ; nous ne tiendrons donc pas compte de l'expression (116) dans ce qui suit.

En adoptant la loi de la répartition uniforme des actions moléculaires exprimée par (117), nous admettons implicitement que les sections transversales ne restent pas planes dans la déformation, même dans le cas où il n'agit sur la section qu'un moment fléchissant, sans effort tranchant. Il faut alors préciser ce que nous entendons par la variation élastique $\Delta d\varphi$ de l'angle $d\varphi$ des plans de deux sections : nous entendrons par $\Delta d\varphi$ la variation de l'angle compris entre deux tangentes infiniment voisines de la fibre neutre ; cette variation se calcule à l'aide de l'équation (113), dans laquelle ds est la longueur de l'élément de fibre neutre.

§ 2

APPLICATIONS

68. Arc à deux articulations aux naissances. — Soit donné un prisme à axe curviligne dont les extrémités peuvent tourner librement autour de deux tourillons. Il s'agit de déterminer les réactions de ces points d'appui lorsque le prisme est soumis à un système de forces extérieures Le problème est statiquement indéterminé, le nombre des inconnues étant de quatre (les composantes des réactions des appuis), tandis que les conditions universelles d'équilibre ne fournissent que 3 équations.

Les tourillons autour desquels les extrémités peuvent se mouvoir portent le nom d'*articulations*. L'arc à deux articulations est pris assez fréquemment comme type de pont en fer.

La fig. 44 en donne la disposition ordinaire : les deux articulations sont situées à la même hauteur. Les composantes verticales des réactions des appuis se calculent sans difficulté, en formant l'équation des moments pour chacun des deux points d'appui.

Quant aux composantes horizontales H, nous pouvons seulement dire qu'elles sont égales et de signes contraires. Leur intensité, *la poussée horizontale* de l'arc, est l'inconnue statiquement indéterminée du problème, qu'il s'agit de déterminer tout d'abord. On reconnaît en effet qu'une fois cette quan-

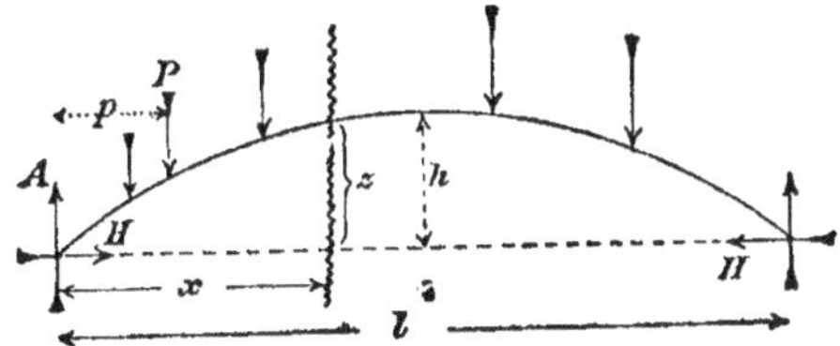

figure 144

tité connue on peut établir sans difficulté aucune le moment fléchissant, l'effort tranchant et l'effort normal pour une section traversale quelconque. Nous pouvons donc nous borner à rechercher H.

Nous emploierons d'abord à cet effet le théorème de Castigliano sur le travail de déformation minimum. Soit z l'ordonnée de la fibre moyenne correspondant à une abscisse x, le moment fléchissant dans la section transversale est

$$M = M_b - Hz \qquad (118)$$

où M_b signifie le moment des forces extérieures par rapport à la section considérée, c'est-à-dire le moment fléchissant qui agirait sur la section si l'axe du prisme était rectiligne ; M_b est donc de la forme

$$M_b = Ax - \overset{x}{\underset{o}{\Sigma}} \, P\,(x-p)$$

c'est une quantité connue, les forces extérieures étant données. Le travail de déformations emmagasiné dans le prisme élémentaire se calcule d'après la formule (88) ; en négligeant

13

l'action de l'effort normal N et de l'effort tranchant, on trouve
pour l'arc entier :

$$A = \frac{1}{2} \int \frac{M^2}{IE} ds = \frac{1}{2} \int \frac{(M_b - Hz)^2}{IE} ds \qquad (119)$$

l'intégrale étant étendue à tout l'axe.

Nous formons maintenant $\dfrac{dA}{dH}$ et égalons cette quantité à zéro

Il vient en différenciant sous le signe $\int$:

$$\frac{dA}{dH} = - \int \frac{(M_b - Hz)}{IE} z\, ds = o$$

$$= - \int \frac{M_b z}{IE} ds + H \int \frac{z^2}{IE} ds = o$$

d'où

$$H = \frac{\displaystyle\int \frac{M_b z\, ds}{IE}}{\displaystyle\int \frac{z^2\, ds}{IE}} \qquad (120)$$

le coefficient d'élasticité E est une constante ; si l'on suppose
également I constant sur toute la longueur de l'arc, on a :

$$H = \frac{\int M_b z\, ds}{\int z^2\, ds} \qquad (121)$$

Les intégrales qui entrent dans cette formule peuvent toujours être déterminées, soit directement, soit à l'aide d'une
quadrature mécanique.

Appliquons les formules précédentes au cas très simple où
l'axe longitudinal est une parabole dont l'axe vertical par-
tage la portée de l'arc en deux parties égales et où les charges sont réparties uniformément sur la projection horizontale
de l'arc. Ce cas est plus important qu'il ne semble tout d'abord.
On peut en effet, sans commettre une grande erreur, rempla-

cer tout arc symétrique et de faible courbure par un arc de parabole passant par les deux points d'appui et le point le plus bas et simplifier ainsi notablement les calculs.

Nous trouvons ici :

$$M_b = \frac{ql}{2}x - \frac{qx^2}{2}$$

q désignant la charge par unité de longueur.

La surface des moments est donc limitée par une parabole ; en choisissant convenablement l'échelle, il serait possible de faire coïncider cette courbe avec l'axe du prisme.

Au milieu de l'axe, M_b devient $\frac{ql^2}{8}$ et $z = h$, on peut donc aussi poser :

$$M_b = \frac{ql^2}{8}\frac{z}{h}$$

si l'on introduit cette valeur dans la formule (121), il vient, tous calculs faits :

$$H = \frac{ql^2}{8h}. \tag{122}$$

Cette valeur de H annule l'expression de A, comme il résulte de l'équation (118). En général, si l'on peut trouver pour l'inconnue statiquement indéterminée une valeur telle que le travail de déformation soit nul, cette valeur correspond nécessairement à un minimum de A, le travail de déformation ne pouvant être négatif. Nous aurions pu déterminer H en nous basant sur cette remarque. Il convient de remarquer que les formules (121) ou (120) ne donnent pas la valeur exacte de A ; en effet, l'application de charges, si petites soient-elles, produit nécessairement une déformation et A ne peut être nul comme nous le trouvons.

La raison de cette contradiction est que, dans les calculs, nous n'avons tenu compte que du moment de flexion. Pour obtenir des résultats exacts, il faudrait tenir compte de l'effort normal N. On peut négliger le travail des actions moléculaires tangentielles, et cela avec plus de raison que lorsque l'axe du prisme est rectiligne, car ces actions moléculaires sont moins intenses dans les prismes à axe curviligne. On pourrait du reste introduire ce terme dans l'expression du travail de déformation, exactement comme nous l'avons fait précédemment pour le prisme droit. Ce n'est toutefois d'aucune importance pratique ; aussi ne le ferons-nous pas.

Si R est l'intensité d'actions moléculaires normales uniformément réparties sur la section transversale F, R étant donné par l'expression

$$R = \frac{N}{F},$$

ces forces fournissent un travail dans l'allongement du prisme élémentaire, qui, rapporté à l'unité de volume, est égal à (éq. 42) :

$$\mathcal{A} = \frac{R^2}{2E}$$

en multipliant par $F ds$, le volume du prisme élémentaire, il vient :

$$dA = \frac{R^2 F}{2E} ds = \frac{N^2}{2EF} ds$$

Supposons qu'une fois cette déformation accomplie nous fassions agir le moment de flexion M. Celui-ci occasionne une rotation d'une des sections du prisme élémentaire, relativement à l'autre, et, d'après l'hypothèse de la répartition linéaire des actions moléculaires, cette rotation a lieu autour d'un axe passant par le centre de gravité. Dans ce mouvement, les points d'application des actions $R = \frac{N}{F}$ se déplacent, nous devons calculer le travail qu'elles fournissent dans ce mouvement. Le chemin parcouru par le point d'application de l'action moléculaire agissant sur l'élément superficiel dF, distant de y de l'axe neutre est

$$y \Delta d\varphi$$

le travail total de ces actions moléculaires sera donc

$$\int \mathrm{R} y d\mathrm{F} \Delta d\varphi = \frac{\mathrm{N}\Delta d\varphi}{\mathrm{F}} \int y d\mathrm{F}$$

or l'intégrale $\int y d\mathrm{F}$ est nulle, puisque l'axe neutre passe par le centre de gravité de la section. Les actions moléculaires normales dues à l'effort normal N, ne fournissent donc pas de travail durant la déformation occasionnée par le moment fléchissant M.

Inversement, on démontrerait que le travail des actions moléculaires qui se développent sous l'action de M est nul durant la déformation produite par N.

Nous avons donc maintenant, au lieu de l'expression (119), la valeur suivante :

$$\mathrm{A} = \frac{1}{2} \int \frac{\mathrm{M}^2}{\mathrm{IE}} ds + \frac{1}{2} \int \frac{\mathrm{N}^2}{\mathrm{IE}} ds$$

d'où

$$\frac{d\mathrm{A}}{d\mathrm{H}} = - \int \frac{\mathrm{M}_b z}{\mathrm{IE}} ds + \mathrm{H} \int \frac{z^2}{\mathrm{IE}} ds + \int \frac{\mathrm{N}}{\mathrm{EF}} \frac{d\mathrm{N}}{d\mathrm{H}} ds = o$$

Il faudrait connaître N en fonction de H ; pour des arcs de faible courbure, on peut poser approximativement H = N : H et N étant dans ce cas très grands, l'erreur commise est très petite. On a alors :

$$\frac{d\mathrm{N}}{d\mathrm{H}} = 1$$

et l'équation précédente donne :

$$\mathrm{H} = \frac{\displaystyle\int \frac{\mathrm{M}_b \, z ds}{\mathrm{IE}}}{\displaystyle\int \frac{z^2}{\mathrm{IE}} ds + \int \frac{ds}{\mathrm{EF}}} \qquad (123)$$

ou, si l'on suppose I et E constants :

$$\mathrm{H} = \frac{\int \mathrm{M}_b \, z ds}{\int (z^2 + t^2) ds} \qquad (124)$$

t désignant le rayon de gyration de la surface F, de sorte que

$$t^2 = \frac{I}{F}.$$

La comparaison de cette formule avec l'expression (121) montre l'influence de la considération de l'effort normal N sur la valeur de H. Tant que t est petit par rapport à z, les deux valeurs de H fournies par (121) et (124) diffèrent fort peu l'une de l'autre; or cette condition est très généralement remplie. Il suffit donc le plus souvent de calculer H à l'aide de la formule (121).

69. Autre méthode pour déterminer la poussée horizontale. — Étant donnée l'importance pratique du calcul de la poussée horizontale, il nous paraît désirable d'indiquer encore une autre méthode pour le calcul de cette force.

Supposons l'arc encastré à l'extrémité gauche, tandis que l'extrémité droite est absolument libre, et admettons que, seul, un élément ds de l'arc subisse une déformation, tandis que tout le reste de l'arc conserve sa forme initiale.

Par suite de la déformation de ds, la partie de l'arc (fig. 45)

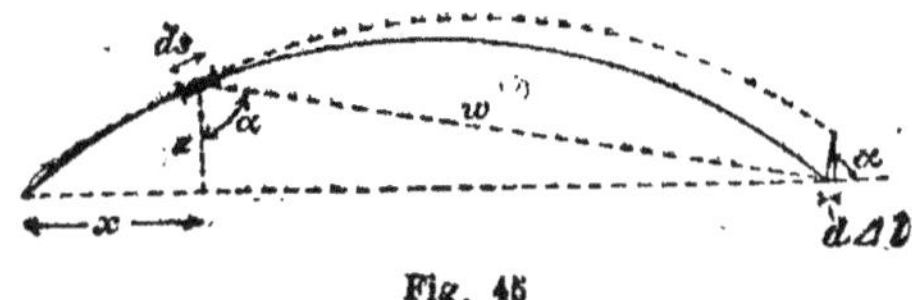

Fig. 45

située à droite de cet élément tourne relativement à la partie de gauche d'un angle $\Delta d\varphi$, chaque point décrit un arc de cercle, dont le centre se trouve au milieu de ds et dont l'angle au centre est $\Delta d\varphi$. Sur la figure, le rayon w de l'arc de cercle décrit par l'extrémité droite du prisme est indiqué en pointillé.

Le chemin décrit par cette extrémité est égale à $w\Delta d\varphi$. Pour reconnaître de combien la portée de l'arc s'est accrue par suite de la déformation subie par ds, supposons que l'arc enlier tourne sans se déformer autour de l'extrémité gauche, jusqu'à ce que l'extrémité droite se trouve de nouveau sur l'horizontale primitive. Les chemins parcourus successivement par l'extrémité droite forment l'hypoténuse et un côté d'un triangle rectangle infiniment petit, tandis que le troisième côté représente précisément la variation $d\Delta l$ de la portée. Dans ce triangle, l'un des angles est égal à l'angle compris entre le rayon w et la verticale. Nous avons donc

$$d\Delta l = w\,\Delta d\varphi \cos\alpha = z\,\Delta d\varphi.$$

En appliquant successivement le même raisonnement à tous les éléments ds de l'arc, nous trouvons pour la variation totale Δl de la portée l de l'arc :

$$\Delta l = \int z\,\Delta d\varphi = \int \frac{\mathrm{M}z}{\mathrm{EI}}\,ds \qquad (125)$$

Nous n'avons pas tenu compte ici de l'action de l'effort normal ; il est cependant facile de la considérer. Si l'arc est de faible courbure, on peut poser pour expression de la variation correspondante :

$$\frac{l\mathrm{H}}{\mathrm{EF}}$$

Ce terme est naturellement négatif, la poussée horizontale tendant à diminuer la portée de l'arc ; Δl, dans l'équation (125), est positif si M l'est aussi, car un moment positif d'après nos conventions tend à diminuer la courbure de l'arc et par suite à en augmenter la portée.

Dans les déformations réelles que subit l'arc, la portée reste invariable. Nous avons donc l'équation de condition :

$$\int \frac{\mathrm{M}z}{\mathrm{EI}}\,ds - \frac{l\mathrm{H}}{\mathrm{EF}} = 0$$

En mettant pour M sa valeur (éq. 118) et en résolvant par rapport à H, on retombe sur les valeurs trouvées précédemment, savoir sur la formule (120) si l'on néglige le second terme, et sur (123) si l'on en tient compte. Nous avons toutefois ici l au lieu de $\int ds$; ce fait provient naturellement de l'estimation arbitraire du terme de correction.

On peut aussi procéder en supposant pour un instant que l'extrémité droite de la pièce est munie d'une glissière. Le moment fléchissant est alors simplement M_b, par conséquent l'augmentation de la portée est :

$$\Delta l = \int \frac{M_b\, z}{\mathrm{IE}}\, ds$$

Appliquons maintenant sur le palier mobile de droite une force horizontale H, telle qu'elle compense l'allongement Δl, de sorte que l'arc se trouve ramené dans sa position définitive. La force H produit des moments fléchissants négatifs Hz ; le raccourcissement correspondant de la portée est (équation 125)

$$\int \frac{H z^2}{\mathrm{IE}}\, ds$$

d'où l'équation

$$\int \frac{M_b\, z}{\mathrm{IE}}\, ds = \int \frac{H z^2}{\mathrm{IE}}\, ds$$

de laquelle résulte H. Si on le jugeait nécessaire, on pourrait également tenir compte de la déformation due à l'effort normal.

Ces dernières méthodes ont sur l'application des théories de Castigliano l'avantage d'être plus claires. On voit mieux la signification de chacun des termes des diverses formules. Par contre, elles exigent une connaissance exacte des différentes phases du phénomène, tandis que la méthode de Castigliano conduit directement au résultat.

70. Influence des variations de température. — Si le système des forces extérieures qui agit sur un corps est isostatique, les variations de température sont sans influence sur les actions moléculaires développées dans le solide. En effet, les forces de liaison peuvent alors être déterminées à l'aide des équations universelles de l'équilibre et sont toujours nulles si les forces extérieures le sont, quelle que soit la température à laquelle le solide est soumis. Si donc toutes les forces extérieures sont nulles, il faut que, dans chaque section transversale, les actions moléculaires se fassent équilibre entre elles ; ceci n'est possible, en vertu de l'hypothèse de la répartition linéaire des actions moléculaires, que si elles sont nulles.

Dans le cas d'un échauffement inégal des diverses parties du solide, il peut s'établir à l'intérieur du corps des forces élastiques qui ne sont plus réparties suivant la loi de répartition linéaire ; il n'est alors plus exact de supposer les forces intérieures nulles, lorsque les forces extérieures le sont. Un excellent exemple d'actions moléculaires développées par suite d'un échauffement inégal est donné par les actions moléculaires latentes *de fabrication* qui se développent dans les pièces de fonte refroidies irrégulièrement après la coulée et dont certaines parties se sont solidifiées, tandis que d'autres étaient encore fluides. Souvent, ces actions latentes atteignent une intensité voisine de la limite de résistance, de sorte qu'une charge très faible suffit pour causer la rupture de la pièce. Remarquons en passant qu'il est possible de faire disparaître ces forces ou tout au moins de diminuer leur intensité en portant la pièce au rouge ou, comme l'ont démontré des expériences récentes, en la soumettant à des charges réitérées dont on augmente insensiblement l'intensité.

Nous exclurons ce cas et admettrons qu'à l'état initial le corps n'est soumis à aucune force intérieure, que la température varie partout uniformément et enfin que le coefficient de dilatation est le même en tous les points du solide. Dans ces conditions, si le corps n'est sollicité par aucune force extérieure et s'il subit une variation de température, il se dilate en restant géométriquement semblable à sa forme initiale. Il n'y a alors aucune cause pour que des forces intérieures se développent.

Si, par contre, le solide est sollicité par un système de forces hyperstatique, il peut arriver que par suite des liaisons auxquelles il est soumis il lui soit impossible de se dilater librement, en restant semblable à lui-même. Il se produira de ce fait de nouvelles forces de liaisons indépendantes du système des forces extérieures. Les quantités statiquement indéterminées que l'on a à déterminer dans le calcul des pièces soumises à un système de forces hyperstatique ne dépendent donc plus de ces forces seulement, mais aussi des variations de température.

L'arc à deux articulations aux naissances est un exemple des cas de ce genre. S'il subit une élévation de température il ne peut se dilater en restant semblable à lui-même puisque la portée de l'arc reste invariable ; il se produira donc une poussée horizontale qui s'oppose à l'allongement de la corde de l'arc. Cette force développe dans le prisme des moments fléchissants, des efforts normaux et transversaux et par suite des actions moléculaires qui viennent s'ajouter à celles provenant des forces extérieures. En général, l'intensité de ces forces est assez considérable pour qu'il soit nécessaire d'en tenir compte dans les calculs de résistance.

Pour les constructions établies en plein air, les ponts par exemple, on admet des variations de température de 40° en dessus et en dessous de la température correspondant à l'état initial. Une pareille variation produit dans une construction en fer une dilatation linéaire d'environ 1/2000 des dimensions primitives. Par exemple, la distance des points d'appui d'un arc à deux articulations de 50 m. de portée initiale tendrait à s'allonger de $\Delta l = 28$ mm. L'augmentation de la poussée horizontale devrait être assez grande pour que la déformation produite compensât exactement Δl. Posons d'une façon générale la dilatation de l'unité de longueur égale à η et ne tenons compte que des moments fléchissants produits par H ; il vient comme plus haut :

$$\eta l = \int \frac{Hz^2}{IE}\, ds$$

d'où l'on tire pour la poussée horizontale causée par la variation de température

$$H = \frac{\eta l}{\displaystyle\int \frac{z^2}{\mathrm{IE}}\,ds} \qquad (126)$$

On traiterait de même l'influence sur **H** d'un déplacement possible des culées.

On peut déterminer facilement aussi les forces de liaisons dues à des variations de température à l'aide des théorèmes de Castigliano. Soit **U** l'une de ces forces de liaison, et supposons la liaison correspondante supprimée : le solide pourra se dilater librement en ce point ; soit *u* le chemin décrit dans cette dilatation par le point d'application de **U**, mesuré suivant la direction de **U**. On pourra toujours calculer facilement *u* lorsque η est donné. Il faut évidemment que U soit telle que le déplacement *u* disparaisse.

En vertu de la formule (95) nous avons donc

$$\frac{d\mathrm{A}}{d\mathrm{U}} = -\,u \qquad (127)$$

Cette relation remplace la formule

$$\frac{d\mathrm{A}}{d\mathrm{U}} = o$$

qui sert à calculer **U**, lorsqu'il n'y a pas de variation de température.

U n'est pas nécessairement une force, ce peut être aussi un couple ; il faut alors entendre par *u* la rotation que ferait le solide considéré si la liaison était supprimée.

Appliquons ces résultats à l'arc à deux articulations.

Nous avons **U = H** et $u = -\,\eta l$, l'équation (127) devient :

$$\frac{d\mathrm{A}}{d\mathrm{H}} = \eta l$$

en mettant pour **A** sa valeur (119), dans laquelle M_b est égal à zéro, puisqu'il n'y a pas de forces extérieures, nous obtenons :

$$\frac{d\mathrm{A}}{d\mathrm{H}} = \mathrm{H} \int \frac{z^2}{\mathrm{IE}}\, ds = \eta l$$

d'où résulte la même valeur pour H que celle trouvée précédemment (formule 126).

71. Arc encastré aux deux extrémités. — Les inconnues statiquement indéterminées du problème sont au nombre de 3 ; nous avons en effet 6 inconnues en tout : les composantes verticales et horizontales des réactions des appuis et les moments des couples agissant dans les sections d'encastrement. Comme inconnues statiquement indéterminées, nous prendrons la composante verticale B et la composante horizontale H de la réaction de l'appui de gauche, ainsi que le moment M_0 du couple dans cette section ; il vient alors, si l'on conserve les notations précédentes, pour le moment de flexion M dans une section transversale quelconque d'abscisse x :

$$\mathrm{M} = \mathrm{M}_0 + \mathrm{B}x - \mathrm{H}z - \overset{x}{\underset{0}{\Sigma}}\, \mathrm{P}\,(x-p).$$

En particulier, si la charge est répartie uniformément sur la projection horizontale de l'arc :

$$\mathrm{M} = \mathrm{M}_0 + \mathrm{B}x - \mathrm{H}z - \frac{qx^2}{2}$$

Pour plus de simplicité, nous négligerons les efforts normaux dans le calcul du travail de déformation ; nous avons donc simplement :

$$\mathrm{A} = \frac{1}{2} \int \frac{\mathrm{M}^2}{\mathrm{EI}}\, ds$$

En égalant à o les dérivées partielles de A prises successivement par rapport à B, H et M_0 nous obtenons les trois équations de condition :

$$\frac{d\mathrm{A}}{d\mathrm{B}} = \int \frac{\mathrm{M}}{\mathrm{EI}} \frac{d\mathrm{M}}{d\mathrm{B}}\, ds = \int \frac{\mathrm{M}x}{\mathrm{EI}}\, ds == o$$

$$\frac{d\mathrm{A}}{d\mathrm{H}} = \int \frac{\mathrm{M}}{\mathrm{EI}} \frac{d\mathrm{M}}{d\mathrm{H}}\, ds = -\int \frac{\mathrm{M}z}{\mathrm{EI}}\, ds = o$$

$$\frac{d\mathrm{A}}{d\mathrm{M}_0} = \int \frac{\mathrm{M}}{\mathrm{EI}} \frac{d\mathrm{M}}{d\mathrm{M}_0}\, ds = \int \frac{\mathrm{M}}{\mathrm{EI}}\, ds = o$$

Après avoir remplacé M par sa valeur, on pourra résoudre ces trois équations par rapport à B, H et M_0. Les intégrales qu'elles renferment peuvent toujours être évaluées graphiquement si l'intégration directe présente trop de difficultés. Les 3 inconnues restantes se déterminent ensuite à l'aide des conditions générales d'équilibre.

Recherchons quelles valeurs prennent les quantités B, H et M_0 lorsque l'arc ne subit qu'une variation de température. Supposons l'extrémité gauche de l'arc libre, on reconnaît que, seul, le point d'application de H subit un déplacement dans le sens de la force (à condition naturellement, que les deux appuis soient à la même hauteur).

Nous avons donc les trois équations :

$$\int \frac{\mathrm{M}}{\mathrm{IE}}\, ds = o$$

$$\int \frac{\mathrm{M}x}{\mathrm{IE}}\, ds = o$$

$$\int \frac{\mathrm{M}z}{\mathrm{IE}}\, ds = -\tau_i l$$

dans lesquelles M est simplement :

$$\mathrm{M}_0 + \mathrm{B}x - \mathrm{H}z$$

puisque, par hypothèse, il n'y a pas de forces extérieures.

On en tirerait comme plus haut les valeurs B, H et M_0.

72. Résistance d'un anneau ou d'un tube travaillant à la compression ou à l'extension dans un plan

diamétral. — La figure 46 représente un corps de forme annulaire comprimé dans le plan vertical entre deux plaques avec une force P. Un tuyau situé sous une chaussée subit des efforts analogues lorsque passe une voiture chargée. Si nous considérons au lieu d'une compression une extension de même intensité, les déformations et les actions moléculaires sont les mêmes en valeur absolue; seul leur signe change. Un maillon de forme annulaire d'une chaîne chargée à une extrémité travaille exactement dans ces conditions. Il suffit par suite de traiter l'un des cas, celui de la compression par exemple.

On reconnaît immédiatement que l'on peut se borner à

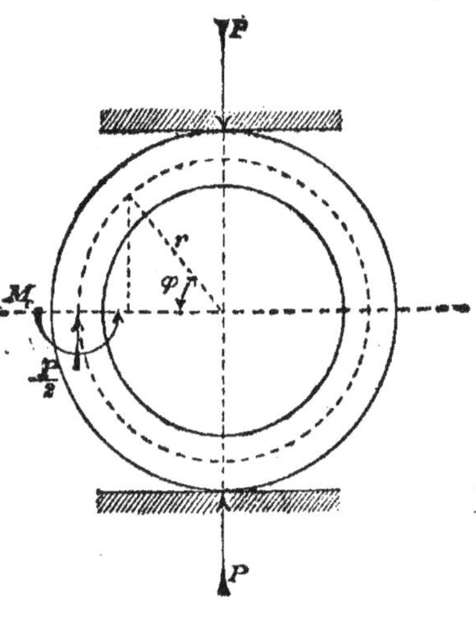

fig. 46

considérer un quadrant, les trois autres se trouvant dans des conditions absolument analogues. Envisageons le quadrant supérieur de gauche et supposons-le séparé du reste du corps. Pour que rien ne soit changé, nous devons appliquer sur les surfaces de séparation des systèmes de forces extérieures équivalents aux systèmes des actions moléculaires qui agissaient précédémment sur ces sections. Pour la section transversale horizontale, la résultante de ce système, que nous pouvons supposer passer par le centre de gravité, est évidemment perpendiculaire à la section par raison de symétrie ; en effet, les deux quadrants qui se joignent suivant cette section travaillant dans des conditions absolument semblable, l'action et la réaction qu'ils exercent l'un sur l'autre doivent être dirigées par rapport à l'un exactement comme par rapport à l'autre : ceci n'est possible que si l'angle qu'elles forment avec le plan de la section est droit ; de plus, en considérant l'équilibre d'une moitié du corps, on voit que la résultante agissant sur la section transversale horizontale est égale à $\frac{P}{2}$.

Soit M_0 le moment du couple inconnu agissant sur cette section. Le moment fléchissant M dans une section transversale quelconque dont le plan est incliné de l'angle φ sur l'horizon est donné par la relation :

$$M = M_0 + \frac{P}{2}(r - r\cos\varphi)$$

L'effort normal N agissant sur la section est égal à :

$$\frac{P}{2}\cos\varphi$$

Nous ne considérons d'abord que l'influence de M dans le calcul des déformations, celle-ci étant assez prépondérante pour que l'on puisse se borner à tenir compte d'elle seule dans les calculs pratiques.

La déformation du quadrant est soumise à la condition que les sections extrêmes demeurent perpendiculaires entre elles. En effet, à l'axe longitudinal correspond un angle de 360°, lequel ne subit aucune variation tant que l'axe longitudinal ne cesse pas d'être une courbe fermée, c'est-à-dire tant qu'il n'y a pas rupture. De plus, les quatre quadrants travaillent dans des conditions absolument semblables ; l'angle au centre de 90° qui correspond à chacun d'eux ne doit donc pas non plus subir de variation. L'équation de condition nécessaire pour déterminer la seule inconnue statiquement indéterminée du problème, M_o, est donc la suivante :

$$\int_0^{\frac{\pi}{2}} \Delta\, d\varphi = o$$

nous avons trouvé précédemment :

$$\Delta\, d\varphi = \frac{M\,ds}{IE}$$

par suite :

$$\Delta\, d\varphi = \frac{\left(M_o + \dfrac{Pr}{2} - \dfrac{Pr}{2}\cos\varphi\right) r\, d\varphi}{IE}$$

Si l'on substitue cette valeur dans l'équation ci-dessus et si on laisse de côté les facteurs constants I, E et r, on obtient :

$$\int_0^{\frac{\pi}{2}} \left(M_o + \frac{Pr}{2} - \frac{Pr}{2}\cos\varphi\right) d\varphi = o$$

$$M_o \frac{\pi}{2} + \frac{Pr\pi}{4} - \frac{Pr}{2} = o$$

d'où

$$M_o = -\frac{\pi - 2}{2\,\pi} Pr = -\,0{,}182\, Pr$$

Ainsi, aux extrémités du diamètre horizontal, le moment fléchissant est négatif : il tend par conséquent à augmenter la courbure. On pouvait du reste s'attendre à ce résultat en considérant la figure. Celle-ci laisse reconnaître de même que le moment fléchissant aux extrémités du diamètre vertical est positif.

Dans l'expression de M, le second terme est positif, M_o est donc le moment maximum de signe négatif. Le plus grand moment positif correspond à la valeur $\varphi = \frac{\pi}{2}$; on trouve :

$$M_{\frac{\pi}{2}} = \frac{Pr}{\pi} = 0,318\,Pr.$$

C'est donc aux extrémités du diamètre vertical que le moment fléchissant atteint son maximum absolu et par suite que le travail de la matière est le plus considérable.

Si le solide considéré est par exemple un tube de longueur l, dont l'épaisseur des parois est δ, la section transversale est un rectangle dont le moment de résistance est $\frac{l\delta^2}{6}$; on obtient donc pour le travail élastique maximum :

$$R = \frac{6Pr}{\pi l\delta^2} \tag{128}$$

Tenons maintenant compte de l'influence de l'effort normal sur les déformations. On a, formule (111) :

$$\Delta\,d\varphi = \frac{N}{EF}\,d\varphi + \frac{Mr\,d\varphi}{IE}$$

donc dans le cas qui nous occupe :

$$\Delta d\varphi = \left[\frac{P}{2EF}\cos\varphi + \frac{M_0 r}{IE} + \frac{Pr}{2IE}(r - r\cos\varphi)\right] d\varphi$$

en intégrant entre les limites o et $\frac{\pi}{2}$ et en égalant l'intégrale à zéro, nous obtenons :

$$\frac{P}{2FE} + \frac{M_0 r}{EI}\frac{\pi}{2} + \frac{Pr^2}{2EI}\frac{\pi}{2} - \frac{Pr^2}{2EI} = o$$

d'où nous tirons :

$$M_0 = -\left(Pr\,\frac{\pi-2}{2\pi} + \frac{Pi^2}{\pi r}\right)$$

où i désigne le rayon de gyration de la section transversale relatif à l'axe principal parallèle à l'axe du tube. En particulier pour une section rectangulaire nous avons $t^2 = \dfrac{\delta^2}{12}$, par suite :

$$M_o = -\,Pr\left(\frac{\pi-2}{2\pi} + \frac{\delta^2}{12r^2\pi}\right)$$

Le terme représentant l'influence de l'effort normal n'atteint une valeur notable que si l'épaisseur du tube est très grande comparativement à son rayon.

Nous trouvons ici :

$$M_{\frac{\pi}{2}} = M_o + \frac{Pr}{2} = \frac{Pr}{\pi}\left(1 - \frac{\delta^2}{12r^2}\right) \qquad (129)$$

Ce moment fléchissant est un peu plus petit que celui que nous avions trouvé précédemment, c'est-à-dire que le tube peut supporter une charge un peu supérieure à celle que donne la formule (128). L'expression exacte de R serait :

$$R = \frac{6Pr}{\pi l \delta^2}\left(1 - \frac{\delta^2}{12r^2}\right) \qquad (130)$$

Pour $\delta = \dfrac{r}{5}$, le second terme de la parenthèse est égal à environ 0,003 ; on peut donc le négliger sans commettre d'erreur appréciable tant que les parois du tube ne sont pas trop épaisses ([1]).

Calculons encore l'allongement Δd du diamètre horizontal, nous pouvons utiliser la formule qui donne l'augmentation de portée d'un arc ; nous avons, formule (126) :

---

1. Il résulte d'une série d'essais faits par l'auteur sur des anneaux en acier que ceux-ci supportent, avant de subir des déformations plastiques, une charge de plus de 50 0/0 supérieure à celle que donne le calcul. La raison de ce phénomène est probablement la suivante : sous l'influence de la charge, l'anneau subit des déformations plastiques très petites, qui échappent à nos moyens de mesure, aux points où le travail élastique est le plus grand. Ces déformations entraînent une autre répartition des actions moléculaires dans les sections transversales, ce qui permet à l'anneau de supporter des charges plus grandes que celles données par la formule, laquelle naturellement cesse d'être applicable sitôt que la loi de Hooke n'est plus satisfaite.

$$\Delta l = \int \frac{Mz}{IE}\, ds$$

nous aurons maintenant Δd au lieu de Δl, de plus :

$$M = M_0 + \frac{P}{2}\left(P\,r - r\cos\varphi\right) \text{ et } z = r\cos\varphi$$

Il suffit d'étendre l'intégrale à un quadrant seulement et de doubler le résultat. Posons immédiatement $I = \frac{ld^3}{12}$, afin de traiter complètement le cas du tube (ou celui d'un anneau de section rectangulaire). Il vient, tous calculs faits :

$$\Delta d = \frac{Pr^3}{EI}\frac{4 - \pi}{2\pi} = 1{,}639\,\frac{Pr^3}{El\delta^3} \tag{131}$$

Nous aurions pu naturellement employer les théorèmes de Castigliano pour arriver aux résultats ci-dessus. Nous allons montrer comme ces théorèmes peuvent servir à résoudre un cas plus général.

Soit (fig. 47) un corps de forme annulaire soumis à l'action d'un système de forces normales à la face extérieure (ou à la face intérieure) et constituant un système en équilibre.

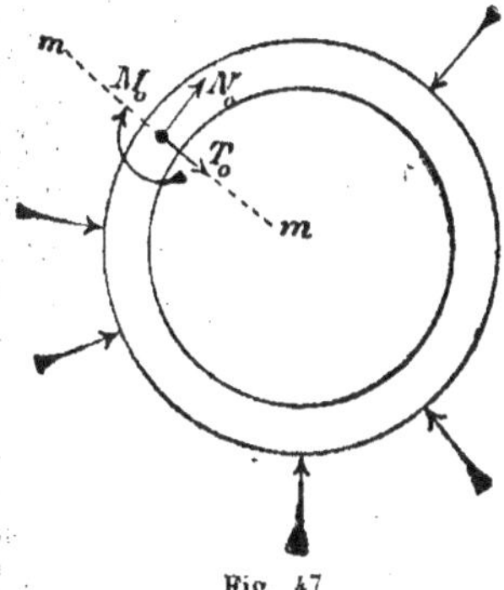

Fig. 47

Il s'agit de déterminer le travail élastique de la matière dans une section transversale quelconque.

Menons une section mm à travers l'anneau. Les actions moléculaires agissant sur cette section peuvent être ramenées à un effort normal N_0, à un effort tranchant T_0 et à un couple de moment M_0. Si ces trois quantités étaient connues, on pourrait déterminer immédiatement les quantités correspondantes N, T, M relatives à une section transversale quelconque, faisant un angle φ avec la section mm ; il serait facile d'en tirer ensuite la valeur du travail élastique de la matière. Le problème consiste donc à déterminer les valeurs de N_o, T_o et M_o. La marche à suivre est semblable à celle employée à l'article 71, car nous pouvons considérer l'anneau comme un arc encastré aux extrémités ; le fait que dans le cas particulier les deux extrémités coïncident ne change rien au raisonnement. Nous formons donc comme précédemment l'expression du travail de déformation A, pour laquelle il suffit en général de ne tenir compte que des moments de flexion, puis, en égalant à zéro les dérivées partielles de A prises par rapport aux quantités N_o, T_o et M_o, nous obtenons trois équations qui, jointes aux conditions d'équilibre, suffisent pour déterminer M_o, N_o, T_o sans ambiguïté. En effet, les points d'application de N_o et de T_o ne se déplacent pas, et le plan du couple M_o reste fixe dans l'espace puisqu'en réalité l'anneau ne présente pas de solution de continuité le long de la section mm. Les dérivées partielles du travail de déformation, prises par rapport à N_o, T_o et M_o, sont donc bien nulles, en vertu du théorème de Castigliano.

Les maillons de chaînes sont en général de forme allongée. Si l'on en assimile l'axe longitudinal à une ellipse, le calcul s'opère exactement comme lorsque cet axe est circulaire. On rencontre toutefois au cours du calcul des intégrales elliptiques. Il est préférable alors de remplacer l'intégrale par une somme de termes en nombre fini, ou bien d'avoir recours à une quadrature mécanique. Abstraction faite de la longueur des calculs, ce cas ne présente pas de difficultés spéciales.

78. Ressort en spirale. — Lorsqu'on bande le ressort (fig. 48), c'est-à-dire lorsqu'on l'enroule autour de l'axe, tandis que l'on maintient fixe l'autre extrémité, la courbure de chaque élément du ressort augmente. L'angle $\Delta\varphi$ dont on a fait tourner l'axe est évidemment égal à la somme des variations angulaires élastiques $\Delta d\varphi$ qu'éprouvent les angles formés par les plans des sections transversales limitant les éléments de longueur ds, du ressort. Le ressort exerce une force P sur le point d'attache C, dirigée perpendiculairement au rayon vecteur joignant ce point au centre du ressort.

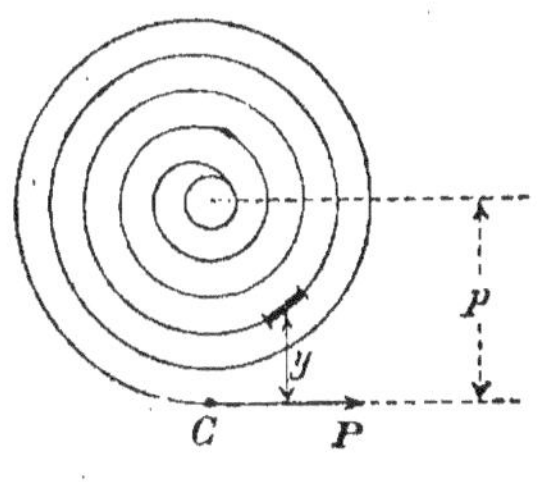

Le moment fléchissant agissant sur un élément ds dont la distance à P est y, est:

$$M = Py$$

Fig. 48

Car, si l'on suppose le ressort coupé en ce point et si l'on envisage la partie comprise entre cette section et le point d'attache C, on voit que P est la seule force extérieure agissant sur le corps. Le signe de M est le même pour tous les éléments; dans la disposition de la figure il serait négatif d'après nos conventions. Il suffit toutefois de considérer la valeur absolue de M, aucun doute ne pouvant s'élever au sujet du sens des déformations.

La formule (113) donne:

$$\Delta d\varphi = \frac{Py}{IE}\, ds$$

d'où, en intégrant le long de l'axe longitudinal du ressort et en supposant la section constante

$$\Delta\varphi = \frac{P}{IE} \int y\, ds \qquad (132)$$

L'intégrale, dans la formule ci-dessus, a une signification très simple: c'est le moment statique de l'axe longitudinal du ressort relatif à une droite coïncidant en direction avec la force P; il est égal au produit de la longueur de cet axe par la distance de son centre de gravité à la force P. Or ce centre de gravité coïncide sensiblement avec le centre de la tige sur laquelle s'enroule le ressort; nous pouvons donc poser:

$$\Delta\varphi = \frac{\mathrm{P}pl}{\mathrm{I}\mathrm{E}} \qquad (133)$$

Le but de l'emploi de ressorts en spirale dans les mécanismes est d'emmagasiner sous forme de travail de déformation une certaine quantité d'énergie déterminée par les conditions dans lesquelles les mécanismes auront à fonctionner. Il est donc fort important de savoir calculer le travail de déformation A. Le plus simple est de déterminer le travail qu'il faut dépenser pour remonter le ressort, c'est-à-dire pour l'enrouler autour de la tige centrale. Remarquons que les forces extérieures appliquées sur cette tige doivent faire équilibre à la force P qui agit sur l'extrémité C du ressort ; il faut donc qu'elles se réduisent à une force égale et parallèle à P passant par l'axe de la tige, et à un couple de moment Pp. La force unique agissant sur la tige est compensée par les réactions des coussinets de celle-ci, tandis que le moment Pp doit l'être par une roue à rochet placée sur la tige et par un cliquet. Pour remonter le ressort il faut appliquer un couple de même moment et de sens contraire. Le travail produit par un couple dans une rotation est égal au moment du couple multiplié par l'angle dont le solide a tourné, exprimé en fraction du rayon 1. Ici nous devons, de plus, multiplier encore cette expression par 1/2, puisque le moment croit insensiblement à mesure que le ressort se tend, de o à une valeur maximum. Nous avons par conséquent :

$$A = \frac{1}{2} M \, \Delta\varphi = \frac{(\mathrm{P}p)^2 l}{2\mathrm{I}\mathrm{E}} \qquad (134)$$

On cherche naturellement à utiliser le ressort le mieux possible, c'est-à-dire à y emmagasiner le plus d'énergie possible. La limite est donnée par la valeur que peut atteindre au maximum le travail élastique de la matière ; elle est en général très élevée, plus élevée que dans les autres genres de construction, à cause de l'excellente qualité des matériaux employés pour la fabrication des ressorts. En aucun cas, naturellement, la limite d'élasticité ne doit être dépassée.

Soit R la valeur maximum du travail élastique, nous avons :

$$R = \frac{2Ppe}{I}$$

car le moment de flexion atteint sa valeur maximum dans la spire extérieure, au point diamétralement opposé à l'extrémité C du ressort. Le bras de levier de la force P est donc sensiblement égal à 2 p.

Tirons de cette équation la valeur de Pp et substituons dans la formule (134) il vient :

$$A = \frac{R^2 I}{8e^2 E}\, l. \qquad (135)$$

Supposons la section du ressort rectangulaire et soit b et h les côtés du rectangle : $I = \frac{hb^3}{12}$, $e = \frac{h}{2}$

$$A = \frac{R^2 bhl}{24E} = \frac{R^2}{24E}\, V \qquad (136)$$

où $V = bhl$ signifie le volume du ressort. On voit ainsi que la quantité d'énergie qu'un ressort peut emmagasiner ne dépend que de son volume, donc que de la quantité de matière employée et non pas des dimensions b, h et l prises séparément.

EXERCICES SUR LE CHAPITRE V

Exercice 26. — La section d'un prisme à axe curviligne est un rectangle de 2 cm. de largeur et de 4 cm. de hauteur, (celle-ci étant mesurée dans le sens du rayon de courbure) le rayon de courbure de l'axe longitudinal est égal à 5 cm. De combien les valeurs du travail élastique maximum produit par un mo-

ment de flexion M *calculées, d'une part, d'après l'hypothèse de Bernouilli, d'autre part, d'après la formule* $R = \dfrac{M}{I} y$, *diffèrent-elles l'une de l'autre ?*

Solution. — Dans l'hypothèse de Bernouilli, l'intensité de l'action moléculaire est donnée par la formule (116) :

$$R = c\,\frac{y}{r+y}$$

où c désigne une quantité indépendante d'y que nous calcu-

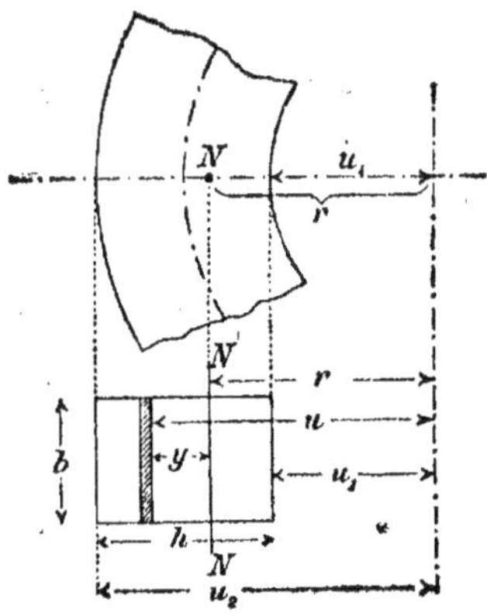

Fig. 49

lerons plus bas. Les distances y sont mesurées à partir de l'axe neutre NN, dont il faut déterminer la position. Nous utilisons à cet effet l'équation :

$$\int R\,dF = 0 \qquad \text{ou} \qquad \int \frac{y}{r+y}\,dF = 0$$

qui exprime que les actions moléculaires se réduisent à un couple résultant. En tenant compte des notations indiquées sur la fig. 49, nous avons : $y + r = u$ et $dF = b\,du$. L'équation précédente devient par suite :

$$\int_{u_1}^{u_2} \frac{u - r}{u}\, du = h - r\,log\,\frac{u_2}{u_1} = o$$

d'où :

$$r = \frac{h}{log\left(\dfrac{u_2}{u_1}\right)}$$

en introduisant les valeurs numériques de l'énoncé, nous trouvons :

$$r = \frac{h}{log\dfrac{7}{3}} = 4,72\,\text{cm}$$

L'axe neutre est donc éloigné de 0,28 cm. du centre de la section.

Il faut encore déterminer la constante c. Pour cela, écrivons l'équation exprimant que le moment fléchissant est égal au moment résultant des actions moléculaires :

$$M = \int R y\, dF$$

$$= c \int \frac{y^2}{r + y}\, dF = cb \int_{u_1}^{u_2} \frac{(u - r)^2}{u}\, du$$

Effectuons l'intégration dans le second nombre :

$$\int_{u_1}^{u_2} \frac{(u - r)^2}{u}\, du = \int_{u_1}^{u_2} u\, du - 2r \int_{u_1}^{u_2} du + r^2 \int_{u_1}^{u_2} \frac{du}{u}$$

$$= \frac{u_2^2}{2} - \frac{u_1^2}{2} - 2rh + r^2\,log\,\frac{u_2}{u_1}$$

or :

$$h - r \, log \, \frac{u_2}{u_1} = o$$

donc :

$$\int_{u_1}^{u_2} \frac{(u-r)^2}{u} \, du = h \left(\frac{u_2 + u_1}{2} - r \right)$$

et par suite :

$$c = \frac{M}{bh \left(\dfrac{u_2 + u_1}{2} - r \right)}$$

Soit R_1 l'intensité de l'action moléculaire dans les fibres les plus intérieures $(u = u_1)$, R_{11} le travail élastique dans les fibres extérieures $(u = u_2)$; il vient :

$$R_1 = c \, \frac{u_1 - r}{u_1} = - \frac{M}{8\,(5 - 4,72)} \frac{1,72}{3} = -\,0,256 \, M$$

$$R_{11} = c \, \frac{u_2 - r}{u_2} = \frac{M}{8\,(5 - 4,72)} \frac{2,28}{7} = \quad 0,145 \, M$$

l'unité de longueur étant le centimètre. Les signes de R_1 et R_{11} dépendent de ceux de M ; nous n'avons du reste, pas à nous en occuper ici. Le travail élastique maximum se produit dans l'arête intérieure.

La formule $R = \dfrac{My}{I}$ que nous considérons comme plus exacte donne pour l'arête intérieure et pour l'arête extérieure des valeurs de R égales en valeur absolue, savoir :

$$R_1 = R_{11} = \frac{6M}{bh^2} = \frac{6M}{2 \times 16} = 0,187 \, M$$

Entre les valeurs de R_{max} données par les deux méthodes la différence est donc $0,069 \, M$, soit de $30 \, 0/0$ de la valeur donnée par la formule simple. Le travail élastique produit par l'effort normal qui vient s'ajouter à celui développé par le

mouvement de flexion, tend à diminuer un peu cette différence.

*Exercice 27. — Un prisme d'acier doux de section quadran-
gulaire de 6 cm. de côté et dont l'axe longitudinal est une
courbe de 0,20 cm. de flèche et de 1 m. 20 de portée est encastré
à ses deux extrémités. Au milieu agit une force concentrée de
3000 kg. Déterminer la poussée horizontale et le travail élastique maximum.*

Solution. — Bien que cela ne soit pas expressément mentionné dans l'énoncé, nous admettons que l'axe longitudinal
du prisme est une parabole. Nous avons fait remarquer précédemment que cette hypothèse est possible tant que la courbure de l'axe est faible. Si l désigne la portée de l'arc, f, la
flèche et si nous prenons comme origine le point d'appui de
gauche, l'axe des x étant choisi horizontal, l'équation de la parabole sera :

$$z = \frac{4f}{l^2}(lx - x^2)$$

Le moment de flexion M_b produit par la charge concentrée P
dans une section quelconque d'abscisse x est égal à $\dfrac{Px}{2}$; on a
par conséquent (formule 121) :

$$H = \frac{\int M_b z\, dx}{\int z^2\, dx}$$

Nous avons remplacé le ds de la formule (121) par dx. C'est là
une approximation permise dans la pratique, afin de simplifier
les calculs. Dans un arc de faible courbure, ds diffère en effet fort
peu de dx ; de plus ds se trouve dans la formule aussi bien au
numérateur qu'au dénominateur ce qui tend encore à diminuer l'erreur commise. Si M_b était en chaque point proportionnel à z, H ne serait pas changé lorsque l'on remplacerait
ds par dx. Dans les autres cas, l'erreur est, au plus, de même
ordre que la différence entre la longueur de l'arc et celle de la

corde comparée à la portée totale, de sorte que pour un arc à
faible courbure, elle est certainement comprise à l'intérieur des
limites d'exactitude que l'on peut imposer à un calcul de résistance.

En substituant M_b et z dans la formule, il vient :

$$\int M_b z\, dx = 2 \int_0^{\frac{l}{2}} \frac{P}{2} x \frac{4f}{l}(lx - x^2)dx = \frac{5}{48} Pfl^2.$$

Nous n'intégrons que le long de la moitié gauche de l'arc
parce que l'expression $M_b = \dfrac{Px}{2}$ cesse d'être valable pour l'autre
moitié. L'intégrale du dénominateur de H peut être prises
directement entre les limites o et l. Il vient :

$$\int_0^l z^2\, dx = \frac{16f^2}{l^4} \int_0^l (l^2 x^2 - l 2 x^3 + x^4)\, dx = \frac{8}{15} f^2 l$$

et par suite, nous avons :

$$H = \frac{\frac{5}{48} Pfl^2}{\frac{8}{15} f^2 l} = \frac{25}{128} P \frac{l}{f} = 3520 \text{ kg.}$$

Le moment fléchissant total est :

$$M = \frac{P}{2} x - Hz = 1500\, x - 3520\, z.$$

Pour en trouver le maximum, nous égalons à zéro le dérivée de cette expression, prise par rapport à x.

$$\frac{dM}{dx} = 1500 - 3520 \frac{dz}{dx} = 1500 - 3520 \frac{4f}{l^2}(l - 2x) = 0$$

d'où $\qquad x = 22 \text{ cm,} \qquad\qquad z = 12 \text{ cm.}$

Le moment dans cette section est négatif ; nous avons donc :

$$M_{min} = - 9200 \text{ cm. kg.}$$

Il y a lieu de considérer encore le moment fléchissant au sommet de l'arc, qui n'est pas un maximum analytique, par suite du fait que l'expression de M, subit une discontinuité au sommet de l'arc, mais qui cependant est le plus grand moment en valeur absolue. Il vient, en effet :

$$M_{\frac{l}{2}} = 1500 \times 60 - 3520 \times 20 = + 19600 \text{ kg. cm.}$$

le travail élastique maximum est donc :

$$R = \frac{6M}{bh^2} = \frac{6 \times 19600}{6^3} = 544 \text{ kg. par cm}^2.$$

A ce travail s'ajoute celui développé par un effort normal égal à H, savoir $\frac{3520}{36} = 98$ kg. par cm². Le travail élastique maximum à la compression est donc $544 + 98 = 642$ kg. par cm² et le travail maximum à l'extension : $544 - 98 = 446$ kg. par cm²

Exercice 28. — Le même prisme est soumis à une charge totale de 10.000 kg. uniformément répartie sur sa projection horizontale. Calculer la poussée H, 1° en tenant compte de l'effort normal, 2° en négligeant l'influence de ce dernier.

Solution. — Nous n'avons qu'à introduire les valeurs numériques dans les formules de l'article 71.

Dans le premier cas, la formule (122) donne :

$$H = \frac{ql^2}{8h} = \frac{10.000 \times 120}{8 \times 20} = 7500 \text{ kg.}$$

Dans le second, nous employons la formule **(124)**. Nous avons :

$$M_b = \frac{9l^2}{8} \frac{x}{f}$$

par suite, en tenant compte de la valeur trouvée plus haut pour $\int z^2 dx$:

$$\int \mathrm{M}_b z\, dx = \frac{q l^2}{8f} \int z^2 dx = \frac{q l^3 f}{15}$$

Il vient de plus :

$$l^2 = \frac{\mathrm{I}}{\mathrm{F}} = \frac{b h^3}{12 b h} = \frac{h^2}{12} = \frac{36}{12} = 3 \text{ cm}^2.$$

Donc, en remplaçant aussi ici ds par dx :

$$\mathrm{H} = \frac{\displaystyle\int \mathrm{M}_b z\, dx}{\displaystyle\int z^2 dx + \int t^2 dx} = \frac{\dfrac{q l^3 f}{15}}{\dfrac{8}{15} f^2 l + t^2 l} = \frac{10000 \times 120 \times 20}{8 \times 20^2 + 15 \times 3} = 7396\,\mathrm{kg}.$$

Comme on voit, la différence entre les deux valeurs de H est sans importance.

Exercice 29. — *De combien augmente la corde du prisme, dans le cas de charge de l'exercice 27, si l'on suppose le solide non plus encastré mais articulé aux deux extrémités.*

Solution. — Si, dans l'équation (125) on remplace M par M_b et ds par dx, il vient, si l'on tient compte des résultats trouvés et si l'on prend $\mathrm{E} = 22 \times 10^5$ kg. par cm².

$$\Delta l = \int \frac{\mathrm{M}_b z}{\mathrm{IE}} = \frac{5 \mathrm{P} l^2 f}{48 \mathrm{IE}} = \frac{5 \times 3000 \times 120^2 \times 20}{48 \times 22 \times 10^5 \times 108} = 0,38 \text{ cm}.$$

Si, dans le cas du problème 27, l'un des points d'appui cède de $1\ ^m/_m$ dans le sens horizontal, la poussée en sera diminuée de $\dfrac{3520}{3,8} = 926\,\mathrm{kg}.$

Exercice 20. — *Selon quelle loi l'épaisseur d'une bague de piston doit-elle diminuer, en s'éloignant de chaque côté de la fente, pour que la bague exerce sur tout son pourtour une pression spécifique constante p sur les parois du cylindre ?*

Solution. — Considérons une portion de la bague comprise

entre la solution de continuité et une section quelconque dont
le plan fait un angle φ avec la
section transversale (fig. 50). Les
forces extérieures qui agissent
sur cette portion admettent la
même résultante que si les pressions étaient réparties sur la
corde s. En effet, considérons un
liquide remplissant le segment : ce
dernier serait en équilibre sous
l'influence de la pression spécifi-

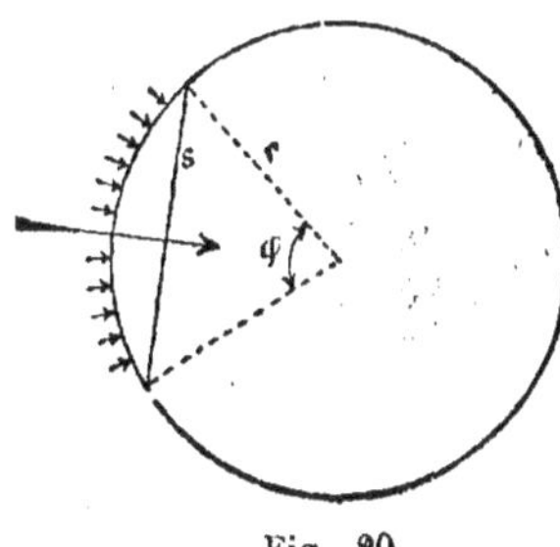

Fig. 20

que qu'exercerait le liquide sur toutes les faces. De là résulte
que la résultante des forces agissant sur l'arc est égale en grandeur à celle des pressions agissant sur la corde et coïncide en
direction avec elle. Si nous désignons par b la hauteur de la
bague (dans le sens perpendiculaire au plan de la figure), cette
résultante est égale à pbs, et par suite le moment fléchissant
dans la section φ est donné par l'expression :

$$M = pb\,\frac{s^2}{2} = 2pbr^2\sin^2\frac{\varphi}{2}$$

Supposons que le rayon primitif de l'anneau de fonte dans
lequel a été découpée la bague soit égal à $r + \Delta r$; celle-ci
doit subir une certaine déformation élastique pour s'appliquer ensuite exactement contre les parois du cylindre de
rayon r. Nous avons donc, d'après l'équation (112) :

$$\frac{1}{r} - \frac{1}{(r + \Delta r)} = \frac{M}{EI}$$

ou, en désignant par h l'épaisseur variable de la bague :

$$\frac{1}{r} - \frac{1}{(r + \Delta r)} = \frac{12}{Eh^3}\,2pr^2\sin^2\frac{\varphi}{2}$$

Δr étant petit par rapport à r nous pouvons écrire simplement
le membre de gauche $\dfrac{\Delta r}{r^2}$; en résolvant alors l'équation par rap-

port à h, il vient :

$$h = c \sqrt[3]{\sin^2 \frac{\varphi}{2}}$$

où c désigne une valeur constante pour un anneau donné, savoir :

$$\sqrt[3]{\frac{24 p r^4}{E \Delta r}}$$

c n'est autre chose que l'épaisseur de la bague au point diamétralement opposé à la solution de continuité. Si l'on suppose c et Δr donnés, on peut inversement calculer la pression p exercée sur la paroi du cylindre.

Pour $\varphi = o$ et $\varphi = 360^\circ$, $h = o$; la bague devrait donc se terminer en biseau. Ce n'est en général pas le cas dans la pratique ; à part ce détail, il est d'usage d'augmenter l'épaisseur de la bague vers le milieu suivant la loi trouvée plus haut.

Nous avons supposé h très petit par rapport à r, ce qui nous a permis de confondre r avec le rayon de la fibre moyennne ; strictement, il aurait fallu écrire $r - \dfrac{h}{2}$.

Dans le cas particulier toutefois, où s'il s'agit d'étudier la question dans ses traits généraux, cette correction est superflue.

Exercice 31. — Une barre de section constante est courbée en forme d'U, fig. 51. On applique à une hauteur a au dessus de la base deux forces P qui tendent à écarter les deux bras de la pièce. Démontrer que, dans la déformation qui se produit, les parties des bras situées au-dessus de a tournent chacune autour d'un point fixe o et déterminer la position de ce point.

Solution. — Les parties des bras situées au-dessus de a demeurent naturellement rectilignes puisqu'elles ne sont soumises à aucune force extérieure.

Nous pouvons considérer la pièce comme un prisme dont l'axe longitudinal est formé par 3 côtés d'un rectangle. Nous déterminerons d'abord de combien la distance entre les bras de l'U, mesurée à la hauteur a, augmente, lorsqu'on applique les forces P ; puis nous calculerons l'angle dont tournent les extrémités supérieures des bras. Ces deux quantités étant connues, il sera facile de reconnaître si le point O existe réellement et quelle est sa position. Nous admettrons de plus que l'axe de symétrie de la pièce demeure immobile dans l'espace durant la déformation, les mouvements dont la pièce peut être animée n'ayant aucune influence sur les quantités qu'il s'agit de déterminer.

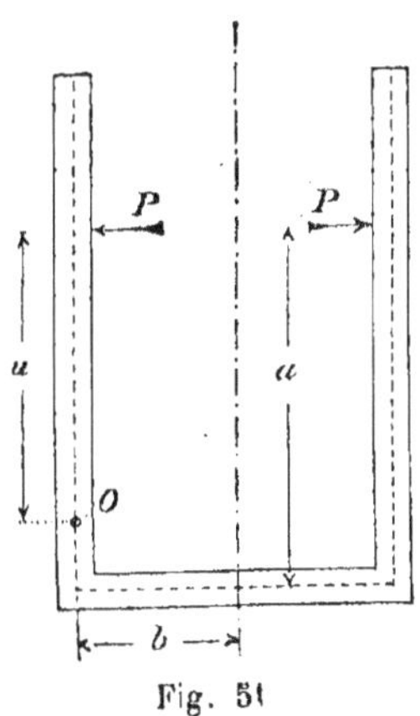
Fig. 51

D'après la formule (125) :

$$\Delta l = \int \frac{\mathrm{M}z}{\mathrm{EI}}\,ds.$$

Il suffit ici d'intégrer le long d'une moitié de l'axe longitudinal. L'intégrale se compose de deux parties, l'une se rapportant à la base de l'U, l'autre, au bras. Pour la première on a $z = a$, pour la seconde $ds = dz$, il vient donc :

$$\Delta l = \int_0^b \frac{\mathrm{P}a}{\mathrm{IE}}\,ads + \int_0^a \frac{\mathrm{P}z}{\mathrm{IE}}\,zdz = \frac{\mathrm{P}a^2}{\mathrm{IE}}\left(b + \frac{a}{3}\right).$$

La rotation $\Delta\varphi$ de la partie supérieure d'un bras est égale à la somme des variations angulaires élastiques $\Delta d\varphi$ que subissent les prismes élémentaires compris entre le milieu de la pièce et la section transversale $z = a$; donc (formule 113) :

$$\Delta\varphi = \int \frac{\mathrm{M}ds}{\mathrm{IE}} = \int_0^b \frac{\mathrm{P}ads}{\mathrm{IE}} + \int_0^a \frac{\mathrm{P}z}{\mathrm{IE}}\,dz = \frac{\mathrm{P}a}{\mathrm{IE}}\left(b + \frac{a}{2}\right).$$

Si, dans la déformation, les extrémités des bras se déplacent réellement comme si elles tournaient autour d'un point fixe O distant de u du point d'application de P, on doit avoir la relation :

$$u\Delta\varphi = \Delta l$$

de laquelle on tire, en mettant pour $\Delta\varphi$ et Δl, leurs valeurs :

$$u = \frac{6b+2a}{6b+3a}\,a.$$

On reconnaît que u est indépendant de P, le point O est donc bien un point fixe pour une pièce donnée et pour une position donnée des points d'applications des forces P.

CHAPITRE SIXIÈME

PRISMES REPOSANT SUR UNE BASE COMPRESSIBLE

74. Hypothèses fondamentales. — 75. Traverses de chemins de fer de section constante. — 76. Solution graphique. — 77. Problèmes similaires.

Exercices, Nᵒˢ 32 à 34.

74. Hypothèses fondamentales. — En examinant quels sont les efforts que subissent les divers éléments d'une voie de chemin de fer, on est amené, à propos des traverses, à se poser le problème suivant : déterminer les moments fléchissants, les efforts tranchants et par suite le travail élastique développé dans les sections transversales d'un prisme reposant de toute sa longueur sur une base qui cède elle-même sous l'influence des charges agissant sur le prisme.

Il est facile de constater, par une simple inspection de la voie au moment du passage d'un train, que chaque traverse s'enfonce dans le ballast sous l'influence du poids des voitures. On constate d'abord un affaissement du rail qui provient en partie de la compression élastique des traverses dans le sens de la hauteur ; cette cause est toutefois insuffisante pour expliquer à elle seule l'abaissement très visible à l'œil nu que subit le rail : il faut nécessairement admettre que les traverses s'enfoncent dans le ballast au moment du passage du train. Cette déformation de la voie doit de plus être à peu près parfaitement élastique, puisque les traverses reprennent leur position normale après le passage des trains.

On peut se proposer de déterminer la loi suivant laquelle la charge se répartit le long de la traverse et l'on reconnaît immédiatement qu'il n'est possible d'arriver à un résultat quelconque qu'en étudiant attentivement les déformations et de la traverse et du ballast. La loi de répartition de la charge le long de la traverse dépend essentiellement, cela va sans dire, de la façon dont la traverse repose sur le ballast. Nous admettrons dans la suite que la traverse repose, par toute sa surface inférieure, sur le lit de gravier, de sorte qu'à cet égard, les conditions initiales soient les mêmes sur toute sa longueur.

Il peut sembler étrange à première vue qu'un corps hétérogène, comme un tas de sable ou de gravier, soit capable de subir des déformations élastiques. Outre l'exemple des voies de chemins de fer, on peut citer d'autres phénomènes qui confirment le fait : par exemple, on sait que le sol, formé de sable et de gravier, transmet les ondes sonores.

L'auteur a entrepris de démontrer directement l'élasticité du sol. Dans la cour de son laboratoire il fit enfoncer deux pieux distants de 3 m. l'un de l'autre et portant une barre de fer à une hauteur d'environ 70 cm. au-dessus du sol. En dessous de cette barre, on enfonça un piquet dans le sol, de manière qu'il fît corps avec lui et en reproduisît les mouvements. Pour mesurer les déplacements du piquet par rapport à la barre de fer horizontale dont la position restait invariable par suite dè la profondeur à laquelle étaient enfoncés les supports, on employa un appareil à miroir. Le piquet portait à la partie supérieure une monture en laiton, sur laquelle reposait une tige de même métal, et l'extrémité supérieure de cette tige s'appuyait contre une petite poulie d'ébonite, montée sur la barre de fer et portant un petit miroir sur son axe. Un système de ressorts et de contrepoids assurait une pression suffisante de la tige contre la poulie. Les déplacements verticaux du piquet avaient pour conséquence une rotation de la poulie, laquelle était amplifiée au moyen de l'équipage à miroir. Dans les expériences, un déplacement de 1 mm. de l'échelle par rapport au réticule de la lunette employée à faire les lectures, correspondait à un déplacement vertical du piquet de 0,835 millièmes de millimètre ; comme il était facile d'évaluer le dixième de millimètre sur l'échelle, on pouvait mesurer les mouvements des piquets avec une exactitude d'environ 1/10000 de millimètre.

L'appareil permettait de constater distinctement les déformations produites par le passage d'une personne dans le voisinage du piquet. Dans les limites de sensibilité de l'appareil, ces déformations étaient absolument élastiques. D'autres expériences furent faites avec un poids de 100 kg. placé à diverses distances du piquet ; voici les valeurs trouvées dans l'un des cas pour les déformations élastiques du sol :

Distance du poids au piquet en cm.   20   40   60   80
Abaissement du sol en 1/1.000 de mm.   18,3   4,1   1,4   0,6

Des expériences faites avec des poids différents ont montré que les déformations sont sensiblement proportionnelles aux charges, ceci tout au moins pour des charges relativement faibles, comme celles employées dans ces essais.

L'auteur espère pouvoir bientôt reprendre ces expériences avec une installation permettant d'employer des charges allant jusqu'à 1.000 kg.

Ces observations sont toutes récentes et n'ont pu être encore utilisées comme base de recherches théoriques. Elles tendent à démontrer qu'une solution des équations générales de la théorie de l'élasticité, proposée par Boussinesq et dont il sera question dans un chapitre suivant, n'est absolument pas applicable dans le cas actuel.

Dans les calculs, on est parti jusqu'à présent d'une hypothèse très simple qui, pour la détermination de valeurs approximatives, paraît donner des résultats satisfaisants. On admet que la compression du ballast en un point donné, sous la charge exercée par la traverse, ne dépend que de la pression spécifique en ce point et lui est proportionnelle. Cette hypothèse est vraisemblablement inexacte ; on voit cependant par les chiffres indiqués plus haut que l'intensité des déformations diminue très rapidement avec la distance au point d'application de la charge : par suite, la grandeur de la déformation en un point donné dépendra en première ligne des charges appliquées dans le voisinage immédiat de ce point et, fort peu seulement, des charges plus éloignées. L'usage de l'hypothèse ci-dessus est donc justifié. Il serait désirable que l'on fît des essais pour déterminer le degré d'approximation auquel il y a lieu de s'attendre ; il existe déjà quelques expériences de Zimmermann sur ce sujet, mais elles n'ont malheureusement pas été répétées ni complétées malgré l'importance et l'intérêt de la question.

75. Traverses de chemin de fer de section constante. — Soit p la pression exercée par l'unité de longueur de la traverse sur le ballast, la pression exercée par l'élément de longueur dx sera pdx. Pour une section dont l'abscisse est x ($x < a$), on trouve pour l'effort tranchant V et le moment fléchissant M, les expressions

$$V = \int_0^x pdx,$$

$$M = \int_0^x pdu\,(x - u),$$

u désignant une abscisse qui varie entre les limites o et x.

Il est préférable d'introduire, dans les calculs, les dérivées de ces expressions, prises par rapport à x et de les exprimer en fonction de la quantité qu'il s'agit de calculer, c'est-à-dire en fonction de p. On a évidemment, étant donnée la signification de p,

$$d\mathrm{V} = pdx$$

d'où :

$$\frac{d\mathrm{V}}{dx} = p. \qquad (137)$$

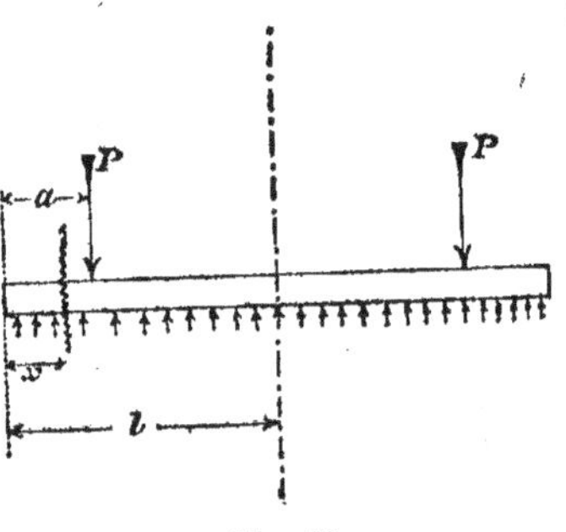

Fig. 54

Nous avons démontré précédemment (art. 48) que l'effort

tranchant est la dérivée du moment de flexion, nous pouvons donc écrire :

$$\frac{d^2M}{dx^2} = p. \qquad (138)$$

Nous aurions pu trouver directement ces valeurs en dérivant les expressions trouvées plus haut pour M et V ; elles sont toutefois générales tandis que les expressions de M et V ne sont valables que pour $x < a$. Les moments fléchissants entraînent une inflexion de l'axe longitudinal de la traverse ; soit y, l'inflexion de cet axe au point d'abscisse x, $y = f(x)$ sera l'équation de la ligne élastique. L'inflexion y est liée d'une part au moment fléchissant par l'équation différentielle de la ligne élastique et, d'autre part, elle doit être, d'après notre hypothèse, proportionnelle à p. En exprimant cette condition, nous obtenons l'équation différentielle qui conduit à la solution du problème.

L'équation de la ligne élastique est (formule 79) :

$$EI \frac{d^2y}{dx^2} = -M.$$

En dérivant deux fois par rapport à x et en tenant compte de l'équation (138) il vient :

$$EI \frac{d^4y}{dx^4} = -p. \qquad (139)$$

Par hypothèse y est proportionnelle à p ; nous pouvons poser

$$p = ky, \qquad (140)$$

où k est une constante qui ne dépend que des propriétés élastiques du ballast sur lequel repose la traverse. L'équation (139) devient :

$$EI \frac{d^4y}{dx^4} = -ky. \qquad (141)$$

C'est là une équation linéaire à coefficients constants du

quatrième ordre sans second membre : l'intégrale générale, qui contient quatre constantes arbitraires, est de la forme :

$$y = C_1 e^{\alpha x} \cos \alpha x + C_2 e^{\alpha x} \sin \alpha x + C_3 e^{-\alpha x} \cos \alpha x + {} + C_4 e^{-\alpha x} \sin \alpha x \qquad (142)$$

où C_1, C_2, C_3, C_4 désignent des constantes arbitraires, et α une valeur définie en valeur absolue par la relation :

$$\alpha = \sqrt{\dfrac{k}{4\mathrm{I}\mathrm{E}}} \qquad (143)$$

Il est facile de vérifier, en différenciant quatre fois (142) par rapport à x, que cette expression satisfait bien à l'équation (141) ; on reconnaît de plus que c'est bien l'intégrale générale puisqu'elle contient quatre constantes arbitraires. Celles-ci se déterminent à l'aide des conditions à la limite.

Il faut avoir soin de remarquer que la ligne élastique entière se compose de 3 branches, l'une allant de o à a, l'autre comprenant la partie de la traverse située entre les rails, la troisième enfin, l'extrémité droite en dehors du rail. Par suite de la symétrie, il suffit de considérer la première branche et la moitié de la seconde.

La solution (142) est générale, elle s'applique à toutes les branches ; seules, les constantes d'intégration varient. Nous avons donc ici huit constantes à déterminer à l'aide des conditions du problème, lesquelles sont aussi au nombre de huit.

En effet nous devons avoir :

1° $\mathrm{M} = o$ et $\mathrm{V} = o$ pour $x = o$, ou, M étant proportionnel à $\dfrac{d^2 y}{dx^2}$ et V à $\dfrac{d^3 y}{dx^3}$, $\left(\dfrac{d^2 y}{dx^2}\right)_{x=0} = o$ et $\left(\dfrac{d^3 y}{dx^3}\right)_{x=0} = o$.

Pour plus de clarté, écrivons les trois premières dérivées de y :

$$\frac{dy}{dx} = \alpha \left\{ C_1 \left(e^{\alpha x} \cos \alpha x - e^{\alpha x} \sin \alpha x\right) + C_2 \left(e^{\alpha x} \sin \alpha x + {}\right.\right.$$

$$+ e^{\alpha x} \cos \alpha x) + C_3 (- e^{-\alpha x} \cos \alpha x - e^{-\alpha x} \sin \alpha x)$$

$$+ C_4 (- e^{-\alpha x} \sin \alpha x + e^{-\alpha x} \cos \alpha x) \Big\},$$

$$\frac{d^2 y}{dx^2} = \alpha^2 \Big\{ - 2 C_1 e^{\alpha x} \sin \alpha x + 2 C_2 e^{\alpha x} \cos \alpha x$$

$$+ 2 C_3 e^{-\alpha x} \sin \alpha x - 2 C_4 e^{-\alpha x} \cos \alpha x \Big\}$$

$$\frac{d^3 y}{dx^3} = \alpha^3 \Big\{ - 2 C_1 (e^{\alpha x} \sin \alpha x + e^{\alpha x} \cos \alpha x)$$

$$+ 2 C_2 (e^{\alpha x} \cos \alpha x - e^{\alpha x} \sin \alpha x)$$

$$+ 2 C_3 (- e^{-\alpha x} \sin \alpha x + e^{-\alpha x} \cos \alpha x)$$

$$+ 2 C_4 (e^{-\alpha x} \cos \alpha x + e^{-\alpha x} \sin \alpha x) \Big\} \cdot$$

Les deux conditions précédentes fournissent les relations

$$C_2 = C_4 \qquad\qquad (144)$$

et

$$C_1 = C_2 + C_3 + C_4 ; \qquad\qquad (145)$$

pour abréger, nous poserons :

$$e^{\alpha a} \cos \alpha a = m_1, \quad e^{\alpha a} \sin \alpha a = m_2,$$

$$e^{-\alpha a} \cos \alpha a = m_3, \quad e^{-\alpha a} \sin \alpha a = m_4,$$

et nous désignerons les constantes relatives à la seconde branche par C_5, C_6, C_7, C_8.

2°) Au point $x = a$, les deux branches se raccordent, il faut donc qu'en ce point, y et $\frac{dy}{dx}$ prennent la même valeur pour les deux branches. De plus, $\frac{d^2 y}{dx^2}$ doit aussi être le même pour les deux parties de la ligne élastique, puisque le moment fléchissant M, qui est proportionnel à cette quantité ne subit pas de discontinuité pour $x = a$. Nous obtenons donc les trois nouvelles équations :

$$\left.\begin{aligned}
&C_1\, m_1 + C_2\, m_2 + C_3\, m_3 + C_4\, m_4 = C_5\, m_1 + C_6\, m_2 \\
&\qquad\qquad + C_7\, m_3 + C_8\, m_4, \\
&C_1\,(m_1 - m_2) + C_2\,(m_1 + m_2) - C_3\,(m_3 + m_4) \\
&+ C_4\,(m_3 - m_4) = C_5\,(m_1 - m_2) + C_6\,(m_1 + m_2) \\
&\qquad\qquad - C_7\,(m_3 + m_4) + C_8\,(m_3 - m_4), \\
&- C_1\, m_2 + C_2\, m_1 + C_3\, m_4 - C_4\, m_3 = - C_5\, m_2 + C_6\, m_1 \\
&\qquad\qquad + C_7\, m_4 - C_8\, m_3.
\end{aligned}\right\} \quad (146)$$

La troisième dérivée de y, par contre, n'a pas en a la même valeur pour les deux branches, car on a

$$V = - \frac{d\mathrm{M}}{dx} = \mathrm{IE}\, \frac{d^3 y}{dx^3}\,;$$

or l'effort tranchant subit en a une discontinuité dont la valeur est $-\,\mathrm{P}$, si donc nous désignons pour un instant les ordonnées de la première branche par y_I, celles de la seconde par y_II, nous pouvons poser :

$$\left[\frac{d^3 y_\mathrm{II}}{dx^3} - \frac{d^3 y_\mathrm{I}}{dx^3}\right]_{x\,=\,a} = \frac{\mathrm{P}}{\mathrm{IE}}$$

ou bien, en introduisant les valeurs explicites des dérivées,

$$\begin{aligned}
&(C_1 - C_5)\,(m_1 + m_2) + (C_6 - C_2)\,(m_1 - m_2) \\
&+ (C_7 - C_3)\,(m_3 - m_4) + (C_8 - C_4)\,(m_3 + m_4) \\
&\qquad\qquad = \frac{\mathrm{P}}{2\alpha^3 \mathrm{IE}}\,.
\end{aligned} \qquad (147)$$

3° Enfin, soient n_1, n_2, n_3, n_4 les valeurs que l'on obtient quand on remplace dans les quantités m, a par l.

Sur l'axe de symétrie, on doit avoir $\dfrac{dy}{dx} = o$ puisque la tangente à la ligne élastique est horizontale ; de plus on a $\dfrac{d^3 y}{dx^3} = o$, V étant nul dans cette section.

On a donc encore les deux équations de condition :

$$\left.\begin{aligned}
&C_5\,(n_1 - n_2) + C_6\,(n_1 + n_2) - C_7\,(n_3 + n_4) \\
&\qquad\qquad + C_8\,(n_3 - n_4) = o, \\
&- C_5\,(n_1 + n_2) + C_6\,(n_1 - n_2) + C_7\,(n_3 - n_4) \\
&\qquad\qquad + C_8\,(n_3 + n_4) = o.
\end{aligned}\right\} \quad (148)$$

Toutes les quantités contenues dans les équations de condition (142-148) sont, à l'exception des inconnues C, des valeurs numériques. On pourra donc, dans chaque cas particulier, résoudre les équations et déterminer la forme de la ligne élastique. Celle-ci étant connue, la loi de répartition des pressions en découle immédiatement (formule 140).

La résolution du système des huit équations de condition est sans doute un calcul assez long, cependant il faut remarquer qu'il n'est nécessaire de le répéter qu'un petit nombre de fois pour se rendre compte d'une façon suffisamment exacte de la façon dont se comporte la traverse dans diverses conditions données. De plus, les traverses sont un élément si important dans la construction des chemins de fer, qu'il vaut la peine de consacrer quelque temps à l'étude des questions qui s'y rapportent.

Il est inutile d'entrer ici dans plus de détails, la question étant résolue en principe.

76. Solution graphique. — On démontre en statique graphique (voir note II) que la ligne élastique d'un prisme peut être envisagée comme une courbe funiculaire déterminée, correspondant à une surface de charge donnée. Les équations différentielles du problème précédent expriment simplement la condition que, dans le cas particulier, les ordonnées correspondantes de la courbe funiculaire et de la courbe de charge doivent être proportionnelles. Géométriquement parlant, il s'agit de trouver une forme de la surface de charge telle qu'en choisissant convenablement l'échelle son contour coïncide avec la courbe funiculaire.

Il n'existe pas de méthode permettant de résoudre directement ce problème; par contre, il est relativement facile d'arriver à la solution, en procédant par approximations successives (règle de fausse position). On cherchera à se faire une idée de la répartition probable des pressions : celles-ci sont évidemment maximum sous les rails et vont en diminuant soit vers le milieu de la traverse, soit vers ses extrémités; puis on choisira une répartition de p remplissant ces conditions. On dessinera la surface de charge correspondant à cette fonction p et l'on en déduira la courbe funiculaire. Si les ordonnées de cette courbe (mesurées à partir de sa ligne de fermeture) étaient toutes proportionnelles aux ordonnées correspondantes de la ligne élastique de charge, la courbe funiculaire tracée serait la courbe cherchée, et l'hypothèse faite sur la répartition de p correspondrait effectivement à la vérité. Cela ne sera généralement pas le cas. Les ordonnées des deux courbes ne seront pas partout proportionnelles entre elles ; on modifiera alors la courbe de charge d'après les indications fournies par ce premier essai et l'on recommencera la construction autant de fois qu'il sera nécessaire pour atteindre le degré d'approximation désiré.

Cette méthode graphique, quoiqu'un peu longue, a l'avantage de s'appliquer au cas d'une traverse à section variable (traverses en fer) qui présente des difficultés pour ainsi dire insurmontables au calcul.

Il est clair qu'avec la méthode graphique il n'est pas nécessaire de considérer séparément les trois branches de la ligne élastique, car il est absolument indifférent pour les constructions que la troisième dérivée de y présente des discontinuités.

77. Problèmes similaires. — Si, au lieu de considérer un prisme reposant sur une base compressible par toute une face, nous supposons qu'il repose sur une série de supports équidistants et peu éloignés les uns des autres, les conditions du problème précédent ne sont pas sensiblement modifiées, à condition toutefois que ces points d'appuis subissent, sous des pressions égales, des déformations égales. On rencontre assez fréquemment des cas de ce genre. Par exemple, les poutres transversales qui supportent le tablier d'un pont transmettent aux longerons certaines pressions, provenant soit du poids propre du tablier soit des surcharges. Ces pressions se répartissent sur les divers longerons, selon une loi semblable à celle à laquelle on arrive dans le problème de la traverse de chemin de fer.

La figure (53) montre encore un cas du même genre. Une cheville en fer remplit exactement le trou percé dans une pièce

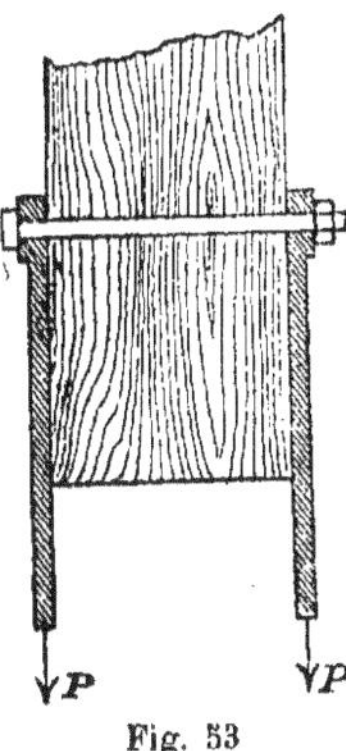

de bois. Deux tirants en fer transmettent à la cheville une certaine charge. Sous l'influence de celle-ci, la cheville tend à fléchir, le bois qui l'entoure s'oppose à cette déformation. Il se produit de ce fait une pression du bois sur la cheville dirigée de haut en bas, au milieu, de bas en haut aux extrémités. On peut aussi admettre que la pression exercée par le bois est proportionnelle à la compression qu'il subit au point considéré. Le problème ne diffère alors de celui de la traverse qu'en ce que les

Fig. 53

pressions transmises agissent ici dans deux sens différents. L'équation (142) donne encore dans ce cas la forme générale de la ligne élastique et par suite la loi de la répartition des pressions ; les quatre constantes C se trouvent à l'aide des conditions aux limites :

$$\frac{d^2y}{dx^2} = o \text{ aux deux extrémités,}$$

$$\frac{d^3y}{dx^3} = \frac{P}{IE} \text{ à l'une des extrémités,} = -\frac{P}{IE} \text{ à l'autre.}$$

Lorsqu'on a à transmettre à un massif de maçonnerie une pression considérable, par exemple la poussée d'un pont en arc, il faut répartir cette force concentrée sur une surface assez considérable pour que la résistance à la compression de la maçonnerie ne soit pas dépassée. On intercale à cet effet entre l'arc et les sommiers des culées une plaque de fonte qui sert en outre de base à l'articulation de l'arc. Les considérations précédentes nous permettent d'indiquer la loi suivant laquelle la pression se répartit sur le sommier. On désire naturellement obtenir une répartition aussi uniforme que possible ; pour cela, il faut que la plaque repose exactement sur la maçonnerie. C'est là du reste une des conditions que nous avons posées au commencement du chapitre ; de plus, la répartition des pressions sera d'autant plus uniforme que le moment d'inertie de la section transversale de la plaque sera plus grand. L'un des exercices suivants a pour objet un cas semblable.

EXERCICES

Exercice 32. — Un rail d'une longueur assez considérable pour pouvoir être considéré comme ayant une longueur infinie repose de toute sa longueur sur le sol et est chargé en son milieu par une force concentrée P. Suivant quelle loi la pression se répartit-elle sur le sol ?

Solution. — Nous compterons les x positifs à partir du point d'application de P et allant vers la droite. Les équations (137) et (138) ne sont pas modifiées et par suite la solution (142) est encore applicable ; il ne reste qu'à déterminer les constantes d'intégration conformément aux données.

Pour $\qquad x = \infty$, $y = o$, donc C_1 et $C_2 = o$,

par raison de symétrie $\qquad \dfrac{dy}{dx} = o$ pour $x = o$

d'où résulte $\qquad C_3 = C_4$.

On a donc :

$$y = C_3\, e^{-\alpha x}\,(\cos \alpha x + \sin \alpha x)$$

et, en vertu de l'hypothèse représentée par la relation (140) :

$$p = k C_3\, e^{-\alpha x}\,(\cos \alpha x + \sin \alpha x)$$

Telle est l'expression de la loi selon laquelle la pression p varie.

On reconnaît que pour :

$$x > \frac{3\pi}{4\alpha}$$

p devient négatif. Au point $x = \dfrac{3\pi}{4\alpha}$, le facteur $e^{-\alpha x} = 0,094$, tandis qu'il est égal à 1 pour $x = o$: la diminution de compression, lorsqu'on s'éloigne de P, est donc fort rapide. Nous supposerons que le poids du rail est suffisant pour que celui-ci ne se soulève pas au point où p est négatif, ou bien simplement que le rail est fixé au sol. Dans cette hypothèse la formule trouvée pour p est valable sur toute la longueur du rail.

La constante kC_3 a une signification fort simple ; faisons $x = o$ dans l'expression trouvée pour p, il vient :

$$p_{x\,=\,o} = kC_3 = p_0$$

Le produit kC_3 est donc égal à la pression spécifique du rail sur le terrain au-dessous du point d'application de P ; pour déterminer cette quantité, servons-nous de la relation évidente :

$$\int_0^\infty p\,dx = \frac{P}{2}.$$

En substituant pour p sa valeur et en intégrant il vient .

$$\int_0^\infty p\,dx = p_0 \int_0^\infty e^{-\alpha x}\,(\cos \alpha x + \sin \alpha x)\,dx$$

$$= p_0 \left[-\frac{1}{\alpha} e^{-\alpha x} \cos \alpha x \right]_{x\,=\,o}^{x\,=\,\infty} = \frac{p_0}{\alpha}$$

par suite :

$$p_0 = \frac{\alpha P}{2}$$

où α désigne la constante définie par la formule (143), laquelle est déterminée dès que l'on connaît le moment d'inertie du profil du rail, le coefficient l'élasticité et la constante k.

Exercice 33. — Une barre d'acier de 80 cm. de longueur et de section carrée de 6 cm. de côté repose exactement sur le sol par une de ses faces et supporte en son milieu une charge concentrée de 1.000 kg. Quelle pression cette barre exerce-t-elle sur le sol au milieu et à ses extrémités, et quel est le travail élastique du fer en ces points si l'on admet que le terrain éprouve une compression de 0,25 mm. sous l'influence d'une pression de 1 kg. par cm² ?

Solution. — Nous considérerons la partie de la ligne élastique située à gauche du milieu et supposerons l'origine du système d'axe à l'extrémité gauche du prisme. Nous pouvons alors appliquer directement la formule (142) ainsi que les conditions à la limite exprimées par les équations (144) et (145) ; de plus ici, par raison de symétrie $\frac{dy}{dx} = o$ pour $x = a = 40$ cm.,

d'où la relation :

$$C_1 (m_1 - m_2) + C_2 (m_1 + m_2) - C_3 (m_3 + m_4) + C_4 (m_3 - m_4) = o.$$

Les constantes d'intégration sont ainsi déterminées. Pour trouver leurs valeurs numériques, nous calculons d'abord α.

Nous avons :

$$I = \frac{bh^3}{12} = \frac{6^4}{12} = 108 \text{ cm}^4.$$

Nous prenons :

$$E = 22 \times 10^5 \text{ kg. par cm}^2.$$

La constante k est définie par l'équation (140), elle est de la dimension d'un travail élastique ; si la pression exercée par la barre est de 1 kg. par cm², l'unité de longueur (1 cm.) exercera une pression de 6 kg. Comme une telle pression produit une compression du terrain de 0,25 mm., nous avons :

$$k = \frac{p}{y} = 240 \text{ kg. par cm}^2$$

et par suite :

$$\alpha = \sqrt[4]{\frac{240 \frac{\text{kg.}}{\text{cm}^2}}{4 \times 22 \times 10^5 \frac{\text{kg.}}{\text{cm}^2} \times 108 \text{ cm}^4}} = 0,0224 \text{ cm}^{-1}$$

Il vient, en effectuant les opérations,

$$\alpha a = 0,896,$$

$$e^{\alpha a} = 2,450, \qquad e^{-\alpha a} = 0,408, \qquad \cos \alpha a = 0,625,$$

$$\sin \alpha a = 0,781,$$

d'où

$$m_1 = 1,530, \qquad m_2 = 1,912, \qquad m_3 = 0,255,$$

$$m_4 = 0,319.$$

Les équations de condition pour la détermination des constantes C s'écrivent maintenant :

$$C_2 = C_4, \qquad C_1 = C_3 + 2\,C_4,$$

$$- 0,382\,C_1 + 3,442\,C_2 - 0.574\,C_3 - 0,064\,C_4 = o\,;$$

d'où résulte :

$$C_1 = 4,73\,C_4, \qquad C_2 = C_4, \qquad C_3 = 2,73\,C_4.$$

L'équation de la ligne élastique est par suite :

$$y = C_4 \left\{ 4,73\,e^{\alpha x} \cos \alpha x + e^{\alpha x} \sin \alpha x + 2,73\,e^{-\alpha x} \cos \alpha x \right.$$

$$\left. + e^{-\alpha x} \sin \alpha x \right\};$$

de même, la pression de la barre rapportée à l'unité de longueur est :

$$p = k\,C_4 \left\{ 4,73\,e^{\alpha x} \cos \alpha x + e^{\alpha x} \sin \alpha x \right.$$

$$\left. + 2,73\,e^{-\alpha x} \cos \alpha x + e^{-\alpha x} \sin \alpha x \right\};$$

faisons $x = o$, la parenthèse prend la valeur 7,46. Désignons par p_0 la valeur de p pour $x = o$, il vient :

$$p_0 = 7,46\,k\,C_4$$

d'où découle la signification et la valeur de C_4.

Soit p_a la valeur de p pour $x = a$, c'est-à-dire au milieu du prisme, la formule donne :

$$p_a = \frac{p_0}{7,46} \left\{ 4,73\,m_1 + m_2 + 2,73\,m_3 + m_4 \right\},$$

16

et en introduisant les valeurs trouvées pour les quantités m :

$$p_a = 1,36\ p_0$$

Nous avons ainsi déterminé le rapport entre la pression aux extrémités et la pression au milieu. Pour obtenir ces quantités en valeur absolue, nous utiliserons, comme précédemment, la condition que la somme des pressions exercée par le prisme est égale à sa charge. Pour effectuer l'intégrale $\int p\,dx$ étendue à tout le prisme, il suffirait, comme il ne peut s'agir ici que d'obtenir une valeur approchée, de remplacer la loi de répartition trouvée par une autre plus simple, par exemple une répartition parabolique pour laquelle le rapport $\dfrac{p_a}{p_0}$ serait égal à la valeur trouvée plus haut. Rien n'empêche du reste d'effectuer l'intégration avec la vraie valeur de p, il vient :

$$\alpha \int_o^a e^{\alpha x} \cos \alpha x\, dx = 1,221\ , \qquad \alpha \int_o^a e^{\alpha x} \sin \alpha x\, dx = 0,691,$$

$$\alpha \int_o^a e^{-\alpha x} \cos \alpha x\, dx = 0,787\ , \qquad \alpha \int e^{-\alpha x} \sin \alpha x\, dx = 0,213,$$

et, par suite :

$$\int_o^a p\,dx = \frac{p_0}{7,46}\cdot\frac{4,73\times 1,221 + 0,691 + 2,773\times 0.787 + 0,213}{0,024} = 49,3\,p_0\ .$$

L'unité de longueur est ici le centimètre, puisque α a été calculé avec cette unité. Le double de l'intégrale ci-dessus est égal à 1000 kg., on a donc :

$$p_0 = \frac{1000}{98,6} = 10,1\ \frac{kg.}{cm.}$$

et

$$p = 13,8\ \frac{kg.}{cm.}$$

Si l'on avait adopté la répartition parabolique de la pression :

$$p = p_0 + \frac{p_a - p_0}{a^2}\ (2a\,x - x^2)$$

pour éviter les intégrales des fonctions exponentielles et tri-gonométriques, on aurait trouvé :

$$\int_o^a p\,dx = \frac{p_0 + 2p_a}{3}\,a = 49,6\,p_0,$$

l'approximation aurait donc été très satisfaisante. Aussi voulons-nous utiliser cette représentation approchée de la pression, pour calculer le moment fléchissant agissant dans la section médiane de la barre. On trouve :

$$M_a = \int_o^a (a - x)\,p\,dx = \frac{p_0 + 2p_a}{3}\,a^2 - \frac{5p_a + p_0}{12}\,a^2$$
$$= \frac{p_a + p_0}{4}\,a^2$$

et, en substituant les valeurs numériques :

$$M_a = 9560\,kg.\,cm.,$$

d'où

$$R = \frac{6M_a}{bh^2} = \frac{6 \times 9560}{6^3} = 266\,\text{kg. par cm}^2.$$

On aurait pu prouver également M_a sans difficulté à l'aide de la relation

$$M_a = -\,IE \left[\frac{d^2 y}{dx^2}\right]_{x\,=\,a}.$$

Exercice 34. — *Un corps de longueur l repose sur le sol par toute sa base et supporte dans la section médiane une charge égale à P. La section transversale du solide est un rectangle de largeur constante dont la hauteur varie de façon à ce que le moment d'inertie de la section soit partout proportionnel au moment fléchissant correspondant. Indiquer la loi de réparti-tion des pressions sur le sol, ainsi que celle selon laquelle la hauteur de la section doit varier pour que la condition du pro-blème soit remplie.*

Solution. L'équation différentielle de la ligne élastique peut s'écrire :

$$\frac{d^2 y}{dx^2} = -\frac{M}{IE} = -c$$

où c signifie une constante, qui reste indéterminée dans le cas particulier, l'énoncé ne disant rien sur le facteur de proportionnalité entre M et I.

En intégrant il vient :

$$y = -c\frac{x^2}{2} + K_1 x + K_2.$$

Pour $x = a$, $\frac{dy}{dx} = o$, donc :

$$K_1 = ca.$$

On trouve par suite :

$$p = ky = k K_2 + \frac{ck}{2}(2ax - x^2).$$

La loi de répartition des pressions sur le sol est exactement parabolique. Pour les pressions aux extrémités et au milieu il vient :

$$p_0 = k K_2, \quad p_a = k K_2 + \frac{cka^2}{2},$$

d'où résulte :

$$p = p_0 + \frac{p_a - p_0}{2}(2ax - x^2),$$

comme dans le problème précédent. On a de même, aussi :

$$\frac{2p_a + p_0}{3} a = \frac{P}{2},$$

d'où :

$$p_0 = \frac{P}{2a} - \frac{cka^2}{3}, \qquad K_2 = \frac{P}{2ak} - \frac{ca}{3}.$$

La forme de la ligne élastique, et, par suite, p sont ainsi absolument déterminés dès que l'on connaît les valeurs de c et de k.

Pour le moment fléchissant agissant dans une section d'abscisse x (comptée à partir de l'extrémité gauche), il vient :

$$M = \int_0^x (x - u)\, p\, du = \frac{p_0 x^2}{2} + (p_a - p_0) \frac{4ax^3 - x^4}{12a^2}.$$

On tire de là I à l'aide de la relation :

$$I = \frac{M}{Ec}.$$

I étant connu en fonction de x, la hauteur de la section l'est aussi, puisque la largeur de cette dernière est constante.

CHAPITRE SEPTIÈME

DE LA RÉSISTANCE DES PLAQUES PLANES

---

§ 1. *Théorie mathématique pour les plaques circulaires.* — 78. Conditions du problème, équations générales. — 79. Charge uniformément répartie sur une plaque encastrée sur tout le pourtour. — 80. Plaque encastrée à la périphérie et soumise à l'action d'une force unique P, agissant au centre. — 81. Plaque reposant librement sur tout le pourtour et soumise à l'action d'une charge uniformément répartie. — 82. Plaque reposant librement sur tout le pourtour et soumise à l'action d'une force unique agissant au centre.
§ 2. *Théorie approchée.* — 83. Théorie approchée de Bach pour les plaques circulaires. — 84. Plaques elliptiques. — 85. Plaques carrées ou rectangulaires.
Exercices, Nos 35 à 36.

§ 1.

THÉORIE MATHÉMATIQUE POUR LES PLAQUES CIRCULAIRES

78. Conditions du problème, équations générales. — Nous traiterons dans ce qui suit les deux cas : d'une force unique agissant au centre de la plaque, et d'une charge uniformément répartie sur toute la surface. On résolvrait le problème de la même manière s'il s'agissait d'une autre loi de répartition des charges, à condition cependant que celles-ci soient réparties symétriquement par rapport au centre de la plaque. Pour une loi de répartition quelconque, le problème devient si compliqué que, dans la plupart des cas, on doit se contenter d'une approximation.

Les charges symétriques sont du reste celles que l'on rencontre le plus fréquemment dans les applications.

Nous admettrons que la plaque est ou encastrée sur tout son pourtour ou qu'elle repose librement. Contrairement à ce qui se présente dans la théorie de la flexion des prismes, le cas de la plaque encastrée est plus simple à traiter que celui de la plaque reposant librement. Dans ce dernier cas en effet, les parties de la plaque situées en dehors du cercle d'appui participent au travail de la plaque, il n'est donc pas indifférent de savoir de combien celle-ci dépasse le cercle d'appui. Nous supposerons dans ce qui suit qu'elle ne dépasse que de fort peu, de façon à pouvoir négliger les actions moléculaires dans la partie extérieure au cercle d'appui. On peut naturellement s'attendre à ce que le problème présente certaines analogies avec la théorie de la flexion des prismes. En particulier, au lieu d'une ligne élastique, nous aurons à considérer une *surface élastique*. Nous appellerons ainsi le plan médian déformé de la plaque, et nous admettrons comme précédemment pour le prisme, que les ordonnées y de la surface élastique, mesurées à partir du plan médian initial, sont des quantités très petites. Par raison de symétrie, y ne dépend que de la distance x du point considéré à l'axe de symétrie perpendiculaire au plan médian ; la surface élastique est donc de révolution. Nous négligerons les déformations des points du plan médian parallèles à ce plan.

Il est nécessaire de faire certaines suppositions sur la nature des déformations ; ces hypothèses jouent ici le même rôle que celle de Bernouilli dans la théorie de la flexion des prismes. Nous admettrons que tous les points de la plaque situés primitivement sur une droite perpendiculaire au plan médian se trouvent encore, après la déformation, sur une droite qui, par raison de symétrie, doit couper l'axe de symétrie de la plaque (à moins qu'elle ne lui reste parallèle). Une section annulaire, faite par un cylindre dont l'axe coïncide avec l'axe de symétrie, se transforme donc, dans la déformation, en une surface conique.

Ces hypothèses faites, nous allons établir, comme précédemment dans la théorie des prismes, une expression des variations spécifiques de longueur qui se produisent dans la déformation, puis nous en déduirons la valeur des actions moléculaires corrélatives. En un point distant de x de l'axe de symétrie, et distant de z du plan médian (fig. 54), il se produit des dilatations tangentielles et normales que nous désignerons par ε_t et ε_n. Le rayon x de la circonférence qui passe par le point envisagé s'accroît de $z\varphi$, par suite de l'inclinaison φ que la normale à la surface élastique prend par rapport à l'axe de symétrie (l'angle φ est toujours assez petit pour qu'il soit permis de remplacer le sinus de l'angle par l'angle lui-même). La circonférence croît évidemment dans le même rapport que le rayon ; la dilatation tangentielle, au point considéré, sera donc donnée par la relation :

$$\varepsilon_t = \frac{z\varphi}{x}. \qquad\qquad (149)$$

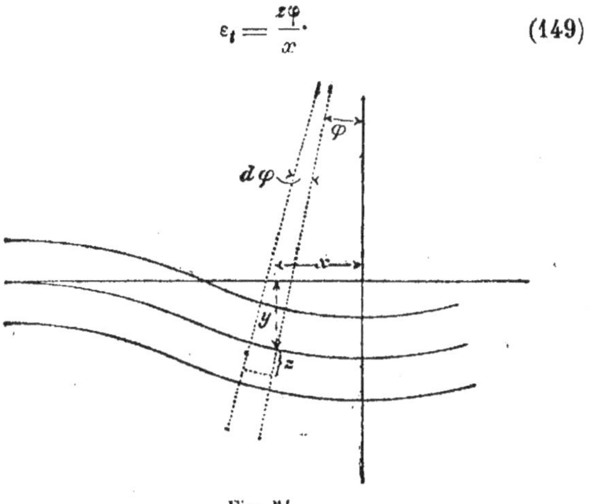

Fig. 54.

Prenons une seconde normale à la surface élastique, distante de dx de la première, soit $d\varphi$ l'angle qu'elles comprennent ; la fibre qui passe par le point z s'allonge, entre ces deux normales, de $z\,d\varphi$ par rapport à la fibre correspondante située dans le plan médian, et dont la longueur n'a pas varié.

La dilatation dans le sens radial est donc :

$$\varepsilon_r = z \frac{d\varphi}{dx} \cdot \qquad (150)$$

Cette expression est la même que celle trouvée dans la théorie de la flexion des prismes ; nous avons ici en plus la dilation ε_t qui, dans le cas du prisme, était indifférente. Nous aurons donc, outre les actions moléculaires R_r (qui correspondent aux actions moléculaires normales dans un prisme), des actions dans le sens tangentiel R_t. D'après la loi de l'élasticité, ces actions moléculaires sont déterminées par les formules :

$$\varepsilon_t = \frac{1}{E}\left(R_t - \frac{1}{m}R_r\right), \qquad \varepsilon_r = \frac{1}{E}\left(R_r - \frac{1}{m}R_t\right) \cdot$$

En résolvant par rapport à R_t et R_r, il vient :

$$R_t = \frac{mE}{m^2 - 1}(m\varepsilon_t + \varepsilon_r) \quad , \quad R_r = \frac{mE}{m^2 - 1}(m\varepsilon_r + \varepsilon_t) \qquad (151)$$

d'où, si l'on introduit dans ces formules les valeurs (149) et (150), trouvées pour ε_t et ε_r :

$$\left.\begin{aligned} R_t &= \frac{mE}{m^2 - 1}\, z\left(m\,\frac{\varphi}{x} + \frac{d\varphi}{dx}\right), \\ R_r &= \frac{mE}{m^2 - 1}\, z\left(m\,\frac{d\varphi}{dx} + \frac{\varphi}{x}\right) \cdot \end{aligned}\right\} \qquad (152)$$

La loi de répartition des actions moléculaires le long d'une normale à la surface élastique est donc linéaire tant pour R_t que pour R_r ; ces actions moléculaires sont proportionnelles aux distances des points considérés au plan médian.

Les valeurs des actions moléculaires étant trouvées, nous pouvons maintenant établir les conditions d'équilibre d'un élément de la plaque. Menons, par l'axe de symétrie, deux plans méridiens formant entre eux un angle infiniment petit dx, celui-ci ne subit pas de variation dans la déformation. Considérons encore deux sections circulaires concentriques de rayon x et $x + dx$. Les quatre sections précédentes délimitent un élément de volume représenté en plan et élévation dans la figure (55).

Sur chacune des quatre sections agissent les actions moléculaires R_t et R_r, que l'on peut réduire pour chaque face de l'élément à un couple résultant. En outre, il existe évidemment

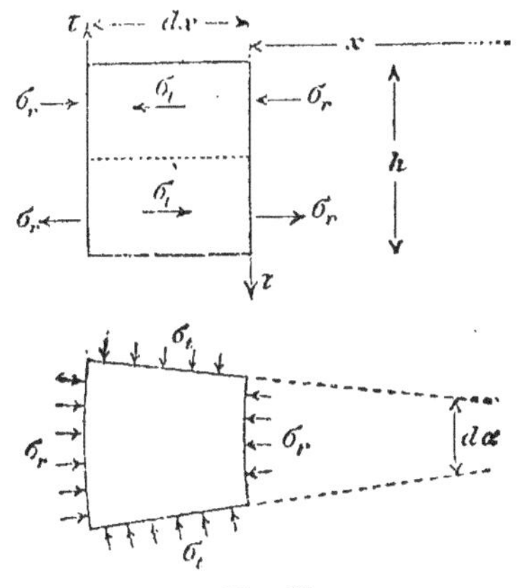

Fig. 55.

La lettre R du texte correspond à σ de la figure.
» S » τ »

dans ces sections des actions moléculaires tangentielles. En effet, les forces R, qui sont toutes horizontales, ne sauraient faire équilibre aux charges verticales.

Nous allons établir maintenant les équations qui expriment les conditions d'équilibre de ces forces. Considérons d'abord les actions moléculaires R_t ; à chaque élément dF de l'une des sections méridiennes correspond un élément de l'autre section, dans lequel l'action moléculaire est égale en intensité ; les lignes d'action de ces deux forces se coupent dans le plan bissecteur de l'angle dièdre $d\alpha$. Déterminons la résultante de ces forces, elle est contenue dans le plan bissecteur, et égale en grandeur à $R_t\, dF d\alpha$. Supposons qu'on effectue la même opération pour tous les éléments dF des sections méridiennes : toutes ces résultantes partielles, contenues dans le plan bissecteur, peuvent être remplacées par un couple résultant, dont il est facile d'indiquer le moment. En effet, le moment de la force $R_t dF d\alpha$ par rapport à un point quelconque du plan médian étant $R_t z dF d\alpha$, le moment du couple résultant de toutes les forces semblables est :

$$d\alpha \int R_t \, z dF,$$

ou, en tenant compte de (152) :

$$d\alpha \, \frac{mE}{m^2 - 1} \left(m \frac{\varphi}{x} + \frac{d\varphi}{dx} \right) \int z^2 dF.$$

L'intégrale dans l'expression ci-dessus n'est autre chose que le moment d'inertie de la section relatif à l'intersection du plan méridien avec le plan médian :

$$\int z^2 \, dF = dx \, \frac{h^3}{12}.$$

Nous avons donc :

$$\textit{Moment résultant des}: R^t = \frac{mEh^3}{12(m^2 - 1)} \left(m \frac{\varphi}{x} + \frac{d\varphi}{dx} \right) dx \, d\alpha. \quad (153)$$

En ce qui concerne le signe de ce moment, il y a lieu de faire la remarque suivante : convenons de compter les ordonnées z positivement en allant de haut en bas. Si φ et $\frac{d\varphi}{dx}$ sont positifs, il se produit dans la partie inférieure de la plaque des efforts d'extension R_t, et la résultante de ces efforts dans les deux plans méridiens est dirigée comme l'indique les flèches dans la fig. (55). Dans la partie supérieure de la plaque, c'est-à-dire pour les z négatifs, les directions sont renversées. Le couple résultant des actions moléculaires R_t tend donc à faire tourner l'élément considéré en sens inverse des aiguilles d'une montre. Il devra par suite, conformément à nos conventions, être affecté du signe —.

Considérons maintenant les actions moléculaires R_r. Celles qui agissent dans la section dont le rayon est x forment un couple dont le moment est, en tenant compte de (152) :

$$\int R_r \, z \, dF = \frac{mE}{m^2 - 1}\left(m\,\frac{d\varphi}{dx} + \frac{\varphi}{x}\right)\int z^2 \, dF.$$

L'intégrale du membre de droite représente le moment d'inertie d'un rectangle de base $x\,d\alpha$ et de hauteur h, par rapport à un axe parallèle à la base et passant par le centre de gravité. L'expression précédente peut donc s'écrire :

$$\frac{mEh^3}{12(m^2 - 1)}\left(mx\,\frac{d\varphi}{dx} + \varphi\right)d\alpha.$$

Les actions R_r qui agissent sur la section de rayon $x + dx$ se ramènent à un couple de sens opposé à celui que nous venons de calculer. Il y a donc lieu de ne considérer que la différence des deux couples. Celle-ci n'est autre chose que la différentielle de l'expression précédente prise par rapport à x. Donc :

Moment des R_r :

$$= \frac{mEh^3}{(12m^2 - 1)}\left(mx\,\frac{d^2\varphi}{dx^2} + m\,\frac{d\varphi}{dx} + \frac{d\varphi}{dx}\right) dx\, d\alpha. \qquad (154)$$

Au sujet du signe, nous remarquerons que si φ et $\dfrac{d\varphi}{dx}$ sont positifs, les actions moléculaires R_r sont des efforts d'extension dans la partie inférieure de la plaque ; le couple dans la section x tend par conséquent à faire tourner l'élément en sens inverse des aiguilles d'une montre ; le couple qui agit dans la section $x + dx$ tend à le faire tourner en sens inverse. Si donc la différentielle que nous venons de calculer est positive, le moment résultant des R_r est positif.

Enfin, il reste à calculer le couple résultant des efforts tangentiels S. Ce calcul n'est possible que si l'on introduit la loi de répartition des charges extérieures, tandis que tout ce qui précède est applicable à toute répartition symétrique des charges.

Nous allons d'abord poursuivre le calcul en considérant une charge uniformément répartie.

79. Charge uniformément répartie sur une plaque encastrée sur tout le pourtour. — Ce cas se présente dans la pratique, lorsque le fond d'un cylindre est soumis à la pression d'un fluide. Pour calculer l'effort tranchant, supposons que l'on fasse une section annulaire de rayon x. La partie de la plaque située à l'intérieur de cette section supporte une charge égale à :

$$\pi x^2 p,$$

p étant la charge par unité de surface. Les actions tangentielles qui agissent dans la section de rayon x doivent faire équilibre à cette charge ; en particulier, la partie de cette section située entre les deux plans méridiens, qui comprennent entre eux l'angle $d\alpha$, en supporte une fraction égale à $\dfrac{d\alpha}{2\pi}$, car les actions tangentielles sont évidemment uniformément réparties le long de la section. L'effort tranchant qui agit, dans la section x, sur l'élément considéré précédemment est donc

$$\frac{x^2 p}{2}\, d\alpha .$$

Dans la section $x + dx$, l'effort tranchant subit un accroissement infiniment petit, égal à la différentielle de l'expression précédente. Cette différentielle est toutefois négligeable dans l'expression du moment ; on a donc :

$$\textit{Moment résultant des } S = \frac{x^2 p\, dx\, d\alpha}{2} . \qquad (155)$$

Le signe de ce moment est positif ainsi que le montre immédiatement la figure.

Pour que l'élément de volume considéré soit en équilibre, il faut que la somme des moments résultants des R_t, R_r et S soit nulle, d'où, en tenant comme des valeurs trouvées (153, 154 et 155), l'expression :

$$- \frac{mEh^3}{12(m^2-1)} \left(m \frac{\varphi}{x} + \frac{d\varphi}{dx} \right) d\alpha.dx + \frac{mEh^3}{(12m^2-1)} \left(mx \frac{d^2\varphi}{dx} + m \frac{d\varphi}{dx} \right.$$

$$\left. + \frac{d\varphi}{dx} \right) d\alpha.dx + \frac{px^2 dx d\alpha}{2} = o \, ;$$

ou, en simplifiant :

$$\frac{m^2 Eh^3}{12(m^2-1)} \left(x \frac{d^2\varphi}{dx^2} + \frac{d\varphi}{dx} - \frac{\varphi}{x} \right) + \frac{px^2}{2} = o.$$

Posons pour abréger :

$$N = \frac{6 (m^2 - 1)}{m^2 E^2 h^3} \, p, \qquad\qquad (156)$$

l'équation précédente s'écrit alors :

$$x^2 \frac{d^2\varphi}{dx^2} + x \frac{d\varphi}{dx} - \varphi + N x^3 = o. \qquad (157)$$

L'intégrale générale de cette équation est de la forme :

$$\varphi = - \frac{N}{8} x^3 + Bx + \frac{C}{x} \qquad\qquad (158)$$

où B et C désignent deux constantes d'intégration. En substituant cette expression dans (157), on reconnaît facilement que cette équation est satisfaite ; de plus, (158) est bien l'intégrale générale, puisqu'elle contient deux constantes arbitraires.

Pour déterminer la valeur de ces constantes dans le cas particulier, nous faisons usage des conditions aux limites. On a évidemment :

$$\varphi = o \text{ pour } x = o.$$

Par conséquent C $= o$.

De même, à la périphérie, puisque la plaque est encastrée, l'angle φ doit aussi s'annuler. Soit r le rayon de la plaque, nous avons par suite la condition :

$$o = - \frac{N}{8} r^3 + Br \, ;$$

d'où :

$$B = \frac{N}{8} r^2.$$

Donc finalement :

$$\begin{aligned}
\varphi &= \frac{N}{8} (r^2 x - x^3) \\
&= \frac{(3m^2-1)}{4 m^2 E h^3} p (r^2 x - x^3).
\end{aligned} \right\} \quad (159)$$

En substituant cette valeur de φ dans les formules (149) et (150), nous obtenons les dilatations élastiques exprimées explicitement en fonction d'x ; il vient :

$$\begin{aligned}
\varepsilon^t &= \frac{N}{8} (r^2 - 3x^2) z, \\
\varepsilon_r &= \frac{N}{8} (r^2 - x^2) z.
\end{aligned} \right\} \quad (160)$$

Au centre de la plaque, c'est-à-dire pour $x = o$, on a ,

$$\varepsilon_t = \varepsilon_r = \frac{N}{8} r^2 z.$$

Il ne pourrait en être autrement, car la dilatation, qui est tangentielle pour un certain plan méridien, est évidemment normale pour le plan méridien normal au premier. ε_t croît avec x, tandis que ε_r diminue ; à la périphérie ε_t s'annule, tandis que ε_r devient égal à $-\frac{N}{4} r^2 z$. Cette valeur est, abstraction faite du signe, double de celle trouvée au centre de la plaque. C'est donc sur le pourtour de la plaque que le travail élastique de la matière atteint sa plus grande valeur ; il y a donc lieu de s'attendre à voir s'y former en premier lieu les fissures qui précèdent la rupture de la plaque. Le travail élastique de comparaison qui sert de mesure au travail élastique maximum que subit la matière première, s'obtient en multipliant par E la valeur de ε_r pour $x = r$ et $z = h$. En effet, nous avons admis, art. 28, qu'il dépendait de la dilatation maximum.

On a donc :

$$\mathcal{R} = E \, \frac{N r^2}{4} \, \frac{h}{2} = \frac{3 \, (m^2 - 1)}{4 \, m^2} \, \frac{r^2}{h^2} \, p \, ; \qquad (161)$$

pour $m = \dfrac{10}{3}$, il vient :

$$\mathcal{R} = 0{,}68 \; p \, \frac{r^2}{h^2} \cdot$$

On pourrait trouver aussi immédiatement les valeurs de R_r et de R_t en remplaçant dans la formule (151) ou (152), les quantités ε_r et ε_t par leurs valeurs. Cette transformation présente peu d'intérêt, puisqu'après tout, il s'agit simplement de connaître le travail élastique maximum et que celui-ci est absolument défini par $\mathcal{R}$.

Il reste à déterminer la forme de la surface élastique. L'angle φ que nous avons calculé, est égal à l'angle qué la tangente au méridien de la surface élastique forme avec l'axe des x. En tenant compte des conventions faites au sujet des signes, nous avons donc :

$$\frac{dy}{dx} = - \, tg \; \varphi.$$

Comme l'angle φ est fort petit, nous pouvons remplacer la tangente de l'angle par l'angle lui-même ; il vient par suite, en tenant compte de la formule (159) :

$$\frac{dy}{dx} = \frac{N}{8} \, (x^3 - r^2 x), \qquad (162)$$

d'où, en intégrant :

$$y = \frac{N}{8} \left(\frac{x^4}{4} - r^2 \, \frac{x^2}{2} \right) + C.$$

A la périphérie, soit pour $x = r$, $y = o$; donc :

$$C = \frac{N r^4}{32},$$

et par conséquent :

$$y = \frac{N}{32}\,(x^4 - 2r^2 x^2 + r^4) = \frac{N}{32}\,(x^2 - r^2)^2. \quad (163)$$

Désignons par f, l'inflexion de la plaque au centre, nous trouvons, en faisant $x = o$:

$$f = \frac{Nr^4}{32}.$$

En mettant pour N sa valeur et en prenant pour $m = \dfrac{10}{3}$, nous obtenons :

$$f = \frac{3\,(m^2 - 1)}{16\,m^2\,Eh^3}\,pr^4 = 0,17\,\frac{pr^4}{Eh^3}. \quad (164)$$

80. Plaque encastrée à la périphérie et soumise à l'action d'une force unique P agissant au centre. — Il faut calculer les valeurs que prennent dans ce cas les actions moléculaires tangentielles, développées dans une section circulaire.

L'effort tranchant auquel elles font équilibre est P ; la résultante des actions moléculaires tangentielles agissant sur la partie de la section qui correspond à l'élément considéré précédemment sera par suite :

$$P\,\frac{d\alpha}{2\pi}.$$

Le moment du couple formé par les actions moléculaires tangentielles est donc :

$$Moment\ des\ S = \frac{P}{2\pi}d\alpha dx. \quad (165)$$

Cette expression remplace la formule (155) de l'article précédent.

L'équation d'équilibre de l'élément de volume considéré est donc ici :

$$-\frac{m\,E\,h^3}{12\,(m^2 - 1)}\left(m\,\frac{\varphi}{x} + \frac{d\varphi}{dx}\right) + \frac{m\,E\,h^3}{12\,(m^2 - 1)}\left(mx\,\frac{d^2\varphi}{dx^2} + m\,\frac{d\varphi}{dx} + \frac{d\varphi}{dx}\right)$$
$$+ \frac{P}{2\pi} = o,$$

en posant pour abréger :

$$Q = \frac{6\,(m^2 - 1)}{\pi m^2\,Eh^3}\,P,\qquad(166)$$

l'équation précédente peut s'écrire :

$$x^2\,\frac{d^2\varphi}{dx^2} + x\,\frac{d\varphi}{dx} - \varphi + Qx = o.\qquad(167)$$

L'intégrale générale de cette équation est, comme on le vérifie facilement en substituant :

$$\varphi = -\frac{Q}{2}\,x\,\log x + Bx + \frac{C}{x};\qquad(168)$$

les constantes B et C se déterminent à l'aide des mêmes conditions que précédemment :

$$\varphi = o \text{ pour } x = o, \text{ d'où } C = o,$$

$$\varphi = o \text{ pour } x = r, \text{ d'où } B = \frac{Q}{2}\,\log r.$$

On peut donc écrire :

$$\varphi = \frac{Q}{2}\,x\log\frac{r}{x}\cdot\qquad(169)$$

En introduisant cette valeur de φ dans les formules pour ε_t et ε_r, nous trouvons :

$$\left.\begin{aligned}
\varepsilon_t &= \frac{Q}{2}\,z\,\log\frac{r}{x},\\
\varepsilon_r &= \frac{Q}{2}\,z\,\left(\log\frac{r}{x} - 1\right)\cdot
\end{aligned}\right\}\qquad(170)$$

Pour $x = o$, ces expressions deviennent infiniment grandes : la plaque devrait donc se rompre, s'il était réellement possible de concentrer la charge P en un point, commme nous l'avons admis dans le calcul. En réalité, la charge est toujours répartie sur une certaine surface. Les formules précédentes ne permettent pas de déterminer le travail élastique au centre de la plaque puisque ε_t et ε_r deviennent infiniment grands.

Pour les points du pourtour, nous trouvons, en faisant $x = r$:

$$\varepsilon_l = 0, \qquad \varepsilon_r = -\frac{Q}{2} z.$$

Pour $z = \frac{h}{2}$ et en prenant $m = \frac{10}{3}$, il vient :

$$\mathcal{R} = \frac{3\,(m^2 - 1)}{2\pi\,m^2}\frac{P}{h^2} = 0,43\,\frac{P}{h^2}. \qquad (171)$$

Le travail élastique à la périphérie est donc indépendant du rayon de la plaque.

Afin de nous rendre compte du travail élastique développé en réalité au centre de la plaque, supposons que la charge P se répartisse uniformément à l'intérieur d'un cercle de rayon très petit a. La ligne méridienne de la surface élastique se compose dans ce cas de deux branches qui se raccordent : l'une allant de $x = o$ à $x = a$, et déterminée par l'équation (158), l'autre, définie par l'équation (168), allant de $x = a$ à $x = r$.

Pour la première branche nous avons :

$$\varphi = -\frac{N}{8}\,x^3 + Bx,$$

et pour la seconde, en désignant les constantes d'intégration par d'autres lettres que précédemment, pour éviter des confusions :

$$\varphi = -\frac{Q}{2}\,x \log x + D\,x + \frac{F}{x}.$$

Ces deux branches se raccordent : les constantes B, D, F doivent donc satisfaire aux deux équations de condition suivantes :

$$Ba - \frac{N}{8}\,a^3 = -\frac{Q}{2}\,a \log a + Da + \frac{P}{a},$$

$$B - \frac{3N}{8}\,a^2 = -\frac{Q}{2}\log a - \frac{Q}{2} + D - \frac{F}{a^2},$$

qui expriment qu'au point $x = a$, les valeurs de y et de $\frac{dy}{dx}$ doivent être les mêmes pour les deux branches.

En résolvant par rapport à F et D, il vient :

$$F = \frac{a^2}{8}\,(Na^2 - 2\,Q),$$

$$D = B - \frac{Na^2}{4} + \frac{Q}{4} + \frac{Q}{2}\log a.$$

Enfin, pour la seconde branche, nous devons avoir encore :

$$\varphi = o \text{ pour } x = r,$$

donc :

$$o = \frac{Q}{2}\,r\log r + Dr + \frac{F}{r}.$$

Si l'on substitue dans cette équation les valeurs trouvées plus haut pour D et F, il vient, en résolvant par rapport à B :

$$B = \frac{Q}{2}\log\frac{r}{a} + N\frac{a^2}{4} + \frac{a^2}{8r^2}\,(2Q - Na^2) - \frac{Q}{4}.$$

Considérons les quantités N et Q, nous devons faire ici :

$$p = \frac{P}{\pi a^2};$$

par suite, formule (156) :

$$N = \frac{6\,(m^2 - 1)}{m^2 E h^3}\,\frac{P}{\pi a^2}.$$

En comparant cette expression avec la valeur de Q (formule 166), qui n'a pas changé, on voit que :

$$Na^2 = Q\,;$$

d'où :

$$B = \frac{Q}{8}\left(4\log\frac{r}{a} + \frac{a^2}{r^2}\right). \qquad (172)$$

L'équation de la première branche de la ligne méridienne (de $x = o$ jusqu'à $x = a$) est donc :

$$\varphi = \frac{Q}{8}\, x \left(4 \log \frac{r}{a} + \frac{a^2}{r^2} - \frac{x^2}{a^2} \right). \qquad (173)$$

Nous pouvons maintenant calculer les dilatations élastiques qui se produisent au centre de la plaque. Les formules (149) et (150) donnent :

$$\begin{aligned}
\varepsilon_t &= \frac{Q}{8}\, z \left(4 \log \frac{r}{a} + \frac{a^2}{r^2} - \frac{x^2}{a^2} \right), \\
\varepsilon_r &= \frac{Q}{8}\, z \left(4 \log \frac{r}{a} + \frac{a^2}{r^2} - 3\,\frac{x^2}{a^2} \right).
\end{aligned} \right\} \qquad (174)$$

Pour $x = o$, ε_t et ε_r sont égales entre elles et atteignent leur plus grande valeur. Le travail élastique de comparaison au centre de la plaque est donc :

$$\mathcal{R} = \frac{EQ}{8}\, z \left(4 \log \frac{r}{a} + \frac{a^2}{r^2} \right),$$

ou, si l'on introduit la valeur explicite de Q et si l'on fait $z = \dfrac{h}{2}$:

$$\mathcal{R} = \frac{3\,(m^2 - 1)}{8\pi m^2}\, \frac{P}{h^2} \left(4 \log \frac{r}{a} + \frac{a^2}{r^2} \right).$$

Le dernier terme de la parenthèse peut être négligé devant le premier, a étant très petit ; dans ces conditions, et si l'on fait $m = \dfrac{10}{3}$, il vient :

$$\mathcal{R} = 0{,}43\, \frac{P}{h^2} \log \frac{r}{a}. \qquad (175)$$

On voit que le travail à la périphérie serait égal à la valeur ci-dessus, si r était égal à $e\,a$, e désignant la base des logarithmes naturels ($e = 2{,}718\ldots$). Si a est plus petit, le travail élastique au centre est plus grand qu'à la phériphérie.

Pour $a = 0{,}1\, r$, par exemple, on trouve :

$$\mathcal{R} = 1{,}00\, \frac{P}{h^2};$$

pour $a = 0{,}01\, r$:

$$\mathcal{R} = 1{,}98\, \frac{P}{h^2}.$$

On voit par là que le travail élastique au centre augmente en effet rapidement lorsque l'aire de la surface de charge diminue ; on reconnaît d'autre part qu'il n'y a pas à craindre qu'il devienne infini comme le faisaient croire les formules (170). Du reste, les formules précédentes ne sauraient prétendre à une grande exactitude : il se produit toujours dans le voisinage du point d'application de la charge des actions locales, dont la théorie ne tient pas compte, mais qui modifient sensiblement les hypothèses faites sur les déformations et la répartition des actions moléculaires.

Déterminons encore la surface élastique et l'inflexion de la plaque au centre. Il n'est pas nécessaire, pour ce calcul, de considérer spécialement la branche intérieure de la ligne méridienne de la surface élastique, car elle n'a pas d'influence sensible sur la grandeur de la déformation au centre de la plaque.

De l'équation (169) nous tirons, comme à l'article précédent :

$$\frac{dy}{dx} = -\frac{Q}{2}\, x \log \frac{r}{x}\,; \qquad (176)$$

d'où, en intégrant :

$$y = -\frac{Q.x^2}{4}\, \log r + \frac{Qx^2}{4}\, \log x - \frac{Qx^2}{8} + C. \qquad (177)$$

Pour $x = r$, $y = o$, donc $C = \dfrac{Qr^2}{8}$,

par suite :

$$y = Q\, \frac{r^2 - x^2}{8} - \frac{Qx^2}{4}\, \log \frac{r}{x}. \qquad (178)$$

Comme nous l'avons remarqué, cette équation est valable jusqu'au centre de la plaque. Pour $x = o$, le second terme du membre de droite prend la forme indéterminée $\dfrac{o}{\infty}$; il est cependant facile de reconnaître que la vraie valeur de ce terme est o ; en effet, le logarithme d'un nombre croît beaucoup plus lentement que le nombre lui-même et *a fortiori* que son carré.

Le produit $x^2 \log \dfrac{r}{x}$ s'annule donc pour $x = o$. C'est du reste le résultat auquel on arrive, si l'on applique à cette expression la règle de L'Hospital.

Nous trouvons donc pour l'inflexion f au centre de la plaque :

$$f = \frac{Qr^2}{8} = \frac{3\,(m^2 - 1)}{4\pi m^2}\,\frac{Pr^2}{Eh^3};\qquad (179)$$

pour $m = \dfrac{10}{3}$:

$$f = 0,22\,\frac{Pr^2}{Eh^3}\,.$$

En comparant cette valeur avec la formule (164) on reconnaît que la flèche, dans le cas où la force P est concentrée au centre, est quatre fois plus grande que lorsque P est répartie uniformément sur toute la surface de la plaque.

81. Plaque reposant librement sur tout le pourtour et soumise à une charge uniformément répartie. — Toutes les considérations de l'article 79, sont encore applicables au cas qui nous occupe maintenant ; la constante d'intégration C de l'équation (158) est nulle, par contre la constante B de l'expression

$$\varphi = -\,\frac{N}{8}\,x^3 + Bx \qquad (180)$$

prend une nouvelle valeur. Si l'on admet que la plaque ne dépasse qu'infiniment peu le cercle d'appui, R_r est nulle à la périphérie ; on détermine alors B à l'aide de cette condition. Si la plaque dépasse le cercle d'appui d'une quantité notable, il faut étudier la forme de la ligne méridienne de la surface élastique à l'extérieur du cercle d'appui et exprimer la condition que les actions moléculaires radiales s'annulent à la périphérie. Il faut, en effet, qu'il en soit ainsi, puisqu'il n'existe en ces points aucune force extérieure qui puisse leur faire équilibre.

Le calcul indiqué ne présente aucune difficulté, on trouve facilement l'équation de la partie extérieure de la ligne élastique en faisant $N = o$ dans les équations qui donnent la branche intérieure. Les opérations sont toutefois un peu longues, car l'on a, outre B, deux constantes d'intégration à déterminer (on utilise à cet effet les relations exprimant que la branche extérieure et la branche intérieure de la ligne élastique se raccordent).

Nous nous bornerons ici au premier cas, celui où la plaque ne dépasse que très peu le cercle d'appui, de sorte que $R_r = o$ pour $x = r$.

L'équation (152) donne :

$$R_r = \frac{mE}{m^2 - 1}\, z\, \left(m \frac{d\varphi}{dx} + \frac{\varphi}{x} \right).$$

En vertu de ce qui précède, la parenthèse doit s'annuler pour $x = r$; or, d'après (180) :

$$m \frac{d\varphi}{dx} + \frac{\varphi}{x} = - (3m + 1) \frac{Nx^3}{8} + (m + 1)B,$$

il faut donc que :

$$B = \frac{(3\,m + 1)\, Nr^2}{8\,(m + 1)}, \qquad (181)$$

d'où

$$\varphi = \frac{N}{8}\left(\frac{3\,m + 1}{m + 1}\, r^2 x - x^3 \right). \qquad (182)$$

Nous obtenons donc pour les dilatations :

$$\left. \begin{aligned} \varepsilon_t &= \frac{N}{8}\, z\left(\frac{3\,m + 1}{m + 1}\, r^2 - x^2 \right), \\ \varepsilon_r &= \frac{N}{8}\, z\left(\frac{3\,m + 1}{m + 1}\, r^2 - 3x^2 \right). \end{aligned} \right\} \quad (183)$$

La plus grande dilatation se produit au centre de la plaque, on trouve :

$$\varepsilon_t = \varepsilon_r = \frac{N}{8}\, z\, \frac{3\,m + 1}{m + 1}\, r^2,$$

d'où résulte pour le travail élastique de comparaison, si l'on fait $z = \frac{h}{2}$ et si l'on met pour N sa valeur (156) :

$$\mathfrak{R} = \frac{3\,(m^2 - 1)\,(3\,m + 1)}{8\,m^2\,(m + 1)}\,\frac{r^2}{h^2}\,p, \qquad (184)$$

et pour $m = \dfrac{10}{3}$:

$$\mathfrak{R} = 0,87\,\frac{r^2}{h^2}\,p.$$

A l'inverse de ce qui a lieu pour une plaque encastrée, les actions moléculaires atteignent ici leur maximum au centre de la plaque.

Toutes choses égales d'ailleurs, le travail élastique maximum est, dans le cas présent, 1,28 fois plus grand que dans le cas de la plaque encastrée.

Afin de calculer l'inflexion f au centre de la plaque, nous posons :

$$\frac{dy}{dx} = -\,\varphi = \frac{N}{8}\left(x^3 - \frac{3\,m + 1}{m + 1}\,r^2 x\right); \qquad (185)$$

d'où résulte :

$$y = \frac{N}{8}\left(\frac{x^4}{4} - \frac{(3\,m + 1)\,r^2\,x^2}{2\,(m + 1)}\right) + C\,; \qquad (186)$$

pour $x = r,\ y = o$, il faut donc que :

$$\frac{N}{8}\left(\frac{[3\,m + 1]\,r^4}{2\,[m + 1]} - \frac{r^4}{4}\right) = C.$$

Si l'on fait $x = o$ dans l'équation (186), il vient $y = C$; la constante C n'est par suite autre chose que la flèche f. En introduisant la valeur de N, il vient :

$$f = \frac{3\,(m^2 - 1)}{16\,m^2 E h^3}\,p\,\frac{5\,m + 1}{m + 1}\,r^4, \qquad (187)$$

et en particulier pour $m = \dfrac{10}{3}$:

$$f = 0,70\,\frac{p}{E}\,\frac{r^4}{h^3}.$$

Cette flèche est un peu plus de quatre fois plus grande

que celle de la plaque encastrée supportant la même charge.

On pourrait donc, dans les essais de résistance, se rendre compte de l'efficacité de l'encastrement des plaques en mesurant la flèche.

82. Plaque reposant librement sur tout le pourtour et soumise à une force concentrée agissant au centre. — Nous nous bornons à déterminer l'équation du méridien de la surface élastique et à calculer l'inflexion au centre, sans quoi nous devrions reprendre toutes les discussions de l'article 80, sans qu'il en résulte grand profit pour le lecteur.

Nous partons de la formule (168) qui est valable quelle que soit la manière dont la plaque repose à la périphérie.

Nous avons donc :

$$\varphi = -\frac{Q}{2} x \log x + B x,$$

C étant nul, comme précédemment. Pour déterminer B, nous utilisons la même condition qu'à l'article précédent : il faut que l'expression

$$m \frac{d\varphi}{dx} + \frac{\varphi}{x}$$

s'annule pour $x = r$. Nous trouvons :

$$m \frac{d\varphi}{dx} + \frac{\varphi}{x} = -(m+1)\frac{Q}{2} \log x + (m+1) B - m \frac{Q}{2}$$

d'où, en faisant $x = r$:

$$B = \frac{Q}{2} \log r + \frac{mQ}{2(m+1)} \cdot$$

Nous avons donc :

$$\varphi = \frac{Q}{2} x \log \frac{r}{x} + \frac{mQ}{2(m+1)} x. \qquad (188)$$

L'équation différentielle du méridien de la surface élastique est par suite :

$$\frac{dy}{dx} = -\varphi = -\left(\frac{Q}{2} x \log \frac{r}{x} + \frac{mQ}{2(m+1)} x\right);$$

d'où, en intégrant :

$$y = -\frac{Q}{2}\left\{\frac{x^2}{2} \log \frac{r}{x} + \frac{x^2}{4} + \frac{mx^2}{2(m+1)}\right\} + C. \quad (189)$$

Pour $x = r$, $y = o$, donc :

$$C = \frac{Q}{2}\left(\frac{r^2}{4} + \frac{mr^2}{2(m+1)}\right);$$

c'est là aussi la valeur de la flèche f. En mettant pour Q sa valeur, il vient :

$$f = \frac{3(m-1)(3m+1)}{4\pi m^2}\frac{Pr^2}{Eh^3}, \quad (190)$$

et pour $m = \dfrac{10}{3}$:

$$f = 0{,}55\,\frac{Pr^2}{Eh^3}.$$

La flèche est environ 2 1/2 fois plus grande que celle de la plaque encastrée de mêmes dimensions supportant la même charge.

§2

THÉORIE APPROCHÉE

83. Théorie approchée de Bach pour les plaques circulaires. — Les calculs qui précèdent ont la réputation de présenter de grandes difficultés mathématiques, et sont souvent, pour cette raison, laissés de côté dans les ouvrages de portée générale. Nous ne partageons pas cette opinion, car la résolution des problèmes précédents ne demande en somme que les connaissances les plus élémentaires des méthodes de résolution des équations différentielles. L'établissement de ces dernières est un peu délicat, il est vrai, mais ne présente cependant pas de difficultés que des techniciens ou des élèves-ingénieurs ne puissent surmonter.

D'autre part, pour des raisons que nous dirons plus loin, nous ne rejetons pas les tentatives faites pour établir des théories approchées. Ces dernières peuvent, dans certains cas, rendre de réels services.

Nous admettrons dans ce qui suit que la plaque repose librement à la périphérie. Cette hypothèse est justifiée, puisque nous venons de voir que, toutes choses égales d'ailleurs, le travail élastique de la matière est plus grand dans ce cas que lorsque la plaque est encastrée. De plus, comme nous l'avons fait déjà remarquer pour les prismes, les encastrements ne sont jamais pratiquement assez parfaits pour qu'il ne se produise pas de petites déformations angulaires, qui, naturellement, entraînent des modifications très importantes dans la façon dont se comporte la plaque.

Faisons une section suivant un diamètre et considérons l'une des moitiés de la plaque. Par raison de symétrie, il n'y a évidemment pas d'actions moléculaires tangentielles ; il n'y a lieu de considérer que les actions moléculaires normales que nous avons désignées par la lettre R_l dans les articles précédents. Ces actions moléculaires se réduisent à un couple résultant, exactement comme celles agissant dans une section transversale d'un prisme travaillant à la flexion.

Supposons de plus que les charges qui agissent sur la plaque soient uniformément réparties, leur résultante est égale à

$$\frac{\pi p r^2}{2} ;$$

et passe par le centre de gravité du demi-cercle. Les réactions de l'appui sont, par raison de symétrie, uniformément réparties ; leur résultante est égale et de sens opposé à la résultante des charges, et passe par le centre de gravité de la demi-circonférence de rayon r. Donc, les forces extérieures qui agissent sur la moitié considérée de la plaque se rédui-

sent à un couple, qui doit naturellement faire équilibre à celui
des actions moléculaires. Soit M le moment de ce couple ; le
centre de gravité d'un demi-cercle est distant de $\dfrac{4r}{3\pi}$ du diamètre de base, celui de la demi-circonférence de $\dfrac{2r}{\pi}$, nous avons
donc :

$$M = \frac{\pi p r^2}{2}\left(\frac{2r}{\pi} - \frac{4r}{3\pi}\right)$$
$$= \frac{pr^3}{3}. \tag{191}$$

Jusqu'ici, le calcul est absolument rigoureux ; il n'est cependant pas possible d'aller ainsi plus loin, parce que nous ne
pouvons indiquer *a priori* la loi suivant laquelle la répartition
des actions moléculaires R varie avec la distance x du point
considéré au centre de la plaque. Tandis que la théorie mathématique nous permettait de trouver cette loi, nous devons
avoir ici recours à l'hypothèse : nous admettrons que cette
répartition est indépendante de x, c'est-à-dire que les actions
moléculaires R sont réparties absolument comme sur la section d'un prisme travaillant à la flexion. Pour déterminer la
valeur de R dans les arêtes, nous pouvons par suite utiliser la
formule trouvée pour un prisme de section rectangulaire :

$$R = \frac{6M}{bh^2},$$

dans laquelle b doit être remplacé par $2r$, le diamètre de la
plaque ; h signifie l'épaisseur de la plaque. En remplaçant
M par sa valeur (191), nous trouvons :

$$R = p\frac{r^2}{h^2}. \tag{192}$$

La valeur de R ainsi déterminée n'est qu'une limite inférieure de l'intensité maximum du travail élastique. En effet,
les actions moléculaires qui dépendent en réalité de x, doivent
être en certains points plus grandes, et en d'autres plus petites
que la valeur moyenne que nous venons de calculer. Pour pouvoir appliquer avec quelque sécurité l'équation (192), il nous
faut montrer que la différence entre les résultats qu'elle fournit et

la valeur maximum réelle n'est pas assez grande pour que son emploi entraîne de graves erreurs.

A cet effet, on peut poser :

$$R = \eta p \frac{r^2}{h^2},$$

et chercher à déterminer expérimentalement la valeur à donner au coefficient numérique η. Il résulte d'essais faits par M. v. Bach, que l'on peut poser pratiquement ce coefficient égal à l'unité.

La justification de la formule (192) est donc ainsi établie. Il se pourrait cependant que η prenne dans certains cas présentant des conditions très différentes de celles dans lesquelles les essais ont été faits, des valeurs assez différentes de l'unité ; il est donc bon de comparer la formule de Bach avec les résultats de la théorie mathématique. On a, équation (152) :

$$R_t = \frac{mE}{m^2 - 1}\, z \left(m\frac{v}{x} + \frac{d\varphi}{dx} \right) ;$$

de plus, d'après la relation (182),

$$\varphi = \frac{N}{8} \left(\frac{3m + 1}{m + 1}\, r^2 x - x^3 \right),$$

$$\frac{d\varphi}{dx} = \frac{N}{8} \left(\frac{3m + 1}{m + 1}\, r^2 - 3x^2 \right).$$

En substituant dans (152), et en faisant $x = o$, pour obtenir le maximum de R_t ; il vient, pour $z = \dfrac{h}{2}$:

$$R_t = \frac{mEh}{2(m^2 - 1)}\, \frac{N}{8}\, (3m + 1)\, r^2.$$

En mettant pour N sa valeur, formule (156), et en prenant $m = \dfrac{10}{3}$, nous trouvons :

$$R_t = \frac{3\,(3m + 1)\,pr^2}{8m}\, \frac{1}{h^2} = 1{,}24\, p\, \frac{r^2}{h^2}. \qquad (193)$$

La différence entre la formule exacte et la formule approchée est donc déterminée. Il faut encore tenir compte d'un fait: le travail élastique de la matière ne dépend pas uniquement des actions R_l, mais encore des actions moléculaires R_r qui leur sont perpendiculaires. Au centre, R_l et R_r sont égales et de même signe. Dans ce cas, nous avons vu au chapitre II que le travail élastique de comparaison, qui détermine le danger de rupture n'est que les $\left(\dfrac{m-1}{m}\right)mes$ de l'intensité commune des actions moléculaires R_l et R_r. Si donc nous considérons la formule (192) comme déterminant le danger de rupture, ce n'est pas avec la formule (193) qu'il faut la comparer, mais avec la relation (184) qui donne la valeur de $\mathcal{R}$. Cette comparaison montre que les valeurs données par la formule de Bach sont trop défavorables. Cette dernière peut donc être employé en toute sécurité dans la pratique.

Il est certain qu'à première vue, l'avantage de la formule approximative n'apparaît pas d'une façon bien nette. Elle n'est pas plus simple pour le calcul que la formule exacte et nous avons dû nous servir de cette dernière pour la justifier. Elle est, sans doute, beaucoup plus facile à établir, mais nous avons déjà dit que nous faisions peu de cas de cet avantage. La raison pour laquelle nous apprécions la théorie approchée est qu'il est possible de l'employer à résoudre des cas compliqués, dans lesquels l'emploi de la théorie exacte conduirait à des difficultés insurmontables. Il est, par suite, bon de l'appliquer à quelques cas simples, afin de juger de l'approximation qu'elle permet d'atteindre, et de pouvoir l'employer ensuite avec plus de confiance dans d'autres cas plus difficiles. Il sera cependant toujours bon de contrôler par des essais les résultats auxquels on arrive, afin de reconnaître si l'on n'a pas négligé de tenir compte de certaines conditions exerçant une influence notable sur la façon dont se comporte la plaque.

Si la plaque supporte une charge concentrée P, agissant au centre, le moment fléchissant est

$$M = \frac{P}{2}\,\frac{2r}{\pi} = \frac{Pr}{\pi},$$

et la valeur approchée de R devient :

$$R = \frac{3P}{\pi h^2} \cdot \qquad (194)$$

Nous avons vu précédemment que le travail élastique maximum de la matière dépend essentiellement de la façon dont P se répartit sur une petite surface autour du centre. Il n'est donc pas possible de comparer ici les résultats de la formule approchée avec ceux de la théorie exacte ; il n'existe pas d'essais non plus qui permettent de les contrôler. On fera par suite bien d'être prudent dans l'emploi de cette formule.

84. Théorie approchée pour les plaques elliptiques. — Le problème est ici plus compliqué que dans le cas précédent, car nous ne savons comment les réactions de l'appui se répartissent le long du bord de la plaque. Afin de nous en faire une idée, très approximative il est vrai, supposons l'ouverture elliptique que recouvre la plaque, traversée par deux prismes perpendiculaires l'un à l'autre, dont les axes coïncident avec ceux de l'ellipse, et admettons que ces deux prismes soient reliés entre eux, au centre, d'une manière rigide.

En nous servant des résultats obtenus au chapitre III, il nous est facile de calculer les réactions des appuis qui se développent, si l'on admet que chacun des prismes supporte une charge uniformément répartie q par unité de longueur. Soit Z la pression qu'exerce le prisme de longueur $2a$ sur celui de longueur $2b$, la flèche du plus grand sera, formules (81) et (83) :

$$f = \frac{5}{24} \frac{qa^4}{1E} - \frac{Za^3}{6IE},$$

et celle du plus petit :

$$f' = \frac{5}{24} \frac{qb^4}{1E} + \frac{Zb^3}{6IE} ;$$

ces deux flèches sont égales entre elles ; si nous égalons les seconds membres des deux relations, nous pouvons tirer de l'équation ainsi formée, la valeur de Z, il vient :

18

$$Z = \frac{5\,(a^4 - b^4)}{4\,(a^3 + b^3)}\,q\;;$$

les réactions A aux extrémités du grand axe sont par suite :

$$A = qa - \frac{Z}{2} = q\,\frac{3a^4 + 8ab^3 + 5b^4}{8\,(a^3 + b^3)}\,,$$

et aux extrémités du petit axe :

$$B = qb + \frac{Z}{2} = q\,\frac{5a^4 + 8a^3b + 3b^4}{8\,(a^3 + b^3)}\;;$$

leur rapport est donc :

$$\frac{A}{B} = \frac{3a^4 + 8ab^3 + 5b^4}{5a^4 + 8a^3b + 3b^4}\,^{(1)}. \qquad (195)$$

Nous admettrons que les valeurs que prennent les réactions de l'appui sur la plaque aux extrémités des axes sont entre elles dans le même rapport que A et B ; ainsi, les réactions de l'appui vont en augmentant des extrémités du grand axe vers celles du petit axe. Le point d'application de leur résultante, pour la demi-ellipse déterminée par le grand axe, sera donc certainement plus éloigné du grand axe que le centre de gravité de l'arc de demi-ellipse, par lequel cette résultante devrait passer si les réactions des appuis étaient uniformément réparties sur le pourtour. Si a est très grand par rapport à b, c'est-à-dire si l'ellipse est très allongée, la résultante des réactions sera presque distante de b du centre. Nous admettrons, afin d'obtenir ensuite une formule simple, que cette distance est égale à $\frac{8}{3\pi}\,b$. Cette quantité est très vrai-

---

(1) M. v. Bach arrive, par suite d'une remarque dont nous contestons l'exactitude, au résultat $\frac{A}{B} = \left(\frac{b}{a}\right)^2$, et fonde sur ce résultat ses conclusions subséquentes, qui reviennent à dire que la pression transmise sur l'appui en un point donné est proportionnel au rayon de courbure de l'ellipse (Voir Bach. *Elasticität und Festigkeit*, Berlin, 1890, page 354). Dans la seconde édition de son ouvrage, M. v. Bach arrive au même résultat par une autre méthode, avec laquelle nous ne pouvons non plus nous déclarer d'accord.

semblablement trop grande ; mais comme nous faisons d'autre part l'hypothèse certainement trop favorable, que les actions moléculaires se répartissent uniformément le long de la section, il n'y a pas d'inconvénient à prendre le moment de flexion un peu plus grand qu'il n'est en réalité. La résultante des réactions des appuis est égale à la charge de la demi-plaque $\dfrac{\pi abp}{2}$; et celle des forces extérieures qui agissent sur la plaque passe par le centre de gravité de l'aire de demi-ellipse, lequel est distant de $\dfrac{4b}{3\pi}$ du grand axe. Le moment de flexion est donc :

$$M = \frac{\pi apb}{2}\left(\frac{8b}{3\pi} - \frac{4b}{3\pi}\right) = \frac{2ab^2p}{3}, \qquad (196)$$

et par suite :

$$R_b = \frac{2b^2}{h^2}p. \qquad (197)$$

Si nous envisageons la section faite suivant le petit axe, nous pouvons dire *a priori* que le bras de levier du couple fléchissant est certainement plus petit que la distance qui sépare le centre de gravité de l'arc de demi-ellipse de celui de l'aire de demi-ellipse, mais il est fort difficile de l'estimer avec quelque certitude. Le système des deux prismes en croix ne nous apprend rien, car si l'ellipse est allongée, nous ne pouvons plus considérer la bande délimitée le long du grand axe comme soutenue seulement au milieu, nous devrions la supposer soutenue sur une certaine largeur. Le plus simple est de s'en rapporter aux essais faits par Bach avec des plaques elliptiques, lesquels montrent que la rupture se produit généralement suivant le grand axe ; ce qui tend à prouver que R_b est le travail élastique dont dépend le danger de rupture. Si l'ellipse n'est pas très allongée, l'équation (197) donne certainement des valeurs trop grandes, car lorsque nous passons au cas du cercle, R n'est en réalité que la moitié de la valeur donnée par la formule (197). On pourrait écrire, par exemple, pour un rapport quelconque des axes, à la place de l'équation (197) :

$$R = \left(\frac{2a - b}{a} \right) \frac{b^2}{h^2} p. \qquad (198)$$

Dans les deux cas extrêmes, cercle et ellipse très allongée, c'est-à-dire dans les cas où nous pouvons nous faire une idée à peu près exacte de la portée de nos hypothèses, la formule ci-dessus donne des valeurs satisfaisantes. On pourra donc toujours l'employer pour un calcul approximatif.

85. Plaques carrées ou rectangulaires. — Considérons d'abord une plaque carrée. Soit $2a$ la longueur du côté et désignons par d la diagonale $2a\sqrt{2}$. La charge totale de la plaque est $4a^2 p$; par raison de symétrie, la résultante des réactions des appuis est évidemment pa^2 pour chaque côté de la plaque.

Il est facile de reconnaître en outre, que la pression exercée par la plaque sur les appuis va en diminuant du milieu des côtés vers les angles. Menons par le centre une section parallèle à deux des bords de la plaque, et déterminons le moment de flexion qui agit dans cette section : la résultante des réactions des appuis du côté parallèle à la section est pa^2, elle produit donc un moment de flexion pa^3 ; la résultante des réactions des appuis des deux demi-côtés est aussi égale à pa^2 ; on voit de plus que le point d'application de cette force est certainement situé à une distance $x < a$ de la section considérée ; enfin, les pressions extérieures qui agissent sur la plaque fournissent un moment égal à pa^3.

Le moment de flexion résultant est donc :

$$M = pa^3 + pa^2 x - pa^3 = pa^2 x.$$

En supposant que nous puissions utiliser la formule :

$$R = \frac{M}{W} = \frac{6M}{2ah^3},$$

nous trouvons :
$$R = 3\,p\,\frac{ax}{h^2};$$

x étant certainement plus petit que $\dfrac{a}{2}$, nous avons :

$$R < \frac{3a^2}{2h^2}\,p.$$

Considérons maintenant une autre section, menée suivant une diagonale. Le bras de levier des résultantes des réactions des appuis est égal à $\dfrac{d}{4}$; le point d'application de la résultante des pressions coïncide avec le centre du triangle dont la diagonale est la base, il est donc distant de $\dfrac{d}{6}$ de la section considérée. Nous pouvons par conséquent indiquer exactement dans ce cas la valeur du moment fléchissant, nous avons :

$$M = 2\,pa^2\,\frac{d}{4} - 2\,pa^2\,\frac{d}{6} = \frac{pa^2 d}{6},$$

et par suite, pour l'intensité des actions moléculaires :

$$R = \frac{6M}{dh^2} = p\,\frac{a^2}{h^2}. \qquad (199)$$

Cette intensité est égale à celle qui se développerait dans une plaque circulaire de rayon a. La valeur que nous venons de trouver est plus petite que la limite supérieure calculée pour l'intensité des actions moléculaires dans une section parallèle aux côtés de la plaque. Tant que x n'est pas connu, il n'est pas possible de dire dans laquelle des deux sections le travail élastique de la matière est le plus grand. Dans les essais faits par M. v. Bach, les plaques carrées se sont en général rompues suivant une diagonale ; on peut donc considérer la formule (199) comme étant celle qui donne la valeur maximum du travail élastique.

Pour les plaques rectangulaires, nous admettrons également que la section diagonale est la section dangereuse, bien que les expériences de Bach soient moins probantes dans ce cas que dans le précédent. Il est toutefois permis de faire cette hypothèse, puisqu'il ne s'agit ici que d'une estimation.

Soient $2a$ et $2b$ les côtés du rectangle, d la longueur d'une diagonale, c la longueur de la perpendiculaire abaissée d'un sommet sur la diagonale opposée. Quelle que soit la loi de répartition des réactions des appuis sur les bords de la plaque, leur résultante pour le triangle formé par le rectangle coupé selon une diagonale est évidemment égale à $2pab$; le point d'application de cette force est distant de $\dfrac{c}{2}$ de la diagonale considérée.

Les pressions qui agissent sur le triangle ont pour résultante une force égale aussi à $2pab$, appliquée au centre de gravité, soit à une distance $\dfrac{c}{3}$ de la diagonale.

Le moment de flexion résultant est donc :

$$M = 2pab \left(\frac{c}{2} - \frac{c}{3} \right) = \frac{pabc}{3}.$$

Nous avons par suite :

$$R = \frac{6M}{dh^2} = 2p \; \frac{abc}{dh_2} ;$$

or

$$cd = 4ab,$$

$$d^2 = 4a^2 + 4b^2,$$

donc :

$$R = 2p \frac{a^2}{a^2 + b^2} \frac{b^2}{h^2} \qquad\qquad (200)$$

EXERCICES SUR LE CHAPITRE VII.

Exercice 35. — Une plaque de fer d'étendue suffisamment grande pour pouvoir être envisagée comme une plaque circulaire de rayon infiniment grand repose exactement sur le sol. Elle est soumise au centre à l'action d'une force concentrée P.

Déterminer la loi de répartition des pressions exercées sur le sol par la plaque, en supposant que ces pressions sont, en chaque point, proportionnelles à l'inflexion correspondante de la plaque.

Remarque. — Ce problème est analogue à un autre, d'énoncé un peu différent, résolu par H. Hertz : Hertz considérait une banquise de glace chargée en son milieu. Sous l'influence de cette charge, la banquise se déforme aussi, comme notre plaque de fer, et en chaque point, l'inflexion détermine une certaine poussée hydrostatique. Dans le problème de Hertz, la pression hydrostatique et par conséquent la réaction de la banquise, sont exactement proportionnelles à l'inflexion, tandis que, dans notre cas, la pression de la plaque sur le sol ne l'est qu'approximativement, comme il résulte des considérations du chapitre VI. Sous la forme que nous lui avons donnée, le problème présente une assez grande importance pratique qui nous l'a précisément fait choisir.

Hertz a résolu complètement la question ; il lui a fallu, pour cela, faire usage de théories mathématiques que nous ne pouvons supposer connues de la majorité des lecteurs ; aussi nous contenterons-nous d'établir l'équation différentielle de la courbe méridienne de la surface élastique. Pour la résolution de cette équation, nous renverrons le lecteur que la chose intéresse et qui possède les connaissances nécessaires au mémoire original de Hertz (Hertz, Gesammelte Werke, 1ᵉʳ vol., Leipzig, 1895, page 228).

Solution. — Nous pouvons utiliser les formules de l'article 78 jusqu'à l'équation (154), sans aucun changement. Soit V la résultante des réactions transmises par le sol sur la partie de la plaque, située en dehors d'une section circulaire de rayon x. L'effort tranchant qui agit sur un élément infiniment petit de cette section, correspondant à l'angle au centre $d\alpha$, est égale à :

$$\frac{V\, d\alpha}{2\pi}.$$

Nous avons donc, dans le cas particulier, au lieu de l'équation (155), la relation :

$$\text{Mom. des } S = \frac{V}{2\pi}\, d\alpha\, dx \; ;$$

l'équation des moments de l'article 79 devient par suite :

$$x\, \frac{d^2\varphi}{d^2x} + \frac{d\varphi}{dx} - \frac{\varphi}{x} + \frac{6\,(m^2 - 1)}{m^2 E h^3}\, \frac{V}{\pi} = 0\cdot$$

V n'est pas connu, on sait cependant que V décroît d'une quantité égale à la charge agissant sur un élément superficiel annulaire, lorsque x croît de dx. Donc :

$$\frac{dV}{dx} = -\, 2\pi x y k,$$

où k désigne une constante, dont la signification a été définie à l'art. 74, et y, l'ordonnée de la surface élastique. Différencions l'équation précédente et introduisons la valeur trouvée pour $\dfrac{dV}{dx}$, il vient :

$$x\, \frac{d^3\varphi}{dx^3} + \frac{2 d^2\varphi}{dx^2} - \frac{1}{x}\frac{d\varphi}{dx} + \frac{\varphi}{x^2} - \frac{12\,(m^2 - 1)\,k}{m^2 E h^3}\, x y = 0.$$

Remarquons que nous pouvons écrire :

$$\varphi = -\,\frac{dy}{dx},$$

si nous posons en outre, pour abréger,

$$\frac{12\,(m^2 - 1)}{m^2 E h^3} = \alpha^4,$$

l'équation ci-dessus prend la forme :

$$\frac{d^4 y}{dx^4} + \frac{2}{x}\frac{d^3 y}{dx^3} - \frac{1}{x^2}\frac{d^2 y}{dx^2} + \frac{1}{x^3}\frac{dy}{dx} + \alpha^4\, y = 0\cdot$$

Le reste du problème est du domaine purement mathématique. Les quatre constantes d'intégration que contient la solution se déterminent à l'aide des mêmes conditions que celles que nous avions dans le cas des prismes reposant sur une base compressible. La résolution de l'équation ci-dessous est facilitée si l'on remarque que le membre de gauche présente une forme qui revient souvent dans les recherches de physique mathématique. Désignons par u et v les coordonnées d'un point du plan médian de la plaque, de sorte que

$$u^2 + v^2 = x^2$$

et représentons par le signe Δ^2 l'opération consistant à former la somme des dérivées partielles du second ordre d'une fonction à deux variables indépendantes par rapport à ces dernières :

$$\Delta^2 = \frac{d^2 f(u,v)}{du^2} + \frac{d^2 f(u,v)}{dv^2} \, ;$$

l'équation précédente peut alors s'écrire :

$$\Delta^2(\Delta^2 y) + \alpha^4 y = o,$$

forme sous laquelle il est possible de l'intégrer.

Hertz part directement dans son mémoire de cette dernière équation. On trouvera également dans son travail des données numériques et des résultats d'expériences (¹).

Exercice 36. — *Quelle force concentrée, agissant au centre, une plaque de fonte de 2 cm. d'épaisseur et de diamètre quelconque, reposant librement à sa périphérie, peut-elle supporter, si l'on admet que l'intensité des actions moléculaires, calculée d'après le procédé d'approximation de l'article 83, ne doit pas dépasser 200 kg. par cm²?*

(1) L'auteur fait au sujet de cet exercice la remarque suivante : Quelques critiques trouveront peut-être que cette question sort du cadre de notre ouvrage. Nous leur répondrons que Hertz venait de quitter l'Université technique de Munich lorsqu'il publia son mémoire. Sans doute les esprits de cette taille sont rares, mais qui oserait prétendre qu'il ne s'en retrouvera jamais de pareils parmi nos auditeurs ou nos lecteurs, et qui voudrait prendre la responsabilité de taire l'existence de travaux importants simplement parce que ceux-ci sortent du cadre des leçons ordinaires. Nous avons trop le respect des talents latents qui résident dans la jeunesse universitaire pour ne lui présenter jamais que des problèmes élémentaires. Il est clair, d'autre part, que le problème n'est pas à la portée de tout le monde et qu'il ne saurait faire l'objet d'une question d'examen.

On suppose que la force extérieure se répartit sur une surface très petite.

Solution. — Il suffit de substituer les valeurs numériques dans la formule (194), il vient :

$$P = \frac{\pi\, h^2\, R}{3} = \frac{\pi}{3} \times 2^2 \times 200 = 837 \text{ kg}.$$

Il paraît, au premier abord, étrange que le diamètre de la plaque soit sans influence dans le calcul du travail élastique, tandis que la portée d'un prisme joue un rôle si prépondérant. La raison est facile à trouver : dans le cas de la plaque, la largeur de la section sur laquelle se répartissent les actions moléculaires croît dans le même rapport que les bras de levier des forces extérieures lorsque le rayon de la plaque augmente, tandis qu'il n'en est pas ainsi dans un prisme.

Si la charge donnée était uniformément répartie sur toute la plaque, la charge totale pourrait être trois fois plus considérable, comme on le reconnaît en comparant les formules (192) et (194).

CHAPITRE HUITIÈME

RÉSISTANCE DES ENVELOPPES SOUMISES A UNE PRESSION INTÉRIEURE OU EXTÉRIEURE

§ 1. *Enveloppes à parois minces.* — 86. Enveloppe sphérique soumise à une pression interne. — 87. Enveloppe cylindrique soumise à une pression interne. — 88. Tubes de section elliptique soumis à une pression extérieure.
§ 2. *Enveloppes à parois épaisses.* — 89. Tubes cylindriques soumis à une pression interne. — 90. Tubes frettés.
Exercices nos 37 à 41.

§ 1.

ENVELOPPES A PAROIS MINCES

86. Enveloppe sphérique soumise à une pression interne. — Par paroi mince, nous entendons une paroi dont l'épaisseur est très petite par rapport aux dimensions de l'enveloppe. C'est le cas qui se présente par exemple dans les chaudières.

Soit r le rayon intérieur de l'enveloppe sphérique; menons un plan méridien, les forces extérieures qui agissent sur l'un des hémisphères sont les pressions exercées sur la paroi par le liquide ou le gaz que contient l'enveloppe. Comme nous l'avons montré en résolvant l'exercice 30, la résultante de pressions hydrostatiques, agissant sur une partie d'une surface fermée,

est égale et coïncide en direction avec la résultante des pressions agissant sur le reste de la surface. Pour faire de l'hémisphère une surface fermée, il n'y a qu'à considérer le cercle intérieur de la section méridienne ; si p désigne la pression
hydrostatique par unité de surface, la résultante des pressions
hydrostatiques exercées sur l'hémisphère sera égale en grandeur à :

$$\pi r^2 p.$$

Cette force passe évidemment par le centre de la section et
est perpendiculaire à cette dernière.

Nous supposons implicitement ici que la pression p est la
même en tous les points de la surface, c'est-à-dire que les différences de pression dues au poids du liquide sont négligeables.
Cette hypothèse est toujours satisfaite du reste dans les applications.

Les actions moléculaires développées dans la section méridienne de l'enveloppe font équilibre à la résultante des pressions
hydrostatiques. En raison de la symétrie, ces actions moléculaires sont évidemment normales et ont la même intensité
le long d'un cercle concentrique à la section. On peut facilement se rendre compte, par le raisonnement suivant, que,
dans le sens radial aussi, les actions moléculaires se répartissent
uniformément à peu de chose près : sous l'influence de la pression intérieure, l'enveloppe se dilate, le rayon passe de la valeur r à la valeur $r + \Delta r$; les forces intérieures R, qui se développent dans la section, sont précisément corrélatives de cette
dilatation. Or le rayon extérieur de l'enveloppe ne diffère du
rayon intérieur que de l'épaisseur h de la paroi ; sa déformation est donc très peu différente de celle du diamètre intérieur :
par suite, les actions moléculaires seront presque constantes.
On reconnaît toutefois que, pour des enveloppes à parois épaisses, il ne saurait être question d'une répartition uniforme des
actions moléculaires et que, par conséquent, la formule que
nous allons établir ne leur est pas applicable.

Dans le cas présent, nous avons l'équation fort simple :

$$2\pi r\, h\, \mathrm{R} = \pi r^2 p,$$

d'où

$$\mathrm{R} = \frac{pr}{2h} \cdot \qquad (201)$$

Par un point donné d'une sphère passent une infinité de sections méridiennes et, à chacune de ces sections, correspond une action moléculaire R. Le travail de la matière n'est donc pas défini par R, il faut calculer le travail élastique de comparaison ; nous trouvons :

$$\mathcal{R} = \frac{m-1}{m}\,\mathrm{R} = \frac{m-1}{m}\frac{pr}{2h} \qquad (202)$$

$$= 0{,}35\,\frac{pr}{h}\ \left(\text{pour } m = \frac{10}{3}\right)\cdot$$

Si l'enveloppe a des rivures, il y a lieu de tenir compte de l'affaiblissement de la section que produisent les trous des rivets ; de plus, il faut tenir compte des actions extérieures : rouille, etc. C'est pourquoi les formules employées dans la pratique pour le calcul de l'épaisseur des parois de chaudières donnent des valeurs plus grandes que la formule précédente.

87. Enveloppe cylindrique soumise à une pression interne. — Nous supposerons que la hauteur du cylindre est relativement grande par rapport au rayon. Les parties du manteau cylindrique qui se trouvent dans le voisinage des fonds ne pouvant se dilater librement, il s'y développe des actions moléculaires plus faibles que dans le reste de l'enveloppe. L'influence des fonds ne peut toutefois se faire sentir bien loin de ceux-ci, les parois cylindriques pouvant facilement fléchir d'une quantité égale à la différence Δr des rayons aux extrémités et au milieu de la chaudière. Considérons un anneau, de longueur l dans le sens de l'axe, découpé dans le voisinage du milieu de l'enveloppe et menons une section par l'axe du cylindre.

De même que dans le cas de l'enveloppe sphérique, les actions moléculaires développées dans les deux sections longitudinales de surface hl font équilibre aux pressions du liquide. On a par suite :

$$2h\,l\mathrm{R}_t = 2rlp$$

d'où

$$\mathrm{R}_t = \frac{pr}{h}\,. \tag{203}$$

Le travail élastique des parois dans le sens de la tangente au contour d'une section transversale est donc deux fois plus grand dans une enveloppe cylindrique que dans une enveloppe sphérique de même diamètre.

Pour calculer les actions moléculaires dans les sections transversales, nous pouvons utiliser la formule (201). Nous trouvons donc finalement pour le travail élastique de comparaison :

$$\mathcal{R} = \mathrm{R}_t - \frac{1}{m}\,\mathrm{R}_r = \frac{2\,m - 1}{2\,m}\,\frac{pr}{h} \tag{204}$$

$$= 0{,}85\,\frac{pr}{h}\ \left(m = \frac{10}{3}\right).$$

Si les fonds de l'enveloppe sont hémisphériques, on les calcule comme à l'article précédent ; s'ils pouvaient être assimilés à une calotte sphérique, les actions moléculaires se calculeraient comme si la calotte faisait partie d'une chaudière sphérique de rayon correspondant. Enfin, si ces fonds sont plats, on pourra utiliser les résultats du chapitre précédent.

88. Tubes de section elliptique ou circulaire soumis à une pression extérieure. — Le calcul d'un tube de section elliptique est exactement le même que celui que nous avons indiqué au chapitre V pour un anneau. Le cas représenté dans la figure 47, page 211, correspond absolument au cas présent, si l'on suppose les forces extérieures uniformément réparties. Le calcul ne présente pas non plus de difficultés particulières. Il n'y aurait donc pas lieu de

s'occuper spécialement de ce problème (d'autant plus que
les tubes de section elliptique sont d'un emploi peu fréquent
par suite de la faible résistance qu'ils opposent à une pression
extérieure), si l'on n'y était conduit par une question de nature
toute spéciale.

Supposons qu'un tube de section primitivement circulaire
soit légèrement aplati par suite d'une circonstance accidentelle quelconque, de sorte que la section devienne elliptique
(nous supposons que la déformation ainsi produite est élastique). Si le tube est soumis en outre à une pression intérieure
cette déformation disparaît, lorsque la cause qui la produit
cesse. Mais si, au contraire, le tube est soumis à une pression
extérieure, il n'en est plus ainsi : la pression extérieure tend à
augmenter ou tout au moins à maintenir la déformation.

Il s'agit de déterminer, dans ce dernier cas, quelles sont
les forces qui l'emportent : des pressions extérieures qui tendent à maintenir ou à augmenter la déformation accidentelle,
ou des forces élastiques qui tendent à ramener le tube dans
son état primitif. C'est cette question que nous allons résoudre, elle a une grande importance au point de vue pratique,
par exemple pour les foyers intérieurs de chaudières.

Soit (fig. 56) une moitié du tube de section elliptique : étant
donné l'hypothèse faite sur la formation de cette section, nous
admettrons que le demi-axe b ne diffère que fort peu du demi-
axe a. Soit p la pression extérieure par unité de surface. Considérons un anneau de longueur égale à l'unité dans le sens longitudinal ; si M_0 désigne le moment fléchissant à l'extrémité du
petit axe, soit pour $y = o$ et $x = a$, le moment fléchissant au
point x, y sera, comme précédemment pour l'anneau (art. 72 .

$$M = \pm M_o + pa(a - x) - \frac{ps^2}{2}, \qquad (205)$$

où s désigne la longueur de la corde. On a :

$$s^2 = y^2 + (a - x^2).$$

Si l'on tient compte de l'équation de l'ellipse,

$$\frac{x^2}{a^2} + \frac{y^2}{b^2} = 1,$$

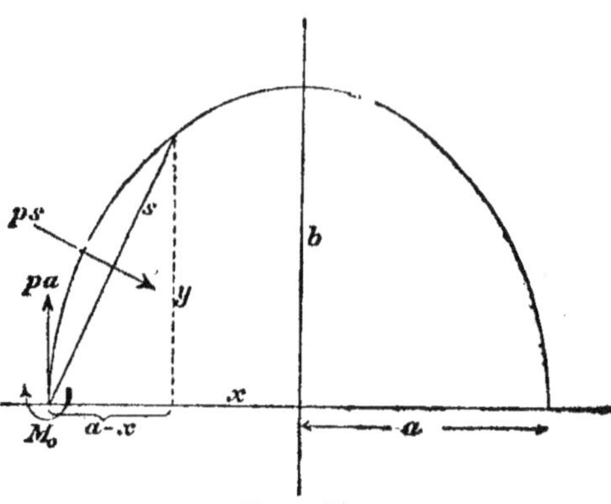

Figure 56.

l'équation (205) peut s'écrire :

$$M = M_o - \frac{p}{2}(y^2 + x^2 - a^2)$$

$$= M_o - \frac{p}{2} y^2 \frac{b^2 - a^2}{b^2}.$$

Désignons par α l'aplatissement de l'ellipse,

$$\alpha = \frac{b - a}{b} \, ;$$

b et a différant peu l'un de l'autre, nous pouvons poser, avec une approximation suffisante :

$$\frac{b^2 - a^2}{b^2} = \frac{b - a}{b} \frac{b + a}{b} = 2\alpha \, ;$$

nous avons alors simplement :

$$M = M_o - py^2\alpha. \tag{206}$$

Il reste à calculer M_o. Comme précédemment, dans le cas de l'anneau, les moments de flexion doivent varier le long de la section d'une manière telle que la somme des variations angulaires $\Delta d\varphi$, étendue à tout un quadrant, soit nulle. Nous pouvons donc poser :

$$\int \Delta d\varphi = \int \frac{M\,ds}{EI} = o;$$

d'où, si nous introduisons pour M sa valeur et si nous remarquons que I est constant, le tube ayant partout la même épaisseur, par hypothèse, la relation :

$$M_o \int ds = p\alpha \int y^2 ds. \qquad (207)$$

$\int ds$ est une intégrale elliptique, elle représente la longueur d'un quart d'ellipse ; nous pouvons ici, sans commettre une erreur sensible, la remplacer par la longueur d'un quart de circonférence dont le rayon r est égal à la moyenne arithmétique de a et b. Nous envisagerons également l'intégrale $\int y^2 ds$ comme le moment d'inertie d'un quart de circonférence de même rayon. Nous avons donc :

$$\int ds = \frac{\pi r}{2}, \qquad \int y^2 ds = \frac{\pi r^3}{4};$$

et par suite :

$$M_o = \frac{p\alpha r^2}{2}$$

et

$$M = \frac{p\alpha}{2}(r^2 - 2y^2). \qquad (208)$$

Pour le point $x = o$, $y = b$, soit aux extrémités du grand axe il vient :

$$M_b = -\frac{p\alpha r^2}{2} = -M_o,$$

si l'on néglige la différence entre r et b. Pour les deux points de la demi-section situés sur les rayons inclinés à $45°$ sur l'horizontale, $M = o$. Les moments croissent en valeur absolue

19

d'une manière continue de chaque côté de ces points : d'un côté ils sont positifs, de l'autre négatifs.

Nous connaissons donc maintenant les moments de flexion produits par une pression hydrostatique externe sur un tube ayant subi au préalable une déformation donnée. Comme on le reconnaît, le sens de ces moments est tel qu'ils tendent à augmenter la déformation déjà existante : à l'extrémité du petit axe, le moment de flexion tend à augmenter la courbure, aux extrémités du grand axe, au contraire, à la diminuer ainsi que le montre le signe.

Calculons maintenant les déformations élastiques que les moments que nous venons de calculer sont en état de maintenir, lorsque la cause de l'aplatissement initial cesse d'agir.

Nous pouvons procéder encore comme dans le cas de l'anneau. Soit Δa la variation élastique de longueur du rayon r, au point a, nous avons :

$$\Delta a = \int y \Delta d\varphi = \int y \, \frac{M ds}{IE},$$

M est donné par la formule (208), en substituant, il vient :

$$\Delta a = \frac{pa}{2IE} \left(r^3 \int y \, ds - 2 \int y^3 ds \right) ;$$

la première intégrale de la parenthèse est le moment statique d'un quart de circonférence par rapport à l'un des diamètres extrêmes. On a la relation :

$$y \, ds = r \, dx$$

(elle résulte immédiatement de la similitude des triangles dont les côtés sont respectivement ds, dx, dy et r, y et x), donc :

$$\int y \, ds = r \int dx = r^2,$$

$$\int y^3 ds = r \int y^2 dx = r^3 \int dx - r \int x^2 dx$$

$$= r^4 - \frac{r^4}{3} = \frac{2}{3} r^4.$$

Nous avons finalement :

$$\Delta a = \frac{p\alpha}{2\mathrm{IE}}\left(r^4 - \frac{4}{3}r^4\right)$$
$$= -\frac{p\alpha r^4}{6\mathrm{IE}}. \tag{209}$$

La variation élastique Δb pourrait se calculer exactement de la même manière. Il n'est cependant pas nécessaire de répéter les opérations ; il suffit de remarquer que M_b étant égal à M_o changé de signe, Δb sera égal à Δa pris avec le signe contraire ; donc :

$$\Delta b = +\frac{p\alpha r^4}{6\mathrm{IE}}.$$

L'aplatissement α' que produisent ces déformations est facile à calculer ; on a :

$$b - a = \Delta b - \Delta a,$$

par suite :

$$\alpha' = \frac{p\alpha r^3}{3\mathrm{IE}}. \tag{210}$$

Combinons maintenant ces résultats avec les précédents, c'est-à-dire supposons que l'aplatissement accidentel initial α, qui occasionne les moments de flexion M soit précisément égal à l'aplatissement α' que ces moments, agissant seuls, sont en état de produire. Les deux déformations étant égales, le tube se trouve au point de vue élastique dans un état d'équilibre ; l'aplatissement ne peut disparaître ni augmenter sans l'action de nouvelles forces extérieures. Si, au contraire, α' est plus grand que α, il continue à augmenter, et le tube finit par être écrasé. Si enfin $\alpha' < \alpha$, il faudrait pour maintenir la déformation α une pression hydrostatique plus grande que celle qui agit en réalité : la section du tube reprend sa forme circulaire.

On voit donc qu'il existe, pour un tube donné, une pression extérieure critique, qui ne peut être dépassée sans que le tube ne se trouve dans un état d'équilibre instable.

Si alors une section vient à subir la moindre déformation accidentelle, celle-ci suffit pour entraîner des déformations toujours croissantes, qui amènent finalement la rupture du tube.

Si l'on pose dans l'équation (210) $\alpha = \alpha'$, et que l'on résolve par rapport à p, on obtient précisément cette pression critique p_k. Il vient:

$$p_k = \frac{3\mathrm{EI}}{r^3}.\qquad(211)$$

Le moment d'inertie I pour un tube de longueur égale à l'unité et d'épaisseur h est égal à $\frac{h^3}{12}$; donc:

$$p_k = \frac{\mathrm{E}}{4}\left(\frac{h}{r}\right)^3.\qquad(212)$$

C'est là le premier cas d'équilibre élastique instable que nous rencontrons. Nous aurons l'occasion d'en voir encore d'autres, parmi lesquels le plus important est celui qui se présente dans le travail à la compression des prismes droits chargés debout.

Si le tube considéré est relativement court et fermé aux extrémités par des fonds, l'écrasement du tube ne peut se produire. Dans le cas des foyers intérieurs de chaudière, cependant, la longueur est souvent assez grande par rapport au diamètre pour que, malgré les dispositifs employés pour augmenter la rigidité des parois, celles-ci s'enfoncent.

Si l'on a cherché à rendre le tube plus résistant en le cerclant avec des fers cornières, on utilisera pour le calcul non plus l'équation (212), mais bien la formule (211), en tenant compte de l'augmentation du moment d'inertie due aux cercles.

§ 2

ENVELOPPES A PAROIS ÉPAISSES.

89. Tubes cylindriques soumis à une pression interne. — On reconnaît immédiatement que, par suite de la symétrie, l'un des axes de l'état élastique, qui s'établit en un point quelconque des parois, est parallèle à l'axe du tube; qu'un autre est dirigé suivant le rayon et que le troisième coïncide en direction avec la tangente à la circonférence passant par le point donné et dont le centre se trouve sur l'axe du tube. Nous laisserons d'abord de côté les actions moléculaires et les déformations dirigées dans le sens de l'axe du tube et nous nous occuperons d'abord des autres, dont dépend en première ligne le danger de rupture.

Nous supposerons d'abord que le tube est ouvert à ses extrémités et qu'il peut se dilater ou se contracter librement dans le sens axial. Soit p la pression intérieure qui agit sur les parois par unité de surface, et admettons que la longueur du tube soit égale à l'unité.

Sous l'influence de la pression, le tube se dilate : soit u l'augmentation qu'éprouve la longueur x.

Si l'on connaissait u en fonction de x, on pourrait indiquer immédiatement les dilatations radiales et tangentielles ε_r et ε_t et, par suite, les actions moléculaires. La question revient donc à déterminer la fonction u. Considérons un élément superficiel d'une section transversale du tube (fig. 57), limité par deux arcs de cercle de rayon x et $x + dx$, et deux rayons comprenant entre eux l'angle $d\alpha$, et

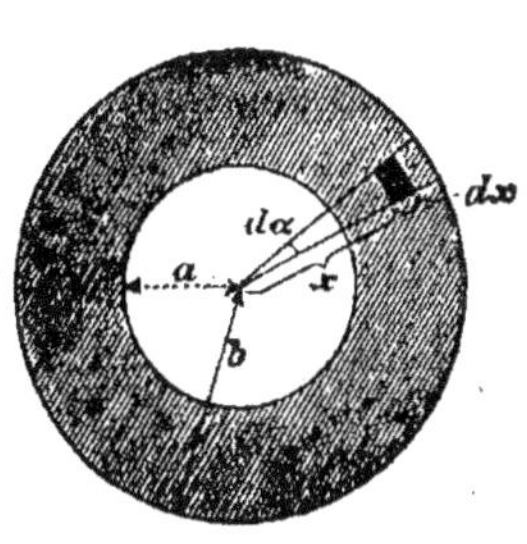

Fig. 57

envisageons l'élément de volume correspondant. Cet élément est en équilibre sous l'influence des actions moléculaires : en écrivant les équations qui expriment ces conditions d'équilibre, nous arriverons au résultat cherché. La figure 58 indique les diverses forces qui agissent sur cet élément.

Nous avons évidemment :

$$\varepsilon_t = \frac{u}{x}, \qquad (213$$

car la longueur d'une circonférence croît proportionnellement au rayon. Pour la dilatation radiale, nous avons :

$$\varepsilon_r = \frac{du}{dx};\qquad (214)$$

en effet, dans la déformation, dx varie d'une quantité égale à du. On voit immédiatement qu'il se produit en réalité un raccourcissement dans le sens radial, du et par suite ε_r sont négatifs. Il est cependant préférable de les supposer positifs, le signe — résultera des calculs. C'est pour cette raison que dans la figure (58), R_r est indiqué comme faisant travailler la matière à l'extension.

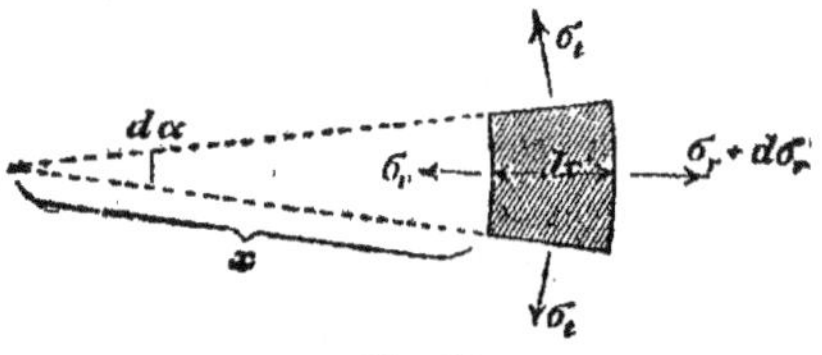

Fig. 58

La lettre R du texte correspond à σ dans la figure.

Déterminons d'abord la résultante des actions moléculaires R_t. Sur chacune des faces latérales agit une force $R_t\,dx$, qui forme avec la bissectrice de l'angle $d\alpha$ un angle égal à $\frac{\pi}{2} - \frac{d\alpha}{2}$; la résultante des forces agissant sur ces faces est donc :

$$R_t\,dx\,d\alpha.$$

Considérons maintenant les actions moléculaires R_r . La résultante des forces élastiques agissant sur la face intérieure est :

$$R_r\,x\,d\alpha\,;$$

sur la face extérieure, l'intensité de ces actions est $R_r + dR_r$; leur résultante est donc :

$$(R_r + dR_r)\,(x + dx)\,d\alpha.$$

Ces deux résultantes agissent en sens opposé, il suffit par

conséquent de considérer leur différence ; cette dernière n'est autre chose que la différentielle :

$$\frac{d}{dx}\left(R_r\,x\right)dx\,d\alpha$$

du produit

$$R_r x\,d\alpha.$$

Si R_r et la différentielle ci-dessus sont positives, la résultante de toutes les actions moléculaires R_r est une force dirigée de l'intérieur vers l'extérieur ; la résultante des forces R_t est dirigée au contraire de l'extérieur vers l'intérieur lorsque les forces R_t sont positives.

La condition d'équilibre de l'élément de volume considéré est donc exprimée par la relation :

$$R_t = \frac{d}{dx}\left(R_r\,x\right). \tag{215}$$

On a, d'autre part, les formules :

$$\varepsilon_t = \frac{1}{E}\left(R_t - \frac{1}{m}R_r\right),$$
$$\varepsilon_r = \frac{1}{E}\left(R_r - \frac{1}{m}R_t\right);$$

en résolvant par rapport à R_t et R_r, il vient :

$$R_t = \frac{mE}{m^2-1}\left(m\,\varepsilon_t + \varepsilon_r\right),$$
$$R_r = \frac{mE}{m^2-1}\left(m\,\varepsilon_r + \varepsilon_t\right),$$

et en tenant compte des relations (213) et (214) :

$$R_t = \frac{mE}{m^2-1}\left(m\,\frac{u}{x} + \frac{du}{dx}\right),$$
$$R_r = \frac{mE}{m^2-1}\left(m\,\frac{du}{dx} + \frac{u}{x}\right).$$

Substituons ces valeurs dans l'équation (215), elle prend la forme :

$$m\,\frac{u}{x} + \frac{du}{dx} = \frac{d}{dx}\left(mx\,\frac{du}{dx} + u\right).$$

Il est bon de bien se rendre compte du but de la transformation que nous venons d'opérer.

L'équation (215) est absolument générale, elle est applicable quelles que soient les propriétés élastiques du corps qu'il obéisse à la loi de Hooke ou non. Mais on voit qu'elle contient deux inconnues R_r et R_t et, comme il n'est pas possible d'établir une autre équation entre ces deux quantités en se basant sur des considérations purement mécaniques, le problème est et demeure indéterminé. L'indétermination cesse dès qu'on introduit une nouvelle relation basée sur les propriétés élastiques du corps. Ainsi, dans le cas qui nous occupe, en nous basant sur la loi de Hooke, nous avons ramené le problème à la détermination de la seule inconnue u.

L'équation précédente s'écrit, si l'on effectue les opérations :

$$x^2\,\frac{d^2u}{dx^2} + x\,\frac{du}{dx} - u = o. \qquad (216)$$

C'est là une équation de même forme que celle de la ligne méridienne de la surface élastique d'une plaque circulaire (formule 157). Les considérations qui nous ont amenés dans l'un et l'autre cas à ces deux équations présentent d'ailleurs, elles aussi, beaucoup d'analogies. Il suffit de faire $N = o$ dans l'équation (157) pour la rendre identique à l'équation (216). L'intégrale générale sera donc de la même forme :

$$u = B\,x + \frac{C}{x}. \qquad (217)$$

Il faut déterminer maintenant les constantes B et C. Nous ne pouvons indiquer de conditions aux limites pour u ; par contre, nous savons que sur la face interne du tube, soit pour $x = a$, $R_r = -p$; tandis que pour la face externe, soit pour $x = b$, $R_r = o$. Calculons d'abord R_r, en tenant compte de la valeur trouvée pour u, il vient :

$$R_r = \frac{mE}{m - 1}\, B - \frac{mEC}{(m + 1)\, x^2},$$

pour abréger nous écrirons :

$$R_r = B' - \frac{C'}{x^2}. \qquad (218)$$

En utilisant les conditions aux limites, nous obtenons les deux équations :

$$- p = B' - \frac{C'}{a^2},$$
$$o = B' - \frac{C'}{b^2},$$

d'où :

$$\left. \begin{aligned} B' &= p\, \frac{a^2}{b^2 - a^2} \\ C' &= p\, \frac{b^2\, a^2}{b^2 - a^2} \end{aligned} \right\} \qquad (219)$$

Nous avons donc finalement pour u l'expression :

$$u = p\, \frac{a^2}{mE\, (b^2 - a^2)} \left[(m - 1)\, x + (m + 1)\, \frac{b^2}{x} \right] \qquad (220)$$

et par suite :

$$\left. \begin{aligned} R_r &= p\, \frac{a^2\, (x^2 - b^2)}{x^2\, (b^2 - a^2)}, \\ R_t &= p\, \frac{a^2\, (x^2 + b^2)}{x^2\, (b^2 - a^2)}. \end{aligned} \right\} \qquad (221)$$

R_t et R_r croissent lorsque x diminue, l'intensité des actions moléculaires atteint donc son maximum sur la face interne du tube. Nous trouvons pour le travail élastique de comparaison qui dépend de la plus grande des déformations :

$$\mathcal{A} = E\left(\varepsilon_t \right)_{x=a} = E\left(\frac{u}{x} \right)_{x=a}$$
$$\mathcal{A} = \frac{p}{b^2 - a^2} \left(\frac{m - 1}{m}\, a^2 + \frac{m + 1}{m}\, b^2 \right). \qquad (222)$$

90. Tubes frettés. — Lorsqu'un tube a à subir une pression très considérable, comme le cylindre d'une presse hydraulique ou un canon, l'augmentation de l'épaisseur des parois ne sert plus à grand chose, car, comme le montrent les résultats de l'article précédent, les couches extérieures ne travaillent que très faiblement et ne contribuent par suite pas à augmenter sensiblement la résistance de l'enveloppe.

On arrive à une meilleure utilisation de la matière des parois par l'emploi de frettes. Le frettage consiste à appliquer à chaud, sur une première enveloppe intérieure, une enveloppe dont le diamètre est, à la température ordinaire, légèrement inférieur à celui de l'enveloppe intérieure. Après le refroidissement, la matière se trouve par suite soumise à des efforts latents d'extension dans les couches extérieures et de compression dans les couches intérieures. Lorsque l'enveloppe est soumise à une pression interne, il se développe dans les parois des efforts d'extension qui, dans les couches intérieures, neutralisent les efforts de compression latents, tandis qu'ils s'ajoutent, dans les couches extérieures, aux efforts d'extension déjà existants. On obtient donc bien une utilisation plus uniforme de la matière ; naturellement le résultat est encore meilleur si, au lieu d'employer une seule frette, on en superpose plusieurs.

Nous nous bornerons à examiner le cas le plus simple, en traitant directement un exemple numérique. Soient $a = 10$, $b = 15$, $c = 20$ cm, les trois rayons à considérer.

Supposons qu'à 100°, le diamètre intérieur de la frette ait été exactement égal au diamètre initial extérieur du tube intérieur.

Nous allons déterminer d'abord quelle pression la frette exerce sur le tube intérieur après le refroidissement et quelles sont les actions moléculaires développées dans la matière. Soit δb la différence entre le diamètre intérieur de la frette et le diamètre extérieur du tube intérieur à l'état initial. Si nous prenons $\dfrac{1}{80000}$ comme coefficient de dilatation, nous avons :

$$\delta b = \frac{b}{80000}\,100 = 0,187\ mm.$$

Affectons de l'indice 1 les lettres se rapportant à la frette, et de l'indice 2 celles qui se rapportent au tube intérieur. Nous avons pour la dilatation u d'après l'article précédent (éq. 217) :

$$u_1 = B_1 x + \frac{C_1}{x}\ ;\ u_2 = B_2 x + \frac{C_2}{x}\,. \qquad (223)$$

Il faut déterminer les quatre constantes B_1, B_2, C_1, C_2. A cet effet, nous utilisons les conditions suivantes :

$R_r = o$ pour $x = a$ et pour $x = c$, puisque l'enveloppe n'est soumise à aucune pression ni intérieure ni extérieure ; pour $x = b$, R_r doit prendre la même valeur pour la frette et pour le tube intérieur. Enfin, u_1 et u_2 diffèrent, pour $x = b$, d'une quantité connue δb.

On a, formule (218) :

$$R_{r_1} = B'_1 - \frac{C'_1}{x^2},\qquad R_{r_2} = B'_2 - \frac{C'_2}{x^2},$$

où B'_1, C'_1, B'_2, C'_2 sont définis par les relations :

$$B'_1 = \frac{mE}{m-1}\,B_1,\qquad C'_1 = \frac{mE}{m+1}\,C_1,$$

$$B'_2 = \frac{mE}{m-1}\,B_2,\qquad C'_2 = \frac{mE}{m+1}\,C_2.$$

Les trois premières conditions à la limite donnent les relations :

$$\left.\begin{aligned}
B'_1 - \frac{C'_1}{a^2} &= o\\[4pt]
B'_1 - \frac{C'_2}{c^2} &= o\\[4pt]
B'_1 - \frac{C'_1}{b^2} = B'_2 &- \frac{C'_2}{b^2}.
\end{aligned}\right\} \qquad (224)$$

Pour établir l'équation représentant la quatrième condition, il faut remarquer que la frette subit certainement une dilatation et que, par conséquent, u_1 est positif ; tandis que le tube intérieur est comprimé, de sorte que u_2 est négatif. A la limite des deux tubes, la somme des valeurs absolues de u_1 et u_2 est évidemment égale à la différence initiale δb des rayons.

On a donc :

$$\left[u_1\right]_{x=b} - \left[u_2\right]_{x=b} = \delta b$$

ou, en mettant pour les quantités u leurs valeurs :

$$B_2 b + \frac{C_2}{b} - B_1 b - \frac{C_1}{b} = \delta b.$$

Si l'on introduit les inconnues B'_1, etc., il vient :

$$(m-1)(B'_2 - B'_1) + (m+1)\frac{C'_2 - C'_1}{b^2} = mE\frac{\delta b}{b} \cdot \quad (225)$$

On tire des quatre équations de condition précédentes les valeurs suivantes :

$$\left. \begin{aligned} B_1' &= -\frac{c^2 - b^2}{c^2 - a^2}\frac{E\delta b}{2b} & C_1' &= -a^2\frac{c^2 - b^2}{c^2 - a^2}\frac{E\delta b}{2b} \\ B_2' &= \frac{b^2 - a^2}{c^2 - a^2}\frac{E\delta b}{2b} & C_2' &= c^2\frac{b^2 - a^2}{c^2 - a^2}\frac{E\delta b}{2b} \end{aligned} \right\} \quad (226)$$

et par suite :

$$\left. \begin{aligned} B_1 &= -\frac{(c^2 - b^2)(m-1)\,\delta b}{2(c^2 - a^2)\,mb}, \\ C_1 &= -a^2\frac{(c^2 - b^2)(m+1)\,\delta b}{2(c^2 - a^2)\,mb}, \\ B_2 &= \frac{(b^2 - a^2)(m-1)\,\delta b}{2(c^2 - a^2)\,mb}, \\ C_2 &= c^2\frac{(b^2 - a^2)(m+1)\,\delta b}{2(c^2 - a^2)\,mb} \cdot \end{aligned} \right\} \quad (227)$$

En introduisant les valeurs numériques adoptées, et en prenant $m = \frac{10}{3}$ et $E = 25 \times 10^5$ kg. par cm² (acier coulé), on trouve :

$$\begin{aligned} B_1' &= -911 \text{ kg. par cm}^2, & C_1' &= -91100 \text{ kg.} \\ B_2' &= 651 \text{ kg. par cm}^2, & C_2' &= 260400 \text{ kg.} \end{aligned}$$

$$B_1 = -255 \times 10^{-6}, \; C_1 = -\; 474 \times 10^{-4} \; cm^2$$
$$B_2 = \;\;\; 182 \times 10^{-6}, \; C_2 = \;\;\; 1354 \times 10^{-4} \; cm^2.$$

Soit R_b la pression qu'exerce la frette sur le tube intérieur ; nous avons :

$$R_b = B'_1 - \frac{C'_1}{b^2} = -\frac{(b^2 - a^2)(c^2 - b^2)}{2b^2(c^2 - a^2)} \, E \, \frac{\delta b}{b} \quad (228)$$
$$= -911 + \frac{91.100}{225} = -506 \; kg. \; p. \; cm^2.$$

On peut, en se servant de la formule (224), calculer les efforts R_r et R_t en un point quelconque de la paroi, en ayant soin de remplacer dans cette formule les quantités a et b, par b et c, et p par R_b, si le point considéré fait partie de la frette. Calculons le travail élastique de comparaison pour la paroi intérieure du tube et pour la surface intérieure de la frette ; nous avons :

$$\mathcal{R}' = E\left(\frac{u_1}{x}\right)_{x=a} = E\left(B_1 + \frac{C_1}{a^2}\right)$$
$$= -E \, \frac{c^2 - b^2}{c^2 - a^2} \frac{\delta b}{b}$$
$$= -1.820 \; kg. \; par \; cm^2 \; ;$$
$$\mathcal{R}'' = E\left(\frac{u_2}{x}\right)_{x=b} = E\left(B_2 + \frac{C_2}{b^2}\right)$$
$$= E \, \frac{b^2 - a^2}{c^2 - a^2} \frac{\delta b}{b} \left(\frac{m-1}{2m} + \frac{c^2(m+1)}{2b^2 m}\right)$$
$$= +1.960 \; kg. \; par \; cm^2.$$

Supposons maintenant que ce tube soit soumis à une pression intérieure considérable : prenons $p = 2.000$ kg. par cm². Cette pression détermine de nouvelles déformations élastiques qui s'ajoutent aux déformations déjà existantes. Nous supposerons que la limite de proportionnalité n'est pas dépassée. Pour calculer les efforts que détermine la pression p, nous pouvons envisager le tube comme s'il était formé d'une seule pièce et par suite appliquer directement les formules de l'article précédent. Il suffit de calculer le travail élastique de com-

paraison pour les faces intérieures de la frette et du tube intérieur, puisque ce travail est partout ailleurs plus faible. Nous
avons trouvé précédemment pour un point quelconque, distant
de x de l'axe :

$$\mathcal{R} = \mathrm{E}\,\frac{u}{x} = p\;\frac{a^2}{b^2 - a^2}\left(\frac{m-1}{m} + \frac{m+1}{m}\frac{b^2}{x^2}\right).$$

Nous devons maintenant remplacer b par c, diamètre extérieur du tube, nous trouvons :

$$\text{pour } x = 10 \text{ cm.} \qquad \mathcal{R} = +3.930 \text{ kg. par cm}^2.$$
$$\text{» } \quad x = 15 \text{ cm.} \qquad \mathcal{R} = +2.010 \quad \text{»} \quad \text{»} \quad \text{».}$$

Ce travail élastique vient s'ajouter à celui que nous avons
calculé précédemment, de sorte que le travail élastique de la
matière est :

sur la face intérieure du tube :

$$-1.820 + 3.930 = 2.110 \text{ kg. par cm}^2 ;$$

sur la face intérieure de la frette :

$$+1,960 + 2.010 = 3.970 \quad \text{»} \quad \text{»} \quad \text{».}$$

Dans le cas particulier, la matière du tube intérieur est
beaucoup soulagée par l'application de la frette, par contre, le travail élastique sur la face interne de cette dernière
est trop considérable. Nous avons choisi δb trop grand, il faudrait recommencer le calcul avec une valeur plus petite
pour δb ; la solution la plus avantageuse serait naturellement
de choisir δb de telle sorte que le travail élastique soit le
même dans la frette et dans le tube intérieur.

Le calcul précédent s'applique sans grandes modifications
au cas où un cylindre creux est monté à chaud sur un cylindre
plein. Il suffit de faire $a = o$ dans les formules précédentes.

Ce cas se présente dans la pratique : on a quelquefois à calculer la différence δb qu'il faut prévoir entre le diamètre d'un
arbre et l'alésage d'une manivelle que l'on veut monter à chaud
sur l'arbre, pour que le travail élastique de la matière ne
dépasse pas les limites permises.

Il est bien entendu naturellement que tous les développements précédents n'ont de valeur qu'autant que la limite d'élasticité de la matière n'est pas dépassée.

EXERCICES SUR LE CHAPITRE VIII.

Exercice 37. — Une membrane flexible, tendue sur un orifice circulaire, est soumise sur une de ses faces à une pression p par unité de surface. Déterminer la déformation de la membrane et les tensions développées dans cette dernière.

Solution. — Le plan médian prend dans la déformation la forme d'une calotte sphérique dont la hauteur f est relativement petite, comparée au rayon r de l'ouverture. Soit r', le rayon de la calotte, on a :

$$r' = r^2 + (r' - f)^2,$$

d'où, en négligeant le terme f^2 devant les autres :

$$f = \frac{r^2}{2r'}.$$

Soit φ l'angle au centre qui correspond à l'arc méridien de la calotte, r' étant très grand, φ sera très petit; ou aura donc :

$$r = r' \sin \varphi = r'\varphi$$

et par suite

$$f = \frac{r}{2} \varphi.$$

La longueur de l'arc méridien de la calotte est $R\varphi$, avant la déformation cette longueur était égale à r, soit à $R \sin \varphi$. Ici nous ne pouvons plus poser approximativement $\sin \varphi = \varphi$, parce qu'il s'agit précisément de calculer la dilatation de la membrane, c'est-à-dire une quantité du même ordre de grandeur que la différence entre $\sin \varphi$ et φ. Soit ε, cette dilatation, on a :

$$\varepsilon = \frac{r'\varphi - r'\sin\varphi}{r'\varphi} = \frac{\varphi - \sin\varphi}{\varphi}$$

et, si l'on développe $\sin\varphi$ en série, en ne tenant compte que des deux premiers termes :

$$\varepsilon = \frac{\varphi^2}{6}.$$

On trouve par suite :

$$R = E\varepsilon = \frac{E\varphi^2}{6}.$$

D'autre part, les actions moléculaires doivent faire équilibre aux pressions qui agissent sur la membrane. Nous pouvons employer ici la formule (201), car il est évidemment indifférent que la calotte considérée fasse partie d'une sphère entière ou non. Nous avons donc la relation :

$$R = \frac{pr'}{2h} ;$$

en égalant les deux valeurs trouvées pour R et en multipliant de chaque côté par φ, il vient :

$$\frac{pr}{2h} = \frac{E\varphi^3}{6}$$

d'où

$$\varphi = \sqrt[3]{\frac{3pr}{Eh}}.$$

En substituant dans les valeurs de f et R, nous avons :

$$f = \frac{r}{2}\sqrt[3]{\frac{3pr}{Eh}}$$

$$R = \sqrt[3]{\frac{p^2 Er^2}{24h^2}}.$$

La solution n'est pas rigoureusement exacte, car R ne dépend pas seulement de la dilatation ε dans le sens du méridien, mais aussi de celle qui se produit dans le sens des parallèles. Or, il ne nous est pas possible d'en rien dire, si ce n'est que cette dilatation est nulle sur le pourtour de la membrane. Il n'est pas absolument certain non plus que ε ait la même valeur en tous les points de la surface, comme nous l'avons admis.

Le calcul précédent est cependant d'une exactitude suffisante pour les applications.

Exercice 38. — *Une enveloppe à parois minces a la forme d'un ellipsoïde de révolution. Elle est soumise à une pression hydrostatique interne. Etudier l'état élastique des parois.*

Remarque. — Un ellipsoïde et en général toute surface fermée dont la courbure n'est en aucun point infinie (c'est-à-dire pour laquelle les rayons de courbure principaux ne sont en aucun point infiniment grands) est capable de résister à une pression interne ou externe, même lorsque les parois sont assez minces pour ne pouvoir opposer une résistance sensible à la flexion. Il n'en est en général pas de même lorsque la courbure devient infinie comme, par exemple, dans le cas d'une enveloppe cylindrique.

Solution. — Faisons une section suivant un parallèle de l'ellipsoïde c'est-à-dire perpendiculairement à l'axe de rotation, et considérons la calotte ainsi délimitée. Par raison de symétrie, les actions moléculaires R_t, qui sont dirigées selon les tangentes aux méridiens, ont la même valeur sur toute la circonférence du parallèle considéré. Soit φ l'angle que forme avec l'axe de rotation la tangente au méridien, sur le parallèle considéré ; on a évidemment la condition :

$$2R_t\,\pi x h \cos\varphi = \pi x^2 p,$$

h désignant l'épaisseur des parois, et x le rayon du parallèle. Nous en déduisons :

$$R_t = \frac{px}{2h \cos\varphi}.$$

Jusqu'ici, la méthode est absolument analogue à celle employée dans le cas de la sphère. Pour calculer les tensions R_r, par contre, il ne suffit plus de considérer l'une des moitiés de l'enveloppe, car on ne connaît pas la loi de répartition de ces actions moléculaires le long d'un même méridien. Pour arriver au but, considérons un élément de la paroi compris entre deux sections méridiennes formant entre elles l'angle $d\alpha$ et deux sections parallèles distantes de dy l'une de l'autre.

Les forces qui agissent sur cet élément sont : sur les faces latérales, les tensions R_l et R_r ; sur la face interne, la pression du liquide.

Ces forces se font équilibre ; nous allons donc exprimer la condition que la somme de leurs composantes dirigées dans le sens du rayon du parallèle est nulle, car nous nous sommes déjà servi de l'équation exprimant que la somme des composantes parallèles à l'axe de rotation est nulle, pour calculer R_l.

Soit ds l'élément de méridien correspondant à l'élément superficiel considéré. Les forces R_r, qui agissent dans les sections méridiennes, donnent pour composante dans le sens du rayon une force d'intensité

$$R_r h\, ds\, d\alpha$$

dirigée de l'extérieur vers l'intérieur. Les forces R_l qui agissent dans la section parallèle supérieure (de rayon x), donnent une composante d'intensité égale à :

$$R_l\, h\, x\, d\alpha \sin\varphi$$

dirigée vers le centre, tandis que la composante des forces R_l qui agissent sur le parallèle inférieur est dirigée vers l'extérieur. La différence entre cette force et la précédente qu'il convient de considérer seule, puisque les forces sont de sens contraire, est évidemment égale à :

$$\frac{d}{dx}(R_l\, x \sin\varphi)\, h\, d\alpha\, dx,$$

et représente une force dirigée vers l'extérieur.

Enfin, la pression hydrostatique fournit une composante d'intensité :

$$p\, x\, d\alpha\, ds\, \cos\varphi = -p\, x\, dy\, d\alpha$$

dirigée vers l'extérieur. L'équation exprimant la condition d'équilibre s'écrit donc finalement, si nous divisons les valeurs que nous venons de calculer par $dx\,d\alpha$, et si nous remplaçons R_t par la valeur trouvée :

$$\frac{p}{2}\frac{d}{dx}(x^2\,tg\,\varphi) - R_r\,h\frac{ds}{dx} - px\frac{dy}{dx} = 0.$$

La seule inconnue de cette équation est R_r ; pour $tg\varphi$ nous pouvons écrire $-\dfrac{dy}{dx}$, quantité qui, ainsi que $\dfrac{ds}{dx}$, se calcule à l'aide de l'équation de l'ellipse

$$\frac{x^2}{a} + \frac{y^2}{b^2} = 1.$$

En substituant dans l'équation ci-dessus, on obtient R_r en fonction de x.

Exercice 39. — Indiquer la marche du calcul des actions moléculaires qui se développent sous l'influence d'une pression hydrostatique interne, dans une enveloppe à parois minces affectant la forme d'un tore.

Solution. — Une section mm (fig. 59), perpendiculaire à l'axe de rotation, coupe les parois de l'enveloppe suivant deux circonférences. Il est évident que, par raison de symétrie, les actions moléculaires R_t ont, le long de chacune de ces circonférences, une valeur constante ; mais il est certain, d'autre part, que cette valeur n'est pas la même pour les deux circonférences. Il ne suffit donc plus ici, comme c'était le cas dans l'exemple précédent, de considérer simplement l'une des parties de la surface, limitée par la section mm. Coupons le tore par un cylindre nn et considérons l'une des portions de surface du tore limitées par les sections mm et nn. Cette partie de la surface est en équilibre ; donc, en particulier, la somme des composantes verticales des forces qui lui sont appliquées doit être nulle. Les actions moléculaires qui agissent dans les

sections déterminées par le cylindre $n\,n$ sont horizontales ;
elles ne figureront par suite pas dans l'équation exprimant

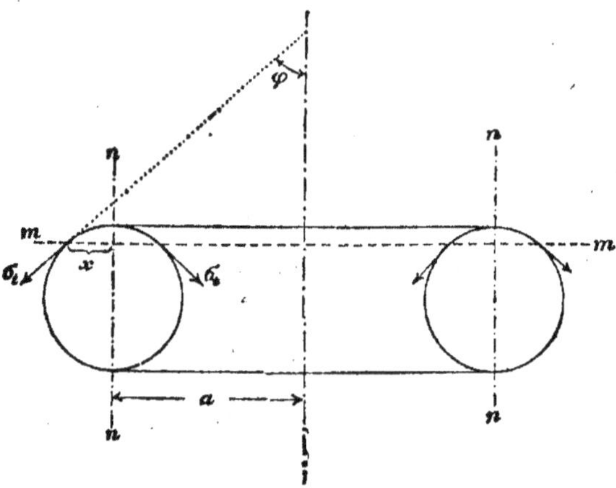

Fig. 59.
La lettre σ de la figure correspond à la notation R du texte.

la condition ci-dessus. Cette équation ne contiendra donc que la
seule inconnue R_t.

On a, par exemple, pour la partie de tore située au-dessus
de mm et en dehors de $n\,n$, en tenant compte des notations
indiquées dans la figure et en désignant par h l'épaisseur des
parois :

$$R_t\, 2\pi\,(x + a)\,h\,\cos\varphi = p\pi\left[(a + x)^2 - a^2)\right] ;$$

d'où, si l'on remarque que $\cos\varphi = \dfrac{x}{r}$,

$$R_t = p\,\frac{r\,(2a + x)}{h\,(2a + 2x)}.$$

On déterminerait ensuite R_r en considérant l'équilibre d'un
élément superficiel infiniment petit, selon la même méthode
que celle employée dans l'exercice précédent.

*Exercice 40. — Quelle épaisseur faut-il donner à un foyer intérieur de chaudière de **80 cm**. de diamètre, la pression extérieure étant de 10 kg. par cm², et le coefficient de sécurité égal à 5 ?*

Solution. La pression critique est (éq. 212) :

$$p_h = \frac{\mathrm{E}}{4} \left(\frac{h}{r} \right)^{3}.$$

Nous avons à prendre ici $p_h = 50$ kg par cm², puisqu'il faut prendre un coefficient de sécurité $= 5$; $r = 40$ cm, et $\mathrm{E} = 2 \times 10^6$ kg. par cm² (tôle de fer). En résolvant par rapport à h, nous trouvons :

$$h = r \sqrt[3]{\frac{4p_h}{\mathrm{E}}} = 40 \sqrt[3]{\frac{200}{2 \times 10^6}} = 1,856 \text{ cm.}$$

Si l'on voulait employer une tôle de moindre épaisseur, il faudrait renforcer les parois du tube à l'aide d'anneaux de fer, de telle façon que le moment d'inertie résultant soit égal à celui auquel correspond la valeur de h donnée par la formule.

Exercice 41. — Etendre le calcul de l'article 89, qui se rapporte aux enveloppes cylindriques à parois épaisses, au cas d'une enveloppe sphérique.

Solution. Supposons que la figure 57 représente maintenant la section d'une sphère creuse faite suivant un plan diamétral. Les relations (212) et (213) ne sont pas modifiées. L'élément du volume que nous considérons est maintenant limité par deux sphères concentriques de rayon x et $x + dx$ et par deux cônes coaxiaux dont les génératrices respectives comprennent entre elles l'angle $d\alpha$.

La composante des actions moléculaires R_t dans le sens du rayon est :

$$\frac{1}{2} \mathrm{R}_t \pi x \, dx \, d\alpha^2 \; ;$$

tandis que la résultante totale des actions moléculaires R_r qui agissent sur les deux surfaces sphériques est égale à :

$$\frac{\pi}{4}\frac{d}{dx}\left(x^2\,R_r\right)\,dx\,d\alpha^2.$$

Nous obtenons donc ici, au lieu de l'équation (215), la relation :

$$R_t x = \frac{1}{2}\frac{d\left(x^2 R_r\right)}{dx}.$$

Il faut maintenant exprimer les inconnues R_t et R_r en fonction de la dilatation u ; nous avons dans le cas particulier :

$$\varepsilon_t = \frac{1}{E}\left(\frac{m-1}{m}\,R_t - \frac{1}{m}\,R_r\right),$$

$$\varepsilon_r = \frac{1}{E}\left(R - \frac{2}{m}\,R_t\right).$$

En effet, dans ce cas, l'état élastique est triple, et, de plus, deux des actions moléculaires principales sont égales à R_t. Nous tirons de ces relations :

$$R_t = \frac{mE}{m^2 - m - 2}\left[m\varepsilon_t + \varepsilon_r\right],$$

$$R_r = \frac{mE}{m^2 - m - 2}\left[(m-1)\,\varepsilon_r + 2\varepsilon_t\right],$$

et, en tenant compte de (213) et (214) :

$$R_t = \frac{mE}{m^2 - m - 2}\left[m\frac{u}{x} + \frac{du}{dx}\right],$$

$$R_r = \frac{mE}{m^2 - m - 2}\left[(m-1)\frac{du}{dx} + \frac{2u}{x}\right].$$

Si l'on introduit ces valeurs dans l'équation différentielle trouvée plus haut, celle-ci s'écrit, toutes réductions faites :

$$x^2\frac{d^2u}{dx^2} + 2x\frac{du}{dx} - 2u = 0.$$

L'intégrale générale de cette équation est de la forme :

$$u = \mathrm{B}x + \frac{\mathrm{C}}{x^2};$$

d'où résulte

$$\mathrm{R}_r = \frac{m\mathrm{E}}{m^2 - m - 2}\Big[(m + 1)\,\mathrm{B} - (m - 2)\,\frac{2\mathrm{C}}{x^3}\Big]$$
$$= \frac{m\mathrm{E}}{(m - 2)}\,\mathrm{B} - \frac{2m\mathrm{EC}}{(m + 1)x^3}.$$

Si la pression hydrostatique est intérieure (pour une pression extérieure le calcul serait absolument analogue), on a :

$$\mathrm{R}_r = o \text{ pour } x = b \text{ et } \mathrm{R}_r = -\,p \text{ pour } x = a\,;$$

donc :

$$\frac{\mathrm{B}}{m - 2} - \frac{2\mathrm{C}}{(m + 1)\,b^3} = o,$$
$$\frac{\mathrm{B}}{m - 2} - \frac{2\mathrm{C}}{(m + 1)\,a^3} = -\,\frac{p}{m\mathrm{E}},$$

d'où

$$\mathrm{B} = \frac{m - 2}{m}\,\frac{a^3}{b^3 - a^3}\,\frac{p}{\mathrm{E}},$$
$$\mathrm{C} = \frac{m + 1}{2m}\,\frac{a^3 b^3}{b^3 - a^3}\,\frac{p}{\mathrm{E}}.$$

On opérera ensuite exactement de la même manière qu'à l'article 89.

CHAPITRE NEUVIÈME

TORSION

91. Prisme de section circulaire. — 92. Prisme de section elliptique. — 93. Prismes de section rectangulaire. — 94. Calcul des ressorts à boudins. *Exercices n°s 42 à 44.*

91. Prismes de section circulaire. — Lorsque la section du prisme est circulaire, on peut conclure *a priori* que les points appartenant à une même section se trouveront encore, après la déformation, contenus dans un plan perpendiculaire à l'axe. En effet, à cause de la symétrie, la section transversale ne pourrait se transformer qu'en une surface de révolution ; or, il n'existe pas de raisons pour que cette surface tourne sa concavité d'un côté plutôt que du côté opposé ; notre sentiment de la symétrie tend à nous faire admettre que le renversement du sens de la torsion ne doit pas avoir d'influence sur la forme de la surface déformée ; il faut donc que les sections transversales demeurent planes dans la déformation. Cette déduction est du reste absolument confirmée tant par la théorie que par les résultats d'expériences. On admettait anciennement, pour la torsion, comme pour la flexion, que les sections transversales demeurent planes dans la déformation, quelle que soit leur forme. Cette hypothèse est parfaitement inexacte : les sections qui ne sont pas circulaires ne demeurent pas planes, ainsi que le prouvent soit la théorie, soit les expériences.

Les fibres parallèles à l'axe longitudinal à l'origine se transforment en hélices dans la déformation. Considérons deux rayons parallèles entre eux, tracés dans deux sections transversales distantes de l l'une de l'autre ; après la déformation, ces deux rayons forment entre eux un certain angle, *l'angle de torsion*.

Soit $\Delta\varphi$ cet angle, la torsion relative de deux sections transversales, distantes d'une quantité infiniment petite dx l'une de l'autre, est :

$$\Delta\varphi \frac{dx}{l}.$$

Les hélices dont nous venons de parler forment un angle aigu avec les sections transversales, tandis que dans leur état primitif les fibres étaient perpendiculaires à ces sections. Une déformation semblable est corrélative d'une action moléculaire tangentielle S que nous allons calculer.

Considérons une fibre élémentaire distante de r de l'axe longitudinal ; le déplacement relatif des deux extrémités de cette fibre dans la déformation est évidemment égal à r multiplié par l'angle de torsion, donc à

$$r\Delta\varphi \frac{dx}{l}.$$

L'angle droit, que la fibre considérée formait avant la déformation avec le plan de la section transversale, subit de ce fait une variation γ. Le produit γdx représente, lui aussi, le déplacement relatif des extrémités de la fibre, nous pouvons par suite écrire :

$$\gamma dx = r\Delta\varphi \frac{dx}{l} ;$$

d'où nous tirons :

$$\gamma = \frac{r\Delta\varphi}{l}.$$

D'après la loi de l'élasticité, nous trouvons l'action moléculaire corrélative de la distorsion γ en multipliant cette quantité par le coefficient d'élasticité transversale, donc :

$$S = G\gamma = \frac{Gr\Delta\varphi}{l} \; ; \qquad (229)$$

S est dirigé, comme la déformation, perpendiculairement au rayon.

La formule (229) montre que les actions moléculaires S sont réparties linéairement sur la surface ; elles varient proportionnellement au rayon r. S atteint sa plus grande valeur à la périphérie de la section et s'annule au centre. Soient a le rayon de la section, S' la valeur correspondante de S, nous avons, d'après (229) :

$$S = \frac{rS'}{a} \cdot \qquad (230)$$

Etablissons maintenant la relation qui exprime que les actions moléculaires développées dans une section transversale doivent se réduire à un couple qui fasse équilibre au moment de torsion. Désignons ce moment par M, nous pouvons écrire :

$$M = \int SrdF = \frac{S'}{a} \int r^2 dF \; ;$$

l'intégrale n'est autre chose que le moment d'inertie polaire I_p de la section, donc :

$$S' = \frac{M}{I_p} a, \qquad (231)$$

ou, si l'on remplace I_p par sa valeur $\frac{\pi a^4}{2}$:

$$S' = \frac{2M}{\pi a^3} \cdot \qquad (232)$$

Comme on le voit, la formule (231) est de la même forme que celle que nous avons trouvée pour le calcul des efforts de flexion ; mais, tandis que cette dernière est générale, la formule (231) ne s'applique qu'aux sections circulaires. Il est donc préférable de ne pas la laisser sous cette forme et de substituer immédiatement la valeur de I_p, comme nous l'avons fait dans la formule (232).

En tenant compte de l'équation (229), nous trouvons :

$$\Delta\varphi = \frac{Sl}{Gr} = \frac{S'l}{Ga} = \frac{2Ml}{\pi a^4 G}. \qquad (233)$$

La seule extension possible des formules précédentes est leur application au cas des prismes de section annulaire. Si a et b désignent les rayons de l'anneau $(a > b)$, nous obtenons :

$$S' = \frac{2Ma}{\pi(a^4 - b^4)},$$

$$\Delta\varphi = \frac{2Ml}{\pi(a^4 - b^4)G}.$$

93. Prismes de section elliptique. — On reconnait immédiatement que les sections transversales ne demeurent pas planes dans la déformation : si cela était, nous pourrions appliquer sans changement les considérations de l'article précédent et nous arriverions au résultat que l'action moléculaire S est en chaque point perpendiculaire au vecteur qui joint le point considéré au centre de la section. Or, cette conclusion serait fausse : sur le pourtour, en vertu des équations générales de l'équilibre, les actions moléculaires S ne peuvent avoir de composante normale au contour de la section ; elles sont nécessairement dirigées selon la tangente. C'est là une remarque importante, qu'il y a lieu de ne pas perdre de vue dans tous les problèmes qui se rapportent à la torsion des prismes. Naturellement, elle n'est exacte que si le prisme est absolument libre à sa périphérie ; si, par exemple, il se trouve en contact avec d'autres corps, de sorte que des réactions et des efforts de frottement se produisent, les actions moléculaires peuvent avoir des composantes perpendiculaires à la périphérie. Nous ferons abstraction de ces cas particuliers. Les résultats auxquels nous arriverons ne seront donc pas partout applicables ; par exemple, ils ne seront pas valables pour l'extrémité d'un prisme qui est encastrée dans une machine d'essais.

Soit :

$$\frac{y^2}{a^2} + \frac{z^2}{b^2} = 1$$

l'équation de l'ellipse qui limite la section transversale du prisme (fig. 60). Pour le point y, z, on a la relation :

$$\frac{S_{xz}}{S_{xy}} = \frac{dz}{dy} = -\frac{b^2 y}{a^2 z} ; \qquad (234)$$

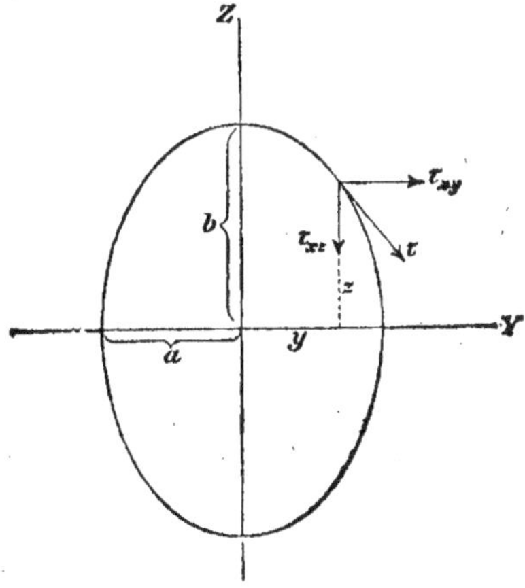

Fig. 60

La lettre τ de la figure correspond à la notation S du texte.

puisque S doit être tangente au contour de la section. Cette équation de condition est satisfaite si l'on pose :

$$S_{xy} = ka^2 z, \qquad S_{xz} = -kb^2 y. \qquad (235)$$

Pour procéder d'une façon rigoureuse, il faudrait évidemment considérer d'abord k comme une fonction d'y et de z. Comme nous nous proposons simplement d'établir une théorie élémentaire, nous ne déterminerons pas cette fonction ; nous admettrons arbitrairement que k est une constante. En réalité, cette supposition est pleinement confirmée par la théorie mathématique. A supposer, du reste, que ce fait nous fût inconnu, il suffirait, pour justifier notre hypothèse, que les résultats qui en découlent fussent d'accord avec ceux de l'expérience. Il convient même d'ajouter que cette concordance avec les résultats de la pratique est une plus forte preuve à l'appui de la supposition faite que sa confirmation par la théorie mathématique. Il est certain, par exemple, que l'ancienne hypothèse des sections restant planes dans la déformation a été abandonnée bien plus parce qu'elle conduit à des résultats en désaccord complet avec ceux de la pratique que parce qu'elle est formellement contredite par la théorie mathématique. Nous croyons même que cette dernière raison seule n'eut pas suffi à la faire rejeter.

Si l'on suppose k constant, on voit que S croît, le long d'un vecteur partant du centre, proportionnellement avec la distance du point considéré au centre. Pour des points situés sur des vecteurs différents, à égales distances du centre S prend différentes valeurs et forme des angles différents avec les vecteurs correspondants.

Il faut déterminer la valeur de la constante k. Celle-ci dépend naturellement de la valeur du moment de torsion. Si nous prenons le centre de la section comme pôle, le moment statique de l'action moléculaire S qui agit en un point donné est :

$$S_{xy}z\,dF - S_{xz}y\,dF ;$$

la somme de tous les moments semblables est égale à M, nous avons donc, en tenant compte de (235) :

$$M = ka^2 \int z^2 dF + kb^2 \int y^2 dF. \qquad (236)$$

Les intégrales du membre de droite, qui s'étendent à toute la section transversale, sont les moments d'inertie principaux de celle-ci. Nous avons trouvé précédemment (art. 45) :

$$\int y^2 dF = \frac{\pi a^3 b}{4}, \qquad \int z^2 dF = \frac{\pi a b^3}{4},$$

substituant dans (236) et résolvant par rapport à k, nous obtenons :

$$k = \frac{2M}{\pi a^3 b^3}. \qquad (237)$$

Nous pouvons donc calculer maintenant la valeur de S pour chaque point de la section. Cherchons à déterminer l'endroit où S atteint sa plus grande valeur ; cet endroit est certainement situé sur la périphérie, puisque S croit proportionnellement à la distance du point considéré au centre. A première vue, on pourrait supposer que le maximum de S se produit aux extrémités du grand axe ; c'est là du reste le résultat auquel on arrivait selon l'ancienne théorie.

Il n'en est toutefois rien. Nous avons :

$$S^2 = S^2_{xy} + S^2_{xz} = k^2(a^4 z^2 + b^4 y^2),$$

et comme nous ne considérons que le pourtour de la section, nous pouvons écrire, en tenant compte de l'équation de l'ellipse :

$$S^2 = k^2 b^2 (a^4 + y^2 [b^2 - a^2]).$$

Si $b > a$, comme dans la figure (60), S^2 sera maximum en même temps qu'y. Or, la plus grande valeur de y est a, donc l'action moléculaire maximum se produit à l'extrémité du petit axe. Nous trouvons :

$$S_{max} = kab^2$$

ou, en mettant pour k sa valeur (formule 237) :

$$S_{max} = \frac{2M}{\pi a^2 b}. \qquad (238)$$

A l'extrémité du grand axe, c'est-à-dire pour $y = o$,

$$S = ka^2 b = \frac{2M}{\pi a b^2}.$$

Cette valeur est $a : b$ fois plus petite que S_{max}.

92. Prismes de section rectangulaire. — Nous allons

établir également une théorie approchée pour les prismes de
section rectangulaire ; seulement, tandis que dans le cas précédent les résultats de la théorie approchée concordent absolument avec ceux obtenus à l'aide de la théorie mathématique,
il n'en sera plus de même ici : les résultats que nous obtiendrons ne seront qu'approchés.

Considérons d'abord les propriétés de la section provenant
de la symétrie. Si la direction des actions S_{xy} et S_{xz}, qui agissent sur un élément superficiel de la section situé dans le
premier quadrant, sont celles qui sont indiquées dans la fig.
(61), les actions moléculaires qui agissent sur les éléments

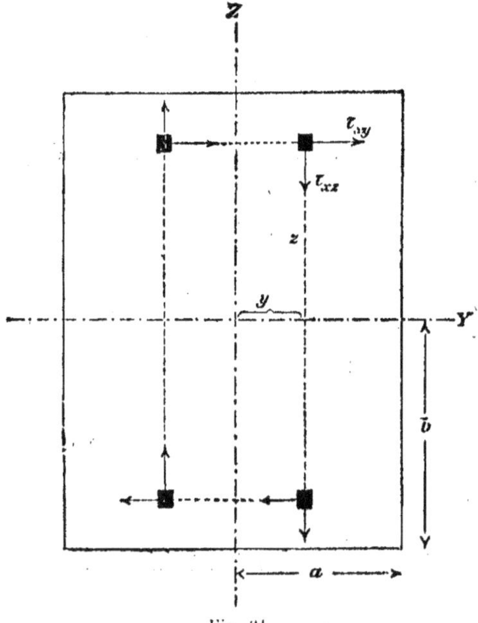

Fig. 61.

La lettre τ de la figure correspond à la notation S du texte.

correspondants des trois autres quadrants doivent nécessairement avoir la direction indiquée dans la figure ; en effet, la

torsion ayant lieu dans le même sens pour les quatre quadrants, le moment des actions moléculaires doit avoir partout le même sens par rapport au centre de la section. De plus, il est certain que, par raison de symétrie, les actions moléculaires qui agissent sur deux éléments superficiels situés à égale distance de part et d'autre d'un axe de symétrie, sont égales en valeur absolue. Nous pouvons exprimer les deux conditions précédentes en disant que S_{xy} est certainement une fonction paire d'y et impaire de z, tandis qu'inversement S_{xz} est impaire par rapport à y et paire par rapport à z.

Une répartition linéaire des actions moléculaires est certainement impossible, puisque S_{xy}, par exemple, doit s'annuler pour $x = a$ et au centre de la section. Nous voulons, d'autre part, tout en tenant compte de ces conditions, admettre la loi de répartition la plus simple possible. Nous supposerons d'abord que cette loi peut être exprimée par une fonction algébrique des coordonnées y et z, et nous prendrons cette fonction d'un degré aussi faible que le permettent les conditions auxquelles elle doit satisfaire. On reconnaît aisément qu'une fonction du troisième degré remplit les conditions exigées. Puisque S_{xy} est impaire par rapport à z et paire par rapport à y, nous devons poser :

$$S_{xy} = c_1 z + c_2 z y^2 + c_3 z^3.$$

Sur les côtés du rectangle parallèles à l'axe des z, cette expression doit s'annuler identiquement. nous avons donc l'équation de condition :

$$o = c_1 z + c_2 a^2 z + c_3 z^3.$$

Cette relation doit être satisfaite quel que soit z, il faut par suite que :

$$c_3 = o, \qquad c_2 = -\frac{c_1}{a^2}.$$

S_{xy} est ainsi déterminé à une constante près, nous avons :

$$S_{xy} = c_1 z - \frac{c}{a^2} z y^2. \tag{239}$$

Nous procéderons d'une manière analogue pour S_{xz}. Nous prenons d'abord :

$$S_{x,z} = k_1 y + k_2 yz^2 + k_3 y^3,$$

expression qui doit être identiquement nulle pour $z = \pm b$, donc :

$$o = k_1 y + k_2 yb^2 + k_3 y^3.$$

Il faut pour cela que

$$k_3 = o, \quad k_2 = -\frac{k_1}{b^2},$$

par suite :

$$S_{xz} = k_1 y - \frac{k_1}{b^2} yz^2. \tag{240}$$

Les constantes c_1 et k_1 des formules (239) et (240) ne sont pas indépendantes l'une de l'autre ; elles doivent satisfaire à une équation de condition, exprimant que les actions moléculaires qui agissent sur un élément de volume infiniment petit sont en équilibre. Nous avons trouvé précédemment, en nous servant des équations universelles de l'équilibre, la relation :

$$\frac{dS_x}{dx} + \frac{dS_{yx}}{dy} + \frac{dS_{zx}}{dz} + X = o.$$

Dans le cas présent, X et R_x sont nuls, car il n'y a pas de raison pour qu'il se développe dans le prisme des tensions normales aux sections transversales, si la torsion n'est pas accompagnée d'une flexion ou d'un effort d'extension ou de compression.

Nous avons de plus :

$$S_{yx} = S_{xy}, \quad S_{zx} = S_{xz} ;$$

la relation précédente peut donc s'écrire :

$$\frac{dS_{xy}}{dy} = -\frac{dS_{xz}}{dz}.$$

Si l'on introduit dans cette équation les valeurs trouvées pour S_{xy} et S_{xz}, elle devient

$$-2y z \frac{c_1}{a^2} = 2yz \frac{k_1}{b^2}.$$

On voit qu'elle est identiquement satisfaite si :

$$k_1 = -\ \frac{c_1 b^2}{a}. \tag{241}$$

Ce résultat montre qu'en tout cas, au point de vue de la statique des corps solides, la loi de répartition des actions moléculaires que nous avons supposée est admissible. Il resterait à démontrer qu'elle est également compatible avec les propriétés élastiques des matériaux, en particulier avec la loi de Hooke. Nous ne ferons pas cette démonstration, puisque notre intention est d'obtenir un résultat aussi simple que possible, ne fût-il qu'approché.

En tenant compte de (241), la formule (240) s'écrit :

$$S_{xz} = -\ \frac{c_1 b^2}{a^2}\ y + \frac{c_1}{a^2}\ yz^2. \tag{242}$$

Il reste maintenant à déterminer la constante c_1 : nous procèderons exactement comme dans le cas de la section elliptique. L'équation des moments est de la forme :

$$M = \int (S_{xy}\ z - S_{xz}\ y)\ dF$$

ou, si l'on remplace S_{xy} et S_{xz} par leurs valeurs (239) et (242) :

$$M = c_1 \int \left(z^2 - 2\ \frac{z^2 y}{a^2} + \frac{b^2}{a^2}\ y^2 \right) dF.$$

L'intégrale du second terme de la parenthèse, étendue à toutes la section, est égale à :

$$4 \int_0^a \int_0^a y^2 z^2 dy dz = 4 \int_0^b z^2 dz \int_0^a y^2 dy = \frac{4 a^3 b^3}{9} ;$$

les intégrales du premier et du troisième terme représentent les moments d'inertie principaux de la section, on les détermine directement.

L'équation des moments peut donc s'écrire :

$$M = c_1 \left(\frac{4ab^3}{3} - \frac{8ab^3}{9} + \frac{4ab^3}{3} \right) = c_1\ \frac{16ab^3}{9},$$

d'où :

$$c_i = \frac{9\mathrm{M}}{16 ab^3} \, .$$

(243)

Par conséquent, nous obtenons finalement :

$$S_{xy} = -\ \frac{9\mathrm{M}}{16\, ab^3}\ z \left(1\ \frac{y^2}{a^2}\right)$$
$$S_{xz} = -\ \frac{9\mathrm{M}}{16\, a^3 b}\ y \left(1\ \frac{z^2}{b^2}\right)$$

(244)

On reconnaît d'après ces valeurs, que les actions S sont, le long des axes de symétrie, perpendiculaires à ces derniers et qu'elles croissent linéairement du centre à la périphérie. Sur les contours de la section, ces actions sont dirigées suivant les côtés du rectangle, la loi de répartition est représentée par une fonction du second degré. Le long d'une diagonale, les actions tangentielles sont parallèles à l'autre diagonale et réparties suivant une loi représentée par une expression du troisième degré. Enfin, le long d'un vecteur quelconque, leur direction varie d'un point à l'autre.

Déterminons maintenant l'endroit où S atteint sa plus grande valeur. De (244) nous tirons :

$$S^2 = \left(\frac{9\mathrm{M}}{16\, a^3 b^3}\right)^2 \left\{z^3 (a^2 - y^2)^2 + y^2 (b^2 - z^2)^2\right\} \cdot$$

Les valeurs de z et de y qui rendent cette expression maximum s'obtiennent en égalant à zéro les dérivées partielles prises par rapport à z ou y, ou ce qui revient au même, par rapport à z^2 ou y^2. Nous avons donc les deux équations :

$$(a^2 - y^2)^2 - 2y^2 (b^2 - z^2) = 0,$$
$$- 2z^2 (a^2 - y^2) + (b^2 - z^2)^2 = 0.$$

(245)

On reconnaît que les coordonnées des sommets du rectangle satisfont à ces relations ; les autres solutions s'obtiennent en résolvant l'équation :

$$\frac{(a^2 - y^2)^3}{8y^4} = b^2 - \frac{(a^2 - y^2)^2}{2y} \, ,$$

laquelle est du troisième degré en y^2. Nous la résoudrons dans le cas particulier où $a = b$, c'est-à-dire dans le cas où la section du prisme est un carré ; elle peut s'écrire alors :

$$3y^6 - 13a^2y^4 + a^4y^2 + a^6 = o.$$

On trouve pour racines, comme on pourra facilement le vérifier :

$$y_1^2 = \frac{a^2}{3},$$

$$y_2^2 = a^2\left(2 + \sqrt{5}\right),$$

$$y_3^2 = a^2\left(2 - \sqrt{5}\right),$$

la dernière de ces racines doit être rejetée puisqu'elle donne des valeurs imaginaires pour y, et aussi la seconde qui conduit à une valeur imaginaire pour la valeur correspondante de z (en effet, si l'on fait $y = y_2$, dans la première des équations de condition (245), on trouve :

$$z_2^2 = a^2\left(2 - \sqrt{5}\right),$$

donc une valeur imaginaire pour z^2).

Il ne reste finalement que les points dont les coordonnées sont :

$$y = \pm a\sqrt{\frac{1}{3}}, \qquad z = \pm a\sqrt{\frac{1}{3}}.$$

Si l'on introduit ces valeurs dans l'expression trouvée pour S^2, il vient :

$$S^2{}_{max} = \frac{3\,M^2}{32\,a^6},$$

ou :

$$S_{max} = 0{,}306\,\frac{M}{a^3}.$$

Ce maximum analytique de S n'est pas nécessairement la plus grande valeur de cette quantité ; le maximum absolu de S peut se produire en un point du contour de la section. Etant donné les résultats que nous avons obtenus sur la répartition des efforts à la périphérie, il suffit que nous considérions les milieux des côtés. Pour $y = a$ et $x = o$, il vient :

$$S = \frac{9M}{16a^3b}, \qquad (246)$$

soit, dans le cas du carré :

$$S = 0{,}5625 \, \frac{M}{a^3} \, \cdot$$

On voit donc qu'en effet cette valeur de S est beaucoup plus grande que le maximum analytique qui se produit sur la diagonale. Nous pouvons conclure de ce résultat que, pour les prismes dont la section ne diffère pas beaucoup d'un carré, il suffit de calculer l'action moléculaire maxima qui se produit à la périphérie. Il est du reste vraisemblable que, même dans l'hypothèse d'autres rapports entre les côtés du rectangle, nous arriverions au même résultat.

En permutant a et b dans la formule (246), nous obtenons la valeur de S correspondant à l'autre côté du rectangle.

On reconnaît que S atteint sa plus grande valeur au milieu des grands côtés, c'est-à-dire aux points du pourtour les plus rapprochés du centre de la section. Dans les applications de la formule (246) aux calculs de résistance, il faut donc entendre par a le plus petit demi-côté du rectangle.

Si nous introduisons les côtés entiers du rectangle a_1 et b_1, au lieu des demi-côtés a et b, la formule (246) s'écrit :

$$S = \frac{9M}{2a_1^3b_1} \, \cdot \qquad (247)$$

L'ancienne théorie, qui partait de l'hypothèse des sections demeurant planes dans la déformation, conduisait naturellement à des résultats tout à fait différents : on trouvait que les actions moléculaires atteignent leur maximum dans les sommets du rectangle, c'est-à-dire là où, en réalité, elles sont certainement nulles ; en outre, en vertu de l'équation (231), on admettait que, pour avoir une grande résistance à la torsion, il fallait employer une section présentant un grand moment d'inertie polaire. Dans le cas d'une section rectangulaire, il paraissait donc indiqué, pour obtenir, avec une surface donnée, le maximum de résistance, de choisir un rectangle aussi allongé que possible. Il suffit de songer à la faible résistance à la torsion que possède une règle plate pour reconnaître la fausseté de ces conclusions.

94. Calcul des ressorts à boudin. — Considérons une tige, que nous admettrons de section circulaire, dont l'axe longitudinal est, à l'état ordinaire, enroulé en forme d'hélice (fig. 62). Supposons le ressort ainsi formé, soumis à l'action de deux forces P égales et de sens contraire, dont la ligne d'action coïncide avec l'axe du cylindre de l'hélice. Suivant leur direction, ces forces P tendent à allonger ou à raccourcir le ressort. Nous allons déterminer : 1° quelle intensité les forces P peuvent atteindre sans que la charge pratique de la matière soit dépassée ; 2° la longueur dont le ressort s'allonge ou se raccourcit sous l'action des forces P et enfin 3° quelle est l'énergie qu'il peut emmagasiner sous forme de travail de déformation.

Fig. 62

Supposons le ressort coupé en un point quelconque ; les actions moléculaires de la section transversale font équilibre à la force P, agissant sur la portion du ressort considérée. Appliquons au centre de gravité de la section deux forces égales à P, de sens contraire l'une à l'autre. L'une de ces forces forme avec P un couple M, dont le plan est déterminé par le centre de gravité de la section considérée et l'axe du cylindre. Supposons ce couple décomposé en deux autres ; l'un situé dans le plan de la section, l'autre contenu dans un plan perpendiculaire à cette dernière. Le premier produit une torsion, tandis que le second développe des efforts de flexion. Si le pas de l'hélice est petit relativement au diamètre du cylindre, le plan du couple M diffère fort peu du plan de la section transversale, de sorte que le couple composant perpendiculaire à cette dernière est très petit ; on peut, par suite, négliger sans inconvénient les actions moléculaires qu'il développe devant celles que produit le second couple composant. La force P restante produit des efforts de cisaillement, ces derniers sont toutefois négligeables par rapport aux efforts de torsion, pour peu que le rayon du cylindre soit relativement grand comparativement aux dimensions de la section. Il suffit donc, en général, pour un calcul de résistance, de ne tenir compte que des efforts de torsion.

Si r désigne le rayon du cylindre, nous pouvons poser :

$$M = Pr,$$

et, si nous appelons a le rayon de la section, nous aurons (formule 232) :

$$S = \frac{2Pr}{\pi a^3}, \qquad (248)$$

formule qui permet de calculer la force du ressort. Si la section de la tige employée est rectangulaire, on a (formule 247) :

$$S = \frac{2Pr}{2a_1^2 b_1} \qquad (249)$$

où a_1 désigne le petit et b_1 le grand côté du rectangle.

Assez souvent, l'axe longitudinal du ressort est enroulé, non suivant une hélice ordinaire, mais selon une hélice conique (exemple : les ressorts des tampons de wagons). Dans ce cas, il faut entendre par r la valeur du rayon correspondant à a_1 et b_1, ou, si ces dernières quantités sont constantes, la plus grande valeur de r. Si a_1 et b_1 sont variables, il faut déterminer la section la plus dangereuse. On pourrait naturellement faire varier les dimensions de la section de façon que le travail de la matière soit partout le même. Par exemple, si l'on conservait a_1 constant, il faudrait, dans le cas d'une section rectangulaire, faire varier la hauteur b_1 proportionnellement à r.

Pour calculer la variation de longueur du ressort sous l'influence de la charge, nous devons nous baser sur la formule donnant la grandeur de l'angle de torsion. Comme nous n'avons établi celle-ci que pour une section circulaire, nous nous bornerons à ce cas dans ce qui suit. On trouvera aux exercices, à la fin du chapitre, le calcul de cet angle pour les sections de forme rectangulaire et elliptique, et l'on pourra employer les résultats à un calcul analogue à celui que nous allons entreprendre.

Soit $d\Delta\varphi$ l'angle de torsion d'un élément de ressort de longueur ds (mesuré le long de l'axe longitudinal). Supposons d'abord que seul cet élément soit déformé, tandis que tout le reste du ressort conserve sa forme initiale. Si nous supposons, pour fixer les idées, la partie inférieure du ressort maintenue fixe, toute la partie supérieure à ds effectuera, autour de cet élément, une rotation de valeur $d\Delta\varphi$; l'axe est dévié de sa position primitive : toute la partie supérieure est légèrement penchée. Cette obliquité se trouve compensée en réalité par la rotation $d\Delta\varphi$ qu'effectue le ressort autour d'un point diamétralement opposé à celui que nous considérons actuellement, de sorte que la déformation totale du ressort n'entraîne pas l'axe hors de sa position primitive. Par contre, les composantes des déplacements, prises dans la direction de l'axe, s'additionnent et leur somme n'est pas autre chose que l'aplatissement ou l'allongement total du ressort.

Soit P le centre de l'élément ds considéré. Le point de l'axe situé à la même hauteur décrit, dans la déformation de la partie supérieure causée par la rotation $d\Delta\varphi$ autour de P, un arc de cercle de rayon r et d'angle au centre $d\Delta\varphi$. Cet arc coïncide en direction avec l'axe du ressort ; le déplacement dans le sens de cet axe est donc :

$$r\,d\Delta\varphi.$$

On reconnaît aisément qu'un point quelconque de l'axe de la partie supérieure du ressort se déplace dans le même sens d'une quantité égale. Considérons la figure 63, et soient AA

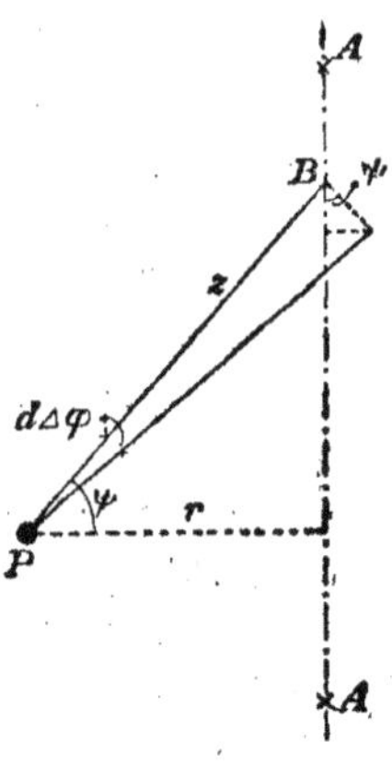

Fig. 63

l'axe du ressort, P la projection sur le plan de la figure de l'élément ds. Le pas de l'hélice étant supposé petit, ds est sensiblement perpendiculaire à l'axe AA, l'axe longitudinal se projette donc suivant un point P. Soit B un point quelconque de l'axe, il effectue dans la déformation une rotation ; l'arc de cercle qu'il décrit est égal à $z d\Delta\varphi$ et la projection de cet arc sur l'axe du ressort est $z \cos \psi d\Delta\varphi$, mais $z\cos \psi = r$; le déplacement de B dans le sens de l'axe est donc bien égal à $r d\Delta\varphi$.

La variation totale de longueur du ressort w est égale à la somme de tous les termes semblables, étendue à toute la longueur de l'axe longitudinal ; nous avons donc :

$$w = \int r \, d\Delta\varphi.$$

L'équation (233), donne :

$$d\Delta\varphi = \frac{2\mathrm{P}r\,ds}{\pi a^4 \mathrm{G}},$$

par conséquent :

$$w = \frac{2\mathrm{P}r^2}{\pi a^4 \mathrm{G}} \int ds.$$

La longueur d'une spire est sensiblement égale à celle d'une circonférence de rayon r, nous pouvons donc écrire, si nous désignons par n le nombre des spires du ressort :

$$w = \mathrm{P}\,\frac{4nr^3}{a^4 \mathrm{G}}. \tag{250}$$

w et P croissant proportionnellement l'un à l'autre, on obtient l'énergie totale qui peut être emmagasinée dans le ressort en formant le demi-produit de la force P par le chemin w parcouru par le point d'application :

$$\mathrm{A} = \frac{2\mathrm{P}^2 nr^3}{a^4 \mathrm{G}}. \tag{251}$$

EXERCICES SUR LE CHAPITRE IX

Exercice 42. — *Calculer l'angle de torsion $\Delta\varphi$ pour un prisme de section elliptique.*

Solution. — Soit M le moment de torsion, le travail des forces extérieures dans la déformation est égal à $\frac{1}{2} M\Delta\varphi$.

Cette quantité est d'autre part égale au travail de déformation, que l'on peut calculer à l'aide de la relation (45). On a donc :

$$\frac{1}{2} M\Delta\varphi = \int \frac{S^2}{2G}\, dv,$$

expression dans laquelle dv désigne un élément de volume du prisme. On peut poser $dv = dF\,dl$, dl désignant un élément de longueur mesuré dans le sens de l'axe longitudinal. L'intégration par rapport à l peut s'effectuer immédiatement, S ayant la même valeur aux points correspondants des différentes sections transversales. De plus, nous pouvons écrire $S^2 = S^2_{xy} + S^2_{xz}$ et introduire dans cette relation les valeurs trouvées précédemment (éq. 235). Nous obtenons ainsi l'équation :

$$M\Delta\varphi = \frac{l}{G} \int k^2 (a^4 z^2 + b^4 y^2)\, dF$$

où, en tenant compte de la relation (237),

$$M\Delta\varphi = \frac{4M^2 l}{\pi^2 a^6 b^6 G} \left[a^4 \int z^2 dF + b^4 \int y^2 dF \right].$$

Les intégrales qui figurent dans l'expression ci-dessus sont les moments d'inertie principaux de la section transversale ; si nous introduisons leurs valeurs, nous obtenons :

$$\Delta\varphi = \frac{4Ml}{\pi^2 a^6 b^6 G} \left[\frac{\pi a^3 b^3}{4} + \frac{\pi a^3 b^3}{4} \right]$$

et, après réduction :

$$\Delta\varphi = \frac{lM (a^2 + b^2)}{\pi a^3 b^3 G}.$$

Si l'on fait $a = b$, on retombe sur la valeur trouvée pour $\Delta\varphi$ dans le cas d'une prisme de section transversale circulaire.

On calcule de la même manière $\Delta\varphi$ pour un prisme de section rectangulaire ; en utilisant la valeur trouvée pour S' (article 93), il vient :

$$M\Delta\varphi = \frac{l}{G}\left[\frac{9M}{16a^3b^3}\right]\int\left[z^2(a^2 - y^2)^2 + y^2(b^2 - z^2)^2\right]dF ;$$

on a :

$$\int z^2(a^2 - y^2)^2\, dF = \frac{32}{45}\,a^5b^3,$$

$$\int y^2(b^2 - z^2)^2\, dF = \frac{32}{45}\,a^3b^5,$$

et par suite :

$$\Delta\varphi = \frac{9lM\,(a^2 + b^2)}{40Ga^3b^3}.$$

Si l'on introduit les côtés a_1 et b_1 du rectangle, au lieu des demi-côtes a et b, la formule précédente s'écrit :

$$\Delta\varphi = 3,6\,\frac{lM\,(a_1^2 + b_1^2)}{Ga_1^3 b_1^3}.$$

Ce résultat n'est naturellement qu'approché, comme les hypothèses de l'article 93 sur lesquelles il repose.

Exercice 43. — Une poutre en bois, de section carrée (20 cm. de côté), est encastrée à une extrémité dans un mur. La longueur de la poutre est de 1 mètre. A l'extrémité libre se trouve fixé un bras horizontal, perpendiculaire à l'axe longitudinal de la poutre et long de 60 cm. Quel est le travail élastique maximum que la pièce a à supporter, si l'on applique à l'extrémité de ce bras un poids de 1.000 kg. ?

Solution. — La pièce travaille simultanément et à la flexion et à la torsion. Le moment de torsion, qui est le même pour toutes les sections transversales, est égal à $1.000 \times 60 = 60.000$ kg.cm. Le moment de flexion atteint sa plus grande valeur dans la section d'encastrement, pour laquelle il es' égal à 100.000 kg.cm. C'est donc dans cette section que se produira le plus grand travail de la matière.

L'intensité des efforts de flexion est :

$$R = \frac{6M_f}{bh^2} = \frac{6 \times 100.000}{20^3} = 75 \text{ kg. par cm}^2,$$

et celle des efforts tangentiels maxima (éq. 247) :

$$S = \frac{9M_t}{2a_1^2 b_1} = \frac{9 \times 60.000}{2 \times 20^3} = 33,75 \text{ kg. par cm}^2.$$

Ces valeurs maxima de R et de S se produisent aux mêmes points de la section d'encastrement, savoir au milieu des côtés horizontaux de la section.

Il semble qu'il faudrait encore tenir compte des actions moléculaires tangentielles dues à la flexion du prisme et dont la résultante est égale à la force extérieure, soit à 1.000 kg. Nous avons vu toutefois que ces actions moléculaires sont nulles dans les fibres extérieures, il n'y a donc bien à ne tenir compte que des valeurs S et R trouvées plus haut.

Le travail de la matière est donné par le travail élastique de comparaison ; nous trouvons (formule 40), si nous prenons $m = \frac{10}{3}$,

$$\mathcal{R} = 0,35\, R + 0,65 \sqrt{4S^2 + R^2}$$

et, en introduisant les valeurs numériques :

$$\mathcal{R} = 0,35 \times 75 + 0,65 \sqrt{67,5^2 + 75^2} = 92 \text{ kg. par cm. environ.}$$

Exercice 44. — Quelle est la puissance d'un ressort de 10 spires de 100 mm. de diamètre, formé d'une tige de section circulaire de 20 mm. de diamètre, si l'on admet S = 2.000 kg. par cm². Déterminer aussi l'énergie qu'il est possible d'emmagasiner dans ce ressort.

Solution. — L'équation (248) donne :

$$P = \frac{\pi a^3 S}{2r} = \frac{3,14 \times 1^3 \times 2.000}{2 \times 10} = 314 \text{ kg.}$$

En substituant cette valeur dans (251) et en prenant $G = 900.000$ kg. par cm², on trouve :

$$A = \frac{2P^2 n r^3}{a^4 G} = \frac{\pi^2 a^2 r n S^2}{2G} = 4.450 \text{ kg. cm.}$$

CHAPITRE DIXIÈME

RÉSISTANCE DES PRISMES CHARGÉS DEBOUT
FLAMBEMENT

95. Formule d'Euler. Flambement d'un prisme dont les extrémités sont fixes, mais non encastrées, et dont l'axe est rigoureusement rectiligne. — 96. Prismes dont l'axe longitudinal présente une courbure initiale. — 97. Détermination de la charge critique réelle P_k. — 98. Prisme encastré aux deux extrémités. — 99. Prisme encastré à une extrémité et muni à l'autre d'une glissière ne permettant un déplacement que dans le sens de l'axe longitudinal. — 100. Prisme chargé debout, travaillant simultanément à la flexion. — 101. Formule empirique de Navier, Schwarz et Rankine. — 102. Flambement d'un prisme très long travaillant à la torsion.

Exercices n⁰ˢ 45-48.

95. Formule d'Euler. Flambement d'un prisme dont les extrémités sont fixes, mais non encastrées, et dont l'axe est rigoureusement rectiligne. — Nous admettons d'abord que l'axe du prisme est parfaitement rectiligne. En réalité, cette condition n'est jamais exactement remplie, car il est pratiquement impossible de dresser parfaitement une pièce. Il est nécessaire de tenir compte dans le calcul de ces petites déviations de la droite absolue, car, contrairement à ce que nous avons vu jusqu'à présent, elles exercent une influence considérable sur la manière dont se comporte le prisme. Nous considérerons plus loin l'influence de ces déviations.

Il est une autre condition qu'il n'est pas non plus possible de réaliser d'une manière absolue et dont l'influence sur les

résultats du calcul est des plus importantes : c'est le centrage
des forces extérieures qui agissent sur les sections extrêmes
du prisme. Nous admettrons dans ce qui suit que l'on a cherché à réaliser cette condition aussi bien que possible, de sorte
que la distance entre l'axe longitudinal et la ligne d'action
des forces est une quantité très petite comparativement aux
dimensions des sections transversales. Si tel n'était pas le cas,
le problème serait le même que celui que nous avons traité à
l'art. 44.

Considérons une section transversale quelconque et appliquons au centre de gravité de celle-ci deux forces de signes
contraires parallèles et égales à P. Ces deux forces se faisant
équilibre, leur addition ne change rien au système des forces
extérieures. Tandis que l'une (celle de même signe que P)
développe dans la matière un travail à la compression, l'autre
forme avec P un couple qui produit une flexion du prisme.
La distance du centre de gravité de la section considérée à la
ligne d'action des forces P se trouve par suite augmentée. Dans
le cas traité à l'art. 44, ce fait ne tire pas à conséquence, car la
distance de la ligne des forces aux centres de gravité des sections transversales est assez grande initialement pour qu'il
n'y ait pas besoin de tenir compte de l'augmentation qu'elle
éprouve par suite de la déformation du prisme ; par contre,
il n'en est plus de même ici où, la distance entre l'axe du
prisme et la ligne d'action des forces étant très faible, la déformation du prisme peut être du même ordre de grandeur ou
même plus grande que cette distance.

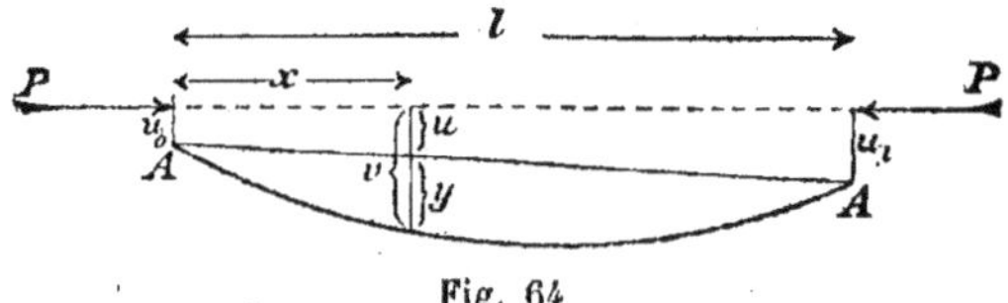

Fig. 64

Pour plus de simplicité, nous admettrons que l'axe **AA**
(fig. 64) du prisme et la ligne d'action des forces P sont situés
dans un même plan.

La distance initiale u entre PP et AA devient, dans la déformation, pour une section d'abcisse x, $u + y$; le moment du couple qui agit dans cette section est donc :

$$M = P(u + y).$$

Nous avons pour équation de l'axe AA :

$$u = u_0 \frac{l - x}{l} + u_l \frac{x}{l}$$

et pour équation différentielle de l'axe longitudinal déformé :

$$EI \frac{d^2 y}{d^2 x} = - P(u + y) ;$$

si nous posons :

$$v = u + y,$$

nous pouvons écrire :

$$EI \frac{d^2 v}{dx^2} = - Pv. \tag{252}$$

L'intégrale générale de cette équation est de la forme :

$$v = A \sin \alpha x + B \cos \alpha x. \tag{253}$$

Dans cette expression, A et B représentent des constantes d'intégration, tandis que α est donné, comme on le vérifie facilement, par la formule :

$$\alpha = \sqrt{\frac{P}{EI}}. \tag{254}$$

Les conditions aux limites sont les suivantes :

$$v = u_0 \text{ pour } x = o,$$
$$v = u_l \text{ pour } x = l,$$

il faut donc que :

$$B = u_0 \text{ et } A \sin \alpha l + B \cos \alpha l = u_l.$$

Si l'on tire de ces relations les valeurs de A et B, et si l'on substitue dans l'équation (253), on trouve facilement :

$$v = \frac{\sin \alpha x}{\sin \alpha l} (u_l - u_0 \cos \alpha l) + u_0 \cos \alpha x \tag{255}$$

22

La ligne élastique est ainsi complètement déterminée.

Recherchons maintenant quelles sont les conditions pour que v devienne beaucoup plus grand que u. Soit la parenthèse, soit le second terme du membre de droite dans l'expression de u sont au plus du même ordre de grandeur que les quantités u elles-mêmes, puisqu'un cosinus est au plus égal à 1 ; il faut donc, pour que v devienne plus grand que u, que le facteur $\dfrac{\sin \alpha x}{\sin \alpha l}$ prenne une grande valeur. Supposons P très petit, la formule (254) montre que α est de même très petit, de sorte que l'on peut poser approximativement :

$$\sin \alpha x = \alpha x, \qquad \sin \alpha l = \alpha l,$$

le facteur devant la parenthèse est alors égal à $\dfrac{x}{l}$, c'est-à-dire plus petit que l'unité. On reconnaît que cette condition est satisfaite tant que l'angle αl est plus petit que $\dfrac{\pi}{2}$. Dès que P et par suite α prennent des valeurs supérieures, $\sin \alpha l$ diminue, tandis que $\sin \alpha x$, pour certaines valeurs d'x, par exemple $x = \dfrac{l}{2}$, continue à augmenter. En particulier, lorsque αl atteint des valeurs avoisinant π, le facteur devant la parenthèse augmente indéfiniment, car $\sin \alpha l$ tend alors vers o, tandis qu'au contraire $\sin \alpha x$, pour $x = \dfrac{l}{2}$, tend vers l'unité. A la limite, pour

$$\alpha l = \pi, \tag{256}$$

l'équation (255) donne une valeur infinie pour v. Ce résultat signifie qu'en réalité le prisme, sous l'influence des charges P d'une intensité correspondant à cette valeur de α, se romprait ou subirait tout au moins des déformations plastiques. En combinant les formules (254) et (256) et en résolvant par rapport à P, nous trouvons :

$$P_z = \pi^2 \frac{EI}{l^2}. \tag{257}$$

Cette formule est due à Euler ; elle donne la valeur critique P_k que la charge ne saurait atteindre sans que le prisme subisse des déformations plastiques. En réalité, ces déformations se produisent déjà sous l'influence de forces de moindre intensité.

Il est important de remarquer que les quantités u ne figurent pas dans la formule (257). La charge critique ne dépend donc pas directement de la distance initiale entre l'axe du prisme et la ligne d'action des forces P L'équation (255) montre cependant que la déformation v atteindra d'autant plus vite des valeurs correspondant à un travail élastique dangereux du métal que les valeurs u sont plus grandes.

Il est de plus bien entendu que la valeur de la charge limite donnée par la formule (257) n'est valable qu'autant que P_k est *plus petit* que :

$$P_D = FR, \qquad (258)$$

c'est-à-dire plus petit que l'effort de compression proprement dite que peut supporter le prisme. Le flambement de la pièce se produit d'autant plus facilement qu'elle est plus longue ; en comparant les deux formules (257) et (258), on trouvera facilement, pour un prisme de section donnée, la longueur à partir de laquelle il y a lieu de tenir compte du flambage. Un problème de ce genre est traité dans les exercices.

96. — Prismes dont l'axe longitudinal présente une courbure initiale. — Nous allons montrer qu'une courbure initiale de l'axe longitudinal n'exerce pas non plus d'influence sensible sur les résultats, à condition toutefois que la flèche soit faible par rapport aux dimensions des sections transversales. Nous admettrons que les forces P agissent exactement au centre des sections terminales. Soit f_0 la flèche maximum de l'axe longitudinal : nous pouvons représenter ce dernier, avec une approximation suffisante, comme un arc de sinusoïde et poser par conséquent :

$$u = f_0 \sin \pi \frac{x}{l} . \qquad (259)$$

L'équation différentielle de la ligne élastique est, comme précédemment :

$$\mathrm{EI}\,\frac{d^2y}{dx^2} = - \mathrm{P}\,(u + y),$$

ou, si nous mettons pour u sa valeur,

$$\frac{d^2y}{dx^2} = - \frac{\mathrm{P}}{\mathrm{EI}}\left(y + f_0 \sin \pi \frac{x}{l}\right). \qquad (260)$$

En intégrant, et en tenant compte des conditions aux limites :

$$y = o \text{ pour } x = o \text{ et } x = l,$$

nous pouvons amemer l'intégrale générale à la forme :

$$y = f \sin \pi \frac{x}{l}, \qquad (261)$$

où f désigne la quantité :

$$\frac{f_0}{\dfrac{\pi^2 \mathrm{EI}}{\mathrm{P}l^2} - 1} \qquad (262)$$

Cette quantité f a une signification fort simple : c'est la plus grande valeur que peut prendre y. Le maximum se produit quand l'angle $\frac{\pi x}{l}$ est droit, c'est-à-dire pour $x = \frac{l}{2}$: f est donc la flexion subie par le milieu du prisme sous l'influence de P. En tenant compte de la formule (257), nous pouvons mettre f sous la forme :

$$f = \frac{f_0}{\dfrac{\mathrm{P_E}}{\mathrm{P}} - 1}. \qquad (263)$$

On reconnaît que, si la flèche initiale f_0 est petite, la flèche f n'atteint des valeurs dangereuses que lorsque P se rapproche de la charge critique $\mathrm{P_E}$.

Soit φ l'angle que forme dans la pièce déformée, la tangente à l'une des extrémités de la ligne élastique avec la ligne d'action des forces. Tant que cet angle reste petit, nous pouvons le poser approximativement égal à sa tangente trigonométrique ; nous avons donc :

$$\varphi = \left(\frac{dy}{dx}\right)_{x=0}$$

soit, si nous tenons compte de l'équation (261) :

$$\varphi = \pi \frac{f}{l} . \qquad (264)$$

Supposons que, dans un essai de résistance au flambement, dans lequel la flèche initiale de l'axe longitudinal de la pièce est de quelques millimètres (c'est-à-dire beaucoup plus grande que l'erreur inévitable entre la ligne d'action des forces de compression et la droite joignant les centres de gravité des sections d'abouts), on mesure les valeurs de f correspondant aux diverses valeurs de P. Si l'on porte ensuite les valeurs obtenues pour f en ordonnées sur les valeurs correspondantes de P prises comme abscisses, on doit, ainsi que le montre l'équation (263), obtenir une hyperbole, abstraction faite naturellement des fautes inévitables d'observation. L'équation (264) montre que φ croit proportionnellement à f. Si donc l'on a mesuré aussi φ, ce qui est facile si l'on emploie un appareil à miroir, et si l'on porte également les valeurs observées en ordonnées, en prenant les P comme abscisses, on doit aussi obtenir une hyperbole. Ces deux hyperboles ont une asymptote commune correspondant à l'abscisse $P = P_K$.

Les essais entrepris par l'auteur pour vérifier ces conclusions ont donné des résultats très satisfaisants.

97. Détermination de la charge critique réelle P_K. — Nous avons déjà remarqué à l'article 95 qu'en réalité les pièces chargées debout se rompent ou subissent des déformations plastiques sous l'influence de forces d'intensité inférieure à celle donnée par la formule d'Euler. Ce fait provient 1° de ce que l'axe de la pièce n'est pas absolument rectiligne ; 2° de ce que la ligne d'action des forces ne coïncide pas rigoureusement avec cet axe. Afin de nous rendre compte de l'influence que peuvent avoir ces conditions accessoires, nous allons établir la valeur de la charge critique réelle, ne tenant compte, il est vrai, que du premier motif indiqué ci-dessus ; nous négligerons le second pour ne pas compliquer les calculs.

Le travail élastique de la matière atteint sa plus grande valeur dans la section médiane du prisme ; pour une charge P il est égal à :

$$R = \frac{P}{F} \pm \frac{P\,(f + f_0)}{1}\,a.$$

Dans cette expression, a désigne la distance de la fibre considérée à l'axe neutre ; f est donné par la formule (263).

La charge critique réelle est évidemment celle pour laquelle la plus grande des actions moléculaires R de la section atteint la limite d'élasticité de la matière ; en effet, sitôt cette limite dépassée, les déformations croissent beaucoup plus rapidement que ne l'indiquent les formules précédentes, de sorte que la rupture survient rapidement. Nous obtenons donc la charge critique P_K en résolvant par rapport à P l'équation :

$$FR' = P + \frac{PaF}{1}\left(f_0 + f_0\,\frac{P}{P_E - P}\right),$$

dans laquelle R' désigne la limite d'élasticité de la matière, et a la distance à l'axe neutre de la fibre extrême. Posons pour abréger :

$$FR' = P',$$
$$\frac{aFf_0}{1} = n,$$

nous obtenons alors pour P_K l'expression :

$$P_K = \frac{P' + (n + 1)\,P_E}{2} \pm \sqrt{\left[\frac{P' + (n + 1)\,P_E}{2}\right]^2 - P'P_E} \quad (265)$$

Le signe de la racine doit être choisi de façon que P_K soit tonjours égal à la plus petite des deux valeurs données par la formule.

Si $f_0 = o$, c'est-à-dire pour un prisme dont l'axe longitudinal est rigoureusement rectiligne, $\eta = o$. On trouve alors :

$$P_K = P_E$$

pourvu que : $P' > P_E$. Si $P' < P_E$, ce qui a lieu pour un prisme très court, on obtient, en vertu de la remarque qui a été faite au sujet du signe de la racine,

$$P_K = P'.$$

La formule distingue donc le cas du flambement de celui de la compression proprement dite. Afin de donner une idée des différences que peuvent présenter entre elles les valeurs de P_K et P_E, nous indiquerons les chiffres suivants, qui se rapportent à un support formé par une cornière. Les dimensions de la section sont $70 \times 70 \times 9$ mm, $E = 2.110.000$ kg. par cm², f_0 est supposé $= 1$ mm. On trouve, pour $l = 2$ m. :

$$P' = 23,6 \text{ t.}, \qquad P_E = 11,8 \text{ t.}, \qquad P_K = 10,4 \text{ t.},$$

et pour $l = 3$ m. :

$$P' = 23,6 \text{ t.}, \qquad P_E = 5,2 \text{ t.}, \qquad P_K = 5,0 \text{ t.}$$

La différence entre P_K et P_E est donc sensible, surtout dans le premier cas ; elle croit rapidement lorsque f_0 augmente. Pour une valeur donnée de f_0 la différence entre P_K et P_E est d'autant plus petite que le prisme est plus long ; il convient d'autre part de remarquer que plus le prisme est long, plus il est difficile de le dresser parfaitement, de sorte que les pièces très allongées auront en général des valeurs de f_0 plus grandes que les courtes.

Si l'on suppose que η est très petit (c'est-à-dire que f_0 est petit comparativement au rayon de gyration minimum de la section transversale), on peut négliger dans la formule (265) le terme en η^2, et remplacer par conséquent le radical par l'expression approchée :

$$\frac{1}{4}\Big[P'^2 + 2\,(\eta + 1)\,P'P_E + (2\eta + 1)\,P_E{}^2 - 4\,P'P_E \Big]$$

$$= \frac{1}{4}\Big[(P' - P_E)^2 + 2\eta P_E\,(P' + P_E) \Big].$$

Si de plus P' est de beaucoup plus grand que P_E, ce qui a lieu lorsque le prisme considéré est très long, on peut écrire avec une approximation suffisante :

$$\sqrt{(P' - P_E)^2 + 2\eta P_E\,(P' + P_E)} = P' - P_E + \eta\,\frac{P_E\,(P' + P_E)}{P' - P_E},$$

et l'équation (265) devient :

$$P_K = P_E - \eta\,\frac{P_E{}^2}{P' - P_E}\,. \qquad (266)$$

Cette formule est d'un usage commode pour estimer la différence entre la charge critique réelle P_K et la valeur donnée par la formule d'Euler P_E, à condition naturellement que l'hypothèse P' beaucoup plus grand que P_E, sur laquelle elle repose, se trouve remplie.

Comme nous l'avons déjà fait remarquer, l'équation (265) s'applique aussi au cas où il n'y a pas de flambement, mais simplement compression proprement dite. Une difficulté se présente toutefois dans les applications : on ne connaît pas en général quelle est la valeur à donner à f_o ou à η ; en outre, la formule (265) ne tient pas compte des différences inévitables entre l'axe du prisme et la ligne d'action des forces. Il est donc préférable d'employer à sa place une formule empirique établie par M. de Tetmajer d'après les résultats de nombreux essais faits avec différents matériaux. Pour :

$$P > P_E,$$

M. de Tetmajer propose l'emploi de la formule suivante :

$$P_K = aF - b\,\frac{l F}{t}, \qquad (267)$$

dans laquelle a et b représentent des valeurs tirées des résultats d'expériences, l la longueur du prisme, t le plus petit des rayons de gyration principaux de la section. Nous donnons ci-après les valeurs de a et de b pour une série de matériaux :

Fer. . . . . $a = 3.030$ kg. par cm² $b = 12,9$ kg. par cm²
Acier doux. $a = 3.100$ » $b = 11,4$ »
Acier. . . . $a = 3.210$ » $b = 11,6$ »
Sapin (sec). $a = 293$ » $b = 1,94$ ».

Pour la fonte de fer, l'équation (267) n'est pas valable; pour des prismes de longueur telle que $\dfrac{l}{t}$ soit situé entre 5 et 80, M. de Tetmajer pose, en vertu de ses essais :

$$\frac{P_{\mathrm{K}}}{F} = \left[0,53 \left(\frac{l}{t} \right)^2 - 120 \frac{l}{t} + 7.760 \right] \text{kg.} \quad (268)$$

Dans le cas de prismes plus élancés, pour lesquels $\dfrac{l}{t} > 80$, il propose le simple emploi de la formule d'Euler.

Ces formules supposent le prisme fixé aux extrémités, mais non encastré.

98. Prisme encastré aux deux extrémités. — Si l'une des extrémités du prisme est encastrée et l'autre maintenue simplement fixe, le prisme se comporte exactement comme une pièce de longueur double dont les deux extrémités seraient fixes et non encastrées. Il n'est donc pas nécessaire de traiter spécialement ce cas; on peut utiliser directement les formules que nous venons d'établir; il suffit d'y remplacer l par $2l$.

Supposons maintenant le prisme encastré aux deux extrémités. Nous avons déjà eu l'occasion de faire remarquer qu'il était en général difficile de réaliser pratiquement cette condition d'une manière parfaite et qu'il convenait, par conséquent, de n'appliquer qu'avec prudence les résultats obtenus dans l'hypothèse d'un encastrement parfait. Il est bon de s'assurer, dans chaque cas particulier, du degré d'efficacité des encastrements. — Si, par exemple, le prisme repose simplement par les sections d'about contre les plaques d'une machine d'essais, on voit facilement qu'il suffit d'une petite inégalité de ces surfaces ou d'une légère inexactitude dans le parallélisme des plaques pour rendre possible une déviation de l'axe longitudinal. Du reste, dans un essai de ce genre, il serait facile de se rendre compte de l'efficacité des encastrements en fixant aux extrémités de l'éprouvette de petits miroirs, et en observant sur ceux-ci, à l'aide de lunettes, l'image d'une échelle fixe. Si les encastrements sont bons, les miroirs ne doivent pas tourner et, par conséquent, le chiffre lu sur l'échelle ne doit pas varier.

Supposons les encastrements absolument efficaces, et admettons que, par une action extérieure, le prisme se trouve déformé de telle sorte que l'axe longitudinal ait la forme indiquée sur la figure 65. Nous allons déterminer quelle doit être

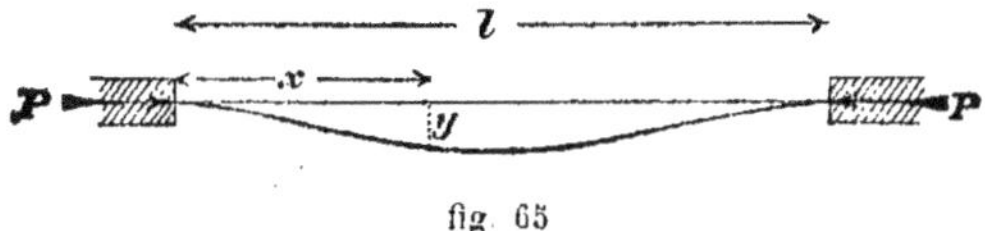

fig. 65

l'intensité des forces P pour que celles-ci soient en état de maintenir le prisme dans l'état indiqué, lorsque l'action extérieure qui produit ce dernier cesse.

Pour simplifier, nous admettrons que l'axe du prisme était à l'origine rigoureusement rectiligne et qu'il coïncidait avec la ligne d'action des forces P.

Soit M_o le moment du couple qui se développe dans les sections d'encastrement; nous avons, pour le moment de flexion dans une section transversale d'abscisse x, l'expression :

$$M = M_o + Py ;$$

l'équation différentielle de la ligne élastique sera donc :

$$EI \frac{d^2y}{dx^2} = - (M_o + Py).$$

L'intégrale générale est de la forme :

$$y = A \sin \alpha x + B \cos \alpha x - \frac{M_0}{P},$$

où, comme précédemment :

$$\alpha = \sqrt{\frac{P}{EI}}.$$

Pour déterminer les constantes d'intégration **A** et **B**, nous avons les relations :

$$y = o \text{ pour } x = o$$

et, par suite de l'encastrement,

$$\frac{dx}{dy} = o \text{ pour } x = o \text{ et } x = l;$$

nous tirons de la première :

$$B = \frac{M_0}{P}.$$

Nous avons :

$$\frac{dx}{dy} = A\alpha\cos\alpha x - B\alpha \sin \alpha x,$$

pour $x = o$, il vient :

$$A = o,$$

et, pour $x = l$,

$$B \alpha \sin \alpha l = o.$$

Or, ni B ni α ne sont nuls, il faut donc que $\sin \alpha l = o$.

L'angle αl n'est certainement pas nul ; pour que l'état d'équilibre admis puisse subsister, il faut donc que la force P atteigne une valeur telle que αl soit égal à π ou à un multiple. Si l'on prend $\alpha l = \pi$, la condition : $y = o$ pour $x = l$, dont nous n'avons pas tenu compte jusqu'ici, n'est pas remplie. Cette solution $\alpha l = \pi$ correspondrait donc au cas où l'extrémité droite du prisme pourrait se déplacer dans le sens des y, sans toutefois pouvoir effectuer de rotation. Afin de satisfaire à la condition $y = o$ pour $x = l$, nous devons avoir encore :

$$B \cos \alpha l - \frac{M_0}{P} = 0$$

c'est-à-dire $\cos \alpha l = +1$ et non -1, comme ce serait le cas pour $\alpha l = \pi$. Il faut donc choisir, pour qu'il y ait équilibre, l'intensité des forces P de telle sorte que $\alpha l = 2\pi$. Si l'on remplace α par sa valeur dans cette relation, on en tire :

$$P = 4\pi^2 \frac{EI}{l^2}. \qquad (269)$$

Si P est plus petit que la valeur ci-dessus, le prisme revient dans son état initial ; si, au contraire, P est plus grand, la déformation va s'accentuant de plus en plus jusqu'à la rupture. On voit que la charge critique est, toutes choses égales d'ailleurs, 4 fois plus grande que pour un prisme dont les extrémités sont simplement fixes. De même que dans le cas précédent, la rupture se produit déjà sous l'influence d'une charge moindre et cela pour les mêmes raisons. On pourrait naturellement refaire à ce sujet les mêmes calculs que plus haut ; nous y renonçons cependant pour ne pas allonger inutilement.

99. Prisme encastré à une extrémité et muni à l'autre d'une glissière ne permettant un déplacement que dans le sens de l'axe longitudinal. — La marche à suivre est la même qu'à l'article précédent. L'action de la glissière peut être représentée par une force V agissant parallèlement à l'axe des y.

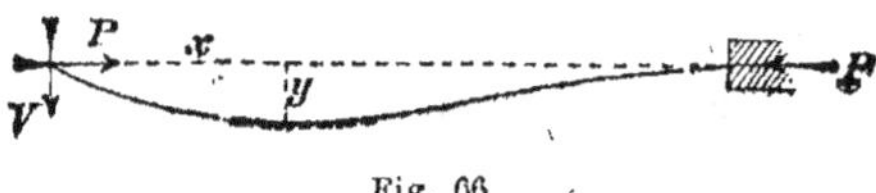

Fig. 66.

Le moment fléchissant dans la section transversale d'abscisse x est par suite :

$$M = Py - Vx,$$

donc :

$$EI \frac{d^2y}{dx^2} = -Py + Vx.$$

En intégrant il vient :

$$y = A \sin \alpha x + B \cos \alpha x + \frac{V}{P} x ;$$

expression dans laquelle α conserve la même signification que précédemment.

Nous avons :

$$y = o \text{ pour } x = o \text{ et } y = o \text{ pour } x = l,$$

d'où nous concluons :

$$B = o ; \quad A = -\frac{Vl}{P \sin \alpha l} ;$$

les constantes d'intégration sont ainsi déterminées. Il reste encore à satisfaire à la condition $\frac{dy}{dx} = o$ pour $x = l$.

B étant nul, nous obtenons en différenciant y :

$$\frac{dy}{dx} = A\alpha\cos\alpha x + \frac{V}{P} ;$$

pour $x = l$, nous devons donc avoir :

$$A\alpha \cos \alpha l + \frac{V}{P} = -\frac{V\alpha l\cos\alpha l}{P\sin\alpha l} + \frac{V}{P} = o.$$

En résolvant par rapport à V, il vient $V = o$ et par suite $y = o$. C'est là naturellement une solution possible, savoir celle dans laquelle le prisme reste rectiligne malgré l'influence de la charge. L'équation précédente est encore satisfaite pour une valeur quelconque de V, si

$$\frac{\alpha l \cos \alpha l}{\sin\alpha l} = 1,$$

c'est-à-dire si :

$$\alpha l = tg\,\alpha l.$$

Cette équation transcendante possède un nombre infini de solutions. Il nous suffit de connaître la plus petite d'entre elles, après $\alpha l = o$, puisque nous cherchons simplement la valeur que P doit atteindre pour maintenir le prisme dans un état de

déformation donné. Cette solution est très approximativement :

$$al = 4,49,$$

donc $a'^2 l^2 = 20$ environ ; par suite, tenant compte de la valeur
de a, nous trouvons :

$$P = 20 \frac{EI}{l^2} . \qquad (270)$$

Cette valeur de P est sensiblement égale au double de celle
trouvée pour un prisme à extrémités fixes non encastrées et
à la moitié de celle correspondant à un prisme encastré aux
deux extrémités. On pourrait aussi dire que le prisme considéré peut supporter la même charge qu'un prisme de même section, à extrémités fixes mais non encastrées, dont la longueur
serait $\frac{l}{\sqrt{2}}$.

On fait assez souvent usage de cette comparaison entre la
longueur d'un prisme chargé debout dans un cas quelconque
avec celle qu'il pourrait au maximum avoir si, supportant la
même charge, il avait ses extrémités fixes et non encastrées.

**100. — Prisme chargé debout et travaillant simulta-
nément à la flexion.** — Supposons la flexion produite par
une force Q agissant au milieu du prisme, le moment de flexion

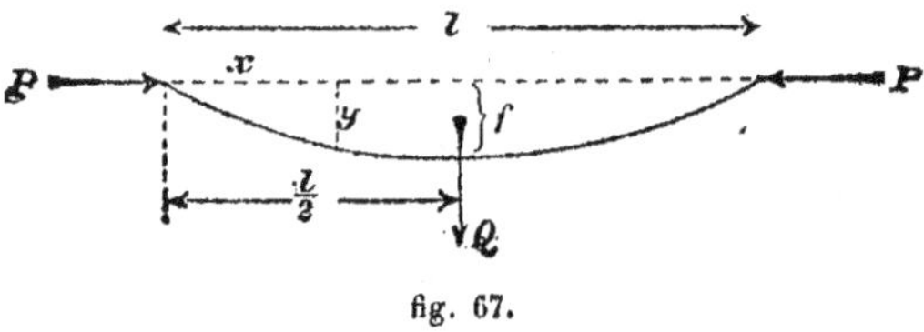

fig. 67.

dans la section d'abscisse x est :

$$M = \frac{Q}{2} x + Py,$$

par suite :

$$EI\,\frac{d^2y}{dx^2} = -\left(\frac{Q}{2}\,x + Py\right).$$

Donc :

$$y = A \sin \alpha x + B \cos \alpha x - \frac{Q}{2P}\,x.$$

La ligne élastique se décompose en deux branches qui se raccordent au milieu. En raison de la symétrie, il suffit de déterminer A et B pour l'une des branches, par ex. celle de gauche. Pour $x = o$, $y = o$ et pour $x = \frac{l}{2}$, $\frac{dy}{dx} = o$. La première de ces conditions donne :

$$B = o,$$

et de la seconde résulte :

$$A = \frac{Q}{2P\alpha \cos \frac{\alpha l}{2}}$$

En introduisant ces valeurs dans l'expression d'y et en faisant $x = \frac{l}{2}$, nous obtenons la flèche :

$$f = \frac{Q}{2P\alpha}\left(tg\,\frac{\alpha l}{2} - \frac{\alpha l}{2}\right). \qquad (271)$$

Cette formule donne une valeur infinie pour f, si

$$\frac{\alpha l}{2} = \pi.$$

En tenant compte de la valeur de α, nous trouvons pour la valeur correspondante de P :

$$P = \pi^2\,\frac{EI}{l^2}$$

Ainsi, d'après ce résultat, la flexion n'influencerait pas la valeur de la charge qui produit le flambement. Cette conclusion n'est toutefois pas tout à fait exacte ; en effet, la formule est établie dans l'hypothèse que toutes les déformations sont parfaitement élastiques ; or, il se peut fort bien que les actions moléculaires développées par suite de la flexion dépassent la limite d'élasticité de la matière, bien avant que les forces P aient atteint la limite critique, et naturellement, sitôt que la limite d'élasticité est atteinte, la formule n'est plus applicable, puisque la loi de proportionnalité entre les déformations et les actions moléculaires, sur laquelle elle repose implicitement, n'est plus remplie. De même qu'à l'article 97 nous avons trouvé la charge critique réelle $P_K < P_E$, de même ici, cette charge critique doit être plus petite que la valeur fournie par la formule d'Euler, et cela d'autant plus que la force Q est plus grande.

En utilisant les mêmes notations qu'à l'article 97, la valeur du travail élastique dans une fibre de la section transversale médiane du prisme est donnée par la formule :

$$R = \frac{P}{F} \pm \left(\frac{Ql}{4} + Pf \right) \frac{a}{I} \, ,$$

f étant défini par (271). Si, après avoir encore remplacé α par sa valeur, et pris $R = R'$, on résout cette équation par rapport à P, on obtient P_K.

Il se présente toutefois une difficulté : l'équation est transcendante. Le plus simple, dans le cas particulier, est de remplacer d'abord la formule (271) par une formule approchée, en introduisant au lieu de la tangente trigonométrique son développement en série. On a :

$$tg\,x = x + \frac{x^3}{3} + \frac{2x^5}{15} + \frac{17x^7}{315} + \frac{62x^9}{2835} + \cdots,$$

cette série est convergente pour $x \leqq \frac{\pi}{2}$. Dans les calculs pratiques de résistance, on considère en général des charges plus petites que la charge de rupture, car l'on prend toujours un coefficient de sûreté assez grand. Par conséquent, $\frac{al}{2}$ est toujours plus petit que $\frac{\pi}{2}$ et même le plus souvent plus petit que l'unité. Dans ces conditions, la série converge assez rapidement, de sorte qu'il suffit de prendre les trois premiers termes du développement. L'équation (271) devient alors :

$$f = \frac{Q\alpha^2 l^3}{48P}\left(1 + \frac{\alpha^2 l^2}{10}\right)$$

ou, si l'on met pour α sa valeur :

$$f = \frac{Q l^3}{48 EI}\left(1 + \frac{P l^2}{10\,EI}\right). \tag{272}$$

Le premier terme de l'expression ci-dessus, représente la flèche du prisme lorsque $P = o$, il est en effet identique à l'expression trouvée précédemment (formule 83). Désignons cette flèche par f_0; si nous remarquons de plus que 10 est très sensiblement égal à π^2, nous pouvons écrire le second membre de la parenthèse sous la forme $\frac{P}{P_E}$, de sorte que nous avons finalement :

$$f = f_0\,\frac{P_E + P}{P_E}. \tag{273}$$

Si nous faisons $R = R'$ et si nous multiplions par F les deux membres de l'expression établie pour R, celle-ci devient ($P' = RF$) :

$$P' = P + \left(\frac{Q l}{4} + P\,\frac{P_E + P}{P_E}\,f_0\right)\frac{aF}{I}.$$

Nous pouvons maintenant la résoudre sans difficulté et obtenir ainsi la charge critique réelle P_K. Le calcul est exactement le même qu'à l'article 97, nous nous abstiendrons donc de le poursuivre.

101. Formule empirique de Navier, Schwarz et Rankine. — La théorie des prismes chargés debout a passé par des phases assez curieuses. Quoique l'une des plus anciennes de la résistance des matériaux, la formule d'Euler a été reconnue exacte seulement depuis un petit nombre d'années ; on continue même à témoigner dans certains milieux une profonde méfiance à l'égard des résultats qu'elle fournit.

23

Ce rejet d'une formule, basée sur une théorie mathématique à laquelle on ne pouvait trouver d'erreur et établie d'après les mêmes hypothèses que celles admises pour d'autres calculs de résistance, paraît à première vue étrange. La raison en est cependant bien simple : cette formule ne pouvait s'accorder avec l'habitude ancienne de mesurer exclusivement le degré de sécurité d'une construction en indiquant les charges pratiques maxima auxquelles les différentes pièces étaient soumises. Il est évident en effet que dire : le travail du fer à la compression ne doit pas dépasser 700 à 1.000 kg. par cm², ne signifie rien s'il s'agit d'un prisme chargé debout, car si le prisme est très long, ce travail peut déjà correspondre à une charge égale ou même supérieure à celle qui produit le flambement. Il était donc, en particulier, très difficile d'employer la formule d'Euler tout en observant à la lettre tel ou tel règlement officiel prescrivant la charge pratique à admettre par unité de surface. C'est en grande partie pour cette dernière raison que l'on préférait l'emploi des formules empiriques avec lesquelles cette difficulté n'existait pas, et c'est aussi pourquoi l'usage de ces formules s'est si longtemps maintenu.

Il n'en est pas moins étonnant qu'au lieu d'entreprendre des essais pour vérifier l'exactitude de la formule d'Euler, on ait longtemps préféré faire usage de formules empiriques, reposant sur une base beaucoup moins solide. Un fait qui montre bien le peu d'importance accordée à la formule d'Euler est le suivant : l'auteur se souvient d'avoir, lorsqu'il faisait ses études, suivi un cours de résistance des matériaux donné par un homme éminent, dans lequel cette formule était entièrement passée sous silence.

Les travaux de Bauschinger, publiés en 1878, et, plus récemment, ceux entrepris à la station fédérale d'essais pour la résistance des matériaux à Zurich, par son directeur, M. de Tetmajer, ont montré que les résultats obtenus par la formule d'Euler concordent bien mieux avec ceux de la pratique que les valeurs fournies par la formule empirique en usage. Tous les travaux récents parus sur la question arrivent également à la même conclusion. L'accord paraît donc s'être fait sur ce point, que la formule d'Euler est le résultat de la théorie exacte de la compression des prismes chargés debout.

Etant donné l'importance qu'a eue la formule empirique, nous croyons bon d'en dire deux mots. Elle a été établie de différentes façons et à diverses époques, et porte par suite les noms de formule de *Schwarz*, de *Rankine* ou de *Navier*.

Pour l'établir, on part de l'hypothèse, parfaitement justifiée d'ailleurs, que, par suite des irrégularités de l'axe longitudinal et du défaut de centrage des forces P, tout se passe comme si celles-ci agissaient à l'extrémité d'un bras de levier p. Ce dernier est naturellement inconnu, on pose arbitrairement :

$$p = \varkappa \frac{l}{a} . \qquad (275)$$

Dans cette expression $\varkappa$ désigne une constante qui doit être déterminée par l'expérience. Pour justifier la formule ci-dessus, on peut dire que les erreurs que doit représenter p sont généralement d'autant plus grandes que l est plus grand comparativement à la distance a de la fibre la plus extérieure à l'axe neutre, mais il est évident que l'on pourrait tenir compte de ce fait d'une tout autre façon, et que, par suite, l'équation (275) est fortement entachée d'arbitraire.

Une fois la relation (275) admise, le problème se trouve ramené à celui de la flexion d'un prisme sous l'action de forces parallèles à l'axe. L'intensité du travail élastique dans la fibre extérieure est donnée par la relation :

$$R = \frac{P}{F} + \frac{Pp}{I} a = \frac{P}{F} \left(1 + \varkappa \frac{l^2}{i^2} \right), \qquad (276)$$

où i désigne le plus petit rayon de gyration de la section transversale. Si l'on entend par R la charge pratique de la matière, on trouve pour la charge totale que peut supporter le prisme :

$$P = \frac{FR}{1 + \varkappa \frac{l^2}{i^2}}, \qquad (277)$$

Telle est la formule qu'il s'agissait d'établir. Si le fait de
donner la chargé totale que peut supporter le prisme en fonction de la charge pratique de la matière doit réellement être
considéré comme un avantage, il est certain que cette formule
le possède. Il nous paraît toutefois que la question de savoir
comment ses résultats concordent avec ceux de la pratique est
infiniment plus importante ; or, nous avons déjà dit plus haut
que cette comparaison ne tourne pas à l'avantage de l'équation
(277). Il est naturellement toujours possible de faire concorder les résultats de cette formule avec ceux d'un certain
nombre d'essais, il suffit de choisir convenablement x. A ce
point de vue, toutes les formules qui contiennent des constantes
déterminées à l'aide d'expériences ont un avantage sur celles
qui sont établies d'une manière rationnelle comme la formule
d'Euler, car si ces dernières reposent sur de fausses hypothèses,
une seule expérience suffit pour en démontrer l'inexactitude.
Il est certain également, qu'on pourra employer sans inconvénient la formule (277) dans tout un groupe de cas plus ou
moins semblables, si l'on a soin de prendre pour x une valeur
résultant d'essais exécutés dans des conditions analogues.
L'équation (277) ne pourrait avoir d'importance au point de
vue scientifique que si la constante x ne dépendait que de la
matière et ne variait pas avec la longueur du prisme. Or, il
n'en est pas ainsi ; les essais de M. de Tetmajer démontrent
absolument le contraire. Dans chaque cas particulier, il faut
donc introduire une valeur nouvelle pour x, et la plus ou moins
grande exactitude du résultat dépend essentiellement du
choix plus ou moins juste de la valeur de x.

**102. Flambement d'un prisme très long travaillant
à la torsion.** — Le cas des prismes chargés debout est certainement le cas d'équilibre instable le plus important que l'on
rencontre dans la pratique. Il en existe cependant d'autres
encore : nous en avons déjà traité un à l'article 88, nous allons
en voir encore un. Il s'agit de l'état d'équilibre instable dans

lequel se trouve un prisme de section circulaire, très long comparativement à ses dimensions transversales, et travaillant à la torsion. Ce problème a été traité pour la première fois par Greenhill. Le prisme en question se trouve dans un état analogue à un prisme chargé debout. Sitôt que, par une cause accidentelle, l'axe longitudinal vient à perdre sa forme initiale rigoureusement rectiligne, les déformations augmentent de plus en plus, jusqu'à ce qu'enfin la rupture se produise. Nous pouvons donc parler d'un flambement du prisme.

Chacun connaît du reste le phénomène pour l'avoir essayé non sur un fil métallique, mais avec un cordon ou une ficelle; lorsqu'on tord une ficelle incomplètement tendue (ce qui équivaut à la déformation accidentelle du prisme), celle-ci, lorsque la torsion a atteint un certain degré, tend à se déjeter et s'enroule sur elle-même si on en lâche les extrémités. On observe aussi assez souvent dans les essais de torsion pratiqués sur des fils métalliques des effets analogues.

Nous emploierons pour l'étude du cas présent la même méthode que celle que nous avons utilisée dans les articles qui précèdent. Nous déterminerons la valeur du moment de torsion M qui est nécessaire pour maintenir une déformation produite par une cause extérieure. Sous l'influence d'un moment de torsion inférieur à M, le prisme reprendrait sa forme primitive; sous l'action d'un moment plus grand que M, au contraire, les déformations vont en croissant. La valeur M représente donc le moment de torsion critique du prisme considéré.

Supposons que, par suite de la déformation accidentelle qu'il a subie, l'axe du prisme se soit transformé en une hélice à grand pas, telle que celle qui est représentée sur la figure 68 (sur cette dernière, on a indiqué en outre le cylindre de l'hélice ; il ne faut pas confondre ce cylindre avec le prisme lui-même, qui n'est pas représenté sur la figure). Admettons de plus qu'à l'état initial l'axe longitudinal du prisme coïncide avec la génératrice X du cylindre; il faut en effet que cet axe coïncide avec une des génératrices puisque les extrémités du prisme sont fixes.

Menons une section transversale quelconque *mm* ; le mo-

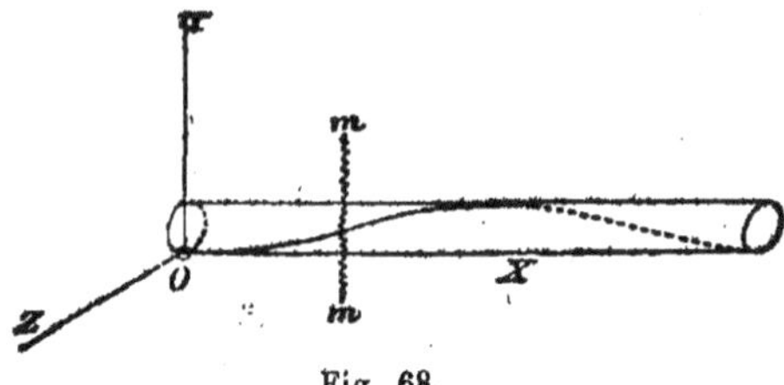

Fig. 68.

ment de torsion supposé M peut être représenté par un vecteur parallèle à l'axe des X (on sait en effet que, dans la théorie des vecteurs, un couple est représenté par un vecteur perpendiculaire au plan du couple et de longueur égale au moment de celui-ci). Décomposons ce moment en deux composantes, dirigées l'une suivant la tangente à l'hélice et l'autre perpendiculairement à celle-ci dans le plan de la section. La première composante produit la torsion du prisme, tandis que l'autre, si M est assez grand, contribue à maintenir la flexion de l'axe longitudinal.

Menons encore, perpendiculairement à l'axe x, deux axes de coordonnées rectangulaires y et z. Soit α, β, γ, les angles de la tangente à l'hélice avec les axes de coordonnées. Nous pouvons poser avec une approximation suffisante :

$$\cos \alpha = 1 ;$$

par contre :

$$\cos \beta = \frac{dy}{ds}, \quad \cos \gamma = \frac{dz}{ds},$$

y et z désignant les coordonnées du point considéré de l'hélice, et ds un arc élémentaire de celle-ci. Décomposons maintenant le vecteur M en 3 composantes : l'une dirigée suivant la tangente et les deux autres suivant les axes des y et des z, nous aurons pour ces dernières :

$$M_y = M \cos \beta = M \frac{dy}{ds},$$

$$M_z = M \cos \gamma = M \frac{dz}{ds}.$$

Le vecteur M_y, qui est parallèle à l'axe des y, tend à produire une flexion dans le plan xz; inversement M_z tend à fléchir l'axe dans le plan xy. L'action simultanée de ces deux couples produit la double courbure de la ligne élastique. En vertu du principe de superposition, nous pouvons considérer séparément les actions de M_y et M_z et ajouter ensuite géométriquement les résultats ; nous avons, par conséquent, les deux équations :

$$EI \frac{d^2y}{dx^2} = - M_z = - M \frac{dz}{ds},$$

$$EI \frac{d^2z}{dx^2} = - M_y = - M \frac{dy}{ds}.$$

Il est nécessaire de vérifier les signes dans ces deux équations. Supposons, pour fixer les idées, que y, z, $\dfrac{dy}{ds}$, $\dfrac{dz}{ds}$, de

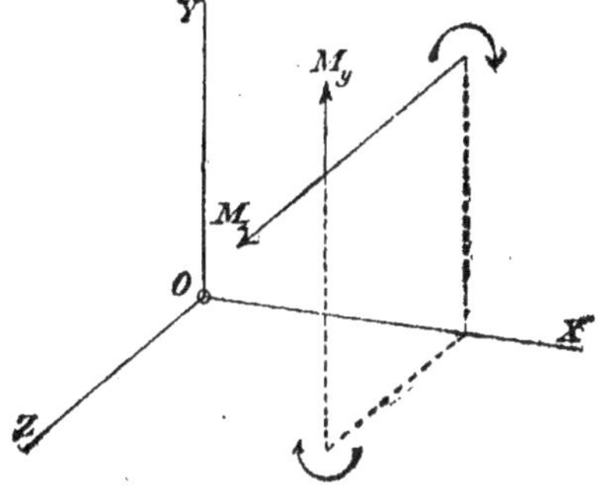

Fig. 69.

même que M_y et M_z soient positifs. Admettons que le signe positif du couple corresponde à un sens de rotation analogue à celui des aiguilles d'une montre, on voit que M_y tend à faire tourner l'axe des x vers l'axe des z, tandis que M_z tend à produire un mouvement de l'axe des y vers l'axe des x. Par rapport à l'axe des x, les deux rotations sont donc de signes différents.

Il faut, par suite, introduire M_y et M_z avec des signes différents dans les équations précédentes. La question de savoir lequel des deux est positif et lequel négatif dépend des hypothèses faites au sujet des signes ; ce point n'a du reste pas d'importance pour les résultats que nous voulons établir.

Posons enfin $ds = dx$; les équations précédentes prennent alors la forme :

$$EI\frac{d^2z}{dx^2} = \pm M\frac{dy}{dx} \Bigg\rbrace$$
$$EI\frac{d^2y}{dx^2} = \mp M\frac{dz}{dx} \Bigg\rbrace \tag{278}$$

la première fournit, après intégration :

$$\frac{dz}{dx} = \pm \frac{M}{EI} y \pm C,$$

en substituant dans la seconde, nous pouvons écrire :

$$EI\frac{d^2y}{dx} = -\frac{M^2}{EI}y - CM. \tag{279}$$

L'intégrale générale de cette équation, qui est de la même forme que celle qui conduit à la formule d'Euler, est :

$$y = A\sin\beta x + B\cos\beta x - C\frac{EI}{M}, \tag{280}$$

dans laquelle

$$\beta = \pm \frac{M}{EI}. \tag{281}$$

On trouverait une expression de même forme pour z, comme on le voit immédiatement si l'on élimine y au lieu de z dans les équations (278).

Pour $x = o$ et $x = l$, $y = o$, il faut par suite que les constantes d'intégration A et B aient les valeurs ci-dessous :

$$B = C\frac{EI}{M} = \frac{C}{\beta}, \qquad A = \frac{C(1 - \cos \beta l)}{\beta \sin \beta l},$$

donc, finalement :

$$y = \frac{C}{\beta}\left[\frac{\sin \beta x}{\sin \beta l}(1 - \cos \beta l) + \cos \beta x - 1\right]. \qquad (282)$$

La constante C est encore inconnue. Différencions y deux fois et substituons la valeur trouvée dans la seconde des équations (278) ; cette dernière devient :

$$\frac{d^2 y}{dx^2} = -C\beta\left[\frac{\sin \beta x}{\sin \beta l}(1 - \cos\beta l) + \cos \beta x\right] = -\beta \frac{dz}{dx}$$

d'où, en intégrant,

$$z = \frac{C}{\beta}\left[\frac{\cos\beta x}{\sin\beta l}(\cos \beta l - 1) + \sin \beta x\right] + K. \qquad (283)$$

Nous devons aussi avoir

$$z = o \text{ pour } x = o \text{ et } x = l;$$

la première de ces conditions permet de déterminer K,

$$K = \frac{C(1 - \cos \beta l)}{\beta \sin \beta l};$$

de sorte que z devient :

$$z = \frac{C}{\beta}\left[\frac{(1 - \cos \beta x)\,(1 - \cos \beta l)}{\sin \beta l} + \sin \beta x\right]. \qquad (284)$$

La seconde condition montre que l'état d'équilibre admis est maintenu quel que soit C, pourvu que la relation

$$(1 - \cos \beta l)^2 + \sin^2 \beta l = o$$

soit satisfaite. Pour qu'une somme de carrés soit nulle, il faut que chaque terme le soit séparément, nous devons donc avoir :

$$\cos \beta l = +1, \qquad \sin \beta l = o.$$

Cette condition est remplie lorsque β est tel que $\beta l = 2\pi$. Si l'on tient compte de la valeur de β, on peut écrire la relation :

$$\frac{Ml}{EI} = 2\pi \, ,$$

d'où :

$$M = 2\pi \frac{EI}{l} \cdot \qquad\qquad (285)$$

Telle est la valeur que le moment de torsion ne peut dépasser sans qu'un flambement du prisme se produise.

Il est possible de donner ce résultat sous une autre forme. Nous avons trouvé, (formule 233) pour l'angle de torsion produit par le moment M, l'expression :

$$\Delta\varphi = \frac{2Ml}{\pi a^{4}G} = \frac{Ml}{2IG} \, ,$$

en introduisant dans cette formule la valeur M de l'équation (285), nous obtenons :

$$\Delta\varphi = \pi \frac{E}{G} = \pi \frac{2(m+1)}{m} \qquad\qquad (286)$$

Ce n'est donc que lorsque l'angle de torsion est plus grand que 2π que le danger de flambement est à craindre. Pour un prisme en acier, il faudrait par conséquent que la longueur fût environ égale à 3.000 diamètres pour que la rupture par flambement se produisît avant celle provenant de la torsion. Il faut remarquer toutefois que diverses circonstances accessoires, dont nous n'avons pas tenu compte (courbure initiale de l'axe longitudinal, etc.), peuvent avoir pour conséquence une diminution considérable de la longueur à partir de laquelle il y a danger de flambement. Donc, à ce point de vue encore, le cas que nous venons de traiter est absolument semblable à celui des prismes chargés debout. Etant donné la moindre importance pratique de ce problème, nous n'entrerons pas dans plus de détails.

EXERCICES SUR LE CHAPITRE X

Exercice 45. — A partir de quel rapport entre la longueur l du prisme et le côté a de la section, y a-t-il danger de flambement pour un prisme de section carrée, si l'on se base sur la formule d'Euler ?

Solution. Il suffit de poser

$$\frac{\pi^2 EI}{l^2} = FR',$$

R' désignant la limite d'élasticité de la matière pour la compression. On a $F = a^2$, $I = \frac{a^4}{12}$, il vient donc :

$$l = a\pi\sqrt{\frac{E}{12R'}}.$$

Si l'on prend par exemple E = 2.100.000, R' = 2000 kg. par cm², valeurs correspondant à l'acier doux, on trouve :

$$\frac{l}{a} = 29,4.$$

On suppose que les extrémités du prisme sont fixes et non encastrées. Le calcul à la compression proprement dite, même lorsque le rapport $\frac{l}{a}$ est inférieur à la limite trouvée, est toujours peu sûr, il est donc de beaucoup préférable d'employer dans ce cas la formule de Tetmajer. — On opérerait d'une façon analogue pour d'autres formes de section.

Exercice 46. — Déterminer : 1° à l'aide de la formule d'Euler, 2° avec celle de Schwarz, la charge que peut supporter sans danger une colonne circulaire en fonte de 6 m. de hauteur et de 20 cm. de diamètre. Les parois ont 2 cm. d'épaisseur E = 1.000.000 kg. par cm², R = 700 kg. par cm², $\varkappa$ = 0,0002.

Solution. Nous avons :

$$F = \pi (10^2 - 8^2) = 113 \text{ cm}^2;$$

$$I = \frac{\pi}{4} (10^4 - 8^4) = 4630 \text{ cm}^4, \quad t^2 = \frac{4630}{113} = 41 \text{ cm}^2.$$

Pour l'application de la formule d'Euler, nous supposerons que l'extrémité supérieure de la colonne est maintenue fixe par la construction qu'elle porte. Il y aurait naturellement lieu, dans un cas concret, de s'assurer que cette hypothèse est bien réalisée ; si elle ne l'était pas, nous devrions introduire le double de la longueur du prisme dans la formule. Il est en tous cas préférable, pour plus de sécurité, de ne pas tenir compte d'un encastrement possible des extrémités. D'après la formule d'Euler, la charge critique est

$$P_E = \pi^2 \frac{EI}{l^2} = 10 \frac{10^6 \times 4630}{600^2} = 128.600 \text{ kg.}$$

Si nous prenons un coefficient de sécurité égal à 6, nous obtenons la charge pratique :

$$P = \frac{P_E}{6} = 21.400 \text{ kg.}$$

Avec la formule de Schwarz on trouve :

$$P = \frac{FR}{1 + \varkappa \frac{l^2}{t^2}} = \frac{113 \times 700}{1 + 2 \times 10^{-4} \times \frac{600^2}{41}} = 28.600 \text{ kg.}$$

Nous donnerions la préférence au premier résultat, mais le second pourrait aussi être employé à la rigueur.

Exercice 47. — Un prisme chargé debout est encastré à l'extrémité inférieure. L'extrémité supérieure est libre, elle éprouve toutefois dans ses déplacements latéraux une gêne croissant proportionnellement à ses déviations. On peut supposer, par exemple, cette extrémité reliée à des barres qui s'allongent selon la loi de l'élasticité lorsque l'extrémité du prisme se déplace. Déterminer la charge qui produit le flambement.

Solution. Soit y_0 le déplacement de l'extrémité libre ; la gêne apportée aux mouvements latéraux de ce point peut être représentée par une force horizontale H, définie par la relation

$$H = c y_0.$$

c étant une constante qu'il faut considérer comme donnée. Pour une section transversale d'abscisse x (les abscisses sont comptées à partir de l'extrémité libre), nous avons :

$$M = Hx + P (y - y_0) \,;$$

l'équation de la ligne élastique est donc :

$$EI \frac{d^2 y}{dx^2} = - c y_0 x - P y + P y_0.$$

L'intégrale générale est par suite :

$$y = A \sin \alpha x + B \cos \alpha x - \frac{c}{P} y_0 x + y_0,$$

où

$$\alpha = \sqrt{\frac{P}{EI}} \cdot$$

Pour $x = o$, $y = y_0$, donc $B = o$.

De plus $y = o$ et $\frac{dy}{dx} = o$ pour $y = l$, nous avons par suite les relations :

$$A \sin \alpha l - \frac{c y_0 l}{P} + y_0 = o$$

$$A \alpha \cos \alpha l - \frac{c y_0}{P} = o.$$

En résolvant ces deux équations par rapport à A, nous trouvons :

$$A = y_0 \frac{c l - P}{P \sin \alpha l}, \qquad A = y_0 \frac{c}{P \alpha \cos \alpha l} \,;$$

pour que ces deux solutions soient identiques, nous devons avoir :

$$\frac{c l - P}{\sin \alpha l} = \frac{c}{\alpha \cos \alpha l}$$

$$\operatorname{tg} \alpha l = \alpha\, l - \frac{\alpha P}{c},$$

ou, si l'on exprime P en fonction de α :

$$\operatorname{tg} \alpha l = \alpha l - \frac{EI}{cl^3}\,(\alpha l)^3.$$

La plus petite racine de cette équation transcendante donne αl et par suite la charge critique cherchée.

Si l'on pose $c = \infty$, le prisme est fixe à l'extrémité supérieure et nous retombons sur le cas qui a été traité en détail à l'article 99. Si, inversement, nous faisons $c = o$, le prisme est absolument libre à l'extrémité supérieure ; l'équation précédente donne dans ce cas :

$$\operatorname{tg} \alpha l = + \infty,$$

$$\alpha l = \frac{\pi}{2}$$

et par suite :

$$P = \frac{\pi^2 EI}{4 l^2},$$

comme nous l'avions déjà mentionné au commencement de l'article 99.

Exercice 48. — Considérons un prisme chargé debout, à extrémités fixes mais non encastrées, et supposons qu'au milieu on en diminue la section transversale sur une longueur l', de façon que le moment d'inertie minimum de la section se trouve réduit de la valeur I à la valeur I'. Comparer la résistance au flambement du prisme affaibli avec celle du prisme primitif. On suppose que la longueur l' est petite comparativement à la longueur totale l du prisme.

Solution. — L'angle que forment avec la verticale les tangentes de la ligne élastique, aux extrémités de la partie médiane affaiblie du prisme, est, pour un moment de flexion donné quelconque, $\left(\dfrac{I}{I'}\right)$ fois plus grand que si la section du prisme était constante. Pour obtenir le même angle avec un prisme dont la section n'aurait pas été affaiblie (moment d'inertie $= I$), il faudrait que la longueur de la partie médiane considérée fût égale à $l' + l''$, l'' étant une longueur définie par la relation

$$l'' = \frac{\mathrm{I} - l'}{l'}\, l'.$$

Si la partie médiane considérée est relativement courte, la flèche au milieu du prisme ne sera pas beaucoup plus grande dans le second cas que dans le premier, si l'on fait coïncider les lignes élastiques des parties extrêmes. On reconnaît donc que le résultat de l'affaiblissement de la section transversale est le même que celui qu'on obtiendrait si l'on augmentait la longueur du prisme de l'', la section du prisme étant constante. Étant donné cette remarque, il est facile de calculer la charge que peut supporter le prisme.

L'auteur a fait à ce sujet une longue série d'essais et ce sont précisément les résultats de ceux-ci qui l'ont amené à la solution que nous venons d'indiquer. Ces résultats ont montré, comme on pouvait s'y attendre, que la longueur l' à introduire dans le calcul est, en réalité, un peu plus grande que celle de la partie à section réduite. Il est en effet impossible que la matière, dans les parties du prisme avoisinant la portion médiane, soit bien utilisée. Les essais faits portaient sur des cornières ; l'affaiblissement de la section, pratiqué sur des longueurs variant entre 25 et 60 mm., était tel que l' variait entre $1/4$ et $1/5$ I. Dans ces conditions, il fallait augmenter l' de 2 à 4 cm., pour faire concorder les résultats du calcul avec ceux de l'expérience.

ÉLÉMENTS DE LA THÉORIE MATHÉMATIQUE DE L'ÉLASTICITÉ

§ 1. *Equations fondamentales.* — 103. Considérations générales. — 104. Calcul des déformations élémentaires en fonction de ξ, η, ζ. — 105. Relations entre les composantes des actions moléculaires et les quantités ξ, μ, ζ

§ 2. *Mouvements ondulatoires à l'intérieur d'un corps élastique.* — 106. Equations du mouvement. — 107. Applications des formules générales aux ondes longitudinales. Ondes sonores. — 108. Ondes transversales.

§ 3. *Remarques sur les solutions des équations fondamentales.* — 109. Les équations fondamentales fournissent, pour un système donné de forces extérieures, un système bien déterminé ξ, η, ζ et un seul.

§ 4. *Théories de St-Venant.* — 110. Flexion et torsion. — 111. Considérations sur les résultats de l'article précédent. — 112. Torsion, prismes de section transversale circulaire. — 113. Torsion (suite), prismes de section transversale elliptique. — 114. Assimilation du problème de l'article précédent à un problème d'hydrodynamique.

§ 5. *Théories de Boussinesq et de Hertz. Dureté des corps.* — 115. Théorie de Boussinesq. — 116. Théorie de Hertz. — 117. Dureté des corps, en particulier celle des métaux.

§ 6. *Etat élastique à l'intérieur d'une masse de terre meuble.* — 118. Calcul des composantes des actions moléculaires. — 119. Calcul de la poussée des terres.

§ 1

EQUATIONS FONDAMENTALES

103. Considérations générales. — Les composantes des actions moléculaires qui agissent en un point quelconque d'un corps sont liées entre elles par les équations (4) et (5) que nous avons établies dans le chapitre premier en nous basant exclusivement sur les conditions universelles de l'équilibre. Les relations (4) permettent de réduire de neuf à six le nombre des composantes inconnues. Les équations (5), les seules que nous puissions établir à l'aide des lois de la mécanique, sont insuffisantes pour calculer 6 inconnues : le problème consistant à déterminer les composantes des actions moléculaires est, comme nous l'avons déjà reconnu précédemment, statiquement indéterminé. Pour faire cesser cette indétermination, nous avons fait, dans les chapitres qui précèdent, diverses hypothèses dont nous avons justifié l'emploi simplement en nous basant sur la concordance des résultats qui en découlent avec les données fournies par l'expérience. Cette méthode est absolument correcte au point de vue pratique ; par contre, elle est insuffisante au point de vue scientifique, car elle ne permet pas de ramener l'explication de faits et de phénomènes divers à quelques principes généraux. C'est au contraire ce qu'essaie de faire la théorie mathématique de l'élasticité : elle se propose de déterminer l'état élastique d'un corps sans avoir recours à d'autres lois qu'à celles de l'équilibre et à la loi de l'Elasticité. Il est vrai que cette loi, qui définit les relations entre les déformations élastiques et les actions moléculaires corrélatives, ne nous est pas connue sous sa forme générale : elle prend au contraire différentes formes suivant les matériaux, ainsi que nous l'avons vu au chapitre II. Comme, cependant, la loi de Hooke est celle à laquelle obéissent les matières les plus importantes pour les applications, c'est sur celle-ci que se basent les calculs de la théorie de l'élasticité ; les résultats obtenus ne sont donc rigoureusement valables qu'autant que la loi de Hooke est applicable.

Examinons d'abord si le problème, tel que le pose la théorie de l'élasticité, est réellement soluble. Soient ξ, η, ζ, les composantes, mesurées suivant un système d'axes coordonnés, du déplacement élastique qu'un point x, y, z du corps consi-

déré éprouve sous l'influence d'un système de forces extérieures donné. Comme nous n'avons pas à considérer les mouvements que le corps peut effectuer dans son ensemble, mais
simplement les déplacements qu'éprouvent ses éléments les
uns par rapport aux autres, il est avantageux de choisir le système d'axes auquel sont rapportés x, y, z et ξ, η, ζ, de telle
façon que l'un des plans de coordonnées, le plan xy par exem-
ple, soit relié invariablement au corps considéré. Nous supposerons donc : 1° l'origine coïncidant toujours avec le même
point du corps ; 2° l'axe des x passant toujours par un autre
point donné, et enfin 3° le plan de xy contenant toujours un
troisième point donné du solide. Le plus commode est de prendre ces deux points à une distance infiniment petite de l'origine ; naturellement, la droite qu'ils déterminent ne doit pas
comprendre l'origine.

Dans ces conditions, les quantités ξ, η, ζ sont indépendantes des mouvements que le corps effectue dans son ensemble;
elles sont donc particulièrement aptes à définir les déformations élastiques. La loi de l'élasticité permet de calculer les
composantes des actions moléculaires en fonction des déformations élastiques dont elles sont corrélatives : si l'on connais-
sait ξ, η, ζ en fonction de x, y, z, c'est-à-dire si l'état élastique du corps était entièrement connu, il serait donc possible
de calculer les actions moléculaires qui agissent en chaque
point. En tous cas, nous pouvons exprimer les composantes
de ces actions en fonction des seules quantités ξ, η, ζ. Nous
ramenons ainsi le nombre des inconnues du problème de six à
trois ; les équations (5) suffisent dès lors avec les conditions
aux limites pour déterminer complètement ces inconnues.

Nous avons déjà employé cette méthode lorsque nous avons
traité le problème des enveloppes à parois épaisses, art. 89.

Il ne s'agit, en effet, là que d'un cas particulier très simple
du problème général. La méthode que nous utilisons maintenant n'est qu'une généralisation de celle employée au dit article.

104. Calcul des déformations élémentaires en fonction de ξ, η, ζ. — Nous allons calculer d'abord les dilatations ε_x, ε_y, ε_z. Considérons deux points distants initialement l'un de l'autre de dx, leurs coordonnées sont donc :

$$x, y, z \qquad \text{et} \qquad x + dx, y, z.$$

Après la déformation, les coordonnées du premier deviennent :

$$x + \xi, y + \eta, z + \zeta;$$

et celles du second :

$$x + dx + \xi + \frac{d\xi}{dx}\,dx, y + \eta + \frac{d\eta}{dx}\,dx, z + \zeta + \frac{d\zeta}{dx}\,dx.$$

En effet, d'après les hypothèses que nous avons faites (page 18) sur la nature des actions moléculaires corrélatives des déformations élastiques, les déplacements du second point sont égaux aux valeurs que prennent les fonctions ξ, η, ζ lorsqu'on y remplace x, y, z, par $x + dx$, y, z. On les obtient donc en développant ξ, η, ζ en série à l'aide de la formule de Taylor et en s'arrêtant au premier terme du développement.

L'allongement éprouvé par dx est :

$$\Delta x = \frac{d\xi}{dx}\,dx\,;$$

nous avons par suite, pour la dilatation, c'est-à-dire pour l'allongement de l'unité de longueur, l'expression :

$$\varepsilon_x = \frac{d\xi}{dx}\,.$$

On trouverait de même ε_y, ε_z en considérant l'allongement éprouvé par une longueur dy ou dz. Nous avons donc :

$$\left.\begin{aligned}
\varepsilon_x &= \frac{d\xi}{dx} \\[2mm]
\varepsilon_y &= \frac{d\eta}{dy}, \\[2mm]
\varepsilon_z &= \frac{d\zeta}{dz}.
\end{aligned}\right\} \qquad (287)$$

Un raisonnement analogue nous permet de calculer les valeurs de la distorsion γ_{xy} qu'éprouve l'angle droit compris entre deux éléments de longueurs dx et dy, menés parallèlement à l'axe des x et à l'axe des y par le point x, y, z. Pour comparer la grandeur de l'angle déformé à celle de l'angle initial, supposons l'un d'eux déplacé parallèlement à lui-même de façon que les sommets des deux angles coïncident (fig. 70). Il suffit que nous considérions les déformations des côtés de l'angle dans le plan de la figure : en réalité, ces côtés se déplacent aussi perpendiculairement au plan xy ; mais ces dernières déformations, qui peuvent être envisagées comme une rotation ayant lieu autour de l'axe des x pour l'un des côtés et autour de l'axe des y pour

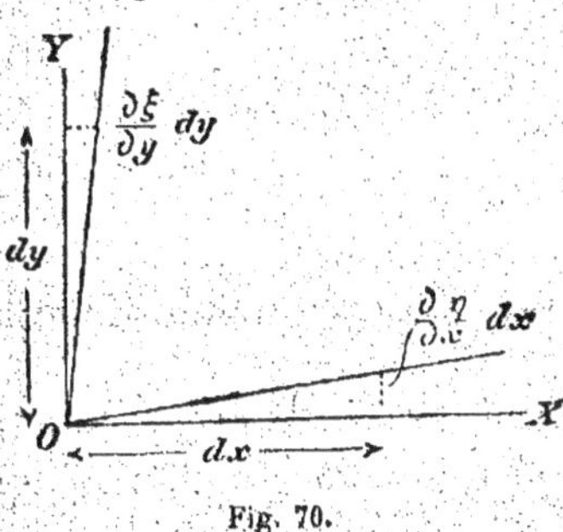

Fig. 70.

l'autre, ne modifient pas l'angle que nous voulons calculer. De même, les dilatations n'influencent pas la valeur de l'angle. Il nous suffit donc de remarquer que l'extrémité de l'élément dx se déplace parallèlement à l'axe des y d'une quantité égale à $\dfrac{d\eta}{dx}\,dx$, et que l'extrémité de dy se déplace dans le sens de l'axe des x de $\dfrac{d\xi}{dy}\,dy$. De plus, nous voyons que l'angle droit initial devient aigu si les dérivées partielles considérées sont positives.

La distorsion est très petite ; nous pouvons par conséquent remplacer l'angle, exprimé en longueur d'arc, par sa tangente trigonométrique. Nous avons donc :

$$\gamma_{xy} = \frac{d\xi}{dy} + \frac{d\eta}{dx}.$$

Cette formule n'est rigoureusement exacte qu'autant que ξ, η, ζ sont infiniment petits par rapport à x, y, z. Cette condition n'est pas absolument remplie dans les déformations réelles d'un corps élastique, toutefois l'erreur résultant de ce fait est généralement négligeable. — On procéderait de même pour les distorsions γ_{yz} et γ_{zx}. On peut du reste écrire directement les formules pour ces dernières en permutant cycliquement ξ, η, ζ et x, y, z, dans la relation ci-dessus. On a donc :

$$\left. \begin{aligned}
\gamma_{xy} &= \frac{d\xi}{dy} + \frac{d\eta}{dx}, \\
\gamma_{yz} &= \frac{d\eta}{dz} + \frac{d\zeta}{dy}, \\
\gamma_{zx} &= \frac{d\zeta}{dx} + \frac{d\xi}{dz}.
\end{aligned} \right\} \tag{288}$$

Calculons encore la variation de volume qu'éprouve le corps au point considéré. Considérons le parallélipipède infiniment petit dx, dy, dz, et supposons d'abord que seules les distorsions γ se produisent. Si celles-ci étaient des quantités finies, elles entraîneraient une variation de volume car, par exemple, le rectangle $dx\,dy$ se transformerait en un parallélogramme d'aire :

$$dx\,dy\,\cos\gamma_{xy}.$$

Si γ_{xy} est infiniment petit du premier ordre, son cosinus ne diffère de l'unité que d'un infiniment petit du second ordre. La variation de volume due aux distorsions est donc négligeable. Cette conclusion n'est, il est vrai, absolument rigoureuse que si γ, η, ζ sont réellement infiniment petits.

Supposons maintenant que les dilatations se produisent. Il en résulte une variation du volume du parallélipipède qui est une quantité infiniment petite du premier ordre par rapport au volume initial. Dans la déformation, ce dernier devient :

$$dx\,(1+\varepsilon_x)\,dy\,(1+\varepsilon_y)\,dz\,(1+\varepsilon_z),$$

ou, si l'on multiplie et si on laisse de côté les infiniment petits d'ordre supérieur au premier :

$$dx\,dy\,dz\,(1+\varepsilon_x+\varepsilon_y+\varepsilon_z).$$

Soit e la variation de l'unité de volume, nous avons :

$$e = \varepsilon_x + \varepsilon_y + \varepsilon_z$$

ou, en tenant compte de (287) :

$$e = \frac{d\xi}{dx} + \frac{d\eta}{dy} + \frac{d\zeta}{dz}.\qquad(289)$$

105. Relations entre les composantes des actions moléculaires et les quantités ξ, η, ζ. — Avec l'aide des formules précédentes, il est facile de calculer les composantes des actions moléculaires en fonction des quantités ξ, η, ζ. Etant donné le principe de superposition, nous avons :

$$\gamma_{xy} = \frac{S_{xy}}{G};$$

par suite, en tenant compte des équations (288), nous obtenons :

$$\left.\begin{aligned}
S_{xy} &= S_{yx} = G\left(\frac{d\xi}{dy} + \frac{d\eta}{dx}\right),\\[4pt]
S_{xz} &= S_{zx} = G\left(\frac{d\xi}{dz} + \frac{d\zeta}{dx}\right),\\[4pt]
S_{yz} &= S_{zy} = G\left(\frac{d\eta}{dz} + \frac{d\zeta}{dy}\right).
\end{aligned}\right\}\qquad(290)$$

Nous avons vu que la loi de Hooke permet d'établir entre les composantes des actions moléculaires et les dilatations élémentaires les relations suivantes :

$$\left.\begin{aligned}
E\varepsilon_x &= R_x - \frac{1}{m}(R_y + R_z),\\[4pt]
E\varepsilon_y &= R_y - \frac{1}{m}(R_z + R_x),\\[4pt]
E\varepsilon_z &= R_z - \frac{1}{m}(R_x + R_y).
\end{aligned}\right\}\qquad(291)$$

En additionnant et en remplaçant la somme $\varepsilon_x + \varepsilon_y + \varepsilon_z$, par e, nous obtenons :

$$R_x + R_y + R_z = \frac{m}{m-2}\,Ee.\qquad(292)$$

La première des équations (291) peut s'écrire :

$$E\varepsilon_x = \frac{m+1}{m}\,R_x - \frac{1}{m}(R_x + R_y + R_z)$$

$$= \frac{m+1}{m}\,R_x - \frac{Ee}{m-2}$$

d'où, en résolvant par rapport à R_x :

$$R_x = \frac{mE}{m+1}\left(\varepsilon_x + \frac{e}{m-2}\right). \tag{293}$$

Cette expression peut se simplifier encore un peu, en tenant compte de la relation :

$$G = \frac{mE}{2\,(m+1)}\,.$$

Nous avons finalement, en opérant cette simplification et en tenant compte des relations (287) :

$$R_x = 2\,G\left(\frac{d\xi}{dx} + \frac{e}{m-2}\right),$$

$$R_y = 2\,G\left(\frac{d\eta}{dy} + \frac{e}{m-2}\right), \tag{294}$$

$$R_z = 2\,G\left(\frac{d\zeta}{dz} + \frac{e}{m-2}\right).$$

Les deux dernières formules s'obtiennent en permutant cycliquement ξ, η, ζ et x, y, z, dans la première.

Le problème est ainsi résolu : nous avons exprimé les composantes des actions moléculaires en fonction de ξ, η, ζ. Il ne reste plus maintenant qu'à introduire ces expressions dans les conditions générales d'équilibre représentées par les équations (5). Ces dernières sont de la forme :

$$\frac{dR_x}{dx} + \frac{dS_{yx}}{dy} + \frac{dS_{zx}}{dz} + X = 0,$$

$$\frac{dS_{xy}}{dx} + \frac{dR_y}{dy} + \frac{dS_{zy}}{dz} + Y = 0,$$

$$\frac{dS_{xz}}{dx} + \frac{dS_{yz}}{dy} + \frac{dR_z}{dz} + Z = 0;$$

en substituant dans la première les valeurs trouvées (290)
et (294), nous obtenons :

$$2G \left(\frac{d^2\xi}{dx^2} + \frac{1}{m-2} \frac{de}{dx} \right) + G \left(\frac{d^2\xi}{dy^2} + \frac{d^2\eta}{dxdy} \right)$$
$$+ G \left(\frac{d^2\xi}{dz^2} + \frac{d^2\zeta}{dxdz} \right) + X = 0,$$

ou, en ordonnant :

$$\left(\frac{d^2\xi}{dx^2} + \frac{d^2\xi}{dy^2} + \frac{d^2\xi}{dz^2} \right) + \left(\frac{d^2\xi}{dx^2} + \frac{d^2\eta}{dxdy} + \frac{d^2\zeta}{dxdz} \right)$$
$$+ \frac{2}{m-2} \frac{de}{dx} + \frac{X}{G} = 0.$$

La somme des dérivées partielles du second ordre d'une
fonction telle qu'elle se trouve dans la première parenthèse
de l'expression ci-dessus est une quantité qui revient très
fréquemment dans toutes les théories de physique mathématique. L'opération qui consiste à former cette somme est désignée sous le nom d'opération de Laplace, du nom du ma-
thématicien qui en a fait usage le premier dans la théorie du
potentiel. Pour abréger, on la représente généralement par un
signe symbolique ; nous emploierons le signe Δ^2, celui-ci représente donc l'opération :

$$\Delta^2 = \frac{d^2}{dx^2} + \frac{d^2}{dy^2} + \frac{d^2}{dz^2} \,. \qquad (295)$$

La seconde parenthèse de la relation précédente peut s'é-
crire :

$$\frac{d}{dx} \left(\frac{d\xi}{dx} + \frac{d\eta}{dy} + \frac{d\zeta}{dz} \right)$$

ou, simplement, si l'on tient compte de (289) :

$$\frac{de}{dx} \,.$$

Par conséquent, nous avons finalement, si l'on pratique
encore des transformations analogues sur les deux autres équations (5) :

$$\Delta^2 \xi + \frac{m}{m-2}\frac{de}{dx} + \frac{X}{G} = 0,$$

$$\Delta^2 \eta + \frac{m}{m-2}\frac{de}{dy} + \frac{Y}{G} = 0, \qquad (296)$$

$$\Delta^2 \zeta + \frac{m}{m-2}\frac{de}{dz} + \frac{Z}{G} = 0.$$

Telles sont les équations sur lesquelles se base toute la théorie de l'élasticité. Il convient de remarquer que ce sont là simplement les équations (5) mises sous une nouvelle forme et non pas de nouvelles relations. Comme leur signification géométrique est moins reconnaissable sous cette forme, une confusion pourrait facilement se produire.

Remarquons enfin qu'il est possible, par l'emploi de la méthode des vecteurs, de réduire les 3 équations (296) à une seule, qui exprime simplement la condition que la somme de toutes les actions moléculaires qui agissent sur l'élément considéré est nulle.

Si l'on désigne par u le vecteur dont les projections sont ξ, η, ζ, et par P la force ayant pour composantes X, Y, Z, nous pouvons remplacer les équations (296) par la suivante :

$$\Delta^2 u + \frac{m}{m-2}\Delta e + \frac{P}{G} = 0. \qquad (297)$$

Dans cette expression, Δe est un symbole destiné à représenter l'opération qu'il faut effectuer sur e ; comme nous ne ferons pas usage de cette formule dans la suite, nous ne nous étendrons pas davantage sur la signification de Δ.

On voit par cet exemple les simplifications que peut apporter dans le calcul l'emploi de la méthode des vecteurs ; ici, une seule équation suffit pour exprimer la même condition que celle que définissent les trois relations (296).

§ 2.

MOUVEMENTS ONDULATOIRES A L'INTÉRIEUR D'UN CORPS ÉLASTIQUE

106. Equations du mouvement. — Dans la plupart des problèmes de la théorie mathématique de l'élasticité, la résultante P (X, Y, Z) des forces d'inertie ne joue qu'un rôle très secondaire. En général, elle se réduit simplement au poids du corps et n'exerce le plus souvent aucune influence sensible; il serait donc possible de supposer le corps dépourvu de poids et de ne considérer que les forces agissant à la surface. Dans ce cas, les équations (296) et (297) se simplifient : le dernier terme du membre de gauche disparaît. Dans les paragraphes suivants nous nous occuperons exclusivement de cas où cette supposition est permise ; par contre nous allons traiter ici une application des équations (296) dans laquelle il est nécessaire de conserver ces derniers termes.

Si la masse du corps ne se trouve pas à l'état de repos, mais exécute au contraire un mouvement varié, les forces élastiques qui règnent à la surface d'un élément de volume quelconque et le poids de cet élément doivent posséder une résultante qu'il est possible de déterminer d'après les lois de la dynamique, en partant de l'accélération de l'élément. Considérons le parallélipipède élémentaire dx, dy, dz, et soit μ l'unité de masse (c'est-à-dire le quotient du poids spécifique par g, l'accélération due à la pesanteur); la masse du parallélipipède sera :

$$\mu \, dx \, dy \, dz.$$

Nous devons envisager maintenant les coordonnées ξ, η, ζ non plus seulement comme fonction du lieu, mais encore comme fonction du temps ; par conséquent, les composantes de l'accélération de l'élément considéré sont :

$$\frac{d^2\xi}{dt^2}, \quad \frac{d^2\eta}{dt^2}, \quad \frac{d^2\zeta}{dt^2} \cdot$$

En vertu des lois de la dynamique, on a pour les composantes de la résultante de toutes les forces agissant sur l'élément les expressions suivantes :

$$\mu \frac{d^2\xi}{dt^2}\, dx\, dy\, dz, \quad \mu \frac{d^2\eta}{dt^2}\, dx\, dy\, dz, \quad \mu \frac{d^2\zeta}{dt^2}\, dx\, dy\, dz.$$

Faisant usage du principe de d'Alembert, nous pourrions dire aussi que les forces agissant sur l'élément font en chaque instant équilibre à une force, appelée *force effective*, dont les composantes sont égales et de signe contraire aux valeurs données ci-dessus. La force effective est, comme le poids et les autres forces d'inertie, proportionnelle à la masse ; le mieux est donc de la réunir à P ou à ses composantes X, Y, Z. Il suffit pour cela de la rapporter à l'unité de volume, c'est-à-dire de supprimer dans les expressions ci-dessus le facteur dx dy dz, et d'ajouter les expressions restantes changées de signes à X, Y ou Z.

Comparativement à la force effective, qui, dans le cas d'oscillations très rapides, peut atteindre de très grandes valeurs, le poids du corps est en général insignifiant. Du reste, le poids n'exerce sur les mouvements ondulatoires aucune influence, attendu que c'est une force constante, agissant toujours dans les mêmes conditions sur le corps. Nous pouvons donc supposer celui-ci dépourvu de poids (mais non de masse), c'est-à-dire nous pouvons nous figurer le corps transporté sur la lune ou sur tout autre astre où l'attraction due à la gravitation est très faible, sans que rien soit changé aux mouvements oscillatoires, à supposer naturellement que les autres conditions restent les mêmes. Dans cette hypothèse, la seule force d'inertie est la force effective ; les équations (296) prennent par suite la forme :

$$\left.\begin{aligned} \Delta^2\xi + \frac{m}{m-2}\frac{de}{dx} &= \frac{\mu}{G}\frac{d^2\xi}{dt^2}, \\ \Delta^2\eta + \frac{m}{m-2}\frac{de}{dy} &= \frac{\mu}{G}\frac{d^2\eta}{dt^2}, \\ \Delta^2\zeta + \frac{m}{m-2}\frac{de}{dz} &= \frac{\mu}{G}\frac{d^2\zeta}{dt^2}. \end{aligned}\right\} \qquad (298)$$

Telles sont les équations qui définissent la loi suivant laquelle une déformation élastique se transmet à l'intérieur d'un milieu élastique. L'expérience montre que cette propagation a lieu sous forme d'onde. Nous allons appliquer d'abord ces résultats à une espèce particulière d'ondes, savoir aux ondes sonores.

107. Application des formules générales aux ondes longitudinales. Ondes sonores. — Considérons une onde sonore plane qui se propage dans le sens de l'axe des x. Étant donnés les résultats de la physique expérimentale, qui démontrent que le mouvement du son est un mouvement périodique, pouvant être représenté dans le cas d'un ton simple par une fonction sinusoïdale du temps, nous sommes conduits à poser, comme solution possible des équations (298), le système de valeurs suivant :

$$\xi = A \sin 2\pi\left(\frac{x}{\lambda} - \frac{t}{\tau}\right) \,;\, \eta = o \,;\, \zeta = o. \qquad (299)$$

Le calcul que nous allons entreprendre a précisément pour but de montrer si ce système qui correspond aux résultats de l'expérience est bien la solution des équations (298). Avant de résoudre le problème, il est bon d'être éclairé sur la signification des constantes qui figurent dans les expressions ci-dessus : A est l'amplitude de l'ondulation, λ représente la longueur de l'onde, car, si l'on augmente x de λ sans modifier le temps, l'angle dont nous considérons le sinus augmente de 2π, de sorte que le sinus lui-même ne varie pas. De même, on voit facilement que τ représente la durée d'une oscillation, car si t varie de τ, le sinus et par suite ξ reprennent la même valeur. Supposons maintenant que x et t augmentent simultanément, l'un de Δx, l'autre de Δt; il se peut fort bien que cette augmentation ne modifie pas la valeur de ξ, et il suffit pour cela que les quantités Δx et Δt satisfassent à la relation

$$\frac{\Delta x}{\lambda} - \frac{\Delta t}{\tau} = 0.$$

On dit alors que l'onde s'est déplacée de Δx dans le temps Δt; en effet, au bout du temps Δt, toutes les phases du phénomène se reproduisent dans le même ordre, mais en des points distants de Δx des précédents. On peut aussi parler de la vitesse avec laquelle l'onde avance : il convient alors de remarquer qu'il ne s'agit pas là, comme en mécanique, de la vitesse d'un corps, par exemple celle du mouvement qu'exécute l'élément considéré, mais de la vitesse avec laquelle un certain état élastique bien déterminé se propage à travers le corps. Soit v la vitesse du son ; on a, par définition,

$$v = \frac{\Delta x}{\Delta t},$$

ou, si l'on tient compte de la relation ci-dessus,

$$v = \frac{\lambda}{\tau} \cdot \tag{300}$$

Ces remarques faites, nous allons vérifier si le système de valeurs (299) satisfait les équations (296). Rappelons encore que ces dernières ont été établies en se basant exclusivement sur les conditions universelles d'équilibre et sur la loi de Hooke, de sorte que, pour tout corps satisfaisant à cette dernière, les résultats que nous allons en tirer sont rigoureusement exacts. En substituant les valeurs (299) dans (289), nous trouvons :

$$e = A\,\frac{2\pi}{\lambda}\,\cos 2\pi\left(\frac{x}{\lambda} - \frac{t}{\tau}\right),$$

et, par suite :

$$\frac{de}{dx} = - A \left(\frac{2\pi}{\lambda}\right)^2 \sin 2\pi \left(\frac{x}{\lambda} - \frac{t}{\tau}\right),$$

$$\frac{de}{dy} = 0,$$

$$\frac{de}{dz} = 0.$$

La seconde et la troisième des équations (296) sont satisfaites, car tous leurs termes sont nuls séparément. D'après (299) nous avons :

$$\frac{d\xi}{dx} = A \frac{2\pi}{\lambda} \cos 2\pi \left(\frac{x}{\lambda} - \frac{t}{\tau}\right),$$

$$\frac{d\xi}{dy} = 0,$$

$$\frac{d\xi}{dz} = 0 ;$$

$\Delta^2 \xi$ se réduit donc à ;

$$\Delta^2 \xi = \frac{d^2\xi}{dx^2} = - A \left(\frac{2\pi}{\lambda}\right)^2 \sin 2\pi \left(\frac{x}{\lambda} - \frac{t}{\tau}\right),$$

c'est-à-dire à la même valeur que $\dfrac{de}{dx}$.

Si nous différencions ξ deux fois par rapport à t, et si nous substituons les différentes valeurs trouvées dans la première des équations (298), celle-ci devient :

$$- \frac{2m-2}{m-2} A \left(\frac{2\pi}{\lambda}\right)^2 \sin 2\pi \left(\frac{x}{\lambda} - \frac{t}{\tau}\right) = - \frac{\mu}{G} A \left(\frac{2\pi}{\tau}\right)^2 \sin 2\pi \left(\frac{x}{\lambda} - \frac{t}{\tau}\right).$$

On reconnaît que cette équation est satisfaite identiquement, quelle que soit l'amplitude A (c'est-à-dire quelle que soit l'intensité du son), pourvu que la condition

$$\frac{2m-2}{m-2} \left(\frac{1}{\lambda}\right)^2 = \frac{\mu}{G} \left(\frac{1}{\tau}\right)^2$$

entre la longueur d'onde λ et la durée de l'oscillation τ soit satisfaite. Nous tirons de cette dernière relation :

$$v = \frac{\lambda}{\tau} = \sqrt{\frac{2m-2}{m-2} \frac{G}{\mu}}. \tag{301}$$

Cette formule est en parfait accord avec les résultats de l'expérience, en ce sens qu'elle ne fait dépendre la vitesse du son que des propriété physiques de la matière et non de l'amplitude ou de la longueur de l'onde.

Il est clair que le calcul que nous venons de faire n'est valable que pour les corps élastiques solides. Pour les ondes sonores dans l'air, on peut établir une théorie analogue. — Si l'on prend, par exemple, pour une masse d'acier doux,

$$m = \frac{3}{10}, \ G = 850000 \text{ kg. par cm}^2$$

et comme poids spécifique 7,7, on a d'abord pour la masse de l'unité de volume :

$$\mu = \frac{0,0077 \text{ kg.}}{1\,\text{cm}^3 . \times 981 \frac{\text{cm.}}{\text{sec.}^2}} = 785 \times 10^{-8} \frac{\text{kg.} \times \text{sec.}^2}{\text{cm}^4 .},$$

et par suite :

$$v = \sqrt{\frac{850000 \frac{\text{kg.}}{\text{cm}^2 .}}{785 \times 10^{-8} \frac{\text{kg.} \times \text{sec.}^2}{\text{cm.}^4}}}\ 3,5 = 616 \times 10^3 \frac{\text{cm.}}{\text{sec.}} = 6160 \frac{\text{m.}}{\text{sec.}}.$$

On sait que la vitesse du son dans l'air est de $333 \frac{\text{m.}}{\text{sec.}}$. Dans l'acier doux, elle serait, d'après le calcul, environ 20 fois plus grande.

L'expérience montre, en effet, que la vitesse du son dans les corps solides est beaucoup plus considérable que dans l'air.

Le fait que les lois de propagation du son, à l'intérieur de matières telles que les pierres, la maçonnerie, etc., correspondent d'une manière très satisfaisante aux résultats tirés de la loi de Hooke, constitue une forte présomption en faveur de la justesse de l'hypothèse qui prétend que ces corps obéissent sensiblement à cette loi dans le cas de très petites déformations élastiques, comme celles produites par les ondes sonores.

C'est là un point qu'il ne faudrait pas perdre de vue lorsqu'on établit une loi d'élasticité empirique pour les matériaux cités plus haut. Nous avons déjà remarqué que la formule de Schüle, dont nous avons parlé dans le deuxième chapitre, est précisément en contradiction avec ce fait. Il faudrait donc démontrer, si l'on voulait la conserver à tout prix, qu'en admettant cette loi, il pourrait se produire des ondes sonores ne contredisant pas les résultats de l'expérience. Le calcul, pour peu qu'il soit habilement exécuté, ne saurait présenter de trop grandes difficultés.

Si l'on fait $m = 2$ dans la formule (301), on obtient $v = \infty$. Nous avons déjà vu que m ne pouvait prendre une valeur inférieure à **2**, et que, dans ce cas, le corps ne subit pas de variation de volume par suite d'une déformation élastique. Ainsi, dans un corps incompressible, une onde longitudinale se transmettrait avec une vitesse infinie : en somme, il n'est plus possible de parler d'un mouvement ondulatoire ; il y a simplement communication immédiate à toute la masse d'un ébranlement causé en un certain point.

108. Ondes transversales. — On a à considérer, en physique, non seulement des ondes longitudinales, mais aussi des ondes transversales. Pour représenter une de ces dernières, nous posons :

$$\xi = A \sin 2\pi \left(\frac{y}{\lambda} - \frac{t}{\tau} \right) \quad \eta = o \quad \zeta = o. \quad (302)$$

L'onde se propage encore dans le sens de l'axe des x comme dans le cas précédent ; par contre, les oscillations se font dans le sens de l'axe de y. Le terme d'onde *transversale* provient précisément de ce que la direction de l'oscillation est perpendiculaire à la direction de propagation. Les constantes A, λ, τ ont la même signification que précédemment ; on a ici :

$$v = \frac{\Delta y}{\Delta t} = \frac{\lambda}{\tau}.$$

Nous allons vérifier si le système de valeurs (302) satisfait aux équations (298). Nous trouvons d'abord immédiatement :

$$e = \frac{d\xi}{dx} + \frac{d\eta}{dy} + \frac{d\zeta}{dz} = o \, ;$$

les ondes transversales jouissent donc de la propriété de se produire sans entraîner une variation de volume de la matière. Par conséquent, un corps incompressible tel que le fluide éther de l'ancienne Optique physique ne peut transmettre que des ondes transversales et pas d'ondes longitudinales. Ce résultat concorde avec le fait démontré par les phénomènes de polarisation : ceux-ci permettent de constater en effet que les ondes lumineuses sont transversales. Dans ces théories de l'Optique, les formules (302) représentent un rayon lumineux simple, puisque toutes les ondes sont de même longueur, et polarisé dans un plan, puisque toutes les ondulations ont toutes lieu dans le plan xy. Dans la théorie de Neumann, le plan xy porte le nom de plan de polarisation, tandis que dans celle de Fresnel ce nom est donné au plan xz.

e étant nul, les équations (298) se simplifient et peuvent s'écrire :

$$\left. \begin{aligned} \Delta^2 \xi &= \frac{\mu}{G} \frac{d^2 \xi}{dt}, \\ \Delta^2 \eta &= \frac{\mu}{G} \frac{d^2 \eta}{dt}, \\ \Delta^2 \zeta &= \frac{\mu}{G} \frac{d^2 \zeta}{dt^2}. \end{aligned} \right\} \qquad (303)$$

Ce sont là les équations qui servent de base à l'optique physique, aussi bien dans les théories anciennes de Neumann ou Fresnel que dans la théorie électro-magnétique de la lumière. Quoique partant d'hypothèses absolument différentes, cette théorie conduit en effet aux mêmes équations fondamentales que la théorie de l'élasticité.

Les valeurs 302 satisfont, comme on le voit immédiatement, la seconde et la troisième des équations (303). Il suffit de vérifier la première. Nous avons :

$$\Delta^2\xi = \frac{d^2\xi}{dy^2} = -A\left(\frac{2\pi}{\lambda}\right)^2 \sin 2\pi\left(\frac{y}{\lambda} - \frac{t}{\tau}\right),$$

et

$$\frac{d^2\xi}{dt^2} = -A\left(\frac{2\pi}{\tau}\right)^2 \sin 2\pi\left(\frac{y}{\lambda} - \frac{t}{\tau}\right),$$

par conséquent, l'équation en question est identiquement satisfaite si

$$\left(\frac{2\pi^2}{\lambda}\right) = \frac{\mu}{G}\left(\frac{2\pi}{\tau}\right)^2.$$

Nous tirerons de cette relation la vitesse de transmission des ondes transversales :

$$v_t = \sqrt{\frac{G}{\mu}}. \tag{304}$$

Cette vitesse est donc toujours plus petite pour une matière donnée que celle des ondes longitudinales. Les fluides ne peuvent transmettre d'ondes transversales, mais seulement des ondes longitudinales, c'est pourquoi les ondes transversales émises par les corps solides ne sont pas perçues directement par nos sens; elles ne sont en effet pas transmises à nos organes par l'air.

La vitesse de la lumière est connue; aussi, lorsqu'on considérait encore la lumière comme un mouvement vibratoire de l'éther satisfaisant aux lois de l'élasticité des corps solides, pouvait-on utiliser l'équation (304) pour déterminer la masse de l'unité de volume de l'éther, à condition de calculer G par un autre moyen. Or, il existe en effet un procédé pour déterminer G : on connaît, par exemple, la quantité d'énergie que la terre reçoit du soleil par seconde. Cette énergie, sur son parcours entre le soleil et la terre, se trouve emmagasinée dans l'éther sous forme d'énergie cinétique et d'énergie potentielle interne. On a pour cette dernière, si l'on rapporte le calcul à l'unité de volume (formule 45), $\dfrac{S^2}{2G}$, ou $\dfrac{1}{2}\,G\gamma^2$. Si donc l'on mesure ou si l'on détermine par un procédé quelconque γ, on peut calculer G et par suite μ. Les estimations entreprises selon cette méthode conduisent toutes à des valeurs excessivement petites pour μ. On a cru reconnaître dans ce fait une preuve en faveur de la justesse de la théorie entière. Depuis que l'on a démontré expérimentalement les rapports qui existent entre les phénomènes optiques et les phénomènes électromagnétiques, ces considérations n'ont plus qu'une valeur historique.

§ 3

REMARQUE SUR LES SOLUTIONS DES ÉQUATIONS FONDAMENTALES

109. Les équations fondamentales fournissent pour chaque système de forces extérieures donné un système bien déterminé de valeurs pour ξ, η, ζ et un seul. — Dans ce qui suit, nous supposerons toujours le corps au repos, de plus, nous admettrons que le poids est négligeable devant les forces agissant à la surface du corps. Celles-ci sont considérées comme données.

Dans ces conditions, les équations fondamentales prennent la forme :

$$\left.\begin{aligned}
\Delta^2\xi + \frac{m}{m-2}\frac{de}{dx} &= 0,\\[4pt]
\Delta^2\eta + \frac{m}{m-2}\frac{de}{dy} &= 0,\\[4pt]
\Delta^2\zeta + \frac{m}{m-2}\frac{de}{dz} &= 0.
\end{aligned}\right\} \qquad (305)$$

Considérons un système de valeur ξ, η, ζ satisfaisant ces équations ; nous pouvons dire qu'il représente un système possible de déformations, c'est-à-dire que ce système est compatible avec les conditions d'équilibre que doivent satisfaire en chaque point les composantes des actions moléculaires. On peut se demander si le système trouvé est bien celui qui correspond à l'état élastique réel du corps. Il se pourrait, en effet, qu'il y eût d'autres systèmes de valeurs qui satisfissent aussi les équations, et qui représentassent par conséquent aussi des états élastiques *possibles*. Nous allons démontrer qu'il n'en est pas ainsi, mais, qu'au contraire, il n'existe qu'un seul système de valeurs ξ, η, ζ qui, pour un système de forces extérieures donné, satisfasse aux équations (305) et aux conditions aux limites, et que, par conséquent, dans chaque cas particulier, le problème est soluble sans ambiguïté.

Les quantités ξ, η, ζ étant connues, il est possible de calculer les valeurs des composantes des actions moléculaires sans ambiguïté à l'aide des formules (290) et (294). En particulier, à chaque système ξ, η, ζ correspond à la surface du corps, un système d'actions moléculaires bien déterminé, et pour que les valeurs ξ, η, ζ correspondent à l'état élastique réel, il faut que ce système d'actions moléculaires fasse équilibre aux forces extérieures. Cette dernière condition est exprimée par les équations (6). Celles-ci doivent donc être satisfaites par hypothèse, si nous y introduisons le système de valeurs ξ, η, ζ considéré.

Supposons maintenant pour un instant qu'il existe, outre le système ξ, η, ζ, un autre groupe de valeurs ξ', η', ζ', qui satisfasse aussi les équations (305) et les conditions aux limites.

Dans ce cas, les différences

$$\xi'' = \xi - \xi', \quad \eta'' = \eta - \eta', \quad \zeta'' = \zeta - \zeta'$$

correspondent aussi à un état élastique possible ; en effet, on a :

$$e'' = e - e',$$
$$\Delta^2 \xi'' = \Delta^2 \xi - \Delta^2 \xi', \text{ etc.}$$

Si l'on substitue dans la première des équations (305), par exemple, il vient :

$$\Delta^2\xi'' + \frac{m}{m-2}\frac{de}{dx} = \Delta^2\xi - \Delta^2\xi' + \frac{m}{m-2}\frac{de}{dx} - \frac{m}{m-2}\frac{de'}{dx} = 0$$

relation qui est évidemment satisfaite, puisque l'on a par hypothèse :

$$\Delta^2\xi + \frac{m}{m-2}\frac{de}{dx} = 0,$$

$$\Delta^2\xi' + \frac{m}{m-2}\frac{de'}{dx} = 0.$$

On raisonnerait de même pour les deux autres équations (305). On aurait pu du reste prévoir ce résultat, puisque les équations (305) sont linéaires.

A ce système ξ'', η'', ζ'' correspond aussi un système d'actions moléculaires bien déterminé. Comme le montrent les formules (290) et (294), on a :

$$R_x'' = R_x - R_x', \text{ etc.}$$

Nous avons admis que ξ, η, ζ et ξ', η', ζ' satisfont à toutes les conditions aux limites ; donc, à la surface du corps en particulier, les actions moléculaires R_x, etc., ainsi que $R_{x'}$....., forment un système en équilibre avec les forces extérieures. Les actions moléculaires R_x'', correspondent donc à un état dans lequel aucune force extérieure n'agit sur le corps ; en d'autres termes, ce système correspond à l'état naturel du corps.

Nous avons fait remarquer en son temps que des actions moléculaires, les actions moléculaires de fabrication, pouvaient exister à l'intérieur d'un corps sans que celui-ci fût soumis à des forces extérieures. Mais ces actions moléculaires latentes dépendent de causes particulières, indépendantes du problème que nous traitons ; nous ne pouvons par conséquent pas en tenir compte. Nous ne considérons ici que les actions moléculaires qui se développent sous l'influence des charges extérieures, et nous supposons que ces actions disparaissent avec la cause qui les produit. Dans ces conditions, nous devons poser :

$$R_x'' = o, \ R_y'' = o, \dots \text{etc.}$$

De là résulte immédiatement :

$$\xi'' = o, \ \eta'' = o, \ \zeta'' = o,$$

et par suite

$$\xi = \xi', \ \eta = \eta', \ \zeta = \zeta'.$$

Ainsi le système ξ', η', ζ', dont nous avions admis l'existence est identique à ξ, η, ζ. Les équations fondamentales n'admettent, dans chaque cas donné, qu'une seule solution, et nous sommes par conséquent certains d'avoir trouvé l'état élastique réel, si l'état considéré satisfait aux équations (305) et aux conditions aux limites.

§ 4

THÉORIES DE SAINT-VENANT

110. Flexion et torsion. — Lorsque nous avons traité de la flexion et de la torsion dans les chapitres précédents, nous avons admis que les fibres parallèles à l'axe longitudinal ne sont soumises à aucun effort de compression ou d'extension transversal et que, dans les plans passant par l'axe longitudinal, les actions moléculaires tangentielles sont nulles. En d'autres termes, si nous prenons l'axe du prisme pour axe des x, nous avons supposé :

$$R_y = R_z = S_{yz} = o. \tag{306}$$

Nous n'avons du moins tenu aucun compte de ces actions moléculaires ; nous avons admis implicitement qu'elles n'existaient pas, ou qu'elles étaient négligeables devant celles dont nous avons calculé l'intensité.

Nous pouvons nous proposer maintenant de rechercher jusqu'à quel point ces hypothèses sont permises et de déterminer à quel état élastique la théorie de l'élasticité conduit lorsque les conditions (306) sont rigoureusement remplies. C'est là le problème qu'a résolu pour la première fois de Saint-Venant dans ses célèbres travaux.

Il est évident que l'état élastique défini par (306) n'est pratiquement possible, que si aucune des forces extérieures n'agit perpendiculairement à l'axe du prisme, car, si tel n'était pas le cas, il faudrait qu'à la surface au moins, là où ces forces agiraient, les composantes indiquées dans les équations (306) fussent différentes de zéro, afin que les équations de condition (6) fussent satisfaites. La théorie de de Saint-Venant n'est donc rigoureusement exacte que lorsque les forces extérieures sont appliquées aux sections transversales extrêmes seules des prismes considérés.

Il pourrait aussi y avoir à la surface du corps des forces extérieures parallèles à l'axe longitudinal, toutefois ce cas est sans importance pratique.

Si nous exprimons les composantes des actions moléculaires en fonction des déplacements élastiques, à l'aide des équations (290) et (294), nous pouvons remplacer les relations (306) par les suivantes :

$$\frac{d\eta}{dy} + \frac{e}{m-2} = o,$$

$$\frac{d\zeta}{dz} + \frac{e}{m-2} = o,$$

$$\frac{d\eta}{dz} + \frac{d\zeta}{dy} = o;$$

en tenant compte de la signification de e, nous pouvons écrire aussi

$$\left.\begin{array}{c} e = \dfrac{m-2}{m}\dfrac{d\xi}{dx}\,, \\[2ex] \dfrac{d\eta}{dy} = \dfrac{d\zeta}{dz} = -\dfrac{1}{m}\dfrac{d\xi}{dx}\,, \\[2ex] \dfrac{d\eta}{dz} + \dfrac{d\zeta}{dy} = o. \end{array}\right\} \qquad (307)$$

Les relations (305) prennent par suite la forme :

$$\left.\begin{array}{l} 2\,\dfrac{d^2\xi}{dx^2} + \dfrac{d^2\xi}{dy^2} + \dfrac{d^2\xi}{dz^2} = 0, \\[2mm] \dfrac{d^2\eta}{dx^2} + \dfrac{d^2\eta}{dz^2} + \dfrac{m-1}{m}\,\dfrac{d^2\xi}{dxdy} = 0, \\[2mm] \dfrac{d^2\zeta}{dx^2} + \dfrac{d^2\zeta}{dy^2} + \dfrac{m-1}{m}\,\dfrac{d^2\xi}{dxdz} = 0. \end{array}\right\} \qquad 308)$$

Il n'a toutefois pas encore été tenu compte de la troisième des équations (307). Nous devons maintenant chercher quelles sont les conditions pour que les relations (307) et (308) soient compatibles. A cet effet, nous allons chercher à éliminer les variables η et ζ, pour ne conserver que ξ.

La dernière des relations (307) donne :

$$\frac{d\eta}{dz} = -\,\frac{d\zeta}{dy},$$

d'où :

$$\frac{d^2\eta}{dz^2} = -\,\frac{d^2\zeta}{dy\,dz},$$

et par suite, si l'on tient compte de la seconde des formules (307) :

$$\frac{d^2\eta}{dz^2} = +\left(\frac{1}{m}\,\frac{d^2\xi}{dxdy}\right) \cdot \qquad 309)$$

En introduisant cette valeur dans la seconde des équations (308), nous trouvons finalement :

$$\frac{d^2\eta}{dx} = -\,\frac{d^2\xi}{dxdy} \cdot \qquad (310)$$

Nous procédons de même pour exprimer ζ en fonction de ξ. De la dernière des équations (307), nous tirons :

$$\frac{d\zeta}{dy} = -\,\frac{d\eta}{dz}$$

et

$$\frac{d^2\zeta}{dy^2} = -\,\frac{d^2\eta}{dz\,dy},$$

d'où, en vertu de la seconde des relations (307) :

$$\frac{d^2\zeta}{dy^2} = \frac{1}{m}\frac{d^2\xi}{dxdz} \, . \tag{311}$$

En substituant dans la dernière des formules (308), nous trouvons :

$$\frac{d^2\zeta}{dx^2} = -\frac{d^2\xi}{dxdz} \, . \tag{312}$$

La dernière des expressions (307), différenciée deux fois par rapport à x, donne :

$$\frac{d^3\eta}{dx^2dz} + \frac{d^3\zeta}{dx^2dy} = 0 \, ;$$

en tenant compte des formules (310) et (312), nous pouvons amener cette équation à la forme :

$$\frac{d^3\xi}{dxdydz} = 0. \tag{313}$$

Nous avons ainsi obtenu une condition importante que doit nécessairement satisfaire le déplacement élastique ξ parallèle à l'axe des x. Il est facile d'établir encore d'autres relations auxquelles les dérivées partielles du troisième ordre de ξ doivent également remplir.

De (310), nous tirons :

$$\frac{d^3\eta}{dx^2dy} = -\frac{d^3\xi}{dxdy^2},$$

d'autre part, en différenciant deux fois la seconde des formules (307) par rapport à x, nous obtenons :

$$\frac{d^3\eta}{dx^2dy} = -\frac{1}{m}\frac{d^3\xi}{dx^3}.$$

De la comparaison de ces deux expressions résulte :

$$\frac{d^3\xi}{dxdy^2} = \frac{1}{m}\frac{d^3\xi}{dx^3}. \tag{314}$$

De même, (312) donne :

$$\frac{d^3\zeta}{dx^2dz} = -\frac{d^3\xi}{dxdz^2},$$

et la seconde des formules (307) :

$$\frac{d^3\zeta}{dx^2dz} = -\frac{1}{m}\frac{d^3\xi}{dx^3};$$

donc

$$\frac{d^3\xi}{dx\,dz^2} = \frac{1}{m}\frac{d^3\xi}{dx^3}. \qquad (315)$$

Nous n'avons pas utilisé, jusqu'à présent, la première des relations (308) qui ne renferme que des dérivées partielles de ξ. Comme nous connaissons déjà certaines relations entre les dérivées du troisième ordre de cette fonction, il est tout indiqué de différencier l'équation en question une fois par rapport à x. Il vient :

$$2\frac{d^3\xi}{dx^3} + \frac{d^3\xi}{dxdy^2} + \frac{d^3\xi}{dxdz^2} = 0.$$

Nous pouvons remplacer le second et le troisième terme du membre de gauche par les valeurs trouvées précédemment, (314) et (315) ; l'expression prend alors la forme :

$$\frac{d^3\xi}{dx^3} = 0, \qquad (316)$$

d'où résulte immédiatement, en vertu des formules précédentes :

$$\left.\begin{array}{l} \dfrac{d^3\xi}{dxdy^2} = 0, \\[2mm] \dfrac{d^3\xi}{dxdz^2} = 0. \end{array}\right\} \qquad (317)$$

Les formules (313), (316) et (317) permettent de se faire une idée claire des propriétés de l'inconnue ξ. Pour plus de clarté, nous pouvons écrire ces formules sous la forme suivante :

$$\frac{d^2}{dx^2}\left(\frac{d\xi}{dx}\right) = \frac{d^2}{dy^2}\left(\frac{d\xi}{dx}\right) = \frac{d^2}{dz^2}\left(\frac{d\xi}{dx}\right) = \frac{d^2}{dydz}\left(\frac{d\xi}{dx}\right) = 0. \qquad (318)$$

Il n'est pas possible d'en tirer directement la forme analytique de la fonction ξ, mais bien par contre celle de $\dfrac{d\xi}{dx}$, c'est-à-dire celle de la dilatation dans le sens de l'axe longitudinal du prisme. $\dfrac{d\xi}{dx}$ ne peut contenir x qu'à la première puissance, puisque sa seconde dérivée par rapport à x est nulle ; de même, il faut que cette expression soit linéaire par rapport à y et à z. Enfin, elle ne peut renfermer de terme contenant à la fois y et z. L'expression la plus générale qui satisfasse aux conditions (318) est par suite de la forme :

$$\frac{d\xi}{dx} = a_0 + a_1 x + a_2 y + a_3 z + a_4 xy + a_5 xz, \qquad (319)$$

dans laquelle les quantités a sont des quantités indépendantes de x, y, z, mais dépendantes des forces extérieures.

Examinons de plus près la signification du résultat auquel nous arrivons. D'après la loi de l'élasticité, nous avons :

$$R_x = E\varepsilon_x = E\frac{d\xi}{dx},$$

puisque R_y et R_z sont nuls. Donc, en multipliant l'expression (319) par E, nous obtenons l'action moléculaire R_x. *Nous trouvons par conséquent pour R_x une fonction linéaire des coordonnées.* Or, c'est précisément là l'hypothèse dont nous étions partis au chapitre III. Nous voyons donc que cette hypothèse n'est pas arbitraire, comme nous l'avions présentée, mais qu'au contraire elle est, pour les corps obéissant à la loi de Hooke, une conséquence nécessaire des suppositions faites, savoir $R_y = R_z = S_{yz} = o$.

Nous arrêterons ici nos recherches, car en continuant nous ne ferions que retrouver les résultats auxquels nous sommes arrivés précédemment en introduisant hypothétiquement la loi de répartition linéaire des actions moléculaires. En particulier, nous avons déjà trouvé qu'il est possible de satisfaire à toutes les conditions d'équilibre sans avoir recours aux forces intérieures R_y, R_z et S_{yz} ; il est donc superflu de démontrer une fois de plus que les équations (307) et (308) sont compatibles si la condition (318) est satisfaite, et qu'elles correspondent à un état élastique pouvant toujours être réalisé en appliquant des forces extérieures de grandeur et de direction convenables dans les sections d'about du prisme.

111. Considérations sur l'article précédent. — La théorie que nous venons d'exposer paraît, à première lecture, longue et compliquée. Si, toutefois, on se donne la peine de suivre le développement pas à pas, on reconnaît que chaque étape, considérée en elle-même, est en somme très simple et facile à saisir. La suite des opérations, par contre, paraît peu claire, on ne voit pas bien le but de telle ou telle opération et l'on ne se rend d'abord pas bien compte pourquoi les résultats sont combinés entre eux de telle façon plutôt que de telle autre. Il faut songer que le problème consiste à vérifier si les valeurs trouvées pour trois inconnues satisfont à six équations données. Cette vérification ne peut se faire qu'en éliminant deux des inconnues de façon à n'avoir plus à opérer qu'avec une seule. Or, on sait que, dans toute élimination de ce genre, il est en général possible d'arriver plus rapidement au but en employant certains artifices de calculs qu'en suivant la méthode générale.

On peut se demander quel est le résultat pratique de la théorie que nous venons d'établir, et quelle est son utilité pour l'étude des phénomènes de flexion. Pour répondre à la question, nous devons nous rappeler avant tout que, ainsi que nous l'avons démontré à l'article 109, tout état élastique possible devient réel si les forces extérieures qui agissent à la surface du corps sont compatibles avec le système des actions moléculaires superficielles qui correspond à la solution considérée. Envisageons, par exemple, un prisme encastré à une extrémité et sollicité à l'autre par une force extérieure. Pour que la solution fournie par la théorie de de St-Venant représente l'état élastique réel, il faut d'abord que la surface du prisme ne soit soumise à aucune force extérieure. Cette condition est remplie ici. De plus, la charge ne doit pas être appliquée à l'extrémité libre d'une manière quelconque ; il faut, au contraire, qu'elle soit distribuée sur cette section suivant la même loi que celle que nous avons trouvée pour les actions moléculaires tangentielles dans un prisme travaillant à la flexion. Enfin, il faut que l'encastrement soit de telle nature que les déformations correspondent à la solution considérée, c'est-à-dire que la dilatation transversale des fibres qui **travaillent à la compression** et la contraction transversale des fibres qui travaillent à l'extension ne soient pas rendues impossibles.

Si toutes ces conditions sont remplies et si le corps obéit à la loi de Hooke, la solution de de Saint-Venant représente indubitablement l'état élastique réel. Il est évident que de telles conditions ne seront jamais rigoureusement remplies dans la pratique ; aussi l'importance de la théorie de de Saint-Venant serait-elle de beaucoup réduite s'il n'était possible de prouver que les résultats auxquels elle conduit ne sont pas sensiblement modifiés quand la façon dont sont appliquées les forces extérieures s'écarte quelque peu de celle que demandent les conditions aux limites du problème.

Reprenons l'exemple ci-dessus et supposons par exemple que la charge qui agit sur le prisme soit constituée par un poids attaché à une corde entourée autour de l'extrémité du prisme. Il est certain que dans le voisinage immédiat de cette extrémité, la répartition des actions moléculaires sera absolument différente de celle que donne la théorie de de Saint-Venant, car l'état élastique réel doit satisfaire à de toutes autres conditions aux limites. Mais nous allons voir que plus on s'éloigne de l'extrémité, moins la façon dont la charge est appliquée exerce d'influence. Supposons que l'on applique à l'extrémité du prisme un système de forces en équilibre formé, d'une part, par des forces distribuées selon la loi exigée par la théorie de de Saint-Venant et, d'autre part, des forces égales et de signe contraire à celles que la corde exerce sur le prisme; les conditions du problème de de Saint-Venant sont alors exactement remplies. Par conséquent, la différence entre les répartitions des actions moléculaires dans les deux cas différents d'application de la charge, est donnée par les actions moléculaires que développe le système auxiliaire de forces extérieures que nous avons ajouté. Ce système de forces en équilibre, concentré à l'extrémité du prisme, peut produire en ce point des déformations assez fortes et par suite des actions moléculaires relativement intenses; mais il est certain, d'autre part, que l'influence de ce système cesse rapidement de se faire sentir lorsqu'on s'éloigne de l'extrémité. Il est évident que si nous serrons l'extrémité d'un rail entre les mâchoires d'un étau, par exemple, de telle façon que les forces appliquées se fassent équilibre, l'influence du traitement subit par la pièce au point considéré doit disparaître rapidement lorsqu'on s'éloigne de ce dernier.

Nous avons ainsi montré que la façon dont les forces sont appliquées n'exerce une influence sensible que dans le voisinage des points d'application. Les solutions fournies par la théorie de de Saint-Venant sont donc encore applicables même lorsque les conditions aux limites exigées par celle-ci ne sont pas strictement remplies.

A une distance égale au triple ou au quadruple de la plus grande des dimensions de la section, il n'y a certainement plus lieu de s'attendre à un écart quelconque. C'est ce fait qui donne en somme à la théorie de de Saint-Venant toute son importance.

Nous nous étions proposé de trouver pour les formules de la Résistance des Matériaux une base plus solide que celle formée par les différentes hypothèses faites dans divers cas particuliers sur les déformations ou la répartition des actions moléculaires. Ce but est maintenant atteint. Jusqu'à présent, il est vrai, il s'est agi d'une confirmation subsé-

quente de résultats acquis plutôt que d'établir de nouveaux
résultats.

En ce qui concerne la flexion, remarquons expressément
*que seule la loi hypothétique de la répartition linéaire des
actions moléculaires se trouve confirmée et non pas l'hypothèse
de Bernouilli des sections demeurant planes dans la déformation.* En effet, cette hypothèse n'est généralement pas
exacte.

112. Torsion. Prisme de section transversale cir-
culaire. — Le calcul de l'article 110 pouvait s'appliquer
à un prisme travaillant simultanément à la flexion et à la
torsion.

Nous allons restreindre notre étude au cas de la torsion
seule. Il suffit pour cela de poser $R_x = o$, ou, ce qui revient
au même,

$$\frac{d\xi}{dx} = o. \tag{320}$$

Cette condition est compatible avec l'équation (319). Il suffit de supposer que toutes les constantes a s'annulent. De
l'équation (320) nous tirons, en intégrant :

$$\xi = \varphi(y, z), \tag{321}$$

où φ désigne une fonction encore inconnue des coordonnées
de la section. En tenant compte de (320), nous pouvons écrire
les équations (307), qui définissent l'état élastique considéré
sous la forme :

$$\left. \begin{array}{l} e = o, \\ \dfrac{d\eta}{dy} = \dfrac{d\zeta}{dz} = o, \\ \dfrac{d\eta}{dz} + \dfrac{d\zeta}{dy} = o. \end{array} \right\} \tag{322}$$

Les équations (308) se simplifient aussi beaucoup, elles deviennent :

$$\left.\begin{aligned}
\frac{d^2\xi}{dy^2} + \frac{d^2\xi}{dz^2} &= 0, \\
\frac{d^2\eta}{dx^2} + \frac{d^2\eta}{dz^2} &= 0, \\
\frac{d^2\zeta}{dx^2} + \frac{d^2\zeta}{dy^2} &= 0.
\end{aligned}\right\} \qquad (323)$$

Toutes les formules de l'article 110 sont encore applicables puisque le cas présent n'est qu'un cas particulier du précédent. Les formules (309) et (310) fournissent les relations :

$$\left.\begin{aligned}
\frac{d^2\eta}{dz^2} &= 0, \\
\frac{d^2\eta}{dx^2} &= 0,
\end{aligned}\right\} \qquad (324)$$

tandis que de (311) et (**312**) nous tirons :

$$\left.\begin{aligned}
\frac{d^2\zeta}{d^2x} &= 0, \\
\frac{d^2\zeta}{dy^2} &= 0.
\end{aligned}\right\} \qquad (325)$$

Ces équations nous permettent d'indiquer la forme analytique des fonctions η et ζ. η doit être indépendant d'y (formule 322) et linéaire par rapport à x et à z, (formule 324). η est donc de la forme :

$$\eta = b_0 + b_1 x + z\,(b_2 + b_3 x), \qquad (326)$$

où les quantités b sont des constantes, provisoirement incónnues. Nous trouvons de même :

$$\zeta = c_0 + c_1 x + y\,(c_2 + c_3 x). \qquad (327)$$

Si nous ajoutons encore l'équation (**321**),

$$\xi = \varphi\,(y,\ z),$$

nous obtenons un système de valeurs ξ, η, ζ qui correspond à l'état élastique réel, pourvu que l'on choisisse la fonction φ de façon qu'elle satisfasse à l'équation aux dérivées partielles

$$\frac{d^2\varphi\,(y,x)}{dy^2} + \frac{d^2\varphi\,(y,\,x)}{dx^2} = o, \tag{328}$$

et que l'on ait soin de déterminer les constantes b et c de façon que :

$$\frac{d\eta}{dx} + \frac{d\zeta}{dy} = o.$$

Cette dernière condition donne, si nous tenons compte des formules (326) et (327),

$$b_2 + b_3\, x + c_2 + c_3\, x = o,$$

relation qui doit être identiquement satisfaite. Il faut donc que :

$$\left.\begin{array}{l} c_2 = -\, b_2, \\ c_3 = -\, b_3. \end{array}\right\} \tag{329}$$

Étant données les suppositions que nous avons faites sur le système d'axes (art. 104), nous devons avoir à l'origine,

$$\xi = o,\ \eta = o,\ \zeta = o\ ;$$

de plus, puisque l'axe des x passe par un point infiniment voisin,

$$\frac{d\eta}{dx} = o \quad \text{et} \quad \frac{d\zeta}{dx} = o;$$

et enfin, le plan xy contenant toujours un même point du corps, également infiniment voisin de l'origine :

$$\frac{d\zeta}{dy} = o.$$

Ces conditions nous permettent de calculer en partie les constantes b et c. De la première résulte :

$$b_0 = o,\ c_0 = o,$$

de la seconde,

$$b_1 = o,\ c_1 = o,$$

et de la troisième,

$$c_2 = o.$$

Les constantes b et c se trouvent ainsi réduites à une : $b_3 = - c_3'$. Désignons dorénavant par c la valeur inconnue de cette constante, nous pouvons écrire :

$$\eta = cxz, \ \zeta = - cxy; \ \xi = \varphi(y, z). \qquad (330)$$

La difficulté principale du problème réside dans la détermination de la fonction φ qui doit satisfaire à l'équation (328). Remarquons que $\xi = \varphi(y, z)$ pour $x = o$ ne représente pas autre chose que l'équation de la section transversale, $x = o$, déformée. D'ailleurs toutes les sections transversales prennent la même forme dans la déformation, puisque ξ est indépendant de x.

L'ancienne théorie de la torsion admettait que les sections demeurent planes dans la déformation. Voyons si cette hypothèse se trouve confirmée. Pour que les sections restassent planes, il faudrait que ξ fût une fonction linéaire d'y et z. Nous posons donc, par hypothèse :

$$\xi = \varphi(y, z) = a_1 y + a_2 z. \qquad (331)$$

Cette expression satisfait, en effet, l'équation (328), elle représente par suite un état élastique possible. Il nous reste à voir si les conditions aux limites sont remplies. La surface d'un prisme travaillant à la torsion est, sauf dans le voisinage des mécanismes, roues, poulies, etc., qui transmettent le couple de torsion, entièrement libre de forces extérieures ; par conséquent il faut qu'à la surface les actions moléculaires qui agissent dans les plans passant par l'axe longitudinal et les normales à la surface soient nulles, indépendamment de R_y, R_z, S_{yz}, qui le sont déjà par hypothèse.

En d'autres termes, la répartition des actions moléculaires dans les sections transversales doit être telle que ces forces soient, à la périphérie, tangentes au contour des sections. C'est la condition que nous avons posée précédemment, et dont nous devons tenir aussi compte actuellement.

Pour mettre cette condition sous forme d'équation, revenons aux valeurs de S_{xy} et S_{xz} données par les formules (290) :

$$S_{xy} = G \left(\frac{d\xi}{dy} + \frac{d\eta}{dx} \right),$$

$$S_{xz} = G \left(\frac{d\xi}{dz} + \frac{d\zeta}{dx} \right).$$

Soit :

$$z = f(y)$$

l'équation du contour de la section transversale, ou d'une partie de celui-ci ; pour que la résultante des actions moléculaires S_{xy} et S_{xz} soit tangente à la surface, il faut que :

$$\frac{S_{xz}}{S_{xy}} = \frac{dz}{dy} . \tag{332}$$

Nous avons donc l'équation de condition :

$$\frac{\dfrac{d\xi}{dz} + \dfrac{d\zeta}{dx}}{\dfrac{d\xi}{dy} + \dfrac{d\eta}{dx}} = \frac{dz}{dy}, \tag{333}$$

qui doit être satisfaite sur tout le pourtour de la section, ou du moins sur la partie considérée de celui-ci. Si nous remplaçons η et ζ par leurs valeurs (330), cette relation prend la forme :

$$\frac{\dfrac{d\xi}{dz} - cy}{\dfrac{d\xi}{dy} + cz} = \frac{dz}{dy} . \tag{334}$$

Telle est l'équation que ξ doit remplir à la périphérie, et cela non seulement dans le cas particulier que nous étudions maintenant, mais aussi en général.

Cherchons sous quelles conditions la valeur (331) admise pour ξ satisfait à cette relation. Dans le cas particulier, (334) peut s'écrire :

$$\frac{a_2 - cy}{a_1 + cz} = \frac{dz}{dy}.$$

Nous pouvons intégrer immédiatement cette équation différentielle. Il vient, si l'on sépare les variables :

$$(a_2 - cy)dy = (a_1 + cz)dz$$

d'où :

$$a_1 z + \frac{c}{2} z^2 - a_2 y + \frac{c}{2} y^2 = \mathrm{K}.$$

Or c'est là, on le reconnaît immédiatement à l'égalité des coefficients de y^2 et de z^2, l'équation d'un cercle. Nous en concluons donc *que les sections transversales d'un prisme travaillant à la torsion ne demeurent planes que si le prisme est de section circulaire*. Ainsi, nous arrivons, dans le cas de la torsion, à un tout autre résultat que dans le cas de la flexion : dans ce dernier, nous avons trouvé confirmée la loi de répartition des actions moléculaires qui se base sur l'hypothèse de Navier, tandis qu'ici nous recounaissons que l'ancienne théorie de la torsion est fausse, sauf dans le cas des prismes de section circulaire.

Le résultat que nous venons d'obtenir confirme naturellement l'exactitude de nos calculs précédents concernant les prismes de section circulaire.

118. Torsion (suite). Prismes de sections elliptiques. — L'équation aux dérivées partielles (328) admet une infinité de solutions qui correspondent toutes à des états élastiques possibles. Pour que ceux-ci se produisent, il faut simplement avoir soin que les conditions aux limites qui doivent être remplies à la surface du corps soient satisfaites. En particulier, si nous supposons que cette surface est libre de toute force extérieure, nous savons que la condition représentée par l'équation (334) doit être satisfaite. On peut, pour résoudre le problème, admettre une solution de l'équation (328) et déterminer, à l'aide de (334), la forme de la section qui correspond à cette solution : c'est la méthode que nous venons d'employer ; ou bien, on peut inversement se proposer de déterminer la solution de (328) qui correspond à une forme donnée de section transversale. La question posée sous cette forme est toujours difficile à résoudre ; pour des sections compliquées, double té, etc., on ne possède pas encore de solution rigoureuse. Le calcul a été fait pour les sections de formes rectangulaires, mais il exige des développements en série compliqués qui le privent de toute importance pratique.

Le procédé inverse, consistant à trouver la section correspondant à une solution particulière de l'équation (328), est beaucoup plus simple. L'intégrale générale de (328) est, comme on le vérifie facilement, de la forme :

$$\xi = \varphi(y, z) = f_1(y + iz) + f_2(y - iz) \qquad (335)$$

où f_1 et f_2 désignent deux fonctions quelconques de y et z, et i la racine carrée de l'unité négative. Suivant les valeurs choisies pour f_1 et f_2, on obtient diverses solutions particulières. Il convient de remarquer que la partie réelle et la partie imaginaire de chaque solution satisfont indépendamment l'équation (328).

En particulier, on peut prendre comme solution la forme la plus générale de série de puissances qui soit compatible avec l'équation (328), savoir, si nous nous bornons aux exposants entiers positifs :

$$\left. \begin{aligned} \xi_0 = a_0 + a_1(y + iz) + a_2(y + iz)^2 + \cdots\cdots \\ + b_1(y - iz) + b_2(y - iz)^2 + \cdots\cdots \end{aligned} \right\} \qquad (336)$$

Dans cette expression, a et b peuvent être des coefficients quelconques.

Parmi toutes ces formes, considérons la suivante :

$$\xi = \varphi(y, z) = ayz. \qquad (337)$$

Il est facile de s'assurer en substituant qu'elle satisfait à l'équation (328). On reconnaît qu'elle est aussi contenue dans la solution (336) ; on peut en effet la considérer comme la partie imaginaire de l'expression :

$$\xi = \frac{a}{4}(y + iz)^2 - \frac{a}{4}(y - iz)^2.$$

Cherchons la forme de la section qui correspond à cette valeur de ξ. L'équation (334) s'écrit :

$$\frac{(a-c)y}{(a+c)x} = \frac{dx}{dy} \qquad (338)$$

d'où

$$(a-c)y\,dy = (a+c)x\,dx.$$

En intégrant, nous obtenons :

$$(a+c)\frac{x^2}{2} + (c-a)\frac{y^2}{2} = K,$$

ce qui peut s'écrire de la façon suivante :

$$\frac{y^2}{a+c} + \frac{x^2}{c-a} = \frac{K}{(a+c)\,(c-a)} = K', \qquad (339)$$

où K' désigne une nouvelle constante.

On reconnaît que (339) est l'équation d'une ellipse rapportée à son centre, dont les axes sont entre eux dans le rapport :

$$\frac{\sqrt{c+a}}{\sqrt{c-a}}.$$

Il faut toutefois supposer que a est plus petit en valeur absolue que c.

Nous trouvons pour les composantes des actions moléculaires tangentielles :

$$\left.\begin{aligned}
S_{xy} &= G\left(\frac{d\xi}{dy} + \frac{d\eta}{dx}\right) = G\left(\frac{d\xi}{dy} + cx\right) = G\,(a+c)x, \\
S_{xz} &= G\left(\frac{d\xi}{dz} + \frac{d\zeta}{dx}\right) = G\left(\frac{d\xi}{dz} - cy\right) = -\,G(c-a)y.
\end{aligned}\right\} \qquad (340)$$

Pour que cette solution corresponde absolument à l'état élastique réel, il faut que, dans les sections terminales, les forces extérieures qui produisent le moment de torsion soient réparties sur ces sections suivant la même loi que celle que nous venons de trouver. Pratiquement, cette condition ne sera probablement jamais réalisée ; mais, comme nous l'avons vu à l'article 111, pour les parties du prisme suffisamment éloignées du point d'application des forces extérieures, la répartition de celles-ci n'a que peu d'influence.

Si nous comparons les résultats auxquels nous venons d'arriver avec ceux de nos recherches précédentes sur la torsion des prismes de section elliptique, nous voyons que les valeurs hypothétiques (235)

$$\mathrm{S}_{xy} = ka^2 z, \quad \mathrm{S}_{xz} = -kb^2 y$$

sont identiquement de même forme que les expressions (340). *La théorie de l'élasticité confirme donc absolument l'hypothèse faite précédemment.* Il est par conséquent inutile de poursuivre le calcul, car nous retrouverions simplement les résultats obtenus plus haut.

Nous ne ferons qu'une seule remarque : l'équation (337) est celle des sections transversales déformées. Nous reconnaissons qu'elle représente un paraboloïde hyperbolique. Si l'on suppose le prisme déformé coupé par des plans perpendiculaires à l'axe longitudinal, ceux-ci coupent les sections transversales déformées suivant des hyperboles équilatères ; les plans passant par l'axe longitudinal fournissent des sections paraboliques.

114. Assimilation du problème précédent à un problème d'hydrodynamique. — La question qui présente le plus d'intérêt dans le problème précédent est celle de la répartition des actions moléculaires. Nous allons montrer le rapport intime qui existe entre le problème qui nous occupe et certaine question d'hydrodynamique et voir comment cette assimilation peut rendre des services dans certains cas. Supposons que l'on trace dans la section considérée toutes les lignes qui, en chacun de leurs points, ont comme tangente le vecteur représentant l'action moléculaire qui agit en ce point. Nous appellerons ces lignes *lignes de tension*. On fait souvent usage de constructions de ce genre pour représenter la répartition d'un vecteur sur une région déterminée. La plus connue des applications de cette méthode est celle que l'on en fait dans la théorie du magnétisme. Dans cette dernière, les lignes qui correspondent à celle que nous avons tracées sont les lignes de forces et leur ensemble forme le champ magnétique. On peut imaginer aussi un liquide se mouvant partout dans le sens des lignes tracées avec une vitesse proportionnelle à l'intensité de la force au point considéré. Le mouvement de ce liquide donne une idée très claire du champ considéré ; dans la théorie du magnétisme, la notion de flux de force qui découle de cette représentation joue, comme on sait, un rôle très important.

Voyons comment nous devons transformer les équations de condition pour les assimiler à la nouvelle manière de voir. Considérons d'abord la condition à la limite, exprimée par l'équation (334). Nous pouvons la formuler simplement comme suit : le mouvement du liquide doit être dirigé en chaque point de la périphérie suivant la tangente ; c'est-à-dire le mouvement doit avoir lieu comme si le liquide était contenu dans un récipient à parois immobiles.

Nous avons trouvé de plus :

$$S_{xy} = G\left(\frac{d\xi}{dy} + cz\right), \quad \left.\begin{matrix} \\ \\ \end{matrix}\right\}$$
$$S_{xz} = G\left(\frac{d\xi}{dz} - cy\right). \quad \right\} \tag{341}$$

En différenciant la première de ces relations par rapport à y et la seconde par rapport à z et en additionnant, nous obtenons :

$$\frac{dS_{xy}}{dy} + \frac{dS_{xz}}{dz} = G\left(\frac{d^2\xi}{dy^2} + \frac{d^2\xi}{dz^2}\right).$$

Dans le cas de la torsion, l'équation générale d'équilibre est donnée par l'équation (328) ; or en vertu de cette dernière, le second membre de la relation ci-dessus disparaît, nous avons donc la formule :

$$\frac{dS_{xy}}{dy} + \frac{dS_{xz}}{dz} = 0. \tag{342}$$

Soient u, v, w les composantes de la vitesse d'un liquide ; nous avons ici $u = o$ (puisque le mouvement a lieu dans un plan). Par hypothèse, la vitesse du liquide est en chaque point proportionnelle à l'action moléculaire correspondante, v et w sont donc proportionnelles à S_{xy} et S_{xz} ; en conséquence, le mouvement du liquide doit satisfaire à la relation :

$$\frac{du}{dx} + \frac{dv}{dy} + \frac{dw}{dz} = o. \qquad (343^a)$$

Le premier terme n'est ajouté que pour la symétrie, il ne change rien du reste au résultat, puisqu'il est identiquement nul. L'équation ci-dessus est désignée en hydrodynamique sous le nom d'*équation de continuité*. Le membre de gauche représente la différence entre la quantité de liquide qui entre durant l'unité de temps dans l'élément de volume et celle qui en sort. Dans le cas particulier, cette différence est nulle, le liquide doit donc être supposé incompressible.

Nous n'avons pas encore épuisé toutes les conditions auxquelles le mouvement du liquide doit satisfaire. Si l'on différencie la première des relations (341) par rapport à z et la seconde par rapport à y et si l'on soustrait les deux résultats l'un de l'autre, il vient :

$$\frac{dS_{xy}}{dz} - \frac{dS_{xz}}{dy} = 2Gc. \qquad (344)$$

Le membre de gauche est de même forme que la composante suivant l'axe des x d'un vecteur qui joue un grand rôle dans l'hydrodynamique. On désigne en effet dans cette science, sous le nom de *tourbillon*, le vecteur dont les composantes suivant les axes sont données par les expressions :

$$\frac{dw}{dy} - \frac{dv}{dz}, \quad \frac{du}{dz} - \frac{dw}{dx}, \quad \frac{dv}{dx} - \frac{du}{dy} \quad (1).$$

(1) La notion des tourbillons ou des mouvements tourbillonnaires a été introduite en hydrodynamique par Helmholtz, qui, par ses travaux, en a rendu l'emploi particulièrement utile et fécond.
On considère entre autres dans cette théorie les *lignes de courant* qui

Dans le cas particulier, les composantes du tourbillon suivant l'axe des y et l'axe des z sont nulles (voir la note); le tourbillon possède une intensité constante $2Gc$ le long des lignes de tourbillons parallèles à l'axe des x.

Le mouvement du liquide considéré est absolument défini par les conditions que nous venons d'établir; par conséquent, les lignes de courant coïncideront absolument avec les lignes de tension que nous avions tracées précédemment.

Nous devons renoncer à établir d'autres résultats, car il nous faudrait nous baser sur des théorèmes d'hydrodynamique que nous ne pouvons supposer connus de la plupart des lecteurs. Nous nous bornerons à indiquer un article de M. Bredt paru dans la *Zeitschrift des Vereins deutscher Ingenieure*, 1896, n° 28, qui montre tout le parti que l'on peut tirer de l'assimilation du problème de la torsion à une question d'hydrodynamique. On verra, entre autres, comment on peut, à l'aide de cette méthode, étudier la répartition et calculer approximativement la grandeur des actions moléculaires

sont en chaque point tangentes au vecteur correspondant u, v, w, et les *lignes de tourbillons* qui, en chacun de leurs points, sont tangentes au vecteur tourbillon. Si nous désignons pour abréger par λ, μ, ν les composantes du tourbillon, les équations différentielles de ces dernières lignes sont:

$$\frac{dx}{\lambda} = \frac{dy}{\mu} = \frac{dz}{\nu}.$$

Si, en particulier, la vitesse est indépendante de x, comme dans le cas qui nous occupe, u est nul, ainsi que les dérivées partielles de v et w par rapport à x. Les valeurs explicites des composantes λ, μ, ν, sont alors

$$\lambda = \frac{dw}{dy} - \frac{dv}{dz}, \mu = \nu = 0;$$

et les équations différentielles des lignes de tourbillons prennent la forme

$$\frac{dx}{\lambda} = \frac{dy}{0} = \frac{dz}{0}$$

$$dy = dz = 0.$$

Les lignes de tourbillons sont des droites parallèles à l'axe des x.

Pour plus de détails, nous renvoyons le lecteur à l'ouvrage de M. Poincaré, *Théorie des tourbillons*. Paris, G. Carré, 1893.

N. du T.

dans le cas de profils compliqués, comme les sections double té, par exemple. M. Bredt est toutefois dans l'erreur lorsqu'il s'attribue la priorité de l'équation (344) : toute cette assimilation du problème de la torsion à l'hydrodynamique se trouve déjà développée dans l'ouvrage de Tait et Thomson « Natural Philosophy. »

La méthode que nous venons de décrire conduit à des résultats particulièrement intéressants lorsqu'on l'emploie pour étudier la perturbation que cause, dans la répartition et l'intensité des actions moléculaires, une fissure ou en général une irrégularité quelconque (défaut de fonte, etc.) de la section considérée. Supposons que cette irrégularité puisse être assimilée à un *petit trou circulaire.* Le champ des tensions éprouve, par suite de la présence de cet obstacle, des modifications importantes : les lignes de tensions qui ne peuvent en traverser les parois doivent le contourner. On voit immédiatement que la vitesse du liquide ou, ce qui revient au même, les actions moléculaires du prisme, seront par suite augmentées le long des parois du trou. On peut déterminer par le calcul l'influence de cette irrégularité ; on trouve que les actions moléculaires sur les bords du trou sont égales *au double de ce qu'elles seraient s'il n'y avait pas d'obstacle.* Il ne nous est pas possible de donner ici cette démonstration par suite des connaissances en hydrodynamique qu'elle exige.

§ 5

THÉORIE DE BOUSSINESQ ET DE HERTZ
DURETÉ DES CORPS

115. Théorie de Boussinesq. — Considérons deux corps, obéissant à la loi de Hooke, qui se touchent suivant un point ou une génératrice de leurs surfaces. Si nous pressons ces deux solides l'un contre l'autre, il se produit à l'endroit du contact une déformation : les deux corps se touchent suivant une surface. On peut se proposer de déterminer exactement les déformations subies par les corps dans ces conditions, ainsi que les actions moléculaires qui en sont corrélatives.

C'est là le but de la théorie de Hertz ainsi que celui de la théorie similaire de Boussinesq dont nous donnerons d'abord un résumé, sans entrer plus avant dans le sujet que ne le comporte le plan de cet ouvrage.

Considérons un corps limité à sa partie supérieure par un plan horizontal et assez grand pour que nous puissions le considérer comme illimité dans les autres directions. Si la terre, par exemple, obéissait à la loi de Hooke, nous pourrions lui assimiler le corps en question. Nous avons vu toutefois que cette hypothèse n'est pas exacte.

Supposons qu'en un point du plan supérieur on applique une force isolée P. Sous l'influence de celle-ci, le plan se déforme ; nous allons étudier la nature de cette déformation. Choisissons un système de coordonnées dont l'origine est le point d'application de P (dans la position initiale de ce dernier) et dont l'axe des x coïncide en sens et en direction avec cette force ; supposons de plus ce système fixe dans l'espace. Nous pouvons dire que les parties du corps très distantes du point d'application de P ne se déplacent pas sensiblement par rapport aux axes de coordonnées. L'axe des x et l'axe des y sont horizontaux et sont contenus à l'état initial dans le plan qui limite le corps ; soit r la distance d'un point quelconque du corps à l'origine, on a :

$$r^2 = x^2 + y^2 + z^2. \qquad (345)$$

Pour $r = \infty$, étant donné le choix des axes de coordonnées, les déplacements élastiques ξ, η, ζ doivent s'annuler. En général, ces quantités ξ, η, ζ auront à satisfaire aux conditions générales d'équilibre que nous transcrivons ici à nouveau :

$$\Delta^2 \xi + \frac{m}{m-2} \frac{de}{dx} = 0,$$

$$\Delta^2 \eta + \frac{m}{m-2} \frac{de}{dy} = 0,$$

$$\Delta^2 \zeta + \frac{m}{m-2} \frac{de}{dz} = 0.$$

Nous allons montrer que le système de valeurs

$$\left.\begin{aligned}
\xi &= -p \frac{x}{r(z+r)} + n \frac{zx}{r^3}, \\
\eta &= -p \frac{y}{r(z+r)} + n \frac{zy}{r^3}, \\
\zeta &= q \frac{1}{r} + n \frac{z^2}{r^3},
\end{aligned}\right\} \qquad (346)$$

dans lequel p, q, n désignent 3 constantes, représente un état élastique possible, c'est-à-dire compatible avec les conditions générales d'équilibre. La démonstration exige des calculs un peu longs, mais qui ne présentent pas de difficultés.

Nous tirons d'abord de (346) :

$$\frac{d\xi}{dx} = -p \left[\frac{1}{rz+r^2} - \frac{x}{(rz+r^2)^2}(z+2r)\frac{dr}{dx} \right] + n \left(\frac{z}{r^3} - 3\frac{zx}{r^4}\frac{dr}{dx} \right);$$

d'autre part, en différenciant (345) par rapport à x, nous obtenons :

$$2r \frac{dr}{dx} = 2x,$$

$$\frac{dr}{dx} = \frac{x}{r}.$$

En substituant ce résultat dans $\dfrac{d\xi}{dx}$, et en réduisant les termes semblables, nous trouvons :

$$\frac{d\xi}{dx} = -p \frac{r^2(z+r) - x^2(z+2r)}{(z+r)^2 r^3} + n \frac{z(r^2 - 3x^2)}{r^5} . \qquad (347)$$

En permutant x et y dans cette expression, nous obtenons immédiatement $\dfrac{d\eta}{dy}$:

$$\frac{d\eta}{dy} = -\, p\, \frac{r^2\,(z+r) - y^2\,(z+2r)}{(z+r)^2\, r^3} + n\, \frac{z\,(r^2 - 3y^2)}{r^5}. \qquad (348)$$

Enfin, la troisième des équations (346) fournit par différenciation la relation :

$$\frac{d\zeta}{dz} = -\, q\, \frac{z}{r^3} + n\, \frac{z\,(2r^2 - 3z^2)}{r^5}. \qquad (349)$$

Si nous additionnons les 3 dérivées que nous venons de calculer, nous obtenons e (formule 289). Dans la somme, les termes contenant le facteur n se réduisent à

$$n\, \frac{z}{r^3}\,;$$

et ceux que multiplie p peuvent s'écrire :

$$-\, p\, \frac{2r^2\,(z+r) - (r^2 - z^2)\,(z+2r)}{(z+r)^2\, r^3}.$$

Si l'on effectue les simplifications, cette expression se réduit à :

$$-\, p\, \frac{z\,(r^2 + 2rz + z^2)}{(z+r)^2\, r^3}$$

ou, enfin, si l'on divise par $(z+r)^2$, à :

$$-\, p\, \frac{z}{r^3}.$$

Donc, finalement :

$$e = (n - p - q)\, \frac{z}{r^3}. \qquad (350)$$

Il nous faut maintenant former $\Delta^2\zeta$. La différenciation directe serait trop longue, aussi établirons-nous de préférence quelques formules préliminaires dont l'emploi abrégera le calcul.

Soient A et B deux fonctions quelconques de x, y et z ; on a :

$$\frac{d}{dx}(AB) = A\frac{dB}{dx} + B\frac{dA}{dx},$$

$$\frac{d^2}{dx^2}(AB) = A\frac{d^2B}{dx^2} + 2\frac{dA}{dx}\frac{dB}{dx} + B\frac{d^2A}{dx^2}.$$

On trouverait de même deux expressions analogues pour les dérivées par rapport à y et à z ; par conséquent :

$$\Delta^2(AB) = A\Delta^2 B + B\Delta^2 A +$$
$$+ 2\left(\frac{dA}{dx}\frac{dB}{dx} + \frac{dA}{dy}\frac{dB}{dy} + \frac{dA}{dz}\frac{dB}{dz}\right). \quad (351)$$

Cherchons encore la valeur de $\Delta^2\left(\frac{1}{A}\right)$, A étant comme ci-dessus une fonction de x, y et z. Nous avons :

$$\frac{d}{dx}\left(\frac{1}{A}\right) = -\frac{1}{A^2}\frac{dA}{dx},$$
$$\frac{d^2}{dx^2}\left(\frac{1}{A}\right) = -\frac{1}{A^3}\frac{d^2A}{dx^2} + \frac{2}{A^3}\left(\frac{dA}{dx}\right)^2,$$

et par suite, en tenant compte des expressions de même forme que l'on peut établir pour $\frac{d^2}{dy^2}\left(\frac{1}{A}\right)$ et $\frac{d^2}{dz^2}\left(\frac{1}{A}\right)$:

$$\Delta^2\frac{1}{A} = -\frac{1}{A^2}\Delta^2 A + \frac{2}{A^3}\left[\left(\frac{dA}{dx}\right)^2 + \left(\frac{dA}{dy}\right)^2 + \left(\frac{dA}{dz}\right)^2\right]. \quad (352)$$

Calculons maintenant $\Delta^2 r$. Nous avons déjà trouvé :

$$\frac{dr}{dx} = \frac{x}{r},$$

donc

$$\frac{d^2r}{dx^2} = \frac{1}{r} - \frac{x}{r^2}\frac{dr}{dx} = \frac{r^2 - x^2}{r^3}.$$

Nous avons des expressions analogues pour les dérivées par rapport à y et à z ; il vient donc, si l'on tient compte de (345) :

$$\Delta^2 r = \frac{2}{r}. \quad (353)$$

En vertu de (352), nous trouvons, toutes réductions faites :

$$\Delta^2 \frac{1}{r} = 0. \tag{354}$$

C'est là, notons-le en passant, une des formules les plus connues de la théorie du potentiel. — Poursuivant notre but, nous formons :

$$\Delta^2 (z + r) = \Delta^2 z + \Delta^2 r = \frac{2}{r},$$

et, d'après (352),

$$\Delta^2 \left(\frac{1}{z+r}\right) = -\frac{2}{r(z+r)^2} + \frac{2}{(z+r)^3}\left[\left(\frac{x}{r}\right)^2 + \left(\frac{y}{r}\right)^2 + \left(\frac{z+r}{r}\right)^2\right]$$

$$= \frac{2}{r(z+r)^2}. \tag{355}$$

Nous trouvons encore à l'aide de la formule (351) et en tenant compte de (354) :

$$\Delta^2 \left(\frac{x}{r}\right) = \Delta^2 \left(x \times \frac{1}{r}\right) = -2\frac{x}{r^3}. \tag{356}$$

Ces calculs préliminaires faits, nous pouvons former sans grande peine $\Delta^2\xi$. Pour Δ^2 du premier terme de ξ, nous avons d'abord, étant donnée la formule (351) :

$$\Delta^2 \frac{x}{r(z+r)} = \frac{x}{r}\Delta^2\left(\frac{1}{z+r}\right) + \frac{1}{z+r}\Delta^2\frac{x}{r} +$$
$$2\left[-\left(\frac{1}{r} - \frac{x^2}{r^3}\right)\frac{x}{r(z+r)^2} + \frac{xy}{r^3}\frac{y}{r(z+r)^2} + \frac{xz}{r^3}\frac{z+r}{r(z+r)^2}\right],$$

ce qui peut s'écrire, en tenant compte de (355) et (356) et en effectuant les opérations :

$$\Delta^2 \frac{x}{r(z+r)} = \frac{2x}{r^2(z+r)^2} - \frac{2x}{r^3(z+r)} + 2x\frac{-r^2 + x^2 + y^2 + z^2 + rz}{r^4(z+r)^2}$$
$$= 2x\frac{r^2 - r(z+r) + rz}{r^4(z+r)^2}.$$

Le membre de droite s'annule, donc :

$$\Delta^2 \frac{x}{r(z+r)} = 0. \tag{357}$$

Nous pouvons poser aussi immédiatement :

$$\Delta^2 \frac{y}{r(z+r)} = 0, \tag{358}$$

par suite de la symétrie des expressions.

Effectuons maintenant l'opération Δ^2 sur le second terme de ξ. Nous avons d'abord :

$$\frac{d}{dx}\left(\frac{1}{r^3}\right) = -3\frac{x}{r^5},$$

$$\frac{d^2}{dx^2}\left(\frac{1}{r^3}\right) = -\frac{3}{r^5} + 15\frac{x^2}{r^7},$$

les dérivés secondes par rapport à y et à z sont de même forme, par suite :

$$\Delta^2\left(\frac{1}{r^3}\right) = \frac{6}{r^5}. \tag{359}$$

$\Delta^2 zx$ étant nul, nous avons, formule (351) :

$$\Delta^2 \frac{zx}{r^3} = \frac{6zx}{r^5} - 2\left(z\frac{3x}{r^5} + x\frac{3z}{r^5}\right),$$

$$= -\frac{6xz}{r^5}. \tag{360}$$

Nous trouvons donc, finalement, en vertu des formules (357) et (360) :

$$\Delta^2\xi = -6n\frac{zx}{r^5}.$$

L'équation (350) donne :

$$\frac{de}{dx} = -3(n-p-q)\frac{zx}{r^5};$$

si l'on substitue les deux valeurs précédentes dans la première des équations fondamentales,

$$\Delta^2\xi + \frac{m}{m-2}\frac{de}{dx} = 0,$$

on reconnaît que celle-ci est identiquement satisfaite, si les constantes p, q, n sont telles que

$$2n + \frac{m}{m-2}(n-p-q) = 0. \tag{361}$$

La considération de la seconde des équations fondamentales ne fournit pas de relation nouvelle, toutes les formules étant absolument symétriques par rapport à x et y ou ξ et η. Elle sera certainement satisfaite si l'équation de condition (361) est remplie.

Calculons maintenant $\Delta^2\zeta$. Le Δ^2 du premier terme de ζ disparaît à cause de la formule (354). Pour le Δ^2 du second, nous obtenons (formule 351) :

$$\Delta^2 \frac{z^2}{r^3} = z^2 \Delta^2 \frac{1}{r^3} + 2\frac{1}{r^3} - 4z\frac{3z}{r^5},$$

ou, en tenant compte de (359) :

$$\Delta^2 \frac{z^2}{r^3} = \frac{2r^2 - 6z^2}{r^5}. \tag{362}$$

Nous avons donc :

$$\Delta^2\zeta = n\,\frac{2r^2 - 6z^2}{r^5}.$$

D'autre part, d'après (350)

$$\frac{de}{dz} = (n - p - q)\left(\frac{1}{r^3} - 3\frac{z^2}{r^5}\right);$$

si nous substituons les deux valeurs qui précèdent dans la troisième des équations fondamentales :

$$\Delta^2\zeta + \frac{m}{m-2}\frac{de}{dz} = 0,$$

nous voyons que celle-ci est aussi identiquement satisfaite si la relation (361) est remplie.

Nous avons donc prouvé que le système de déplacements élastiques ξ, η, ζ choisi (éq. 346) correspond à un état élastique possible. Il nous reste à montrer qu'il satisfait de plus aux conditions aux limites du problème. Ces conditions sont les suivantes : Le plan horizontal limitant le corps n'étant sollicité que par la seule force P, les composantes R_x des actions moléculaires doivent être nulles pour $z = o$, sauf dans le voisinage immédiat de l'origine. Il faut, de plus, et pour la même raison, que les composantes S_{zx} et S_{zy} soient nulles en tous les points de la surface. Vérifions d'abord si cette dernière condition est satisfaite. Nous avons (formules 290):

$$S_{zx} = G\left(\frac{d\xi}{dz} + \frac{d\zeta}{dx}\right),$$

$$S_{zy} = G\left(\frac{d\eta}{dz} + \frac{d\zeta}{dy}\right);$$

d'autre part, les relations (346) fournissent, pour les dérivées partielles qui figurent dans ces expressions, les valeurs suivantes :

$$\frac{d\xi}{dz} = p\,\frac{x}{r^3(z+r)^2}\left(r + \frac{z^2}{r} + 2z\right) + \frac{nx}{r^3} - 3n\,\frac{z^2 x}{r^5}$$

$$= p\,\frac{x}{r^3} + nx\,\frac{r^2 - 3z^2}{r^5},$$

$$\frac{d\zeta}{dx} = -q\,\frac{x}{r^3} - 3n\,\frac{z^2 x}{r^5},$$

$$\frac{d\eta}{dx} = p\,\frac{y}{r^3} + ny\,\frac{r^2 - 3z^2}{r^5},$$

$$\frac{d\zeta}{dy} = -q\,\frac{y}{r^3} - 3n\,\frac{z^2 y}{r^5}.$$

Si nous substituons ces valeurs dans les formules de S_{zx} et S_{zy}, nous obtenons, toutes réductions faites,

$$\left.\begin{aligned}
S_{zx} &= G\,\frac{x}{r^3}\left(p + n - q - 6n\,\frac{z^2}{r^2}\right), \\
S_{zy} &= G\,\frac{y}{r^3}\left(p + n - q - 6n\,\frac{z^2}{r^2}\right).
\end{aligned}\right\} \qquad (363)$$

Ces composantes doivent être nulles pour $z = o$; il faut par conséquent que les constantes p, n, q satisfassent à l'équation de condition :

$$p + n - q = o. \qquad (364)$$

Calculons maintenant R_z ; la formule (294) donne :

$$R_z = 2G\left(\frac{d\zeta}{dz} + \frac{e}{m-2}\right),$$

nous avons ici :

$$\frac{d\zeta}{dz} = -\, q\, \frac{z}{r^3} + n\left(\frac{2z}{r^3} - \frac{3z^3}{r^5}\right),$$

et

$$e = (n - p - q)\frac{z}{r^3};$$

par suite :

$$R_z = 2G\, \frac{z}{r^3}\left[-\, q + 2n + \frac{n - p - q}{m - 2} - 3n\, \frac{z^2}{r^2}\right].$$

Cette expression s'annule en effet pour $z = o$, sauf dans le voisinage de l'origine. En ce point $r = o$, z prend la valeur indéterminée $\frac{o}{o}$. Nous pouvons encore simplifier l'expression de R_z; résolvons, par rapport à p et q, les deux équations (361) et (364) qui lient entre elles les constantes p, q, n, nous obtenons :

$$\left.\begin{aligned}p &= \frac{m - 2}{m}\, n, \\[4pt] q &= \frac{2m - 2}{m}\, n.\end{aligned}\right\} \tag{365}$$

En substituant ces valeurs dans R_z, nous trouvons finalement :

$$R_z = -\, 6Gn\, \frac{z^3}{r^5}. \tag{366}$$

Cette formule ne nous permet pas de déterminer les valeurs que R_z prend à l'intérieur de la surface de contact. Il faut, du reste, remarquer que toute la théorie renonce à décrire les phénomènes qui se produisent dans le voisinage immédiat du point d'application de la charge ; sans cela, nous n'aurions pu prendre pour les déplacements élastiques les valeurs choisies (formules 346). Celles-ci prennent, en effet, la valeur indéterminée $\frac{o}{o}$ à l'origine.

La théorie de Boussinesq n'est valable que pour les points

situés à une certaine distance de l'origine et se base sur l'hypothèse que, pour ces points, la répartition de la charge à l'origine n'exerce pas d'influence sensible.

Il nous reste à déterminer la constante n qui dépend de l'intensité de la force P. Pour éviter d'avoir à considérer les phénomènes dans le voisinage immédiat de l'origine, nous procédons de la manière suivante : menons un plan horizontal à une distance z de l'origine ; si nous faisons abstraction du poids propre du corps, il est évident que la somme des composantes R_z qui agissent sur ce plan doit être égale à P. Traçons dans ce plan une circonférence de rayon ρ dont le centre soit sur l'axe des z, nous avons :

$$\rho^2 = r^2 - z^2. \tag{367}$$

D'après (366), R_z possède en tous les points de la circonférence la même valeur, par conséquent la grandeur de la résultante des forces R_z qui agissent sur une surface annulaire comprise entre les circonférences de rayon ρ et $\rho + d\rho$ est égale à :

$$6Gn \frac{z^3}{(\rho^2 + z^2)^{\frac{5}{2}}} 2\pi\rho d\rho.$$

L'intégrale de cette expression, prise entre les limites $\rho = o$ et $\rho = \infty$, doit être égale à P. Nous pouvons laisser de côté le signe $-$ de la formule (366), qui exprime simplement que R_z est un effort de compression. Nous avons donc :

$$6Gn\pi z^3 \int_0^\infty \frac{2\rho d\rho}{(\rho^2 + z^2)^{\frac{5}{2}}} = P ;$$

l'intégrale est facile à calculer ; on a :

$$\int_0^\infty \frac{2\rho d\rho}{(\rho^2 + z^2)^{\frac{5}{2}}} = \left[-\frac{2}{3} (\rho^2 + z^2)^{-\frac{3}{2}} \right]_0^\infty = \frac{2}{3z^3},$$

donc

$$4Gn\pi = P.$$

Pour que cette relation soit identiquement satisfaite, il suf_
fit de prendre

$$n = \frac{P}{4\pi G}. \tag{368}$$

Si nous introduisons les valeurs des constantes p, q, n
dans les expressions de ξ, η, ζ, celles-ci deviennent :

$$\left.\begin{aligned}
\xi &= -\frac{m-2}{4\pi mG} P \frac{x}{r(z+r)} + \frac{P}{4\pi G} \frac{zx}{r^3}, \\
\eta &= -\frac{m-2}{4\pi mG} P \frac{y}{r(z+r)} + \frac{P}{4\pi G} \frac{zy}{r^3}, \\
\zeta &= \frac{2m-2}{4\pi mG} P \frac{1}{r} + \frac{P}{4\pi G} \frac{z^2}{r^3}.
\end{aligned}\right\} \tag{369}$$

Pour comparer ces résultats avec ceux fournis par l'expérience, le mieux est de contrôler les valeurs de ζ à la surface du
corps, car ce sont évidemment les déformations du plan supérieur dans le sens de l'axe des z qui peuvent se mesurer le
plus facilement. Pour $z = o$, nous avons, en tenant compte de
la relation :

$$G = \frac{Em}{2(m+1)},$$

$$\zeta_0 = \frac{m^2-1}{m^2\pi E} \frac{P}{r}. \tag{370}$$

Il résulte de cette formule que le plan considéré se transforme, dans la déformation, en un hyberboloïde de révolution.
En particulier, il devrait en être ainsi avec le sol si celui-ci
obéissait à la loi de Hooke. Nous avons déjà signalé à l'article 74 les essais de l'auteur qui ne confirment pas cette conclusion.

L'état élastique du corps est complètement déterminé par
les relations (369). Il serait facile maintenant d'en tirer diverses conséquences au sujet de la répartition des actions
moléculaires. Nous n'entrerons toutefois pas dans de plus
longs calculs, et nous nous bornerons à signaler quelques
résultats que le lecteur pourra établir lui-même sans difficulté.

Il suffit d'étudier la répartition des actions moléculaires dans un plan quelconque passant par l'axe des z, car cette répartition est la même pour tous les autres. Considérons le plan yz par exemple, et menons un plan horizontal, $z =$ const., qui coupe le premier suivant une horizontale. En tous les points de cette ligne, $S_{zy} = o$ (ce qui résulte du reste de la symétrie). Soit T la résultante de R_z et S_{zx} pour la section horizontale ; cette force passe par l'origine et son intensité est donnée par la formule :

$$T = \frac{3Pz^2}{2\pi r^4}.\qquad(371)$$

De plus, si l'on trace une circonférence de rayon quelconque, passant par l'origine et dont le centre se trouve sur l'axe des z, on démontre que T possède la même valeur en tous les points de la circonférence et varie en raison inverse du carré du rayon de celle-ci. Ces indications permettent de se faire une idée relativement claire de la répartition des actions moléculaires.

116. Théorie de Hertz. — La théorie de Hertz se meut sensiblement dans les mêmes voies que celle de Boussinesq, elle demande toutefois des calculs plus longs ; c'est pourquoi nous avons préféré traiter la théorie de Boussinesq d'une façon plus détaillée, tandis que nous ne ferons qu'indiquer les grands traits de la théorie de Hertz. Pour une étude plus approfondie de la question, nous renverrons le lecteur soit au mémoire original de Hertz, soit à l'ouvrage de Love : *Treatise on the theory of Elasticity*, 2 vol., Cambridge, 1892-93.

Hertz détermine aussi un système de valeurs ξ, η, ζ qui satisfait les équations générales et les conditions à la limite. Il considère deux corps dont les surfaces ont des courbures quelconques et les suppose pressés l'un contre l'autre avec une force donnée. Il admet toutefois que la surface de contact créée par déformation est de dimensions très petites comparativement aux rayons de courbures des surfaces. Tandis que la théorie de Boussinesq cesse d'être valable dans le voisinage du point d'application de la force, la théorie d'Hertz rend compte au contraire des phénomènes à l'intérieur de la surface de contact des deux corps et dans le voisinage immédiat de celle-ci. Par contre, pour les points situés à des distances finies, elle cesse d'être applicable.

On trouve que la surface de contact est toujours limitée par une ellipse, qui, dans quelques cas spéciaux devient un cercle.

Les expressions pour ξ, η, ζ sont plus compliquées que dans la théorie de Boussinesq. Nous pouvons résumer la marche du problème de la façon suivante : on considère l'équation (297) :

$$\Delta^2 u + \frac{m}{m-2} \Delta e = o.$$

On sait, par la théorie du potentiel, que la force u émanant de masses distribuées d'une façon quelconque sur une surface, et dont l'intensité varie en raison inverse du carré de la distance, satisfait à l'équation ci-dessus en tous les points de l'espace, sauf à l'intérieur de la surface. Ainsi, si l'on suppose la surface de contact des deux corps couverte de masses attractives (par exemple de masses électriques) réparties selon une loi de densité déterminée, et si l'on prend en chaque point du corps les déplacements élastiques proportionnels à la force attractive émanant de ces masses, on obtient un système possible de valeurs ξ, η, ζ. Celui-ci ne satisfait toutefois pas les conditions aux limites. Par contre, il est possible de former, à l'aide du potentiel de ces masses, d'autres fonctions qui satisfont les équations générales et certaines des conditions à la limite, de sorte qu'après quelques essais, on peut arriver à la vraie solution. C'est le chemin que paraît avoir suivi Hertz dans ses recherches.

Soit **V** le potentiel des masses réparties sur la surface de contact ; si nous formons la fonction Π définie par la relation suivante :

$$\Pi = az\mathrm{V} + b \int_z^\infty \mathrm{V}\,dz, \qquad (372)$$

il est facile de reconnaître que le système de valeurs

$$\left. \begin{aligned} \xi &= \frac{d\Pi}{dx}, \\ \eta &= \frac{d\Pi}{dy}, \\ \zeta &= \frac{d\Pi}{dz} + c\mathrm{V}, \end{aligned} \right\} \qquad (373)$$

satisfait aux équations fondamentales, à la condition que les constantes a, b, c remplissent la relation :

$$2a + \frac{m}{m-2}(2a + c) = o. \qquad (374)$$

Il reste à vérifier les conditions aux limites. Les actions moléculaires tangentielles doivent être nulles à la surface des corps. Si l'on forme S_{xz} et S_{zy}, on voit que cette condition est remplie si :

$$2a - 2b + c = o. \qquad (375)$$

Après quelques transformations, et en remplaçant b et c en fonction de a à l'aide des équations (374) et (375), on trouve pour R_z :

$$\mathrm{R}_z = 2a\mathrm{G}\left(z\,\frac{d^2\mathrm{V}}{dz^2} - \frac{d\mathrm{V}}{dz}\right). \qquad (376)$$

A la surface des corps, c'est-à-dire pour $z = o$, cette expression se réduit à :

$$\mathrm{R}_{z=o} = -2\mathrm{G}a\,\frac{d\mathrm{V}}{dz}. \qquad (377)$$

Cette quantité s'annule partout, sauf à l'intérieur de la surface de contact. On voit maintenant la raison pour laquelle nous avons supposé que les masses dont nous avons pris le potentiel sont réparties seulement à l'intérieur de cette surface.

Telle est, dans ses grands traits, la théorie de Hertz. Natu-

rellement, il faut considérer les deux corps ; d'où résulte encore quelques conditions aux limites, dans l'exposé desquelles
nous n'entrerons pas.

Les résultats les plus importants auxquels Hertz est arrivé
sont les suivants. Supposons que, lorsque les corps sont à leur
état initial, c'est-à-dire qu'ils ont un point de contact commun, on détermine dans le voisinage immédiat de ce dernier
le lieu des points des deux surfaces qui sont distants, dans le
sens de l'axe des z, d'une quantité constante très petite e. La
projection du lieu géométrique de ces points sur le plan tangent commun aux deux surfaces est une ellipse (théorie de
l'indicatrice). Hertz trouve que la surface de contact est aussi
limitée par une ellipse dont les axes coïncident avec ceux de
la précédente ; par contre le rapport des axes entre eux n'est
pas le même. Il trouve pour les demi-axes a et b de l'ellipse
de contact :

$$\left.\begin{aligned} a &= \mu . \sqrt[3]{\frac{3P(\theta_1 + \theta_2)}{8(\rho_{11} + \rho_{12} + \rho_{21} + \rho_{22})}}, \\ b &= \nu \sqrt[3]{\frac{3P(\theta_1 + \theta_2)}{8(\rho_{11} + \rho_{12} + \rho_{21} + \rho_{22})}}. \end{aligned}\right\} \qquad (378)$$

Les coefficients numériques μ et ν ne dépendent que du rapport des axes de l'ellipse $e =$ const. Hertz en donne une table. Si l'ellipse $e =$ constante dégénère en cercle, $\mu = \nu = 1$, la
surface de contact est aussi limitée par une circonférence.
Dans la formule précédente, P désigne la force avec laquelle
les deux corps sont pressés l'un contre l'autre ; θ_1 et θ_2 sont
deux constantes se rapportant chacune à l'un des corps et dépendant des propriétés élastiques de la matière. Etant donné
nos notations, nous avons :

$$\theta = \frac{4(m^2 - 1)}{m^2 E} = \frac{2(m - 1)}{mG}.$$

Enfin, les quantités ρ représentent les 4 courbures principales des deux corps à l'état initial (ce sont donc les valeurs réci-
proques des rayons de courbure principaux).

La répartition des actions moléculaires R_z sur la surface de contact est donnée par la formule :

$$R_z = \frac{3P}{2\pi ab} \sqrt{1 - \frac{x^2}{a^2} - \frac{y^2}{b}}. \tag{379}$$

A la périphérie $R_z = o$; sur le reste de la surface, R_z varie comme l'ordonnée d'un ellipsoïde construit sur la surface de contact. R_z atteint sa plus grande valeur au centre de cette dernière. Cette valeur maximum est égale à 1 1/2 la valeur moyenne pour la surface entière.

Dans le cas particulier d'une surface de contact circulaire, on trouve pour la valeur maximum R_0 de R_z :

$$R_0 = \frac{3}{2\pi} \sqrt[3]{P\left[\frac{8\,(\rho_{11} + \rho_{12} + \rho_{21} + \rho_{22})}{3\,(\theta_1 + \theta_2)}\right]^2}, \tag{380}$$

et, pour le rapprochement α qu'éprouvent les deux corps par le fait de leur aplatissement :

$$\alpha = \frac{3\,P\,(\theta_1 + \theta_2)}{16a}. \tag{381}$$

Le diamètre $2a$ de la surface de contact croît proportionnellement à la troisième racine de P, ainsi que R_z ; α varie proportionnellement à la puissance 2/3 de P.

En particulier, pour *deux sphères* de même matière, de rayons r_1 et r_2, on trouve, si l'on remplace θ par la valeur indiquée plus haut et si l'on prend $m = \frac{10}{3}$:

$$a = 1,11 \sqrt[3]{\frac{P}{E} \frac{r_1 r_2}{r_1 \pm r_2}} \tag{382}$$

Le signe — dans la formule ci-dessus correspond au cas où l'une des sphères serait creuse. De plus :

$$R_0 = 0,388 \sqrt[3]{P E^2 \left[\frac{r_1 + r_2}{r_1 r_2}\right]^2}, \tag{383}$$

$$\alpha = 1,23 \sqrt[3]{\frac{P}{E^2} \frac{r_1 + r_2}{r_1 r_2}}. \tag{384}$$

Un autre cas intéressant est celui d'une *sphère de rayon* **r** *et d'une plaque*; on le déduit du précédent en faisant croître indéfiniment le rayon de l'une des sphères. Il vient :

$$a = 1,11 \sqrt[3]{\frac{Pr}{E}}, \qquad (385)$$

$$R_0 = 0,338 \sqrt[3]{\frac{P\,E^2}{r^2}}, \qquad (386)$$

$$a = 1,23 \sqrt[3]{\frac{P^2}{E^2 r}}. \qquad (387)$$

Pour *deux cylindres de même rayon, croisés à angle droit*, on trouve :

$$R_0 = 0,388 \sqrt[3]{\frac{PE^2}{r^2}}. \qquad (388)$$

Cas de deux cylindres de rayon r_1 et r_2 qui se touchent suivant une génératrice. Il faut admettre les cylindres infiniment longs, l'un des demi-axes de l'ellipse de contact devient infini et l'autre prend la valeur :

$$a = 1,52 \sqrt{\frac{P'}{E}\frac{r_1 r_2}{r_1 + r_2}}, \qquad (389)$$

on trouve aussi :

$$R_0 = 0,418 \sqrt{P'E\,\frac{r_1 + r_2}{r_1 r_2}}. \qquad (390)$$

Nous remarquons expressément que, dans ce cas, les racines sont des racines carrées. P' désigne la pression par unité de longueur; c'est donc une quantité de la dimension $\frac{kg.}{cm.}$. Si l'on remplace l'un des cylindres par une plaque, on trouve :

$$a = 1,52 \sqrt{\frac{P'r}{E}}, \qquad (391)$$

$$R_0 = 0,418 \sqrt{\frac{P'E}{r}}. \qquad (392)$$

Pour que les formules soient applicables, il faut supposer l'épaisseur de la plaque assez grande pour que les actions moculaires se répartissent sensiblement comme si l'épaisseur était infinie.

117. De la dureté des corps, de celle des métaux en particulier. — La notion de dureté existe à côté des autres propriétés élastiques sans aucun lien avec celles-ci. Il en était du moins ainsi avant les expériences faites par Hertz sur ce sujet. Les minéralogistes déterminent la dureté des corps selon la plus ou moins grande aptitude de ceux-ci à rayer le verre, ils ont ainsi établi une échelle dans laquelle les différents degrés de dureté sont désignés par des numéros d'ordre. Lorsqu'il s'agit de métaux, on entend plus spécialement par dureté la résistance plus ou moins grande que l'on rencontre lorsqu'on travaille la matière avec des outils tranchants sur le tour, la raboteuse, etc. Pour l'acier, on se contente souvent de la définir par l'indication de la teneur en substances (carbone, manganèse chrome, etc.) qui exercent une influence sur la dureté.

Hertz a cherché à remédier à cette incertitude dans la définition de la dureté. Il part du fait que celle-ci est une propriété élastique de la matière qui entre en jeu lorsque deux corps de même matière ou de matières différentes sont pressés l'un contre l'autre. Si la pression est suffisante pour que le contact laisse une empreinte durable, il se produit à la surface des corps une détérioration quelconque si l'on meut l'un des corps par rapport à l'autre. Pour pouvoir définir la dureté en partant de ce point de vue, il faut naturellement connaître les propriétés de l'état élastique créé dans les deux corps par suite de leur contact. C'est ce qui a conduit Hertz à établir la théorie que nous venons d'exposer.

Afin d'obtenir une mesure absolue de la dureté, Hertz a proposé de comparer chaque matière avec elle-même, c'est-à-dire d'étudier la compression de deux solides de même matière. Il propose de plus de choisir la forme des éprouvettes, de façon que la surface de contact soit un cercle et d'augmenter insensiblement la force avec laquelle les deux corps sont comprimés l'un contre l'autre jusqu'à ce que l'on atteigne la limite à partir de laquelle les déformations plastiques commencent à se produire. Comme mesure absolue de la dureté, on prendrait la valeur maxima R_0 des actions moléculaires R_z au centre de la surface de contact, qui correspond à cette charge limite.

Hertz n'a vérifié sa méthode que pour le verre. Plus tard, Auerbach l'a employée pour divers minéraux et diverses sortes de verre. En général, les expériences ont confirmé la théorie ; par contre elles ont mis au jour un fait inattendu : l'influence des dimensions absolues des corps sur les résultats. Il se produit un phénomène qui peut se comparer aux phénomènes de capillarité dans les liquides. En effet, si l'on n'admettait pas l'existence de ce fait, on ne pourrait expliquer l'influence des dimensions absolues du corps, à supposer toujours que l'on puisse faire abstraction de son poids propre : il suffirait de supposer les dimensions de chaque élément de volume doublées et de multiplier par 2 les ξ, η, ζ, tout en laissant les composantes des actions moléculaires invariables, pour obtenir une solution remplissant les mêmes conditions aux limites que la première. Par conséquent, comme il n'existe pas d'erreur dans la théorie de Hertz, on est forcé d'admettre que les couches extérieures d'un solide, c'est-à-dire précisément celles qui jouent un rôle important pour la dureté, se comportent autrement que les couches intérieures. Ce fait n'a rien d'étonnant en lui-même : on sait depuis longtemps qu'il en est ainsi pour les liquides. Le phénomène est beaucoup moins marqué dans les corps solides, de sorte qu'il avait échappé à l'observation.

Dans le cas de matières cassantes, telles que le verre, il est facile de déterminer la dureté selon la définition de Hertz, car les déformations plastiques qui se produisent consistent en une fissure dont il est facile de déterminer l'apparition. **Pour** les métaux, il est plus difficile d'employer la méthode, car on manque de criterium certain pour l'apparition des déformations plastiques.

De nombreuses expériences entreprises par l'auteur et continuées par un de ses élèves, M. Schwerd, avec différentes sortes de fer et d'acier, ont permis de créer une méthode de détermination de la dureté qui paraît répondre d'une manière satisfaisante au but que l'on s'est proposé. On forme avec le métal à essayer deux demi-cylindres soigneusement polis de 20 mm. de rayon. Ces deux solides sont placés en croix l'un sur l'autre, de sorte qu'à l'état initial le contact a lieu en un point des surfaces cylindriques. On soumet ensuite ces solides à une certaine pression, et l'on observe le rayon de la surface de contact qui se forme par suite de la déformation. Pour faciliter la mesure du rayon de cette surface, on recouvre les éprouvettes de noir de fumée. On fait croître insensiblement la force de compression jusqu'à ce que le diamètre de la surface de contact atteigne 3 ou 4 mm. On constate que, pour les diamètres supérieurs à 1 1/2 — 2 mm., l'aire des surfaces de contact est sensiblement proportionnelle aux forces de compression correspondantes. Ce résultat est en désaccord apparent avec les formules de l'article précédent ; il faut songer toutefois que celles-ci ne sont applicables qu'aux déformations élastiques, tandis que nous avons ici des déformations plastiques. Si l'on divise la force de compression par l'aire de la surface de contact correspondante, exprimée en mm² par exemple, on obtient, en répétant l'opération pour des forces d'intensités différentes, une série de chiffres qui varient fort peu les uns des autres ; en en prenant la moyenne, on obtient une valeur qui peut servir de mesure pour la dureté du métal.

L'influence des dimensions des éprouvettes se fait également ment sentir ; par exemple, pour une même sorte de bronze, on a trouvé, pour la dureté, les chiffres suivants : 94,77,63 kg.

par mm², suivant que les rayons des éprouvettes étaient 10, 20 ou 40 mm.

Il est donc absolument nécessaire d'employer dans les essais des éprouvettes de rayon normal de 20 mm., afin d'obtenir des résultats comparables entre eux. A la rigueur, on peut rapporter les chiffres obtenus au rayon normal, si l'on remarque que la dureté apparente varie sensiblement en raison inverse de la racine cubique du rayon des éprouvettes.

Des essais faits selon le même procédé avec des billes d'acier coulé ont montré que la dureté apparente varie aussi en raison inverse de la racine cubique du rayon des sphères. Ces expériences ont prouvé de plus que la dureté apparente de la même matière, lorsqu'elle est sous forme de bille, est plus grande que lorsqu'elle est mise sous forme cylindrique.

Pour des sphères et des cylindres de rayons égaux, il faut multiplier les chiffres correspondant à la première forme par 2/3 environ, pour obtenir ceux qui correspondent à la seconde.

§ 6

ÉTAT ÉLASTIQUE A L'INTÉRIEUR D'UNE MASSE DE TERRE MEUBLE

118. Calcul des actions moléculaires. — Notre intention n'est pas d'établir ici une théorie complète de la poussée des terres, nous désirons seulement donner un résumé de la question, en nous servant des résultats qui précèdent.

Nous avons déjà indiqué que le terrain est susceptible de subir des déformations élastiques ; toutefois, ce n'est pas ces dernières que nous voulons étudier.

Considérons une couche de sable répandue sur le sol, ayant partout la même épaisseur et couvrant une étendue illimitée, et déterminons l'état élastique régnant en un point quelconque de cette masse. Le point considéré doit toutefois être assez loin des bords, pour que l'on puisse admettre que l'influence de ces derniers est nulle.

Dans ces conditions, il est évident que l'état élastique qui règne aux points correspondants d'une série de verticales tracées à travers la couche de sable est le même partout. Prenons une de ces verticales, dirigée de haut en bas, comme axe des z, nous pouvons indiquer immédiatement la valeur de R_z. Supposons un prisme de base dF et de hauteur z, nous devons avoir :

$$R_z \, dF = \gamma z dF, \qquad (393)$$

γ étant le poids spécifique du sable. La composante verticale de l'action moléculaire qui agit en un point donné est donc de même grandeur que dans un liquide de densité γ. Dans le sens horizontal, il est évident que les actions moléculaires doivent être les mêmes dans toutes les directions. L'ellipsoïde des actions moléculaires est, par suite, de révolution autour de l'axe des z. Donc :

$$R_x = R_y \, .$$

L'état élastique considéré ne diffère de celui qui règne à l'intérieur d'un liquide qu'en ce que $R_x = R_y$ ne sont pas égaux à R_z. Il nous faut précisément chercher le rapport entre les actions moléculaires horizontales et l'action moléculaire principale verticale. Il est évident que ce rapport dépend des propriétés physiques de la matière. Si les grains de sable n'exerçaient aucun frottement les uns sur les autres, la masse totale se comporterait comme un liquide, et le rapport cherché serait égal à 1. L'intensité des actions moléculaires horizontales dépendra donc de la grandeur du frottement.

Nous définirons la grandeur du frottement à l'aide de l'angle de frottement que nous pouvons appeler aussi ici angle d'éboulement, car sur les bords le sable prend de lui-même cette inclinaison. Si l'on essayait de donner aux bords du tas de sable une pente plus forte, ceux-ci s'écrouleraient. D'après la théorie du frottement, ce fait se produit lorsque l'angle entre la normale à la pente et la verticale est plus grand que l'angle de frottement. Donc, celui-ci est bien égal à l'angle d'éboulement. Soit φ cet angle ; considérons à l'intérieur de la masse un prisme horizontal de longueur égale à l'unité, et dont la base est formée par un triangle rectangle infiniment petit. Supposons les arêtes du prisme parallèles à l'axe des y, soient dx et dz les côtés du triangle de base, ψ l'angle formé par l'hypoténuse avec l'horizontale (abstraction faite des lettres qui sont ici un peu différentes, nous pouvons nous servir de la figure 7). Pour établir les conditions d'équilibre de ce prisme, nous utilisons directement les résultats de l'article 11. Nous avons ici, en vertu des équations (9), et en remarquant que $S = o$:

$$\left.\begin{aligned} R' &= \frac{R_x + R_z}{2} + \frac{R_z - R_x}{2}\cos 2\psi, \\ S' &= \frac{R_x - R_z}{2}\sin 2\psi. \end{aligned}\right\} \tag{394}$$

Soit χ l'angle formé par l'action moléculaire dont les composantes sont R' et S' avec l'hypoténuse, nous trouvons :

$$\operatorname{tg}\chi = \frac{S'}{R'} = \frac{(R_x - R_z)\sin 2\psi}{R_x + R_z + (R_z - R_x)\cos 2\psi},$$

ce qui peut s'écrire, en développant $\sin 2\psi$ et $\cos 2\psi$ et en opérant les réductions :

$$\operatorname{tg}\chi = \frac{(R_x - R_z)\operatorname{tg}\psi}{R_z + R_x \operatorname{tg}^2\psi}. \tag{395}$$

Il nous importe surtout de connaître la valeur maximum χ' de l'angle χ. Nous trouvons cette valeur en égalant à zéro la dérivée de $\operatorname{tg}\chi$ par rapport à ψ. Comme ψ ne figure dans l'expression que sous la forme $\operatorname{tg}\psi$, il revient au même de dériver par rapport à cette quantité. Nous obtenons :

$$\frac{d \lg \chi}{d \lg \psi} = (\mathrm{R}_x - \mathrm{R}_z)\frac{\mathrm{R}z + \mathrm{R}x \lg^2\psi - 2\mathrm{R}x \lg^2\psi}{(\mathrm{R}z + \mathrm{R}x \lg^2\psi)^2},$$

d'où résulte l'équation :

$$\mathrm{R}_z - \mathrm{R}_x \lg^2\psi' = o,$$

et par suite :

$$\lg \psi' = \pm \sqrt{\frac{\mathrm{R}z}{\mathrm{R}x}}. \tag{396}$$

Le double signe indique que le maximum ou le minimum, en tous cas la plus grande valeur absolue de χ', se produit pour deux directions symétriques, ce qui, du reste, était à prévoir.

Si nous ne tenons compte que de la valeur absolue, nous trouvons, en substituant (396) dans (395) :

$$\lg \chi' = \frac{1}{2}\left(\sqrt{\frac{\mathrm{R}_z}{\mathrm{R}_x}} - \sqrt{\frac{\mathrm{R}_x}{\mathrm{R}_z}}\right) \tag{397}$$

χ' ne peut être plus grand que l'angle de frottement, sans cela il se produirait un glissement du terrain le long des sections de direction ψ'. C'est pourquoi l'on nomme ces dernières *surfaces de glissement*. Il est certain, par exemple, que le tassement qui s'opère dans une masse de terre fraîchement remuée se produit par une série de glissements de ce genre. Nous avons à envisager l'état limite dans lequel il y a encore équilibre. La grandeur de l'intensité moléculaire horizontale R_x qui correspond à cet état limite, s'appelle la *poussée active* du terrain. Nous la désignerons par R'_x. Si la masse considérée a été soumise à une compression préalable, ou si elle est tassée, R_x peut prendre des valeurs plus grandes que R'_x. Lorsque l'action des forces extérieures cesse, R_z doit se réduire immédiatement à des valeurs plus faibles. Il n'en est pas nécessairement de même pour R_x : il peut même se faire que R_x conserve, par suite de l'influence des charges appliquées avant, une valeur plus grande que R_z. Toutefois, le rapport entre R_x et R_z ne peut pas dépasser, dans ce cas non plus, la valeur qui correspondrait à un glissement à l'intérieur de la masse. La plus grande valeur de R_x compatible avec R_z est désignée sous le nom de *poussée passive des terres*. Nous la représenterons par R''_x.

Déterminons la valeur de la poussée active R'_x, c'est-à-dire de la plus petite valeur des actions moléculaires dans le sens horizontal qui soit compatible avec l'état d'équilibre. A cet effet, nous faisons tg $\chi' = $ tg φ dans la formule (397), et nous résolvons par rapport à $\dfrac{R_x}{R_z}$.

Posons pour abréger :

$$\text{tg } \varphi = f,$$

f, désignant le coefficient de frottement ; nous obtenons :

$$\frac{R_x}{R_z} = 2f^2 + 1 \pm 2f\sqrt{f^2 + 1}. \tag{398}$$

Pour obtenir la poussée active, nous devons prendre la racine avec le signe — ; le signe + correspond à la poussée passive.

Si l'on prend, par exemple, $\varphi = 35^\circ$, c'est-à-dire $f = 0,70$, valeur correspondant à celle observée pour le sable, on trouve :

$$R'_x = 0,27 R_z.$$

R'_x est donc environ égal à un quart de R_z ; c'est là une valeur approximative dont on fait souvent usage dans les applications.

On peut interpréter la formule que nous venons d'établir dans un autre sens. Si l'on substitue dans (397) la valeur de $\sqrt{\dfrac{R_x}{R_z}}$ prise de (396), on obtient, si l'on fait $\chi' = \varphi$,

$$\text{tg } \varphi = \frac{\text{tg}^2 \psi' - 1}{2 \text{ tg } \psi'} = - \text{cotg } 2\psi'. \tag{399}$$

Or, pour la poussée active, $R'_x < R_z$, tg ψ' est par conséquent, en vertu de (396), plus grand que l'unité, $2\psi'$ est donc un

angle obtus, et par suite l'angle de frottement un angle aigu.
La relation (399) donne :

$$2\,\psi' = \frac{\pi}{2} + \varphi \quad \text{ou} \quad \psi' = \frac{\pi}{4} + \frac{\varphi}{2}. \tag{400}$$

De là résulte une règle très simple pour la construction des surface de glissement. Celles-ci font avec l'horizontale ou en général avec la direction de l'action principale minimum un angle égal à 45° + le demi-angle de frottement.

119. Application des considérations précédentes au calcul de la poussée des terres contre les murs de soutènement. — Supposons que nous menions un plan vertical à travers la masse de terre considérée et que nous enlevions toute la partie située d'un côté de ce plan pour la remplacer par un mur. Si ce dernier n'existait pas, la masse glisserait jusqu'à ce que se soit formé un talus d'une inclinaison égale à l'angle d'éboulement. Le mur empêche ce mouvement de la masse, il est donc soumis à une certaine poussée, que nous voulons déterminer.

A première vue, il semble que l'on peut poser, en un point donné, cette force égale à l'action moléculaire R_x qui régnait en ce point avant que l'on ait enlevé une partie de la masse ; on pourrait dire à l'appui de cette supposition qu'il doit être indifférent, pour la partie restante, d'être maintenue en équilibre par le mur ou par le reste de la masse. Ce raisonnement n'est cependant pas absolument exact : tant que l'une des parties de la masse est soutenue par l'autre, il faut, par raison de symétrie, que R_x soit une action moléculaire principale ; par contre, lorsque l'une des parties est remplacée par le mur, la symétrie est absolument détruite. Il peut très bien se faire que la terre exerce non seulement un effort normal R_x sur le mur, mais aussi un effort tangentiel S. Si l'on tient compte du fait que le mur cède inévitablement, et effectue sous l'influence de la charge une rotation autour d'un axe horizontal, on arrive même à conclure que la composante S peut atteindre une valeur égale au produit de R_x par le coefficient de frottement. C'est un point de la théorie de la poussée des terres sur lequel il a déjà été beaucoup discuté et qui ne sera jamais élucidé définitivement que par des essais.

Si la surface du mur qui se trouve en contact avec la terre était absolument polie, de sorte que l'on fût certain qu'il n'existe aucune force de frottement entre le mur et la masse, on pourrait employer sans hésitation les formules de l'article précédent ; il serait en effet indifférent que la partie de la masse de terre considérée fût soutenue par le reste ou par un mur. Ces conditions n'étant pas remplies, il y a lieu d'être prudent dans les applications des formules précédentes au cas actuel.

Nous pouvons aussi supposer la masse de terre (nous admettons toujours implicitement que celle-ci est limitée par un plan horizontal) soutenue par un mur dont la face postérieure est dirigée suivant une surface de glissement du terrain. Il suffit pour cela que cette face forme un angle de $\frac{\pi}{4} + \frac{\varphi}{2}$ avec l'horizontale, c'est-à-dire par exemple un angle de 60°30′, si $\varphi = 35°$. Un cas semblable ne se présente pour ainsi dire jamais dans la pratique, toutefois s'il était réalisé, on pourrait dire avec plus de justesse que dans le cas précédent, que le mur remplace l'effet de la terre enlevée. Car, en effet, dans les petites déformations que subirait le mur, la surface de séparation entre celui-ci et la masse de terre jouerait le même rôle qu'une surface de glissement. Nous pourrions donc admettre comme grandeur de la poussée du terrain la valeur de l'action moléculaire que nous avons calculée pour une surface de glissement. Cette action moléculaire est dirigée dans le sens de l'autre surface de glissement, car l'angle que forment deux surfaces de glissement est égal à $\frac{\pi}{2} - \varphi$ ou $\frac{\pi}{2} + \varphi$, comme le montre la formule (400). Les composante R' et S' de cette action moléculaire peuvent être déterminées à l'aide de (394), en y exprimant R_x en fonction de R_z à l'aide de (398) et en faisant $\psi = \psi'$. Pour ψ', on prendrait la valeur donnée par (400).

Il est enfin encore un autre cas auquel on peut appliquer immédiatement les formules trouvées pour l'état élastique à l'intérieur d'une masse de terre illimitée, c'est celui dans lequel le terrain considéré est limité, à la partie supérieure, par un plan incliné de φ sur l'horizontale. On connaît alors immédiatement l'une des surfaces de glissement pour chaque point de la masse : elle est parallèle à ce plan. L'autre, qui forme avec la première un angle $\frac{\pi}{2} - \varphi$, est par conséquent verticale. Les directions des actions moléculaires principales sont aussi connues, elles coïncident avec les bissectrices de l'angle formé par les surfaces de glissement.

Si l'on suppose que la masse de terre considérée s'appuie contre un mur de soutènement vertical, rien n'est changé à l'état élastique de la masse illimitée, puisque la surface de séparation est une surface de glissement. En raison de la symétrie de l'état élastique, les actions moléculaires sont égales sur les deux surfaces de glissement. D'autre part, nous pouvons facilement calculer la valeur des actions moléculaires sur celle de ces surfaces qui est parallèle au plan limitant le corps : elle est égale au poids de la terre située au-dessus de la surface considérée. Pour un élément dF, située à la profondeur z (dans le sens de la verticale) ce poids est égal à

$$\gamma z dF \cos \varphi \; ;$$

la pression sur l'unité de surface de la face interne du mur, à une distance verticale z du plan supérieur, est par suite :

$$\gamma z \cos \varphi \; ;$$

elle est dirigée parallèlement à la pente naturelle et forme en conséquence l'angle φ avec l'horizontale.

NOTE I

Méthode graphique de Mohr pour la détermination du moment d'inertie d'une surface plane.

Nous supposerons d'abord que l'axe XX' par rapport auquel le moment d'inertie doit être formé, passe par le centre de gravité de la surface; s'il n'en était pas ainsi, on trouverait facilement, à l'aide de la relation (54), page 85, le moment d'inertie relatif à un axe parallèle à XX'. Décomposons la surface considérée en un certain nombre de bandes par des droites parallèles à XX', en ayant soin de mener ces dernières à des distances assez rapprochées pour que les aires qu'elles délimitent puissent être assimilées à des rectangles, des trapèzes ou des triangles. Soient i le nombre des bandes ainsi formées, f_1, f_2, f_3......, f_i leurs aires, s_1, s_2, s_3,... s_i leurs centres de gravité ; a_1, a_2, a_3......, a_i la distance de ces derniers à l'axe XX': X' (dans la figure $i = 7$). Le moment d'inertie de la surface considérée F est égal à la somme des moments des aires partielles ; or le moment d'inertie de l'une quelconque de celles-ci, f_k, est :

$$I_k + f_k\, a^2_k, \qquad (\alpha)$$

où I_k désigne le moment d'inertie de f_k par rapport à un axe parallèle à XX' passant par s_k. Nous avons donc :

$$I = \sum_{k=1}^{k=i} I_k + \sum_{k=1}^{k=i} f_k\, a^2_k. \qquad (\beta)$$

Si les surfaces f ont été choisies suffisamment petites, les moments I_k sont des quantités très petites comparativement aux produits $f_k\, a'_k$, de sorte que nous pouvons poser avec une approximation tout à fait suffisante pour les applications :

$$I = \sum_{k=1}^{h=1} f_k\, a'_k. \qquad (\gamma)$$

Supposons maintenant que l'on applique au centre de gravité de chacune des aires partielles considérées une force égale à l'aire correspondante et parallèle à l'axe **XX'**, et construisons le polygone funiculaire de ces forces, en ayant soin de prendre la distance polaire H égale à $\dfrac{\Sigma fk}{2} = \dfrac{F}{2}$ et de placer le pôle C symétriquement par rapport aux extrémités **AB** de la ligne des forces. La résultante des forces passe, comme on sait, par le point d'intersection C' des côtés extrêmes du polygone funiculaire ; de plus, dans le cas présent où les forces sont égales en grandeur aux aires des surfaces f, cette résultante passe par le centre de gravité S de la surface : elle coïncide par conséquent avec l'axe **XX'**. Si donc S et par suite la position de **XX'** n'étaient pas déterminés préalablement, nous pourrions l'obtenir par cette construction.

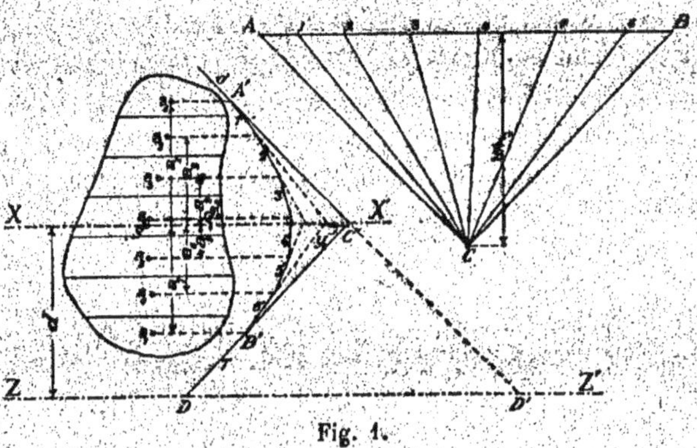

Fig. 1.

Considérons maintenant l'aire comprise entre les côtés extrêmes du polygone funiculaire et la ligne brisée A'B', et décomposons-la en triangles, en prolongeant les côtés du poly

gone jusqu'à l'axe **XX'**. Soit par exemple y_1 la base du triangle
formé par les côtés $0'$ et $1'$; ce triangle est semblable au triangle A, 1, C, du polygone des forces ; nous pouvons par suite
écrire la proportion suivante entre leurs hauteurs et leurs bases :

$$\frac{a_1}{H} = \frac{y_1}{f_1},$$

ou, en tenant compte de la valeur choisie pour H :

$$\frac{a_1}{\left(\frac{F}{2}\right)} = \frac{y_1}{f_1}.$$

En considérant les triangles formés par les autres côtés du
polygone et en procédant de même, nous pouvons établir la
série suivante de relations :

$$a_1 f_1 = y_1 \frac{F}{2},$$

$$a_2 f_2 = y_2 \frac{F}{2},$$

$$\ldots \ldots,$$

$$a_i f_i = y_i \frac{F}{2}.$$

Multiplions chacune de ces égalités par la valeur de a correspondante, il vient :

$$a_1^2 f_1 = \frac{a_1 y_1}{2} F,$$

$$a_2^2 f_2 = \frac{a_2 y_2}{2} F,$$

$$\ldots \ldots,$$

$$a_i^2 f_i = \frac{a_i y_i}{2} F.$$

En additionnant membre à membre, nous trouvons :

$$\sum_{k=1}^{k=i} a^2_k f_k = F \sum_{k=1}^{k=i} \frac{a_k y_k}{2}.$$

Le membre de gauche est le moment d'inertie cherché
(formule γ) ; d'autre part, on reconnaît que la somme qui
figure dans le membre de droite n'est autre chose que l'aire

de la surface A′B′C′ ; en effet, chacun des termes de cette somme est l'aire d'un des triangles composant la surface A′B′C′. Soit F′ cette aire, nous pouvons écrire :

$$I = FF'. \tag{δ}$$

Ainsi, le moment d'inertie de la surface donnée est égal au produit de l'aire de celle-ci par l'aire de la surface déterminée par le polygone funiculaire construit selon la règle que nous venons d'exposer.

Il est facile de nous rendre compte maintenant de la grandeur de l'erreur commise en négligeant les termes I_k dans la formule (β). Si nous supposons la surface F décomposée en bandes infiniment petites, les termes I_k tendent vers zéro ; d'autre part, le nombre des côtés du polygone funiculaire croît indéfiniment, de sorte que ce dernier tend vers la courbe enveloppe du polygone que nous avons tracé. L'erreur commise est donc égale au produit de la surface F par l'aire comprise entre le polygone et la courbe qui l'enveloppe.

Le moment d'inertie de la surface F par rapport à un axe ZZ′ parallèle à XX′ et situé à une distance d est (formule 54) :

$$I' = I + Fd^2,$$

ou, en tenant compte de (δ),

$$I' = F (F' + d^2).$$

Or, dans le triangle C′DD′, l'angle en C′ est droit par suite de la valeur choisie pour H ; donc DD′ $= 2d$ et par suite :

$$\text{aire } C'DD' = d^2.$$

Si nous désignons par F″ l'aire de ce triangle, nous pouvons écrire :

$$I' = F (F' + F''). \tag{ε}$$

NOTE II

**Construction graphique de la ligne élastique des prismes
travaillant à la flexion.**

1. Théorème de Mohr. — Considérons l'état d'équilibre
d'un fil flexible, mais inextensible, soumis à l'action de forces
continues et parallèles entre elles (nous les admettrons verticales). Si nous supposons le fil solidifié et transformé en un
solide de forme invariable, rien n'est changé, puisque le fil
se trouve en équilibre ; par contre, nous pouvons appliquer
toutes les lois de la Mécanique. Sous l'influence des forces
extérieures, il se développe en chaque point à l'intérieur du fil
une certaine *tension* ; si nous coupons le fil en un point, il
faut, pour ne rien changer, appliquer en ce point une force
extérieure égale à la tension du fil. Considérons la partie AB
du fil comprise entre son point le plus bas et un point quelconque B (fig. 1), page 446, soit H la tension agissant en A, et S
celle qui règne en B. Ces deux forces font équilibre aux charges qui agissent sur le fil ; si nous désignons par T la résultante de ces dernières, par V la composante verticale de S et
par R sa composante horizontale, nous avons les relations :

$$V = T,$$
$$H = R.$$

Nous pouvons donc énoncer les deux propositions suivantes :

1° La composante horizontale de la tension régnant en un
point quelconque du fil est égale à la tension agissant au point
le plus bas.

2° La composante verticale de la tension en un point quelconque est égale à la résultante des forces extérieures agissant
sur le fil entre le point le plus bas et le point considéré.

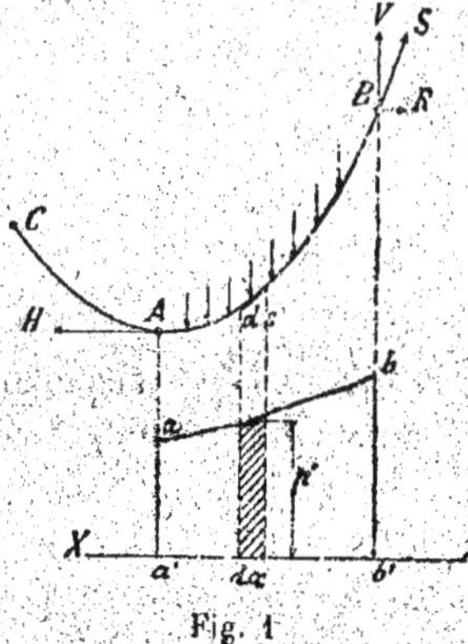

Fig. 1

Soit α l'angle compris entre S et l'horizontale :

$$\operatorname{tg} \alpha = \frac{V}{R} = \frac{V}{H}. \qquad (\alpha)$$

Si nous rapportons la courbe à un système d'axes $x\, o\, y$, dont l'axe des x soit horizontal, nous pouvons écrire :

$$\frac{dy}{dx} = \frac{V}{H}.$$

Soit p l'intensité de la force continue rapportée à l'unité de longueur d'arc ; la force qui agit sur l'élément ds du fil est $p\,ds$. Au lieu de rapporter la force p à l'élément d'arc, nous pouvons la rapporter à la projection dx de ds sur l'axe des x, il suffit de poser :

$$p\, ds = p'dx;$$

il est évident que si p est une fonction continue, p' le sera aussi. Si nous portons en chaque point les valeurs de p' en ordonnées sur les valeurs de x correspondantes, nous obtenons une certaine courbe ab, que nous désignerons dans la suite sous le nom de *courbe de charge* du fil.

Nous avons évidemment :

$$T = \int_a^b p'dx\, ;$$

on voit donc que T est égal à l'aire $aa'\,bb'$.

(α) peut s'écrire :

$$\frac{dy}{dx} = \frac{\displaystyle\int_{a'}^{b'} p'dx}{H},$$

d'où, en différenciant :

$$\frac{d^2y}{dx^2} = \frac{p'}{H}. \qquad (\beta)$$

Nous avons trouvé précédemment pour l'équation différentielle de la ligne élastique d'un prisme droit, l'expression :

$$\frac{d^2y}{dx^2} = \frac{M}{IE},$$

on voit que, si nous faisons, dans β, $p' = M$ et $H = IE$, les
deux équations sont identiques (1). Nous pouvons donc énoncer le théorème suivant :

*La ligne élastique d'un prisme droit peut être envisagée
comme l'état d'équilibre d'un fil dont la charge serait en chaque point égale au moment fléchissant agissant sur le prisme et
dont la longueur serait telle que la tension atteindrait au point
le plus bas la valeur IE.*

Nous avons déjà remarqué à l'art. 52 que l'on pouvait construire une courbe des moments en portant les valeurs de M
en ordonnées sur les valeurs de x correspondantes. Nous pouvons par suite modifier la première partie de l'énoncé ci-dessus et dire aussi que la ligne élastique est l'état d'équilibre
d'un fil dont la courbe de charge coïncide avec la courbe des
moments du prisme.

Le théorème que nous venons d'établir a été énoncé d'abord
par Mohr ; il permet de calculer facilement les inflexions subies
par un prisme soumis à des forces données, sans passer par
l'intégration de l'équation différentielle de la ligne élastique.

1. Applications du théorème de Mohr. — 1ᵉʳ exemple.
Considérons un prisme de longueur l, sollicité en son milieu par
une force unique P (fig. 2). La surface des moments est ici
un triangle isocèle, dont la plus grande ordonnée est égale à
$\frac{Pl}{4}$, comme on le vérifie facilement en calculant la valeur du

---

(1) En réalité, nous avons trouvé :

$$\frac{d^2y}{dx^2} = -\frac{M}{IE},$$

le signe —, étant dû simplement aux hypothèses faites sur la direction de
l'axe des y, est sans importance.

plus grand moment de flexion. Nous allons calculer la flèche f

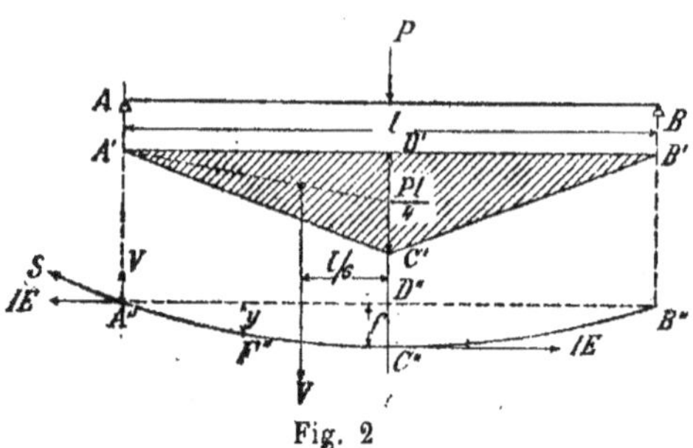

Fig. 2

du prisme en son milieu. A cet effet, nous envisageons la ligne élastique comme un fil. La branche A″ C″ est en équilibre sous l'action des tensions régnant en A″ et C″ et de la résultante V des forces agissant sur le fil. En vertu des théorèmes que nous venons de démontrer, la composante horizontale de S est égale à la tension IE régnant en C″; de plus, sa composante verticale est égale à V. Enfin, cette dernière force est égale à l'aire du triangle A′ C′ D′, donc :

$$V = \frac{l}{4}\,\frac{Pl}{4} = \frac{Pl^2}{16} \;;$$

elle agit au centre de gravité du triangle A′ B′ C′, soit à une distance $\frac{l}{6}$ de C″. Le système de forces étant en équilibre, la somme des moments, pris par rapport à un point quelconque, est nulle. Si nous prenons D″ comme pôle, nous aurons donc :

$$V\,\frac{l}{2} - V\,\frac{l}{6} - IE\,f = o,$$

d'où, en tenant compte de la valeur de V :

$$f = \frac{Pl^3}{48IE},$$

comme nous avons trouvé précédemment (art. 52) (1). Il serait

(1) Il n'est peut être pas superflu de remarquer que les forces que nous

facile de calculer l'inflexion y en un point quelconque F″, il suffirait d'envisager le segment F″ C″ et d'établir pour ce dernier les conditions d'équilibre. Le calcul devient toutefois un peu long.

2ᵉ exemple. — Supposons le prisme encastré aux deux extrémités et soumis à l'action d'une force continue d'intensité q par unité de longueur, et proposons-nous de calculer comme plus haut l'inflexion f qu'éprouve le prisme en son milieu.

Il nous faut d'abord déterminer la grandeur du moment $\mathbf{M}_o$ qui règne dans les sections d'encastrement. Si le prisme reposait librement, le moment de flexion dans une section quelconque d'abscisse x serait :

$$M' = \frac{qlx}{2} - \frac{qx^2}{2}$$

et par suite la surface des moments serait limitée par une parabole A′ C′ B′. En réalité, le moment M qui agit dans cette section est égal à

$$M' - M_o .$$

Dans la figure, l'influence de l'encastrement se traduit donc par un déplacement en A″ B″ de la ligne A′ B′ à partir de laquelle sont mesurées les ordonnées.

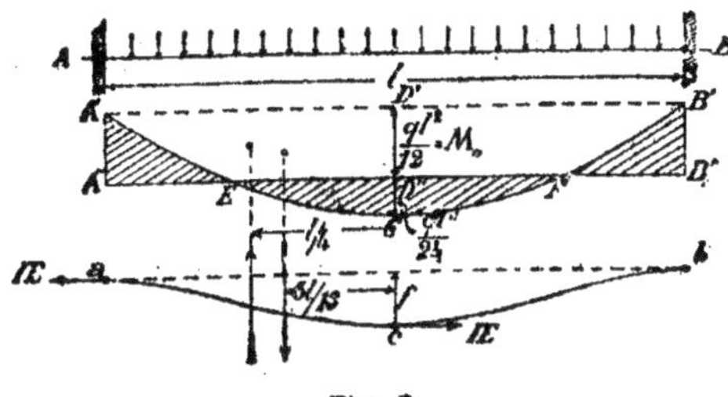

Fig. 3

supposons agir sur le fil ne sont pas celles qui sollicitent le prisme. Ce sont au contraire les moments fléchissants qui produisent ces dernières que nous considérons et que nous traitons comme des forces.

Les tangentes à la ligne élastique sont horizontales aux extrémités ; de plus, la ligne élastique est symétrique ; si donc nous formons l'intégrale :

$$\int_0^l d\alpha,$$

dans laquelle $d\alpha$ désigne l'angle de contingence, c'est-à-dire l'angle compris entre deux tangentes infiniment voisines, il est certain que cette intégrale sera nulle. Nous avons les relations :

$$\frac{d\alpha}{ds} = \frac{1}{\rho} \quad \text{et} \quad \rho = \frac{\text{IE}}{\text{M}} \text{ (formule 78),}$$

donc :

$$d\alpha = \frac{\text{M}ds}{\text{IE}}.$$

Si nous remplaçons de plus ds par dx, ce qui est permis, étant donné la faible courbure de la ligne élastique, et si nous substituons dans l'intégrale ci-dessus, nous obtenons la relation :

$$\int_0^l \frac{\text{M}dx}{\text{IE}} = 0.$$

I et E sont des constantes par hypothèse ; il reste donc :

$$\int_0^l \text{M}dx = 0.$$

Or, l'intégrale n'est pas autre chose que l'aire de la surface des moments. Pour que cette dernière soit nulle, comme l'exige la relation ci-dessus, il faut qu'elle se compose de parties additives et de parties soustractives qui se compensent. Cette condition va nous permettre de déterminer M_0. D'après ce qui précède, nous devons avoir, fig. 3 :

$$A'A''E = C'D''E ;$$

ajoutons de chaque côté l'aire A'ED'D'', il vient :

rectangle A'A''D''D' = segment parabolique A'C'D',

$$M_0 \frac{l}{2} = \frac{2}{3} \cdot \frac{l}{2} \cdot \frac{ql^2}{8},$$

d'où :

$$M_0 = \frac{ql^2}{12}.$$

La surface des moments est ainsi complètement déterminée. Pour calculer f, nous procédons exactement comme dans l'exemple précédent; nous égalons à zéro la somme des moments des différentes forces qui agissent sur la portion ac du fil, et nous tirons de cette relation la valeur de f. Pour éviter la peine de calculer les coordonnées du centre de gravité de la partie A′A″E de la surface des moments, il suffit de considérer cette dernière, ainsi que nous venons de le faire, comme composée d'une partie additive A′C′D′ et d'une partie soustractive A′A″D″D′. Les forces et leurs distances au point D′, pris pour pôle, sont indiquées dans la figure 3 ; on a la relation :

$$IEf = -\frac{ql^2}{24} \cdot \frac{3l}{16} + \frac{M_0 l}{2} \cdot \frac{l}{4}$$

$$= -\frac{ql^4}{128} + \frac{ql^4}{96},$$

d'où :

$$f = \frac{ql^4}{384IE}.$$

Il est clair que, lorsque la ligne élastique présente une double courbure comme dans le cas actuel, on ne peut plus logiquement l'assimiler à un fil, car, en certains points, la tension devrait être négative. On peut alors supposer le fil remplacé par un chapelet de sphères solides infiniment petites : chaque sphère subit des pressions de la précédente et de la suivante et l'équilibre subsiste.

Nous renonçons à donner ici d'autres exemples, la marche à suivre étant toujours la même.

3. Construction graphique de la ligne élastique. — On démontre en mécanique que la courbe d'équilibre d'un fil flexible, sollicité par un système de forces continues, est une

des courbes funiculaires de ce système. La ligne élastique
doit donc être aussi une courbe funiculaire du système de
forces représenté par la surface des moments du prisme considéré. Un système de forces possède une infinité de courbes
funiculaires ; il nous faut par suite rechercher quelles sont
les conditions à remplir pour obtenir la ligne élastique du
prisme. Il faut d'abord que cette courbe passe par les points
d'appui du prisme ; si celui-ci est encastré, il faut que les
tangentes à la courbe funiculaire aient, aux points d'encastrement, la direction convenable (elles devront être horizontales
si le prisme est encastré horizontalement). Ces conditions
sont nécessaires, mais non pas suffisantes : en effet, soit o
(fig. 4) le pôle du polygone des forces qui correspond à une
courbe funiculaire satisfaisant par hypothèse aux conditions
précédentes, on voit immédiatement qu'en déplaçant o le long
de la parallèle oc à la ligne de fermeture, on obtient une infinité d'autres courbes funiculaires remplissant les conditions
exigées. Cette remarque nous montre qu'il est nécessaire,
pour obtenir la ligne élastique, d'employer dans la construction du polygone des forces une distance polaire bien déterminée, qu'il s'agit de calculer. Considérons à cet effet l'arc A'C'
de la courbe funiculaire, C' étant le point de contact de la tangente parallèle à la ligne de fermeture A'B'.

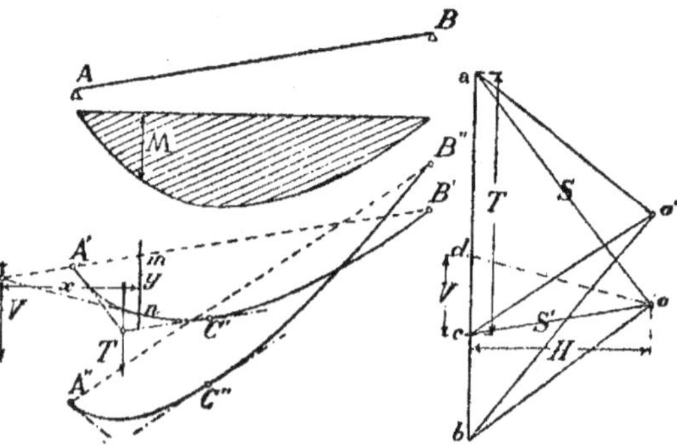

Fig. 4

Si nous envisageons cet arc comme la courbe d'équilibre
d'un fil, nous voyons qu'il devrait y avoir équilibre entre la
tension S agissant en A′, la tension S′ régnant en C′ et la résultante T des forces extérieures qui sollicitent l'arc considéré.
Il faut donc que ces trois forces forment un triangle fermé.
On reconnaît immédiatement que ce triangle est le même que
le triangle aco du polygone des forces ; en effet, ac, oa, oc
sont respectivement parallèles à T, S et S′, et de plus $ac = $ T.
Donc ao et oc sont respectivement égaux à S et S′. Nous
avons trouvé que la projection horizontale des tensions dans
le fil est constante et égale à la tension agissant au point le
plus bas, par conséquent la distance polaire du polygone des
forces doit être égale à cette dernière tension ; de plus, nous
avons démontré que, pour que le fil coïncide avec la ligne
élastique, cette tension doit être égale à IE ; nous voyons donc
que la distance polaire qu'il faut choisir pour obtenir la ligne
élastique est égale à IE.

Cette condition, jointe aux précédentes, permet de construire la courbe cherchée. La construction n'est toutefois pas
possible directement, car si la répartition des forces n'est pas
symétrique, et si les points d'appui ne sont pas à la même
hauteur, on ne peut choisir de prime abord la position du
pôle o par rapport à ab, de façon à remplir d'emblée toutes
les conditions du problème. Dans ce cas, le plus général
qui puisse se présenter, on construit d'abord une courbe funiculaire en prenant un pôle quelconque o', puis on détermine
la courbe élastique en se servant de la propriété des courbes
funiculaires d'un même système de forces extérieures d'être
en affinité. On sait que les points correspondants de figures
affines sont situés sur des droites parallèles entre elles, tandis
que les droites correspondantes des figures se coupent sur un
axe dit axe d'affinité. En utilisant ces propriétés, il est facile
de construire la ligne élastique à l'aide de la courbe auxiliaire.

Le produit IE est en général très grand comparativement

aux autres quantités du problème ; la distance polaire est, par suite, très grande. Il en résulte une courbe funiculaire de très faible courbure, ce qui est naturel, puisqu'elle représente la ligne élastique. Par contre, le tracé de l'épure devient difficile et peu exact. Il est donc désirable de construire les ordonnées de la ligne élastique à une beaucoup plus grande échelle que les abscisses, de façon à obtenir une figure plus facile à construire et aussi plus commode pour les applications. Il est facile de satisfaire à cette condition, grâce à une propriété des courbes funiculaires relatives à un même système de forces : on démontre que le produit de l'ordonnée y de la courbe funiculaire, mesurée à partir de la ligne de fermeture, par la distance polaire, est une constante pour un point donné (la constante n'est autre chose que le moment de flexion des forces formé par rapport au point donné) (1). Si donc y et y' sont les ordonnées correspondantes de deux courbes funiculaires relatives à un même système, nous avons :

$$y\mathrm{H} = y'\mathrm{H}',$$

En particulier, si nous faisons $\mathrm{H} = \mathrm{IE}$, y est l'ordonnée de la ligne élastique et nous avons :

$$y = y'\,\frac{\mathrm{H}'}{\mathrm{IE}}.$$

Ainsi, si, au lieu d'employer une distance polaire égale à IE, nous employons une distance polaire H', l'ordonnée y' de la courbe funiculaire obtenue est $\frac{\mathrm{IE}}{\mathrm{H}'}$ fois plus grande que l'ordonnée réelle de la ligne élastique.

(1) La démonstration est facile à établir :
Considérons un système de forces parallèles agissant sur un prisme. Nous avons défini l'effort tranchant agissant dans une section donnée, la dérivée du moment de flexion relatif à cette section ; il est facile de voir qu'il peut aussi être envisagé comme la résultante de toutes les forces extérieures (y compris la réaction de l'appui) agissant d'un même côté de la section considérée. Or, le moment de la résultante est égal à la somme des moments des composantes, de sorte que le moment de flexion n'est autre chose que le mo-

ment statique de l'effort tranchant par rapport à la section considérée. On sait, d'autre part, que la résultante partielle de quelques forces d'un système passe par le point d'intersection des côtés du polygone funiculaire qui comprennent ces forces ; par conséquent, l'effort tranchant doit passer par l'intersection de la ligne de fermeture du polygone avec le côté que coupe la section considérée (ou avec la tangente à la courbe funiculaire). Considérons les triangles *mnr* et *ocd* (fig 4) : ils sont semblables, car les côtés correspondants sont parallèles deux à deux On peut donc écrire la proportion :

$$\frac{y}{(cd)} = \frac{x}{H};$$

mais, en vertu de la nouvelle définition de **V**,

$$cd = V,$$

par suite :

$$yH = Vx.$$

Or, Vx est par définition le moment de flexion qui agit dans la section considérée, nous avons donc bien :

$$yH = M.$$

RÉSUMÉ DES FORMULES LES PLUS IMPORTANTES CONTENUES DANS L'OUVRAGE

CHAPITRE I

Généralités sur les forces intérieures ou actions moléculaires.

Page

$$R = \frac{P}{F}, \qquad (1) \qquad 9$$

R, action moléculaire, P, effort d'extension ou de compression agissant sur la surface F.

$$S_{xy} = S_{yx},\ S_{xz} = S_{zx},\ S_{yz} = S_{zy}, \qquad (4) \qquad 19$$

relations entre les composantes tangentielles des actions moléculaires.

$$
\left.
\begin{aligned}
\frac{dR_x}{dx} + \frac{dS_{yx}}{dy} + \frac{dS_{zx}}{dz} + X &= 0, \\
\frac{dS_{xy}}{dx} + \frac{dR_y}{dy} + \frac{dS_{zy}}{dz} + Y &= 0, \\
\frac{dS_{xz}}{dx} + \frac{dS_{yz}}{dy} + \frac{dR_z}{dz} + Z &= 0,
\end{aligned}
\right\} \qquad (5) \qquad 20
$$

équations exprimant les conditions d'équilibre d'un parallélipipède infiniment petit de volume égal à l'unité ; X, Y, Z, composantes des forces d'inertie agissant sur ce solide.

$$
\left.
\begin{aligned}
P_{nx} &= R_x \cos(nx) + S_{yx}\cos(ny) + S_{zx}\cos(nz), \\
P_{ny} &= S_{xy}\cos(nx) + R_y\ \cos(ny) + S_{zy}\cos(nz), \\
P_{nz} &= S_{xz}\cos(nx) + S_{yz}\cos(ny) + R_z\ \cos(nz),
\end{aligned}
\right\} \qquad (6) \qquad 22
$$

conditions d'équilibre d'un tétraèdre ; en particulier, si ce solide est à la surface du corps, P_{nx}, etc., sont les composantes

Page

des forces extérieures agissant sur la face dont la normale est n.

Si l'on suppose :

$$R_z = o, \; S_{xz} = o, \; S_{yz} = o, \qquad (8) \qquad 23$$

on réalise un état élastique double ;

$$\varphi = \frac{1}{2} \; \text{arc tg} \; \frac{2S}{R_y - R_x} + n \frac{\pi}{2}, \qquad (11) \qquad 25$$

formule donnant l'inclinaison φ des axes principaux de l'état élastique double avec l'axe des x.

$$R'_{\substack{max \\ min}} = \frac{R_x + R_y}{2} \pm \frac{1}{2} \sqrt{4S^2 + (R_x - R_y)^2}, \qquad (12) \qquad 26$$

R'_{max} et R'_{min} actions moléculaires principales.

$$\text{tg } 2\varphi = \frac{R_x - R_y}{2S}, \qquad (13) \qquad 27$$

équation pour déterminer l'orientation des sections dans lesquelles les actions moléculaires tangentielles atteignent leur plus grande valeur.

$$S'_{\substack{max \\ min}} = \pm \frac{1}{2} \sqrt{4S^2 \quad (R_x - R_y)^2} \qquad (14) \qquad 27$$

valeurs maxima et minima des actions moléculaires tangentielles.

CHAPITRE II

Déformations élastiques. Travail des matériaux

$$\varepsilon = \frac{R}{E} = \varkappa R, \qquad (18) \qquad 40$$

loi de Hooke, ε dilatation, E coefficient d'élasticité longitudinale, $\varkappa$ coefficient de souplesse directe.

$$\varepsilon = f(R), \qquad (20) \qquad 44$$

forme générale de la loi de l'élasticité.

Page

$$\frac{dR}{d\varepsilon} = \frac{1}{f'(R)}, \qquad (21) \qquad 44$$

$$\frac{R}{\varepsilon} = \frac{R}{f(R)}, \qquad (22) \qquad 45$$

ces deux quantités sont prises comme définition du coefficient d'élasticité longitudinale E dans le cas des matériaux n'obéissant pas à la loi de Hooke. Une troisième définition résulte de la formule :

$$E = \left[\frac{1}{f'(R)}\right]_{R=o} = \left[\frac{R}{f(R)}\right]_{R=o}. \qquad (23) \qquad 45$$

$$\varepsilon = \alpha R^{m}, \qquad (24) \qquad 46$$

formule de Schüle, α et m constantes à déterminer expérimentalement.

$$E = E_{0} - cR, \qquad (25) \qquad 46$$

formule de Lang.

$$\Delta\, dx = \alpha\, R_{x}\, dx = \frac{1}{E}\, R_{x}\, dx, \qquad (28) \qquad 49$$

$$\varepsilon_{x} = \frac{\Delta dx}{dx} = \frac{R_{x}}{E}, \qquad (29) \qquad 49$$

$$\varepsilon_{y} = -\frac{1}{m}\frac{R_{x}}{E}, \qquad (30) \qquad 49$$

formules donnant les valeurs des dilatations en fonction des actions moléculaires, m constante dépendant des propriétés de la matière.

$$e = \varepsilon_{x} + \varepsilon_{y} + \varepsilon_{z}, \qquad (31) \qquad 50$$

$$e = \frac{m-2}{m}\,\varepsilon_{x} = \frac{m-2}{mE}\,R_{x}, \qquad (32) \qquad 50$$

e, dilatation cubique.

$$\gamma = \beta S = \frac{S}{G}, \qquad (34) \qquad 51$$

γ distorsion subie par un angle droit, et corrélative d'une action moléculaire S, β coefficient de souplesse transversale, G coefficient d'élasticité transversale.

$$G = \frac{m}{2(m+1)}\,E, \qquad (35) \qquad 53$$

relation entre les constantes G, E et m.

$$\mathcal{R} = R_{1} - \frac{1}{m}R_{11} \quad , \quad \mathcal{R} = R_{1} - \frac{1}{m}R_{11}, \qquad (37) \qquad 59$$

Page

formules pour le calcul du travail élastique de comparaison
dans le cas d'un état élastique double ; R_I et R_{II}, actions
moléculaires principales.

$$\mathfrak{R} = R_I - \frac{1}{m}\left(R_{II} + R_{III}\right), \qquad (38)$$

59

même formule que ci-dessus pour l'état élastique triple.

$$S' = \frac{m}{m+1}\,R', \qquad (39)$$

60

S' limite pratique de la résistance au glissement, R' limite
pratique du travail à l'extension ou à la compression.

$$\mathfrak{R} = \frac{m-1}{2m}\,R_x \pm \frac{m+1}{2m}\sqrt{4S^2 + R_x^2}, \quad (40)$$

60

formule pour le calcul du travail élastique de comparaison
dans le cas d'une superposition d'un travail au glissement
simple à un état élastique linéaire.

$$A = \frac{P'}{\Delta l}\int_o^{\Delta l} x\,dx = \frac{1}{2}\,P'\Delta l, \qquad (41)$$

62

A *travail de déformation* produit par une force P', causant un
allongement Δl.

$$\mathfrak{A} = \frac{1}{2}\,R\varepsilon = \frac{1}{2}\,E\varepsilon^2 = \frac{R^2}{2E}, \qquad (42)$$

62

$\mathfrak{A}$, travail spécifique de déformation dans le cas d'un état
élastique simple ;

$$\mathfrak{A} = \frac{1}{E}\left(\frac{R^2x + R^2y}{2} - \frac{1}{m}\,R_x R_y\right), \qquad (43)$$

63

dans le cas d'un état élastique double,

$$\mathfrak{A} = \frac{1}{E}\left[\frac{R^2x + R^2y + R^2z}{2} - \frac{1}{m}\left(R_x R_y + R_x R_z + R_y R_z\right)\right], \quad (44)$$

63

dans le cas d'un état élastique triple, et :

$$\mathfrak{A} = \frac{1}{2}\,S\gamma = \frac{1}{2}\,G\gamma^2 = \frac{S^2}{2G}, \qquad (45)$$

63

dans le cas du glissement simple.

CHAPITRE III

Flexion des prismes à axe rectiligne.

Page

$$\frac{R}{R_o} = \frac{y}{y_o}, \quad R = R_o \frac{y}{y_o}, \qquad (46) \qquad 81$$

loi de répartition linéaire des actions moléculaires ; R et R_o intensités des actions moléculaires à des distances y et y_o de l'axe neutre.

$$R_o = \frac{M}{I} y_o, \qquad (49) \qquad 82$$

formule pour la flexion des prismes, M moment de flexion, I moment d'inertie de la section transversale.

$$R = \frac{M}{W}, \qquad (51) \qquad 83$$

W moment de résistance.

$$\Phi_{yz} = 0, \qquad (53) \qquad 84$$

condition de validité de la formule (49) ; Φ_{yz} moment d'inertie composée.

$$I_{AA} = I + a^2 F, \qquad (54) \qquad 85$$

I moment d'inertie par rapport à un axe passant par le centre de gravité de la surface considérée, I_{AA} moment d'inertie par rapport à un axe parallèle au premier, situé à une distance a du centre de gravité. F aire de la surface.

$$I_a = I_y \cos^2\alpha + I_z \sin^2\alpha - \Phi_{yz} \sin 2\alpha, \qquad (55) \qquad 86$$

$$\Phi_\alpha = \frac{I_y - I_z}{2} \sin 2\alpha + I_{yz} \cos 2\alpha, \qquad (56) \qquad 87$$

moment d'inertie et moment d'inertie composée pris par rapport à un axe passant par le centre de gravité de la section et faisant avec l'axe des y un angle α.

$$\operatorname{tg} 2\alpha = \frac{2\Phi_{yz}}{I_z - I_y}, \qquad (57) \qquad 87$$

formule donnant la direction des axes principaux d'inertie.

$$t_\alpha^2 = \frac{I_\alpha}{F}, \qquad (59) \qquad 89$$

t α rayon de gyration.

$$t_u^2 = t_y^2 \cos^2\alpha + t_z^2 \sin^2\alpha. \qquad (60) \qquad \text{Page } 89$$

$$I_p = I_y + I_z. \qquad (64) \qquad 92$$

I_p moment d'inertie polaire.

$$R = \frac{M \cos\alpha}{I_z} y + \frac{M \sin\alpha}{I_y} z, \qquad (65) \qquad 98$$

formule pour calculer l'intensité R des actions moléculaires lorsque le plan de flexion ne contient pas l'un des axes principaux d'inertie ; en particulier, dans le cas d'une section rectangulaire :

$$R = \frac{6Mc}{b^2 h^2}, \qquad (66) \qquad 99$$

c largeur de la projection horizontale du prisme, b et h côtés du rectangle.

$$R = \frac{P}{F}\left(1 + \frac{vz}{b^2} + \frac{uy}{a^2}\right), \qquad (67) \qquad 100$$

formule pour le calcul des actions moléculaires développées à l'intérieur d'un prisme travaillant à la flexion sous l'influence d'une force parallèle à l'axe ; u et v, coordonnées du point d'application de P ; y et z, coordonnées du point où est mesurée R, a et b, rayons de gyration principaux.

$$\frac{uy}{a^2} + \frac{vz}{b^2} = -1, \qquad (68) \qquad 100$$

équation de l'axe neutre.

$$R_o = \frac{M}{Fk} = \frac{M}{W}, \qquad (71) \text{ et } (72) \qquad 110$$

formule destinée à remplacer (65) lorsqu'on connaît les dimensions de la région centrale des sections transversales ; $W = Fk$, généralisation de la définition du moment de résistance.

$$V = \frac{dM}{dx}, \qquad (73) \qquad 114$$

relation entre l'effort tranchant V et le moment de flexion M.

$$S_{ux} = \frac{V}{bI}\int_u^{\frac{h}{2}} y\, dF, \qquad (74) \qquad 116$$

S_{ux}, action moléculaire tangentielle à l'intérieur d'un prisme travaillant à la flexion, b largeur de la section à la distance y de l'axe neutre. L'intégrale est le moment statique par rapport à l'axe neutre de la partie de la section située au delà de u :

$$P = \int \Delta R\, dF = \frac{Ve}{I} \int y\, dF = \frac{Ve}{I}\, T, \qquad (76)$$

123

P effort de cisaillement exercé sur un rivet, e distance entre deux rivets consécutifs, T moment statique relatif à l'axe neutre de la partie de la section transversale que le rivet relie à l'âme de la poutre.

$$d\varphi = dx\, \frac{M}{IE}, \qquad (77)$$

124

$d\varphi$ angle que forment entre elles, dans le prisme déformé, deux sections transversales distantes initialement de dx l'une de l'autre.

$$\rho = \frac{IE}{M}, \qquad (78)$$

125

ρ rayon de courbure de la *ligne élastique*.

$$IE\, \frac{d^2 y}{dx^2} = -M, \qquad (79)$$

125

équation différentielle de la ligne élastique.

$$f = \frac{5}{384}\, \frac{q l^4}{IE} = \frac{5}{384}\, \frac{Q l^3}{IE}, \qquad (81)$$

127

f flèche d'un prisme de longueur l, reposant librement aux extrémités et supportant une charge uniformément répartie, q par unité de longueur.

$$f = \frac{P l^3}{48 IE}, \qquad (83)$$

129

f flèche d'un prisme sollicité en son milieu par une force unique concentrée P.

$$du = \varkappa\, du' = \frac{V\, dx}{GF}, \qquad (84)$$

131

du influence des actions moléculaires tangentielles sur l'inflexion du prisme, $\varkappa$ un coefficient dépendant de la forme des sections transversales :

$$\varkappa = \frac{F \int S^2\, dF}{V^2}. \qquad (85)$$

132

$$f = \frac{Pl}{4Ebh}\left(\frac{l^2}{h^2}+3\right), \qquad (86) \qquad 134$$

f' flèche d'un prisme de section carrée sollicité au milieu par une force unique P, dans le cas où l'on tient compte des actions moléculaires, h hauteur de la section.

CHAPITRE IV

Energie potentielle interne ou travail de déformation.

$$dA = \frac{M^2}{2IE}\,dx, \qquad (88) \qquad 156$$

dA énergie emmagasinée dans un prisme élémentaire de longueur dx, dans le cas de la flexion simple.

$$A = \frac{1}{2}\int\frac{M^2}{IE}\,dx + \frac{1}{2}\int\frac{\varkappa V^2}{GF}\,dx, \qquad (90) \qquad 158$$

travail de déformation total d'un prisme travaillant à la flexion, calculé en tenant compte des actions moléculaires tangentielles.

$$A = \frac{1}{2}\Sigma Py, \qquad (91) \qquad 159$$

travail des forces extérieures égal au travail de déformation.

$$\frac{dA}{dP_i} = \frac{1}{2}\Sigma P\frac{dy}{dP_i} + \frac{1}{2}y_i, \qquad (92) \qquad 161$$

$$\frac{dA}{dP_i} = \Sigma P\frac{dy}{dP_i}, \qquad (93) \qquad 162$$

$$y_i = \frac{dA}{dP_i}, \qquad (95) \qquad 162$$

Formules de Castigliano, P l'une quelconque des forces extérieures agissant sur le corps, y_i déplacement élastique du point d'application de cette force, mesuré dans le sens de la ligne d'action de celle-ci. Si P_i est une force de liaison, on a :

Page

$$\frac{dA}{dP_i} = o \; ; \qquad (96) \qquad 165$$

formule qui exprime le théorème du travail de déformation mini-mum.

$$A = \frac{1}{2} P' f_d = n P(h + f_d), \qquad (101) \qquad 173$$

chocs, h hauteur de chute de P. $P' =$ la force qui, croissant insensiblement, produirait la même déformation, f_d flèche produite par P en tombant, n un coefficient plus petit que l'unité à déterminer expérimentalement.

$$\frac{dy_i}{dP_k} = \frac{dy_k}{dP_i}, \qquad (104) \qquad 174$$

théorème de Maxwell sur la réciprocité des déplacements des forces extérieures.

CHAPITRE V

Prismes à axe curviligne.

$$\frac{1}{\rho'} - \frac{1}{\rho} = \frac{M}{IE}, \qquad (112) \qquad 187$$

formule donnant la variation du rayon de courbure du prisme sous l'influence du moment de flexion M.

$$\Delta d\varphi = \frac{M}{IE} ds, \qquad (113) \qquad 187$$

variation de l'angle formé par les plans de deux sections transversales infiniment voisines.

$$R = E \frac{\Delta ds}{ds} = \frac{y}{r+y} E \frac{\Delta d\varphi}{d\varphi}, \qquad (114) \qquad 190$$

formule donnant la loi de répartition des actions moléculaires lorsqu'on admet l'hypothèse des sections restant planes dans la déformation ; r rayon de courbure de l'axe longitudinal.

$$R = \frac{ry}{r+y} \frac{M}{I'}, \qquad (116) \qquad 191$$

Page

autre expression pour R, où I' désigne une quantité différant
peu, en général, de I:

$$I' = \int y^2 dF - \frac{1}{r} \int y^3 dF + \frac{1}{r^2} \int y^4 dF - \ldots$$

$$H = \frac{\displaystyle\int \frac{M_b z}{IE} \, ds}{\displaystyle\int \frac{z^2}{IE} \, ds}, \qquad (120) \qquad 194$$

H *poussée horizontale* d'un arc à deux articulations, M_b moment de flexion que développeraient les forces extérieures à
l'intérieur d'un prisme droit de même portée, reposant librement à ses extrémités, z ordonnée de l'axe longitudinal, ds
élément d'arc. Il n'est tenu compte dans la formule précédente que de l'influence des moments fléchissants.

$$H = \frac{\int M_b z \, ds}{\int z^2 ds}, \qquad (121) \qquad 194$$

expression de la poussée horizontale dans le cas où I et E
sont constants.

$$H = \frac{q l^2}{8h}, \qquad (122) \qquad 195$$

poussée horizontale dans le cas d'une charge uniforme q par
unité de longueur horizontale, h hauteur de l'arc, l portée.

$$H = \frac{\displaystyle\int \frac{M_b z}{IE} \, ds}{\displaystyle\int \frac{z^2}{EI} \, ds + \int \frac{ds}{EF}}, \qquad (123) \qquad 197$$

expression de la poussée horizontale dans laquelle il est
tenu compte de l'effort normal, F aire des sections transversales.

$$H = \frac{\int M_b z \, ds}{\int (z^2 + t^2) \, ds}, \qquad (124) \qquad 197$$

même formule que ci-dessus dans le cas où E, I et F sont
constants, t rayon de gyration.

$$\Delta l = \int z \Delta d\varphi = \int \frac{M z}{IE} \, ds, \qquad (125) \qquad 199$$

Page

Δl l'augmentation de portée d'un arc sous l'influence d'un système de forces donné.

$$H = \frac{vl}{\int \frac{z^2}{IE}\, ds}; \qquad (126) \qquad 203$$

poussée horizontale de l'arc causée par une variation de température, v produit du coefficient de dilatation de la matière par la variation de température.

$$\frac{dA}{dU} = -u, \qquad (127) \qquad 203$$

cette formule remplace la relation (96) lorsqu'on considère l'influence des variations de température.

$$R = \frac{6Pr}{\pi l \delta^2}, \qquad (128) \qquad 209$$

R travail élastique maximum à l'intérieur d'un anneau de section rectangulaire, comprimé suivant un diamètre avec une force d'intensité P, δ épaisseur radiale, l longueur de la section.

$$R = \frac{6Pr}{\pi l \delta^2}\left(1 - \frac{d^2}{12r^2}\right), \qquad (130) \qquad 210$$

expression de R, si l'on considère l'effort normal.

$$\Delta d = \frac{Pr^3}{IE}\frac{4-\pi}{2\pi} = 1,639 \frac{Pr^3}{El\delta^3}, \qquad (131) \qquad 211$$

Δd déformation élastique du diamètre perpendiculaire à la direction P.

$$\Delta\varphi = \frac{Ppl}{IE}, \qquad (133) \qquad 214$$

$\Delta\varphi$ angle dont il faut enrouler un ressort en spirale sur son axe pour que la force exercée par l'extrémité extérieure soit égale à P, p distance de cette extrémité à l'axe, l longueur du ressort.

$$A = \frac{1}{2}M\Delta\varphi = \frac{(Pp)^2 l}{2IE}, \qquad (134) \qquad 214$$

A énergie qui peut être emmagasinée dans le ressort.

$$A = \frac{R^2 bhl}{24E} = \frac{R^2}{24E}V, \qquad (136) \qquad 215$$

valeur de A dans le cas d'un ressort de section rectangulaire, V volume du ressort, R valeur pratique du travail
élastique.

CHAPITRE VI

Prismes reposant sur une base compressible.

$$\frac{d\mathrm{V}}{dx} = p, \qquad (137) \qquad 230$$

V effort tranchant, dx longueur d'un élément du prisme,
p pression par unité de longueur exercée par le prisme sur
la base.

$$\frac{d^2\mathrm{M}}{dx^2} = p. \qquad (138) \qquad 231$$

$$\mathrm{EI}\,\frac{d^4y}{dx^4} = -p, \qquad (139) \qquad 231$$

équation différentielle de la ligne élastique du prime ;

$$p = ky, \qquad (140) \qquad 231$$

k une constante dépendant de la nature de la base.

$$y = \mathrm{C}_1 e^{\alpha x}\cos\alpha x + \mathrm{C}_2 e^{\alpha x}\sin\alpha x + \mathrm{C}_3 e^{-\alpha x}\cos\alpha x$$
$$+ \mathrm{C}_4 e^{-\alpha x}\sin\alpha x, \qquad (142) \qquad 232$$

$$\alpha = \sqrt[4]{\frac{k}{4\mathrm{IE}}}, \qquad (143) \qquad 232$$

formule générale pour la ligne élastique du prisme. Pour la
détermination des constantes d'intégration voir les formules
(144) à (148).

CHAPITRE VII

Résistance des plaques planes.

Page

$$s_t = \frac{z\varphi}{x},\qquad (149)\qquad 249$$

s_t dilatation tangentielle, x distance du centre, z distance au plan médian, φ angle de la normale à la surface élastique avec la perpendiculaire à la plaque passant par le centre.

$$s_r = z\,\frac{d\varphi}{dx},\qquad (150)\qquad 250$$

s_r, dilatation radiale.

$$\left.\begin{aligned} R_t &= \frac{mE}{m^2-1}\,(ms_t + s_r),\\[4pt] R_r &= \frac{mE}{m^2-1}\,(ms_r + s_t), \end{aligned}\right\}\qquad (151)\qquad 250$$

actions moléculaires tangentielles et radiales.

$$\textit{Moment des } R_t = \frac{mEh^3}{12\,(m^2-1)}\left(m\,\frac{\varphi}{x} + \frac{d\varphi}{dx}\right)dx\,d\alpha,\qquad (153)\qquad 252$$

$$\textit{Moment des } R_r = \frac{mEh^3}{12\,(m^2-1)}\left(mx\,\frac{d^2\varphi}{dx^2} + m\,\frac{d\varphi}{dx} + \frac{d\varphi}{dx}\right)dx\,d\alpha,\qquad (154)\qquad 253$$

$$\textit{Moment des } S = \frac{x^2 p}{2}\,d\alpha\,dx;\qquad (155)\qquad 254$$

la dernière formule est établie dans l'hypothèse d'une charge uniformément répartie, p par unité de surface, sur une plaque circulaire encastrée à la périphérie.

$$x^2\,\frac{d^2\varphi}{dx^2} + x\,\frac{d\varphi}{dx} - \varphi + Nx^3 = 0,\qquad (157)\qquad 255$$

équation différentielle du problème, N représente une constante définie par la relation (156).

$$\varphi = \frac{N}{8}\,(r^2 x - x^3) = \frac{3\,(m^2-1)}{4m^2Eh^3}\,p\,(r^2 x - x^3),\qquad (159)\qquad 256$$

solution de (157) en tenant compte des conditions aux limites.

$$\mathfrak{R} = E\,\frac{Nr^2 h}{8} = \frac{3\,(m^2-1)}{4m^2}\,\frac{r^2}{h^2}\,p,\qquad (161)\qquad 257$$

Page

travail élastique de comparaison ; atteint son maximum à la périphérie.

$$y = \frac{N}{32}(w^4 - 2r^2w^2 + r^4) = \frac{N}{32}(w^2 - r^2)^2, \qquad (163)$$
258

équation de la surface élastique.

$$f = \frac{3(m^2-1)}{16m^2 Eh^3}\,pr^4 = 0{,}17\,\frac{pr^4}{Eh^3}, \qquad (164)$$
258

f inflexion de la plaque au centre.

$$x^2\frac{d^2\varphi}{dx^2} + x\frac{d\varphi}{dx} - \varphi + Qx = 0, \qquad (167)$$
259

équation différentielle de la surface élastique dans le cas d'une plaque encastrée sur laquelle agit au centre une force unique P, Q une constante définie par l'expression (166).

$$\varphi = \frac{Q}{2}\,x\log\frac{r}{x}, \qquad (169)$$
259

solution de l'équation (167).

$$\mathfrak{R} = \frac{3(m^2-1)P}{2\pi m^2 h^2}, \qquad (171)$$
260

valeur du travail élastique de comparaison sur le pourtour de la plaque.

$$\mathfrak{R} = 0{,}43\,\frac{P}{h^2}\log\frac{r}{a}, \qquad (175)$$
262

valeur du travail de comparaison au centre de la plaque ; a rayon d'un petit cercle à l'intérieur duquel P est supposé uniformément réparti.

$$f = \frac{Qr^2}{8} = \frac{3(m^2-1)}{4\pi m^2}\,\frac{Pr^2}{Eh^3}, \qquad (179)$$
264

inflexion au centre de la plaque.

$$\varphi = \frac{N}{8}\left(\frac{3m+1}{m+1}r^2 x - x^3\right), \qquad (182)$$
265

solution de l'équation (157) dans le cas où la plaque repose librement et ne dépasse qu'infiniment peu le cercle d'appui.

$$\mathfrak{R} = \frac{3(m^2-1)(3m+1)r^2}{8m^2(m+1)h^2}\,p, \qquad (184)$$
266

travail élastique de comparaison au centre de la plaque (maximum).

Pages

$$f = \frac{3(m^2 - 1)}{16m^2 Eh^3}\, p\, \frac{5m + 4}{m + 1}\, r^4, \qquad (187) \qquad 266$$

f inflexion au centre de la plaque.

$$f = \frac{(3m - 1)(3m + 1)}{4nm^2}\, \frac{P r^2}{Eh^3}, \qquad (190) \qquad 268$$

f inflexion au centre de la plaque dans le cas où celle-ci est
sollicitée par une force unique appliquée au centre.

$$R = p\, \frac{r^2}{h^2}, \qquad (192) \qquad 270$$

formule de la théorie approchée pour le calcul des *plaques
circulaires*.

$$R = \left(\frac{2a - b}{a} \right) \frac{b}{h^2}\, p, \qquad (198) \qquad 276$$

formule approchée pour les *plaques elliptiques*, a, b demi-
axes de l'ellipse $(a > b)$.

$$R = \frac{6M}{dh^2} = p\, \frac{a^2}{h^2}, \qquad (199) \qquad 277$$

formule approchée pour les *plaques carrées*, a demi-côté du
carré.

$$R = 2p\, \frac{a^2 b^2}{(a^2 + b^2) h^2}, \qquad (200) \qquad 278$$

formule approchée pour les *plaques rectangulaires*, a et b
demi-côtés du rectangle.

CHAPITRE VIII

Résistance des enveloppes.

$$R = \frac{pr}{2h}, \qquad (201) \qquad 285$$

R action moléculaire à l'intérieur des parois d'une *enveloppe
sphérique* à parois minces, r rayon, p pression interne, h
épaisseur des parois.

Page

$$\mathscr{R} = \frac{m-1}{m}\,\mathrm{R} = \frac{(m-1)pr}{2mh}, \qquad (202)$$

285

travail élastique de comparaison correspondant à R (201).

$$\mathscr{R} = \mathrm{R}_t - \frac{1}{m}\,\mathrm{R}_r = \frac{(2m-1)pr}{2mh}, \qquad (204)$$

286

travail de comparaison dans le cas d'une *enveloppe cylindrique*.

$$p_k = \frac{\mathrm{E}}{4}\left(\frac{h}{r}\right)^3, \qquad (212)$$

292

p_k pression critique externe amenant l'écrasement d'un tube cylindrique présentant une petite déformation accidentelle.

$$x^2\,\frac{d^2u}{dx^2} + x\,\frac{du}{dx} - u = o, \qquad (216)$$

296

équation différentielle dont la solution donne la valeur des déplacements élastiques u en sens radial à l'intérieur des parois d'une *enveloppe cylindrique à parois épaisses*, x distance à l'axe du tube.

$$\left.\begin{array}{l} \mathrm{R}_r = p\,\dfrac{a^2(x^2 - b^2)}{x^2(b^2 - a^2)}, \\[2mm] \mathrm{R}_t = p\,\dfrac{a^2(x^2 + b^2)}{x^2(b^2 - a^2)}, \end{array}\right\} \qquad (221)$$

297

$$\mathscr{R} = \mathrm{E}\,(s_t)_{x=a} = \mathrm{E}\left(\frac{u}{x}\right)_{x=a}$$
$$= \frac{p}{b^2 - a^2}\left(\frac{m-1}{m}\,a^2 + \frac{m+1}{m}\,b^2\right), \qquad (222)$$

297

formules donnant les actions moléculaires dans le sens du rayon et dans le sens de la tangente ainsi que le travail élastique de comparaison sur la face interne du tube ; a rayon intérieur, b rayon extérieur de l'enveloppe.

Tubes frettés, formules (223) à (228) pages 298-301.

CHAPITRE IX

Torsion.

$$\mathrm{S} = \frac{\mathrm{S}'r}{a}, \qquad (230)$$

315

S et S' actions moléculaires tangentielles agissant à l'inté-

Pages

rieur d'un prisme *de section circulaire* à des distances r et a
du centre.

$$S' = \frac{M}{I_p}\, a,\qquad\qquad (231)\qquad 315$$

$$S' = \frac{2M}{\pi a^3},\qquad\qquad (232)\qquad 315$$

$$\Delta\varphi = \frac{S l}{G r} = \frac{S' l}{G a} = \frac{2 M l}{\pi a^4 G},\qquad\qquad (233)\qquad 316$$

formules pour la torsion des prismes de section circulaire ;
S′ action moléculaire à la périphérie, a rayon de la section
transversale, $\Delta\varphi$ angle de torsion, M moment de torsion,

$$S_{xy} = k a^2 z,\quad S_{xz} = - k b^2 y,\qquad (235)\qquad 317$$

loi hypothétique de répartition des actions moléculaires
pour les prismes de *section elliptique*, a et b demi-axes de
l'ellipse dans le sens des y et des z, k une constante définie
par la relation :

$$k = \frac{2M}{\pi a^3 b^3}.\qquad\qquad (237)\qquad 319$$

$$S_{max.} = \frac{2M}{\pi a^2 b},$$

si $a < b$.

$$S_{xy} = c_1 z - \frac{c_1}{a^2}\, z y^2,\qquad\qquad (239)\qquad 321$$

$$S_{xz} = k_1 y - \frac{k_1}{b^2}\, y z^2,\qquad\qquad (240)\qquad 322$$

formules représentant la loi approximative de la répartition
des actions moléculaires dans le cas des prismes *de section
rectangulaire* ; c_1 et k_1 sont des constantes, a et b les demi-
côtés du rectangle.

$$\left.\begin{aligned}
S_{xy} &= \frac{9M}{16 a b^3}\, z\left(1 - \frac{y^2}{a^2}\right),\\
S_{xz} &= - \frac{9M}{16 a^3 b}\, y\left(1 - \frac{z^2}{b^2}\right),
\end{aligned}\right\}\qquad (244)\qquad 324$$

$$S = \frac{9M}{2 a_1^2 b_1},\qquad\qquad (247)\qquad 326$$

valeurs explicites de S_{xy} et S_{xz} pour les prismes rectangu-

laires ; S valeur maximum des actions moléculaires dans
laquelle il faut prendre a_1 égal au petit, b_1 au grand côté du
rectangle.

$$S = \frac{2Pr}{\pi a^3}, \qquad (248) \qquad 328$$

$$w = \frac{4Pr^3n}{a^4G}, \qquad (250) \qquad 330$$

$$A = \frac{2P^2nr^3}{a^4G}, \qquad (251) \qquad 330$$

formules pour les ressorts à boudins de forme cylindrique,
r rayon du cylindre, a rayon de la section transversale,
n nombre des spires, w allongement ou aplatissement du
ressort sous l'influence de la force P, A travail emmagasiné
dans le ressort sous forme d'énergie potentielle interne.

CHAPITRE X

Résistance des prismes chargés debout. Flambement.

$$\alpha = \sqrt{\frac{P}{EI}}, \qquad (254) \qquad 337$$

$$v = \frac{\sin \alpha x}{\sin \alpha l}(u_l - u_0 \cos \alpha l) + u_0 \cos \alpha x, \qquad (255) \qquad 337$$

équation de la ligne élastique, où les quantités u désignent
les distances initiales entre la ligne d'action des forces et
l'axe du prisme.

$$P_k = \pi^2 \frac{EI}{l^2}, \qquad (257) \qquad 338$$

Formule d'Euler pour les prismes à extrémités fixes, non
encastrées.

$$f = \frac{f_0}{\dfrac{P_k}{P} - 1}, \qquad (263) \qquad 340$$

f inflexion médiane d'un prisme présentant une flèche initiale f_0 sous l'influence de la force P.

$$\varphi = \pi \frac{f}{l}, \tag{264}$$ 341

φ angle formé par la ligne élastique du prisme à ses extrémités avec la ligne d'action des forces.

$$P_{K} = \frac{P' + (n+1)P_{a}}{2} \pm \sqrt{\left(\frac{P' + (n+1)P_{a}}{2}\right)^{2} - PP_{a}}, \tag{265}$$ 342

P_{K} charge critique réelle, P' effort de compression proprement dite que peut supporter le prisme sans que la limite d'élasticité soit dépassée, n un nombre défini par la relation

$$n = \frac{aFf_{0}}{I},$$

$$P_{K} = aF - b\frac{lF}{i}, \tag{267}$$ 344

$$\frac{P_{K}}{F} = \left[0,53\left(\frac{l}{i}\right)^{2} - 120\frac{l}{i} + 7760\right] \text{kg. par cm}^{2}, \tag{268}$$ 345

Formules empiriques de Tetmajer, la dernière se rapportant aux prismes en fonte de fer ; i rayon de gyration minimum de la section transversale.

$$P = 4\pi^{2}\frac{IE}{l^{2}}, \tag{269}$$ 348

Formule d'Euler pour *les prismes encastrés aux deux extrémités*.

$$P = 20\frac{IE}{l^{2}}, \tag{270}$$ 350

Formule d'Euler pour les prismes encastrés à une extrémité et pourvus à l'autre d'une glissière ne permettant qu'un déplacement dans le sens de l'axe longitudinal.

$$f = \frac{Q}{2P\alpha}\left(\frac{\lg \alpha l}{2} - \frac{\alpha l}{2}\right), \tag{271}$$ 351

flèche d'un prisme chargé debout et travaillant simultanément à la flexion ; Q force agissant au milieu du prisme perpendiculairement à l'axe longitudinal.

$$f = \frac{Ql^{3}}{48IE}\left(1 + \frac{Pl^{2}}{10IE}\right), \tag{272}$$ 352

même formule que ci-dessus, dans laquelle on a remplacé α par sa valeur, et développé $\lg \alpha$ en série.

Page

$$p = \varkappa \frac{l^2}{a},\qquad (275)\qquad 355$$

p valeur arbitraire du bras de levier des forces P, admise dans la formule de Rankine, Schwarz ou Navier.

$$P = \frac{FR}{1 + \varkappa \frac{l^2}{l^2}},\qquad (277)\qquad 355$$

formule de Navier, de Rankine ou de Schwarz.

$$M = 2\pi \frac{IE}{l},\qquad (285)\qquad 362$$

valeur critique du moment de torsion qui produit le flambement d'un prisme très long travaillant à la torsion.

CHAPITRE XI

Eléments de la théorie mathématique de l'élasticité.

$$\varepsilon_x = \frac{d\xi}{dx},\ \ \varepsilon_y = \frac{d\eta}{dy},\ \ \varepsilon_z = \frac{d\zeta}{dz},\qquad (287)\qquad 372$$

ε_x, etc., *dilatations* dans le sens des axes de coordonnées, exprimées en fonction des composantes du déplacement élastique du point considéré.

$$\left.\begin{aligned}
\gamma_{xy} &= \frac{d\xi}{dy} + \frac{d\eta}{dx},\\[4pt]
\gamma_{yz} &= \frac{d\eta}{dz} + \frac{d\zeta}{dy},\\[4pt]
\gamma_{zx} &= \frac{d\zeta}{dx} + \frac{d\xi}{dz},
\end{aligned}\right\}\qquad (288)\qquad 374$$

γ_{xy}, γ_{yz}, γ_{zx}, *distorsions* que subissent les angles droits compris entre les parallèles aux axes menées par le point considéré.

$$e = \frac{d\xi}{dx} + \frac{d\eta}{dy} + \frac{d\zeta}{dz},\qquad (289)\qquad 375$$

e *dilatation cubique*.

Page

$$S_{xy} = S_{yx} = G \left(\frac{d\xi}{dy} + \frac{d\eta}{dx} \right),$$
$$S_{zx} = S_{xz} = G \left(\frac{d\xi}{dz} + \frac{d\zeta}{dx} \right), \qquad (290) \qquad 375$$
$$S_{yz} = S_{zy} = G \left(\frac{d\eta}{dz} + \frac{d\zeta}{dy} \right),$$

S actions moléculaires tangentielles.

$$R_x = 2G \left(\frac{d\xi}{dx} + \frac{e}{m-2} \right),$$
$$R_y = 2G \left(\frac{d\eta}{dy} + \frac{e}{m-2} \right), \qquad (294) \qquad 376$$
$$R_z = 2G \left(\frac{d\zeta}{dz} + \frac{e}{m-2} \right),$$

R actions moléculaires normales.

$$\Delta^2 = \frac{d^2}{dx^2} + \frac{d^2}{dy^2} + \frac{d^2}{dz^2}, \qquad (295) \qquad 377$$

relation définissant l'opération représentée par le signe Δ^2.

$$\Delta^2\xi + \frac{m}{m-2} \frac{de}{dx} + \frac{X}{G} = 0,$$
$$\Delta^2\eta + \frac{m}{m-2} \frac{de}{dy} + \frac{Y}{G} = 0, \qquad (296) \qquad 378$$
$$\Delta^2\zeta + \frac{m}{m-2} \frac{de}{dz} + \frac{Z}{G} = 0,$$

équations fondamentales de la théorie mathématique de l'élasticité ; X, Y, Z, composantes des forces d'inertie agissant sur la masse de l'élément considéré.

$$\Delta^2 u + \frac{m}{m-2} \Delta e + \frac{P}{G} = 0, \qquad (297) \qquad 378$$

équation qui remplace les précédentes lorsqu'on emploie la théorie des vecteurs, u déplacement dont les composantes sont ξ, η, ζ ; P force ayant pour projection sur les axes X, Y, Z.

$$\xi = A \sin 2\pi \left(\frac{x}{\lambda} - \frac{t}{\tau} \right), \quad \eta = 0, \ \zeta = 0, \qquad (299) \qquad 381$$

équations définissant une *onde longitudinale*, λ longueur d'onde, τ durée d'oscillation.

$$v = \frac{\lambda}{\tau} = \sqrt{\frac{G(2m-2)}{\mu(m-2)}}, \qquad (301) \qquad 383$$

v *vitesse de propagation* du son, μ masse spécifique, c'est-à-dire masse de l'unité de volume.

$$\xi = A \sin 2\pi \left(\frac{y}{\lambda} - \frac{t}{\tau}\right), \quad \eta = o, \quad \zeta = o, \quad (302) \qquad 385$$

relations définissant une *onde transversale*.

$$v_t = \sqrt{\frac{G}{\mu}}, \qquad (304) \qquad 387$$

v_t vitesse de propagation des ondes transversales.

$$R_y = R_x = S_{yz} = o, \qquad (306) \qquad 391$$

conditions qui caractérisent l'état élastique étudié par de Saint-Venant.

$$\frac{d^3}{dx^3}\left(\frac{d\xi}{dx}\right) = \frac{d^2}{dy^2}\left(\frac{d\xi}{dx}\right) = \frac{d^3}{dz^3}\left(\frac{d\xi}{dx}\right) = \frac{d^2}{dydz}\left(\frac{d\xi}{dx}\right) = o, \quad (318) \qquad 395$$

relations auxquelles la dilatation $\dfrac{d\xi}{dx}$ dans le sens de l'axe longitudinal doit satisfaire pour que l'état élastique défini par (306) soit possible.

$$\frac{d\xi}{dx} = a_0 + a_1 x + a_2 y + a_3 z + a_4 xy + a_5 xz, \quad (319) \qquad 396$$

valeur que doit par suite nécessairement avoir $\dfrac{d\xi}{dx}$; cette relation confirme la loi de répartition linéaire des actions moléculaires dans les sections transversales des prismes travaillant à la flexion.

$$\xi = \varphi(y, z), \qquad (321) \qquad 400$$
$$\eta = b_0 + b_1 x + z(b_2 + b_3 x), \qquad (326) \qquad 401$$
$$\zeta = c_0 + c_1 x + y(c_2 + c_3 x), \qquad (327) \qquad 401$$

solution des équations fondamentales dans le cas de la torsion simple; la fonction φ doit satisfaire à l'équation aux dérivées partielles

$$\frac{d^2\varphi(y, z)}{dy^2} + \frac{d^2\varphi(y, z)}{dz^2} = o. \qquad (328) \qquad 402$$

Par un choix approprié du système de coordonnées, les formules précédentes peuvent s'écrire :

$$\xi = \varphi(y, z), \quad \eta = cxz, \quad \zeta = -cxy. \qquad (330) \qquad 403$$

Pages

$$\frac{\frac{d\xi}{dz} - cy}{\frac{d\xi}{dy} + cz} = -\frac{dz}{dy}, \qquad (334) \qquad 404$$

condition à la limite qui doit être remplie sur le pourtour de la section et qui exprime que les actions moléculaires doivent être tangentes au contour de la section.

$$\xi = \varphi(y, z) = ayz \qquad (337) \qquad 408$$

solution particulière de 328, qui conduit, en tenant compte de la condition (334), à une ellipse pour le contour de la section :

$$\frac{dS_{xy}}{dy} + \frac{dS_{xz}}{dz} = o, \qquad (342) \qquad 409$$

$$\frac{dS_{xy}}{dz} - \frac{dS_{xz}}{dy} = 2Gc, \qquad (344) \qquad 410$$

équations qui définissent les propriétés du champ formé par les lignes de tension à l'intérieur d'une section transversale d'un prisme travaillant à la flexion (assimilation à l'hydrodynamique).

$$\xi = -\frac{m-2}{4\pi mG} P \frac{x}{r(z+r)} + \frac{Pzx}{4\pi Gr^3},$$

$$\eta = -\frac{m-2}{4\pi mG} P \frac{y}{r(z+r)} + \frac{Pzy}{4\pi Gr^3}, \qquad (369) \qquad 423$$

$$\zeta = \frac{2m-2}{4\pi mG} P \frac{1}{r} + \frac{Pz^2}{4\pi Gr^3},$$

ξ, η, ζ composantes du déplacement élastique d'un point situé à l'intérieur d'un corps limité à la partie supérieure par un plan, et illimité dans les autres directions, lorsqu'on suppose une force unique P agissant à l'origine. L'axe des z est dirigé suivant la normale intérieure au plan (solution de Boussinesq).

Formules de Hertz pour le contact de deux corps :

a) deux sphères de rayon r_1 et r_2 :

$$a = 1{,}11 \sqrt[3]{\frac{Pr_1r_2}{E(r_1 \pm r_2)}}, \qquad (382) \qquad 428$$

$$R_o = 0{,}388 \sqrt[3]{PE^2 \left(\frac{r_1 + r_2}{r_1 r_2}\right)^2}, \qquad (383) \qquad 428$$

$$\alpha = 1{,}23 \sqrt[3]{\frac{P^2(r_1 + r_2)}{E^2 r_1 r_2}}, \qquad (384) \qquad 428$$

a, rayon de la surface de contact, R_o action moléculaire au

Page

centre de la surface de contact, α rapprochement subi par les deux sphères, P force de compression.

b) sphère de rayon r et plaque plane :

$$a = 1,11 \ \sqrt[3]{\frac{Pr}{E}}, \qquad (385) \qquad 429$$

$$R_o = 0,388 \ \sqrt[3]{\frac{PE^2}{r^2}}, \qquad (386) \qquad 429$$

$$\alpha = 1,23 \ \sqrt[3]{\frac{P^2}{E^2 r}}. \qquad (387) \qquad 429$$

c) deux cylindres de même rayon placés en croix :

$$R_o = 0,388 \ \sqrt[3]{\frac{PE^2}{r^2}} \qquad (388) \qquad 429$$

d) deux cylindres en contact suivant une diagonale :

$$a = 1,52 \ \sqrt{\frac{P' r_1 r_2}{E(r_1 + r_2)}}, \qquad (389) \qquad 429$$

$$R_o = 0,418 \ \sqrt{P'E \ \frac{r_1 + r_2}{r_1 r_2}}, \qquad (390) \qquad 429$$

P' charge par unité de longueur.

e) cylindre et plaque plane :

$$a = 1,52 \ \sqrt{\frac{P'r}{E}}, \qquad (391) \qquad 429$$

$$R_o = 0,418 \sqrt{\frac{P'E}{r}}. \qquad (392) \qquad 429$$

$$\frac{R_x}{R_z} = 2f^2 + 1 \pm 2f \sqrt{f^2 + 1}, \qquad (398) \qquad 437$$

équation donnant la valeur du rapport entre la poussée horizontale R_x du terrain et la charge R_z à l'intérieur d'une masse de terre meuble limitée par un plan horizontal à sa partie supérieure. Le signe $+$ correspond à la poussée passive, le signe $-$ à la poussée active; f est le coefficient de frottement.

$$2\psi = \frac{\pi}{2} + \varphi \qquad (400) \qquad 438$$

formule donnant l'inclinaison ψ' des surfaces de glissement ; φ angle de frottement.

TABLE DES MATIÈRES

AVANT-PROPOS 1

CHAPITRE I. Généralités sur les forces intérieures ou actions moléculaires 3-33

§ 1. Actions moléculaires, travail élastique.

1. Introduction 3
2. Postulatum fondamental 5
3. Actions moléculaires 6
4. Relations entre les forces extérieures et les actions moléculaires 7
5. Intensité des actions moléculaires 8
6. Essai d'un ciment à l'extension 9
7. Composantes de l'action moléculaire agissant en un point donné dans une direction donnée 11
8. Tétraèdre des actions moléculaires 12
9. Décomposition des actions moléculaires, équilibre d'un parallélipipède infiniment petit 14
10. Equations d'équilibre d'un tétraèdre infiniment petit 21

§ 2. Cas particuliers d'états élastiques.

11. Etat élastique double ou plan 23
12. Etat élastique simple ou linéaire 26
13. Ellipse des actions moléculaires 28
14. Glissement simple 31
Exercices nos 1 à 3. 32-33

CHAPITRE II. Déformation élastique. Travail des matériaux 35-70

§ 1. De l'élasticité.

15. Déformations corrélatives des actions moléculaires 35

16. Essais des matériaux à l'extension.................................... 36
17. Élasticité et plasticité.. 38
18. Loi de Hooke, déformation d'un prisme travaillant à l'extension ou à la compression.. 40
19. Principe de superposition.. 41
20. Propriétés élastiques des corps ne satisfaisant pas à la loi de Hooke 42

§ 2. Déformations élémentaires.

21. Déformations élémentaires d'un parallélipipède infiniment petit.. 48
22. Relations entre G, E, α, β, et m........................... 52
23. Ellipsoïde des déformations.. 53
24. Déformation élémentaire dans une direction quelconque..... 54

§ 3. Travail des matériaux de construction.

25. Limite pratique du travail des matériaux......................... 55
26. Expériences de Woehler... 56
27. Causes déterminantes de la rupture dans le cas d'un état élastique triple ; opinions diverses à cet égard.................... 57
28. Travail élastique de comparaison................................. 58

§ 4. Travail spécifique de déformation.

29. Énergie potentielle interne d'un parallélipipède infiniment petit.. 61
Exercices n⁰ˢ 4 à 10..................................... 64-70

CHAPITRE III. Flexion des prismes à axe rectiligne............. 71-154

§ 1. Notion de la flexion d'un prisme ; hypothèses de Navier et de Bernouilli.

30. Définition des pièces prismatiques................................ 72
31. Composition des forces extérieures. — Flexion, torsion, glissement, résistance composée.................................... 72
32. Moment fléchissant et moment de torsion, effort normal et effort tranchant.. 73
33. Flexion simple, hypothèse de Bernouilli.......................... 76
34. Nature des actions moléculaires dans le cas de la flexion simple 79

§ 1. *Conséquences de la répartition linéaire des actions moléculaires normales.*

35. Position de l'axe neutre dans une section transversale........   80
36. Conditions de valabilité des formules (49) et (51)...........   83

§ 3. *Moments d'inertie.*

37. Relation entre les moments d'inertie relatifs à divers axes..   84
38. Axes principaux et moments principaux d'inertie............   87
39. Ellipse centrale d'inertie.......................................   88
40. Moment d'inertie polaire..   91
41. Evaluation des moments d'inertie à l'aide d'un planimètre...   92

§ 4. *Cas général de la flexion simple.*

42. Calcul des intensités des actions moléculaires...............   96
43. Application, calcul des dimensions d'une panne de toiture....   97

§ 5 *Flexion d'un prisme droit sous l'influence d'une force parallèle à l'axe longitudinal.*

44. Calcul des actions moléculaires développées dans une section transversale quelconque ; région centrale d'une surface   99
45. Application..   105
46. Détermination des actions moléculaires développées dans une section transversale d'un prisme travaillant à la flexion simple à l'aide de la région centrale de la section.................   108

§ 6. *Détermination des actions moléculaires tangentielles agissant dans un prisme travaillant à la flexion.*

47. Répartition des actions moléculaires tangentielles dans une section transversale rectangulaire.........................   111
48. Relation entre le moment de flexion M et l'effort tranchant V, relatifs à une même section..............................   113
49. Répartition des actions moléculaires tangentielles pour d'autres formes de section transversale.....................   117
50. Courbes enveloppes des directions des actions moléculaires principales, influence des actions moléculaires tangentielles sur le danger de rupture d'un prisme travaillant à la flexion.   119
50 *bis.* Poutres rivées..   122

§ 7. *Ligne élastique d'un prisme travaillant à la flexion.*

51. Equation différentielle de la ligne élastique................   124
52. Cas particuliers..   126
53. Influence des actions moléculaires tangentielles sur la forme de la ligne élastique..   130

§ 8. *Poutres continues et prisme encastré aux deux extrémités.*

54. Poutres continues 134
55. Prisme encastré aux deux extrémités 136
   Exercices nᵒˢ 11 à 22 138-154

CHAPITRE IV. Energie potentielle interne ou travail de déforma-
tion 155-183

§ 1. *Energie potentielle interne d'un prisme droit travaillant
à la flexion.*

56. Travail de déformation des actions moléculaires normales... 155
57. Travail de déformation des actions moléculaires tangentielles. 157
58. Relation entre le travail de déformation et le travail des
forces extérieures 158
59. Application des résultats précédents 159

§ 2. *Théorèmes de Castigliano.*

60. Propriétés des dérivées partielles du travail de déformation
prises par rapport aux forces extérieures 160
61. Application au calcul des forces de liaison 164
62. Exemple 167
63. Charges instantanées, chocs 169

§ 3. *Théorème de Maxwell.*

64. Réciprocité des déplacements des points d'application des
forces extérieures 173
65. Applications 176
   Exercices nᵒˢ 23 à 25 179-183

CHAPITRE V. Prismes a axe curviligne 185-226

§ 1. *Hypothèses fondamentales, différences de vues à leur sujet.*

66. Déformation de l'axe longitudinal 185
67. Discussion 188

§ 2. *Applications.*

68. Arc à deux articulations aux naissances 192
69. Autre méthode pour déterminer la poussée horizontale 198
70. Influence des variations de température 200
71. Arc encastré aux deux extrémités 204

72. Résistance d'un anneau ou d'un tube travaillant à l'extension ou à la compression dans un plan diamétral............... 205
73. Ressort en spirale................................... 212
Exercices nᵒˢ 26 à 31 215-226

CHAPITRE VI. PRISMES REPOSANT SUR UNE BASE COMPRESSIBLE..... 227-245

74. Hypothèses fondamentales........................... 227
75. Traverses de chemins de fer de section constante........... 230
76. Solution graphique................................ 235
77. Problèmes similaires................................ 236
Exercices nᵒˢ 32 à 34. 238-245

CHAPITRE VII. DE LA RÉSISTANCE DES PLAQUES PLANES............ 247-282

§ 1. *Théorie mathématique pour les plaques circulaires.*

78. Conditions du problème, équations générales.............. 247
79. Charge uniformément répartie sur une plaque encastrée sur tout le pourtour.................................. 254
80. Plaque encastrée à la périphérie et soumise à l'action d'une force unique P, agissant au centre....................... 258
81. Plaque reposant librement sur tout le pourtour et soumise à une charge uniformément répartie..................... 264
82. Plaque reposant librement sur tout le pourtour et soumise à l'action d'une force unique agissant au centre........... 267

§ 2. *Théorie approchée.*

83. Théorie approchée de Bach pour les plaques circulaires..... 268
84. Théorie approchée pour les plaques elliptiques............ 273
85. Plaques carrées ou rectangulaires..................... 276
Exercices nᵒˢ 35 et 36.............................278-282

CHAPITRE VIII. RÉSISTANCE DES ENVELOPPES SOUMISES A UNE PRESSION INTÉRIEURE OU EXTÉRIEURE..................... 283-314

§ 1. *Enveloppes à parois minces.*

86. Enveloppe sphérique soumise à une pression interne........ 283
87. Enveloppe cylindrique soumise à une pression interne....... 285
88. Tubes de section elliptique ou circulaire soumis à une pression extérieure.................................... 286

496   TABLE DES MATIÈRES

§ 2. *Enveloppes à parois épaisses*.

89. Tubes cylindriques soumis à une pression interne.................... 292
90. Tubes frettés... 298
    Exercices n°s 37 à 41.. 303-311

CHAPITRE IX. Torsion... 313-334

91. Prismes de section circulaire 313
92. Prismes de section elliptique....................................... 316
93. Prismes de section rectangulaire.................................... 319
94. Calcul des ressorts à boudin.. 327
    Exercices n°s 42 à 44.. 331-334

CHAPITRE X. Résistance des prismes chargés debout, flambement. 335-367

95. Formule d'Euler, flambement d'un prisme dont les extrémités
    sont fixes mais non encastrées, et dont l'axe est rigoureuse-
    ment rectiligne.. 335
96. Prismes dont l'axe présente une courbure initiale............... 339
97. Détermination de la charge critique réelle P_k................ 341
98. Prisme encastré aux deux extrémités.............................. 345
99. Prisme encastré à une extrémité et muni à l'autre d'une glis-
    sière ne permettant un déplacement que dans le sens de l'axe
    longitudinal... 348
100. Prisme chargé debout, travaillant simultanément à la flexion. 350
101. Formule empirique de Navier, Schwarz et Rankine.............. 353
102. Flambement d'un prisme très long travaillant à la torsion.... 356
     Exercices n°s 45 à 48... 363-367

CHAPITRE XI. Éléments de la théorie mathématique de l'élasticité. 369-440

§ 1. *Équations fondamentales*.

103. Considérations générales... 369
104. Calcul des déformations élémentaires en fonction de ξ, η, ζ.. 372
105. Relations entre les composantes des actions moléculaires et les
     quantités ξ, η, ζ............................... 375

§ 2. *Mouvements ondulatoires à l'intérieur d'un corps élastique*.

106. Équations du mouvement... 379
107. Applications des formules générales aux ondes longitudinales,
     Ondes sonores.. 381

108. Ondes transversales................................... 385

§ 3. *Remarques sur les solutions des équations fondamentales.*

109. Les équations fondamentales fournissent, pour un système
donné de forces extérieures, un système bien déterminé ξ, η, ζ
et un seul... 388

§ 4. *Théories de de Saint-Venant.*

110. Flexion et torsion.................................. 391
111. Considérations sur les résultats de l'article précédent........ 397
112. Torsion, prisme de section transversale circulaire........... 400
113. Torsion (suite), prismes de section transversale elliptique..... 405
114. Assimilation du problème de l'article précédent à un problème
d'hydrodynamique................................... 408

§ 5. *Théories de Boussinesq et de Hertz. Dureté des corps.*

115. Théorie de Boussinesq.............................. 412
116. Théorie de Hertz.................................. 424
117. Dureté des corps, en particulier celle des métaux........... 430

§ 6. *État élastique à l'intérieur d'une masse de terre meuble.*

118. Calcul des actions moléculaires........................ 433
119. Applications des considérations précédentes au calcul de la
poussée des terres contre les murs de soutènement.......... 438

RÉSUMÉ DES PRINCIPALES FORMULES CONTENUES DANS L'OUVRAGE........ 457
NOTE I.. 444
NOTE II... 445

N. B. LES NOTES I ET II ONT ÉTÉ RÉDIGÉES PAR LE TRADUCTEUR

LAVAL. — Imprimerie parisienne L. BARNÉOUD & Cie.

ENCYCLOPÉDIE DES TRAVAUX PUBLICS (suite)

OUVRAGES DE PROFESSEURS A L'ÉCOLE NATIONALE SUPÉRIEURE DES MINES

M. AGUILLON. *Législation des mines, française et étrangère.* 40 fr. On vend séparément :
— La *Législation en France, dans les colonies et protectorats*; 2e édition (très augmentée), 1 très fort volume (1.014 pages plus un supplément de 152 pages) . . . 25 fr.
Le *supplément seul* . . . 5 fr.
— Les *Législations étrangères* . . . 15 fr.
M. PELLETAN. *Lever des plans et nivellement souterrain* (Voir ci-dessus : *Durand-Claye*).
M. CHESNEAU. *Lois générales de la Chimie.* 1 vol. avec 37 figures . . . 7 fr. 50
MM. VICAIRE et MAISON. *Cours de Chemins de fer de l'Ecole des Mines*; 582 p., 493 fig. . . . 20 fr.

OUVRAGE D'UN PROFESSEUR A L'ÉCOLE NATIONALE DES EAUX ET FORÊTS

M. THIÉRY. *Restauration des montagnes,* avec une *Introduction* par M. Léchalas père. 2e édition augmentée. Vol de 480 pages, avec 127 figures et 5 tables graphiques . . . 16 fr.

OUVRAGES DE DIVERS AUTEURS

M. CHARPENTIER DE COSSIGNY, ingénieur civil des mines, lauréat de la Société des agriculteurs de France. *Hydraulique agricole.* 2e édit., 1 vol., avec 160 figures . . . 15 fr.
M. DEGRAND, inspecteur général honoraire des ponts et chaussées. *Ponts en maçonnerie* (Voir ci-dessus : *J. Résal*).
M. DONIOL, inspecteur général des ponts et chaussées en retraite. *Réglementation des chemins de fer d'intérêt local, des tramways et des automobiles.* 1 vol. avec figures. . 10 fr.
— *Complément à l'ouvrage ci-dessus* . . . . . 3 fr.
M. le Dr DUCHESNE, ancien président de la Société de médecine pratique. *Hygiène générale et Hygiène industrielle,* ouvrage rédigé conformément au programme du *Cours d'hygiène industrielle* de l'Ecole centrale. 1 vol. de 740 pages, avec figures. . 15 fr.
M. L. FARGUE, inspecteur général des ponts et chaussées en retraite. *Hydraulique fluviale. La forme du lit des rivières à fond mobile,* 1 volume de 187 pages avec 15 planches hors texte et de nombreuses figures dans le texte . . . . . 9 fr.
M. HENRY (Ernest), inspecteur général des ponts et chaussées. *Théorie et pratique du mouvement des terres, d'après le procédé Bruckner.* 1 vol., 2 fr. 50. — *Ponts métalliques à travées indépendantes : formules, barèmes et tableaux.* 1 vol. de 639 pages, avec 267 figures, 20 fr. — *Traité pratique des chemins vicinaux,* 2e édit., volume de près de 900 pages . 25 fr.
M. Maurice KOECHLIN, ingénieur. *Applications de la statique graphique.* 1 vol., avec 30 figures et 1 atlas de 34 planches, seconde édition, revue et très augmentée, 30 fr. — *Recueil de types de ponts pour routes.* 1 vol. de 306 pages et un atlas. . . 25 fr.
M. LALLEMAND, de l'Institut, inspecteur général des mines. *Nivellement de précision* (Voir ci-dessus *Durand-Claye*).
M. LAVOINNE. *La Seine maritime et son estuaire,* 1 vol., avec 49 figures. . . . 10 fr.
M. LÉCHALAS père, inspecteur général des ponts et chaussées. *Hydraulique fluviale.* 1 vol. avec 78 figures. 17 fr. 50. — *Des conditions générales d'établissement des ouvrages dans les vallées* (Voir ci-dessus : *J. Résal et Degrand;* c'est l'introduction à leur *Traité des Ponts en maçonnerie*).
M. LÉCHALAS fils, ingénieur en chef des ponts et chaussées. *Manuel de droit administratif.* Tome I, 20 fr.; tome II, 1re partie, 10 fr.; tome II, 2e partie . . . . . 10 fr.
M. LÉVY-LAMBERT, ingénieur, chef de service au chemin de fer du Nord. *Chemins de fer à crémaillère,* 2e édition. 1 vol. de 479 pages avec 136 fig. 15 fr. — *Chemins de fer funiculaires, Transports aériens,* 2e édit. 1 vol. de 526 p., avec 212 fig. . 15 fr.
M. LEYGUE, ancien ingénieur auxiliaire des travaux de l'Etat, agent-voyer en chef de la province d'Oran. *Chemins de fer. Notions générales et économiques.* 1 vol. de 617 pages, avec figures . . . 15 fr.
M. P. NIEWENGLOWSKI, ingénieur au corps des mines. *Précis d'électricité,* 1 vol. de 200 pages avec 64 figures . . . . . 6 fr.
M. E. PONTZEN, ingénieur civil (l'un des auteurs de *Les chemins de fer en Amérique*). *Procédés généraux de construction : Terrassements, tunnels, dragages et dérochements,* 1 vol. de 572 pages, avec 234 figures (médaille d'or à l'Exposition de 1900). . 25 fr.
M. TARBÉ DE SAINT-HARDOUIN, inspecteur général des ponts et chaussées, ancien directeur de l'Ecole de ce corps. *Notices biographiques sur les ingénieurs des ponts et chaussées,* un vol. . . . . . 6 fr.
M. N. DE TÉDESCO, ingénieur. *Recueil de types de ponts pour routes en ciment armé,* 1 vol. de 307 pages, avec atlas . . . . . 25 fr.

Chaque ouvrage se vend séparément (et aussi chaque volume des ouvrages qui en comprennent plusieurs). Il n'y a pas de numérotage général des volumes formant la collection.

Les ouvrages entrant dans les *Encyclopédies des Travaux publics et Industrielle* sont en vente chez Ch. Béranger et chez Gauthier-Villars.

9 7 8 2 0 1 9 6 1 6 5 6 4